JN241259

\ハロー/

"Hello, World"

たった7行のCプログラムから解き明かす

OSと標準ライブラリのシゴトとしくみ

第2版

坂井弘亮【著】

秀和システム

Preface
はじめに

C言語プログラミングの入門書などでは，「Hello World!」というメッセージを出力するだけのいわゆる「ハロー・ワールド」というプログラムが，最初に書くプログラムの定番になっています．

```
#include <stdio.h>

int main(int argc, char *argv[])
{
  printf("Hello World! %d %s\n", argc, argv[0]);
  return 0;
}
```

そんなハロー・ワールドですが，しかしその実，謎は多いのではないでしょうか．

- **printf()の先では，何が行われているのか？**
- **main()の前には，いったい何があるのか？**
- **stdio.hとは何で，どこにあるものなのか？**

入門書では，もちろんこれらの疑問点は後回しにされています．入門書なので，これは当然のことでしょう．しかしそれらの疑問が後回しにされたまま，謎が謎のまま残ってしまってはいないでしょうか．

こうしたことは筆者も長い間の疑問でした．本書は筆者がそのように日々疑問に思っていたことを調べ，その結果をまとめたものです．

ひとつのものをあらゆる角度からとことんまで調べてみた，という本です．

⦿手を動かすことで，調べかたを知る

調べたとはいっても，答えがそのまま書いてあるような資料はなかなかあるものではありません．そもそもそのような資料が無いからこそ，謎が謎のままになっているわけです．

このため本書では資料に頼ったりするのではなく，手を動かして自分で調べてみることに主眼を置いています．また調べた結果だけを説明するのではなく，どのようにして

調べたのか，その過程を多く書くように心がけました．

つまり「調べかた」を説明しようとしたわけです．

⦿ひとつのものを様々な角度から見ることで，確かめかたを知る

そして本書でもうひとつ説明しようとしたのは「確かめかた」です．

実際の解析作業では，確証と自信を持って一直線に答えにたどり着けるようなことはありません．自分の調査と推測は本当に正しいのだろうかと不安に思いながら進めるものです．このため重要なのは「確かめかた」を知ることです．

例えば本書の第2章では，プログラムを実行させることでprintf()関数の動きを追っています．それに対して第6章では，printf()関数のソースコードを追うことでそれを確かめています．これらは見ているものは同じかもしれませんが，異なる方法で得られた結果を照らし合わせることで「確からしさ」が深まり，調査結果に自信が持てるようになるわけです．

このように，ある調査結果をまた別の方法でもう一度調べて確認しているような箇所が，本書にはいっぱいあります．「どのようにして確かめるか」といったことを説明しようとしたわけです．

また本書では「〜だろう」「〜のようだ」といった記述が非常に多くなっています．これはそのような「少しずつ確証を得ていく」「ひとつの結果だけを見て安易に納得しない」という姿勢を重視しているためです．こうした慎重な態度は，エンジニアにとって欠かせないものだと思います．

⦿とりあえず，読んでみよう

近年はわからないことがあってもネット検索すれば何でもわかる，だから検索力だけが必要…というような風潮がありますが，筆者はこれは半分合っていて，半分間違っていると思います．

本当に知りたいことというのは，ネット検索しても出てこないものだからです．

なんでも検索で知ることができる時代だからこそ，必要とされるのは高い検索力を活用して広く浅く早く知るか，もしくは検索では得られないような深い知識を自身で身につけるかに二極化しているように思います．

そして本書が目指すのは後者です．

深く知るためには，たとえ今は知識がなくて理解できないとしても，疑問に思うことがあればとりあえず手を動かして，見てみましょう．

そしてそれでもやっぱりぜんぜん理解できなかったりもするものですが，気にしなくていいです．まずは理解できる範囲で見てみましょう．理解できない部分はとりあえずほ

うっておいて，1年くらいして思い出したときに，また見てみましょう．

どんなに知識のある人でも，「まったく知らないファイルをとりあえず開いて見てみた」という瞬間があったはずです．読めるか読めないかではなく，読もうとするかどうかなわけです．

本書では，様々なソースコードを「とりあえず」読んでみます．そしてとりあえず読むための方法を，本書ではいっぱい説明しています．ぜひLinuxカーネルやglibcやFreeBSDのソースコードを，恐れずに読んでみてください．その先にはどんなに詳しいドキュメントをいくら読んでも得られない，素晴らしい体験があることと思います．

⦿なぜ「ハロー・ワールド」なのか

本書を書くきっかけとなったのは，ハロー・ワールドのプログラムについて「A4用紙で5ページのレポートを書きなさい」といったような課題が出たことがあるという話を聞いたことでした．

たった数行のプログラムに対して，どれほどのレポートが書けるものか，疑問に思う読者のかたも多いかもしれません．

しかしそのような短いプログラムでも，様々な要素を内包しています．

例えばハロー・ワールドは，printf()という関数によってメッセージを出力しています．しかしprintf()関数のその先を見たことはあるでしょうか．「出力」と一言で言ってしまってはいますが，その「出力」は最終的にはいったいどのような処理によって行われているのでしょうか?

またC言語では，実行はmain()という関数から始まります．そしてreturnによってmain()から戻ると，プログラムは終了します．しかし，これはいったいどこに戻っていくのでしょうか?

そういったことを考えていくと，単なる「ハロー・ワールド」であっても様々な要素が前提となって動作しており，だからこそプログラマが楽をできているわけであって，実はそこにはいくつもの興味深いテーマが潜んでいるということがわかります．本書を読んでいただければ，ハロー・ワールドを単なる数行のプログラムであると片づけることはできず，レポート5枚どころか1冊の本のテーマとしてふさわしいときっと思っていただけることでしょう．

⦿本書の環境について

本書はとくに断りが無い場合には，CentOS6の環境を利用しています．

プログラミングや解析の環境はGNUツールをベースとして，コンパイラにはGCC，デバッガにはGDBを利用します．

⦿サポートサイトについて

書籍の補足や修正情報などを以下のサポートサイトで提供しています．追加情報などもあればサポートサイト上で適宜発信しますので，ぜひご参照ください．

書籍のサポートサイト

```
http://kozos.jp/books/helloworld/
```

サポートサイトでは，書籍中で紹介するサンプル・プログラムやその実行ファイル，書籍の内容の検証に利用したVMイメージ，書籍中で参照している様々なツールのソースコード等も配布しています．内容の確認にご活用ください．

謝　辞

本書ではLinuxカーネルやglibc，FreeBSD，Newlib，またGCCやGDB，そしてobjdumpやreadelfといった有用な解析ツールを提供してくれているBinutilsなど，多くのオープンソース・ソフトウェアを利用しています．

それらは素晴らしい環境であり，ツールであり，教材であり，そのソースコードを読むことは筆者にとっての大きな楽しみと勉強になっています．もしもそれらが無かったら，この本は間違いなく生まれていないでしょう．開発者の方々に深く感謝いたします．

Contents
もくじ

第1章

ハロー・ワールドに触れてみる

まずは，本書で扱うサンプル・プログラムについて説明したい．サンプル・プログラムのソースコードとコンパイル方法，実行時の出力などを簡単になぞっておこうと思う．

また本書ではLinuxのカーネル・ソースコードなど，様々なソフトウェアのソースコードを参照する．

さらにハロー・ワールドに対して，様々な解析を行う．

具体的にはデバッガを用いた動的解析や，実行ファイルの静的解析などを行う．ライブラリのソースコードを参照したり，実行ファイルをバイナリファイルとして直接扱うようなこともある．

そしてこれらの解析のためには，解析用の様々なツール類も必要になる．本書ではそうしたツール利用の環境を気軽に利用できるようにするために，VM（Virtual Machine）によるCentOS環境のイメージを用意している．

本章では準備として，サンプル・プログラムと参照用の各種ソースコード，さらにVMによるCentOS環境について説明しよう．

【1.1】ハロー・ワールドのサンプル・プログラム

まずは本書で扱うハロー・ワールドのサンプル・プログラムを説明しよう．リスト1.1がハロー・ワールドのサンプルだ．ファイル名はhello.cとする．

リスト1.1: ハロー・ワールド（hello.c）

```
1:#include <stdio.h>
2:
```

```
3:int main(int argc, char *argv[])
4:{
5:  printf("Hello World! %d %s\n", argc, argv[0]);
6:  return 0;
7:}
```

本書で主に扱うプログラムは，これだけだ．ただの数行のプログラムなので，覚えることは難しくはないだろう．

なおリスト1.1ではmain()関数の引数としてargcとargvをとり，それをprintf()に渡して出力している．

一般的なハロー・ワールドはそこまでしていないかもしれないが，これは本書では引数の処理等を見たいためにそのようにしている．まあひとまずはそのようなものとして，気にしなくても構わない．

ここで気にしなければならないのは，以下のようなことだ．

- **printf()という関数を呼んでいるが，呼び出し先ではどのようなことが行われているのだろうか？**
- **main()という関数があるが，これはどこから呼ばれて，どこに戻るのだろうか？**
- **stdio.hというファイルをインクルードしているが，これはいったいどこにある，どのようなファイルなのだろうか？**

こうした「素朴な疑問」をとことん探っていくのが，本書の目的になる．

1.1.1 サンプル・プログラムのダウンロードについて

サンプル・プログラムのソースコードや生成済みの実行ファイルなどは，書籍のサポートページからhello.zipというファイルとしてダウンロードできる．

```
http://kozos.jp/books/helloworld/
hello.zip
```

本書で扱う実行ファイルはリスト1.1のサンプル・プログラムを後述のCentOS6の環境でコンパイルし生成したものだ．

同等の環境を用意して実行ファイルを新たに生成することは可能だが，実行ファイルを生成しなおした場合，たとえ環境を合わせたとしても，生成される実行ファイルは微妙に異なるものになる可能性がある．ツールやライブラリのバージョンの違いなどが影響する可能性があるためだ．

このため本文中で行っている操作を正確になぞりたいようなときには，自身の環境で生成した実行ファイルではなく，上記サイトのコンパイル済みの実行ファイルを利用してほしい．

なおhello.zipを解凍する際には，以下のディレクトリ上に展開するようにしてほしい．これはGDBによるデバッグ時にソースコードが参照されるため，ソースコードを実行ファイルの生成時のディレクトリに合わせて配置しておいたほうが問題が起きにくいからだ．

```
/home/user
```

hello.zipを展開すると12個のファイルがあり，それぞれ表1.1のような意味を持っている．実行ファイルについては，様々な条件でコンパイルしたものを用意している．

●表1.1: ファイルの一覧

ファイル名	ファイル種別	概要
Makefile	Makefile	実行ファイルの生成用
hello.c	Cソースコード	サンプル・プログラムのソースコード
hello	実行ファイル	静的リンクしたもの（主にこれを解析する）
hello-normal	実行ファイル	共有ライブラリを使った，通常のコンパイル
hello-opt	実行ファイル	-O1で最適化
hello-opt2	実行ファイル	-O2で最適化
hello-opts	実行ファイル	-Osで最適化
hello-nfp	実行ファイル	フレームポインタを利用しない
hello-ndbg	実行ファイル	デバッグオプションを無効化
hello-strip	実行ファイル	stripによるサイズ削減
simple.c	Cソースコード	さらにシンプルなハロー・ワールド
simple	実行ファイル	sample.cのコンパイル済み実行ファイル

|1.1.2| 各種ソースコードの入手について

本書では以下のソフトウェアのソースコードを参照している．

- Linuxカーネル
- GNU C Library (glibc)
- FreeBSD

- GNU Debugger (GDB)
- Newlib

これらのソースコードはそれぞれの本家の配布サイトからも取得できるが，上述した本書のサポートサイトにも置いてある．またサポートサイトには，本家サイトへのリンクも張ってある．

1.1.3 VMによるCentOS環境の利用について

本書の内容はCentOS6の32ビット版の環境で確認してある．

よってPC上にCentOSをインストールすれば，本書の内容を確認することは可能だ．また，もちろんUbuntuなどの他のGNU/LinuxディストリビューションやCygwin，FreeBSDなどの環境でも本書の手順に従った操作はできるかとは思う．

しかしツール類のバージョンなどがそろわない場合，細かい手順や結果等が微妙に異なる可能性がある．

実際に確認を行った環境は以下のVMイメージにしてあり，本書のサポートサイトからダウンロードできるようにしてある．

```
helloworld-CentOS6.ova
```

よって，やはり本書の内容を正確になぞりたいようなときには，上記のVMイメージを利用するのがいいだろう．解析だけならばそれほどの違いは無いかもしれないが，実行ファイルを生成する場合には，環境によって大きな差異が発生する．

> なお上記VMイメージを利用する場合，yum updateするかどうかは悩ましい問題だ．ライブラリ類が更新されると実行ファイル生成時のアドレス配置などが変わってくる可能性は十分にある．インターネットに接続しない環境でセキュリティ的な安全性が確保されるならば，yum updateをしないで使うことも考えられる．このあたりは自己責任で判断してほしい．

【1.2】実行ファイルの生成の手順

上述したように実行ファイルを自前で生成しなおした場合，生成される実行ファイルには差異があり，本書の内容を同じようにトレースできない可能性がある．

しかしそれを理解した上でならば，もちろんソースコードを自前の環境でコンパイルし，実行ファイルを生成してもいい．

ここでは自分の環境で実行ファイルを生成する場合について説明しておこう．本書で扱う実行ファイルがどのような手順で作成されているのか，知りたい場合には参考にしてほしい．

1.2.1 実行ファイルを生成する

まずはなんらかのテキストエディタによって，リスト1.1のC言語プログラムを作成し，hello.cというファイル名で保存しよう．

```
$ mkdir hello
$ cd hello
$ vi hello.c
```

hello.cが準備できたら，作成したhello.cをコンパイルして実行してみよう．まずは以下を実行してみる．

```
$ ls
hello.c
$ gcc hello.c -o hello -Wall -g -O0 -static
$
```

コンパイル・オプションが多数指定されているが，生成される実行ファイルの調整のためなので，ひとまずは気にしなくて構わない．

なお「-O0」というオプションがあるが，「-O0」はハイフンの後に「オー」と「ゼロ」を続けている．つまり「オーゼロ」であって，「オーオー」や「ゼロゼロ」ではないということに注意してほしい．

そしてコンパイルの際に，もしかしたら以下のようなエラーが出るかもしれない．

```
$ gcc hello.c -o hello -Wall -g -O0 -static
-bash: gcc: command not found
$
```

この場合はコンパイラであるgccがインストールされていないので，インストールしてほしい．CentOSならば，スーパーユーザで以下を実行する．

```
# yum install gcc
```

さらに，以下のようなエラーが出ることもあるかもしれない．

```
$ gcc hello.c -o hello -Wall -g -O0 -static
/usr/bin/ld: cannot find -lc
collect2: ld returned 1 exit status
$
```

これは-staticにより静的ライブラリをリンクしようとするが，標準Cライブラリであるいわゆるlibcの静的ライブラリ版がインストールされていないためだ．

このような場合には，たとえばCentOSならばスーパーユーザで以下のようにしてライブラリを追加インストールしてから，再度コンパイルを試してみてほしい．

```
# yum install glibc-static
```

うまくコンパイルできると，実行ファイルとして「hello」というファイルが作成される．確認してみよう．

```
$ gcc hello.c -o hello -Wall -g -O0 -static
$ ls
hello  hello.c
$
```

どうだろうか．まずはプログラムをコンパイルして，実行ファイルを生成することができただろうか？

1.2.2 コンパイル・オプション

コンパイル時には，いくつかのオプションを指定している．以下のコンパイル時の，「-Wall」や「-g」といったものだ．

```
$ gcc hello.c -o hello -Wall -g -O0 -static
```

このようなコンパイル・オプションの指定に慣れない読者のかたもいるかもしれないが，オプションによって出力される実行ファイルが様々に変化するので，コンパイル・オプションは重要だ．

ここでコンパイル・オプションについて説明しておこう．

まず「-Wall」はすべてのワーニングを出力するためのチェック用だ．ワーニングは単なる警告の場合もあるが，バグかバグすれすれのことも多いものだ．ワーニングはなるべく出力させ，可能な限り（というよりは，基本的にはすべてを）減らしておく癖をつけるといいだろう．

「-g」はデバッガによるデバッグを可能にするためのオプションだ．これを付加することで実行ファイル中にデバッグ用の情報が組み込まれ，C言語のソースコードと対応させてのデバッグができるようになる．

また「-O0」は最適化を行わないようにするためのオプションだ．これは先述したように「オー」に続けて「ゼロ」を付加しているわけだが，「ゼロ」は最適化の度合を表していて，「-O1」にすると最適化を，「-O2」にするとさらに進んだ最適化を行うようになる．

さらに「-static」はリンクを静的に行うためのオプションだ．「静的リンク」「スタティックリンク」などのように呼ばれる．これらはこの後の解析をやりやすくするために指定している．

ただしこれらは，書籍中で徐々に詳しく説明していく．よくわからなければ，まあそのようなものとして深くは考えずに読み飛ばしていただいてもかまわない．

1.2.3 プログラムの動作を確認する

実行ファイルが生成されたら，プログラムを実行してみよう．以下のように実行ファイルを指定することで，カレントディレクトリ上の実行ファイルを実行することができる．

```
$ ./hello
Hello World! 1 ./hello
$
```

無事に実行できたようだ．printf()が実行されて，「Hello World!」のメッセージが出力されている．

さらにprintf()に引数として渡したargcとargv[0]が表示されている．argcにはコマンドラインから渡した引数の数，argv[]には引数列が渡されるが，先頭のゼロ番目には実行コマンド名が格納されるので，argcは1となり，argv[0]として「./hello」が渡されていることがわかる．

ためしに，実行時にコマンドライン引数を与えてみよう．

```
[user@localhost hello]$ /home/user/hello/hello abc def
Hello World! 3 /home/user/hello/hello
[user@localhost hello]$
```

まず引数として「abc」「def」の2つを与えているため，実行コマンド名と合わせてargcが3になっている．さらに実行コマンドはフルパスで指定したため，argv[0]がやはりフルパスで表示されていることがわかる．

さて，これだけの動作のプログラムをどれだけ深く掘り下げることができるのだろうか？

しかしこのような単純なプログラムであっても，動作のためには様々な要素が複雑に連携している．そしてその上でプログラムを書いているからこそ我々は「プログラムをコンパイルして実行してメッセージを出力」などというものすごく複雑な処理を，簡単に実現することができている．

その「ものすごく複雑な処理」をひとつひとつ解き明かしていくことが，本書のテーマになる．

|1.2.4| 逆アセンブル結果を見る

本書では実行ファイルを逆アセンブルした結果を参照することがある．

逆アセンブルというのは，実行ファイル中の機械語コードから元になったニーモニックを復元することだ．

ここで，逆アセンブル方法についても簡単に説明しておこう．

逆アセンブルはobjdumpというコマンドによって行える．

```
[user@localhost hello]$ objdump -d hello | head

hello:     file format elf32-i386


Disassembly of section .init:

08048140 <_init>:
 8048140:       55                      push   %ebp
 8048141:       89 e5                   mov    %esp,%ebp
 8048143:       53                      push   %ebx
[user@localhost hello]$
```

実際に実行すると大量の出力がされてしまうため，先頭付近のみ抽出してみた．lessなどに入力して検索すると，main()関数の先頭部分を見ることもできる．

lessは「/」を押し，続けて検索文字列を入力することで検索ができる．

実際に探すと，main()に相当する部分は以下のようになっていた．

```
080482bc <main>:
 80482bc:       55                      push   %ebp
 80482bd:       89 e5                   mov    %esp,%ebp
 80482bf:       83 e4 f0                and    $0xfffffff0,%esp
 80482c2:       83 ec 10                sub    $0x10,%esp
 80482c5:       8b 45 0c                mov    0xc(%ebp),%eax
 80482c8:       8b 10                   mov    (%eax),%edx
 80482ca:       b8 0c 36 0b 08          mov    $0x80b360c,%eax
 80482cf:       89 54 24 08             mov    %edx,0x8(%esp)
 80482d3:       8b 55 08                mov    0x8(%ebp),%edx
 80482d6:       89 54 24 04             mov    %edx,0x4(%esp)
 80482da:       89 04 24                mov    %eax,(%esp)
 80482dd:       e8 7e 10 00 00          call   8049360 <_IO_printf>
 80482e2:       b8 00 00 00 00          mov    $0x0,%eax
 80482e7:       c9                      leave
 80482e8:       c3                      ret
...
```

なおアセンブラについてはまた後ほど説明するので，よくわからないかたは，ここではひとまずはobjdumpコマンドにより逆アセンブルが可能であるということだけ知っておいていただければと思う．

|1.2.5| 実行ファイルの解析結果を見る

また本書では，実行ファイルを解析するためにreadelfというコマンドを利用する．

以下のようにreadelfコマンドを実行することで，実行ファイル上の様々な情報が出力される．

```
[user@localhost hello]$ readelf -a hello | head
ELF Header:
  Magic:   7f 45 4c 46 01 01 01 03 00 00 00 00 00 00 00 00
  Class:                             ELF32
  Data:                              2's complement, little endian
  Version:                           1 (current)
  OS/ABI:                            UNIX - Linux
  ABI Version:                       0
  Type:                              EXEC (Executable file)
  Machine:                           Intel 80386
  Version:                           0x1
[user@localhost hello]$
```

readelfコマンドに関しても，必要になった箇所でその都度説明する．よってここではそのようなコマンドがある，ということだけ知っておいていただければ十分だ．

【1.3】 VM環境の利用

先述したように本書はCentOS6の環境を前提としている．

そしてその環境はVMイメージで配布しており，VM環境で気軽に試すことができる．ここではVMイメージの利用方法について説明しよう．

なお本書では，VM環境にはOracle VM VirtualBox（以下，VirtualBox）というオープンソース・ソフトウェアを利用している．以下ではVirtualBoxを利用したVM利用の方法を説明するので，必要なかたはVirtualBoxを各自でインストールしておいてほしい．

|1.3.1| VMイメージのダウンロード

VMイメージは本書のサポートページで配布している．

VMイメージにはOVAというフォーマットが多く使われる．まずは以下のOVAファイルをダウンロードしてほしい．

```
helloworld-CentOS6.ova
```

注意として，上のOVAファイルはサイズが1.5GBほどある．従量課金のネットワークなどでは注意してほしい．またダウンロード先のPCのHDD容量も，十分にあることを確認しておいてほしい．

|1.3.2| VMイメージをインポートする

VirtualBoxのインストールが済み，OVAファイルも用意できたら，VirtualBoxにOVAファイルをインポートしよう．

まずVirtualBoxを起動すると，図1.1のような画面になるだろう．

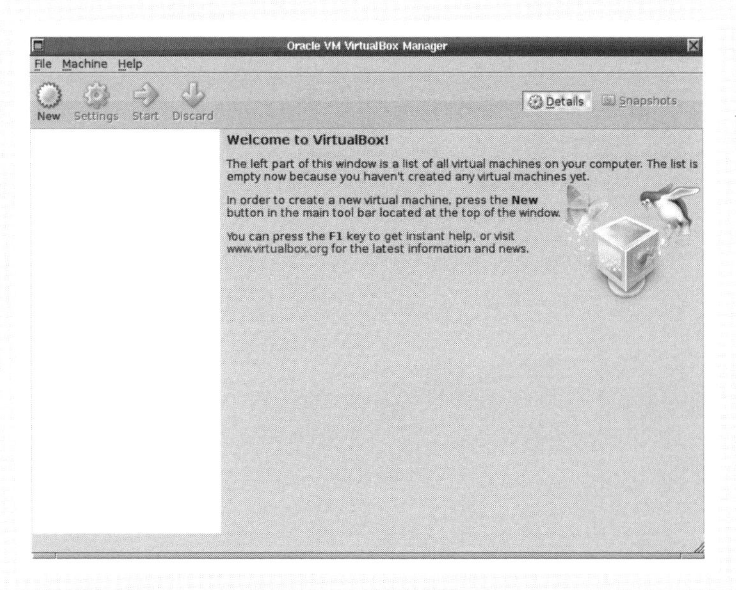

図1.1: VirtualBoxの起動画面

「File」メニューからVMイメージのインポートを選択する．すると図1.2のような画面になるはずだ．

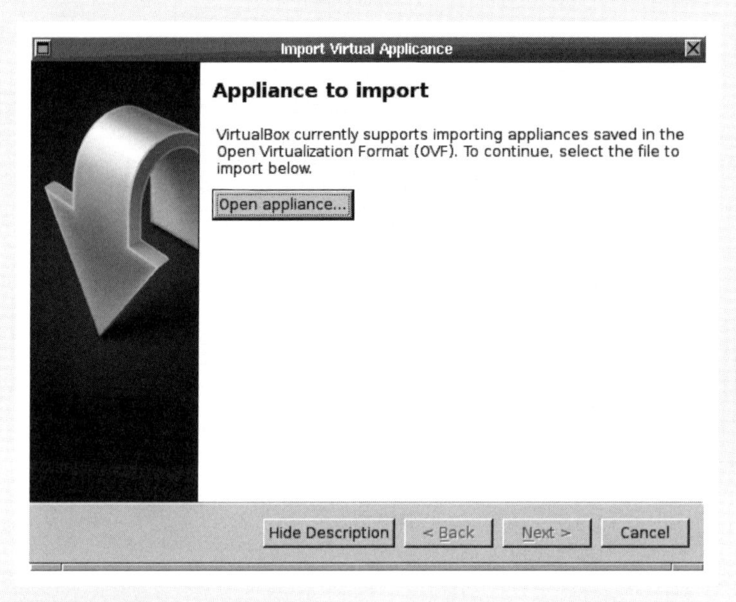

●図1.2: VMイメージのインポート

進めると図1.3のようになり，ここでダウンロードしたOVAファイルを指定する．

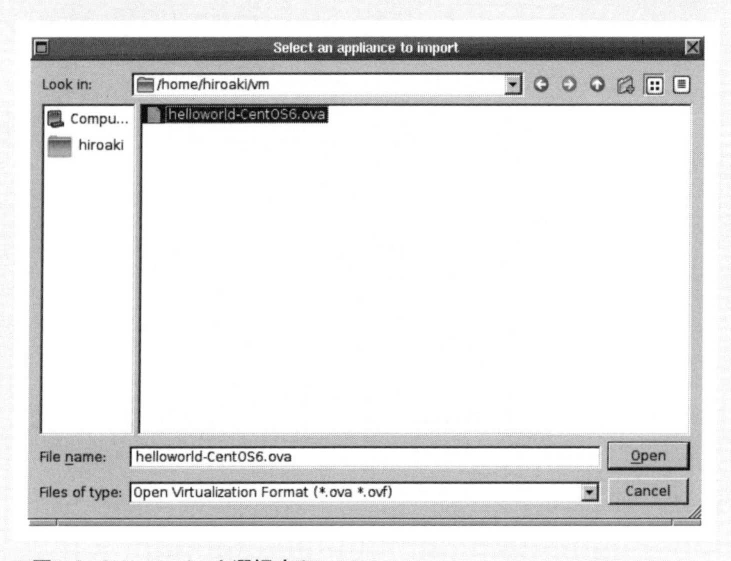

●図1.3: OVAファイルを選択する

OVAファイルを選択すると，ゲストの設定画面になる．変更が必要な項目があれば，ここで変更できる．問題なければImportをクリックすれば，VMイメージのインポートが開始される．

なおVirtualBoxを起動している環境はホスト，VM内の環境はゲストと呼ばれる．

ここではゲスト側のOSとして，CentOSのイメージをインポートしているということだ．

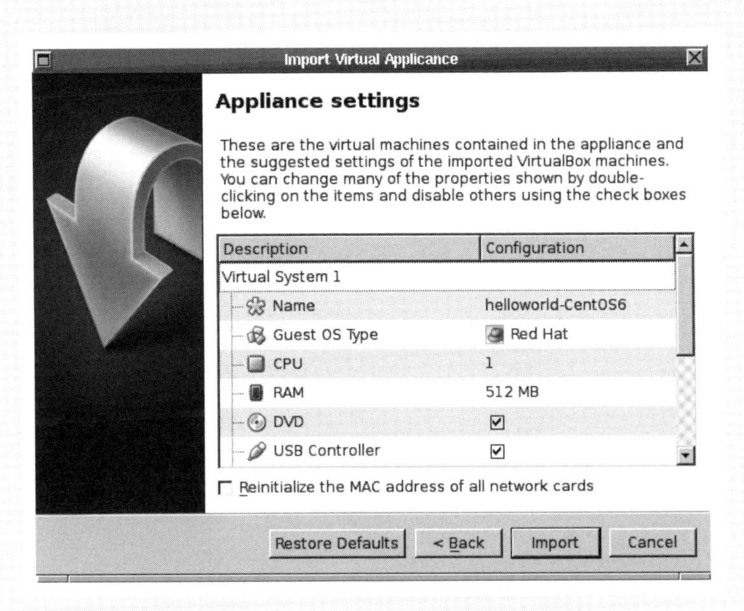

●図1.4: Importをクリックすると，インポートが開始される

インポートが完了すると図1.5のようになり，VMがアイコンとして現れる．

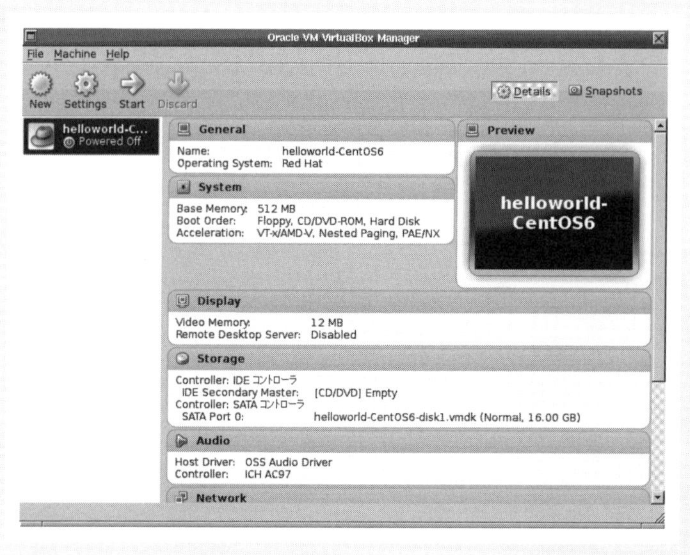

●図1.5: インポートが完了した状態

1.3.3 VMを起動する

インポートが完了したら，VMを起動してみよう．

VirtualBox上のVMのアイコンをクリックし，さらに「Start」をクリックすることでVMが起動し，操作用のコンソール画面がひとつのウィンドウとして開く．

最初は図1.6のような画面になるはずだ．

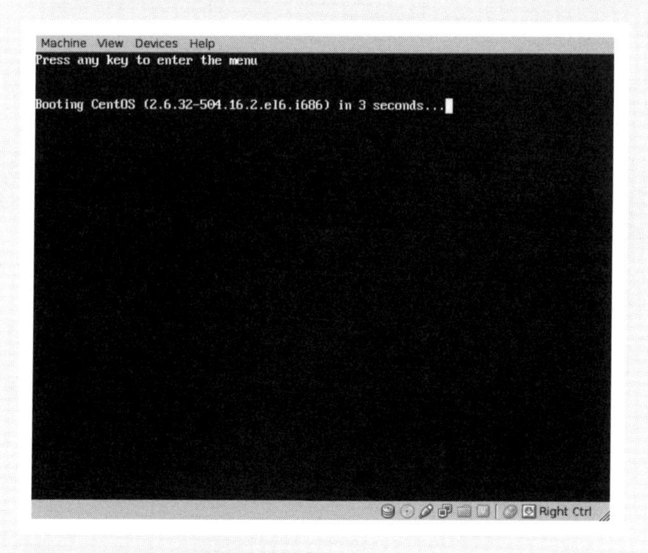

●図1.6: 起動時の画面

ここでは何もキーを押さずに置いておけば，あとはCentOSが自動的に起動する．図1.7は起動中の画面だ．

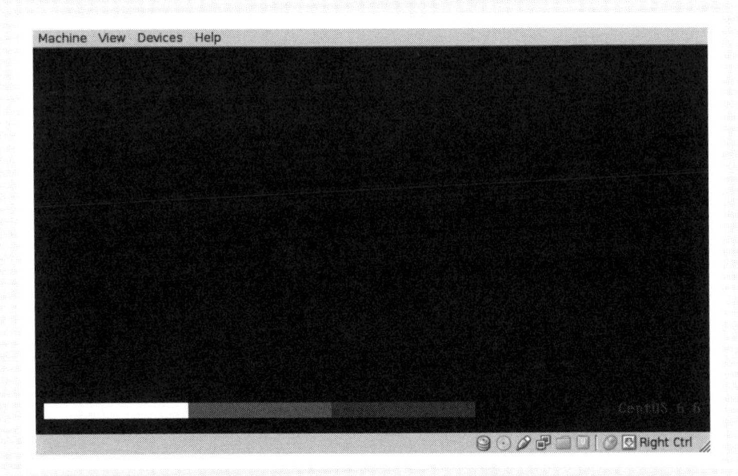

図1.7: CentOSが起動する

起動すると図1.8のような画面になり，ログイン待ちになる．

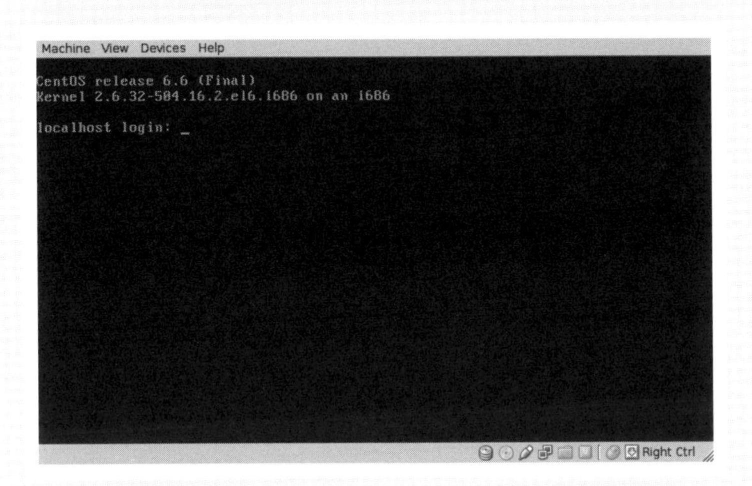

図1.8: 起動後のログイン待ちの画面

なおここで，図1.8の右下に「Right Ctrl」と表示されていることに注意しておいてほしい．VMの操作をすると，キーボードやマウスの操作がVMのウィンドウ内に閉じ込められ，外に出られなくなる．

ここに表示されているキーを押すことで，ウィンドウ外に出ることができる．こうしたキーは「ホストキー」などと呼ばれる．

|1.3.4| ログインする

このCentOSイメージは，以下のユーザ名とパスワードでログインできる．

- ユーザ名：user
- パスワード：helloworlduser

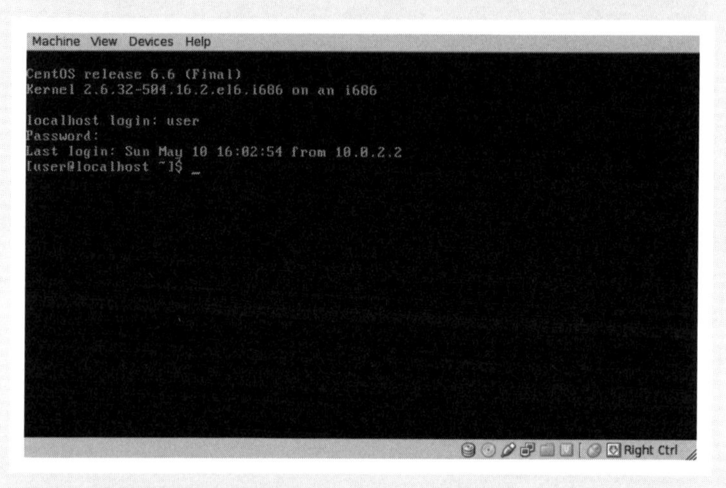

図1.9: ログインをしたところ

ログインすると以下のようなプロンプトが出て，コマンド入力待ちになっている．

```
[user@localhost ~]$
```

あとは通常のCentOSの操作が可能だ．

なおシェルによるCentOSの操作については本書の範囲では無いので，ここでは説明しない．必要に応じて各自で適宜，書籍などを参照してほしい．

さらに，以下のパスワードでスーパーユーザになることができる．システムの設定を行いたい場合には必要になるだろう．

- ユーザ名：root
- パスワード：helloworldroot

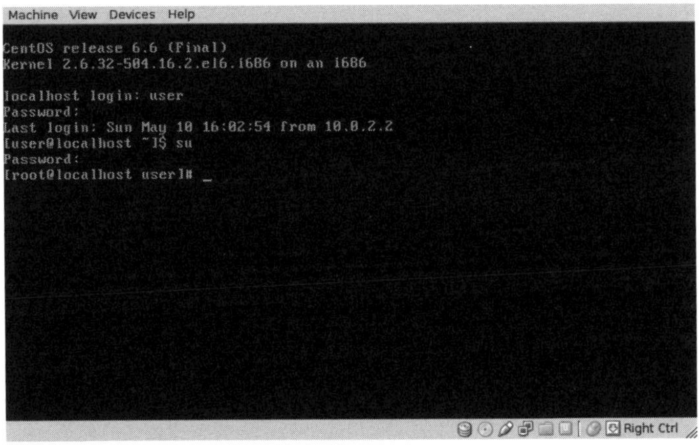

```
Machine View Devices Help

CentOS release 6.6 (Final)
Kernel 2.6.32-504.16.2.el6.i686 on an i686

localhost login: user
Password:
Last login: Sun May 10 16:02:54 from 10.0.2.2
[user@localhost ~]$ su
Password:
[root@localhost user]# _

Right Ctrl
```

図1.10: スーパーユーザになる

スーパーユーザになると，プロンプトが以下のように変化する．

```
[user@localhost ~]$ su
Password:
[root@localhost user]#
```

本書ではこのプロンプトにならって，プロンプトの終端が「$」になっているものは一般ユーザでの実行，終端が「#」になっているものはスーパーユーザでの実行を表す．

|1.3.5| サンプル・プログラムを展開しておく

本書ではサンプル・プログラムやp.3で紹介した様々なソフトウェア（Linuxカーネルなど）のソースコードを参照するが，そのためにはそれらをCentOS環境上に展開しておきたい．

まず，サンプル・プログラムについてだ．PCがネットワークによりインターネットに接続されている状態ならば，以下でサンプル・プログラムのhello.zipをダウンロードできる．

```
[user@localhost ~]$ wget kozos.jp/books/helloworld/archive/hello.zip
```

hello.zipが取得できたら，/home/userに展開しておこう．ZIPファイルは以下のコマンドで解凍できる．

```
[user@localhost ~]$ unzip hello.zip
```

|1.3.6| 各種ソースコードを展開しておく

次に，p.3の他ソフトウェアのソースコードをCentOS環境に必要に応じて展開しておいてほしい．

まずインターネットに接続されている状態ならば，各種ソースコードは以下のようにしてダウンロードできる．

```
[user@localhost ~]$ wget kozos.jp/books/helloworld/archive/linux-2.6.32.65.tar.xz
[user@localhost ~]$ wget kozos.jp/books/helloworld/archive/glibc-2.21.tar.xz
[user@localhost ~]$ wget kozos.jp/books/helloworld/archive/src.txz
[user@localhost ~]$ wget kozos.jp/books/helloworld/archive/gdb-7.9.1.tar.xz
[user@localhost ~]$ wget kozos.jp/books/asm/newlib-2.2.0.tar.gz
```

各種ソースコードは以下のようにして展開できる．

```
[user@localhost ~]$ tar xvJf linux-2.6.32.65.tar.xz (Linuxカーネル・ソースコード)
[user@localhost ~]$ tar xvJf glibc-2.21.tar.xz (glibcソースコード)
[user@localhost ~]$ tar xvJf gdb-7.9.1.tar.xz (gdbソースコード)
[user@localhost ~]$ tar xvzf newlib-2.2.0.tar.gz (newlibソースコード)
```

注意としてファイル名が「*.tar.xz」や「*.txz」になっているものはtar+xzでアーカイブされているので，tarのJオプションで展開できる．ファイル名が「*.tar.gz」や「*.tgz」になっているものはtar+gzipでアーカイブされているので，tarのzオプションで展開できる．

またFreeBSDのソースコードはsrc.txzであるが，これをそのまま解凍するとusr/srcというディレクトリが作られてそこに展開される．これはFreeBSDでは，システムのインストール時にソースコードのインストールを指定しておくと，/usr/srcに展開されるためだ．

以下はソースコードもインストールしたFreeBSDのシステム上で，/usr/srcに置かれているソースコードを確認している例だ．

なお本書では，プロンプトに「freebsd」の文字があるものはFreeBSDのシステム上での実行を示す．本書で対象にするのはFreeBSD-9.3の32ビット版であり，上でダウンロードしているsrc.txzはFreeBSD-9.3のソースコードだ．

```
user@freebsd:~ % ls /usr/src
COPYRIGHT           cddl            release
LOCKS               contrib         rescue
MAINTAINERS         crypto          sbin
Makefile            etc             secure
Makefile.inc1       games           share
Makefile.mips       gnu             sys
ObsoleteFiles.inc   include         tools
README              kerberos5       usr.bin
UPDATING            lib             usr.sbin
bin                 libexec
user@freebsd:~ %
```

よってそのまま解凍するとusrというディレクトリに展開されてしまうわけだが，それではわかりにくいので，FreeBSDのソースコードはFreeBSD-9.3というディレクトリを作成してそこに展開するようにしよう．

```
[user@localhost ~]$ mkdir FreeBSD-9.3
[user@localhost ~]$ cd FreeBSD-9.3
[user@localhost FreeBSD-9.3]$ tar xvJf ../src.txz (FreeBSDソースコード)
usr/src/
usr/src/lib/
usr/src/games/
...
```

これでソースコードの準備は完了だ．

1.3.7 VMの終了

最後に，CentOSはスーパーユーザでinit 0を実行することで終了することができる．

```
[root@localhost user]# init 0
```

init 0を実行すると図1.11のようにシャットダウン処理が行われ，VMのウィンドウがクローズする．

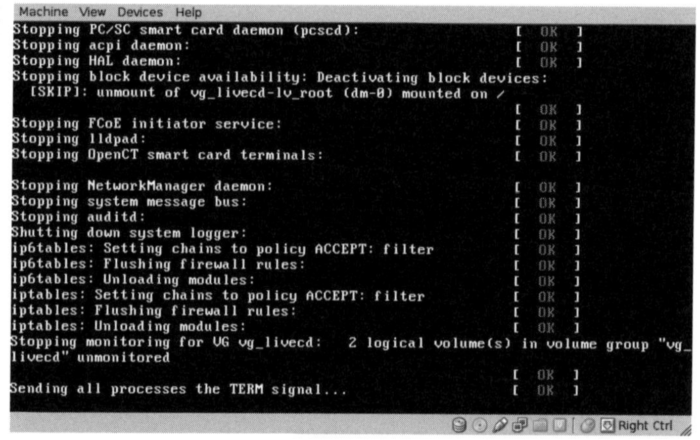

```
Machine  View  Devices  Help
Stopping PC/SC smart card daemon (pcscd):                  [  OK  ]
Stopping acpi daemon:                                      [  OK  ]
Stopping HAL daemon:                                       [  OK  ]
Stopping block device availability: Deactivating block devices:
  [SKIP]: unmount of vg_livecd-lv_root (dm-0) mounted on /
                                                           [  OK  ]
Stopping FCoE initiator service:                           [  OK  ]
Stopping lldpad:                                           [  OK  ]
Stopping OpenCT smart card terminals:                      [  OK  ]

Stopping NetworkManager daemon:                            [  OK  ]
Stopping system message bus:                               [  OK  ]
Stopping auditd:                                           [  OK  ]
Shutting down system logger:                               [  OK  ]
ip6tables: Setting chains to policy ACCEPT: filter         [  OK  ]
ip6tables: Flushing firewall rules:                        [  OK  ]
ip6tables: Unloading modules:                              [  OK  ]
iptables: Setting chains to policy ACCEPT: filter          [  OK  ]
iptables: Flushing firewall rules:                         [  OK  ]
iptables: Unloading modules:                               [  OK  ]
Stopping monitoring for VG vg_livecd:   2 logical volume(s) in volume group "vg_
livecd" unmonitored
                                                           [  OK  ]
Sending all processes the TERM signal...                   [  OK  ]
                                                                    Right Ctrl
```

図1.11: CentOSを終了する

【1.4】VM環境を使いやすくする

さて，これでVM環境の準備は完了なのだが，実は他にも説明しておきたい作業が4つある．

3つはVM環境を使いやすくするためのもの，もうひとつはシステムの設定に関するものだ．

それらを順に説明しよう．

1.4.1 GUIを利用する

ここまでの説明は，VMを起動すると現れるコンソール画面上で作業することを前提としていた．つまりCUI（Character User Interface）による操作が基本となっている．

しかし操作にはGUI（Graphical User Interface）を利用したい，という読者のかたもいることだろう．

VMの起動後，ログイン後に図1.12のようにして「startx」というコマンドを実行することで，GUIの画面を起動することができる．

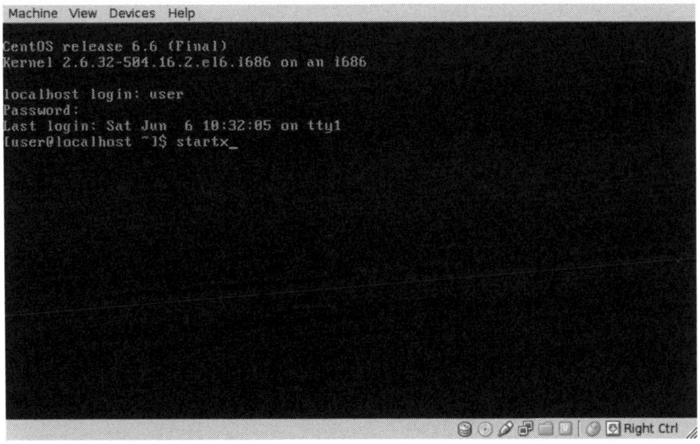

```
Machine  View  Devices  Help
CentOS release 6.6 (Final)
Kernel 2.6.32-504.16.2.el6.i686 on an i686

localhost login: user
Password:
Last login: Sat Jun  6 10:32:05 on tty1
[user@localhost ~]$ startx_
Right Ctrl
```

●図1.12: GUIを起動する

起動すると図1.13のような画面になる．あとはGUIでのマウス操作になるので，感覚的に扱えるかと思う．

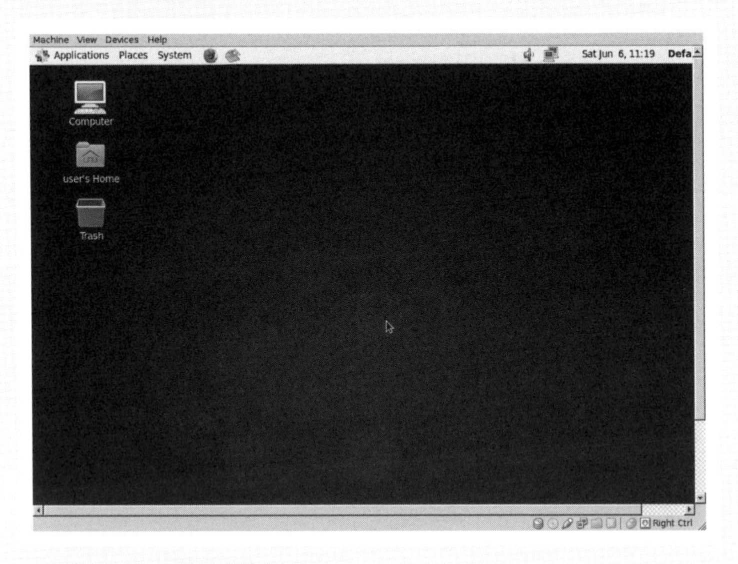

●図1.13: GUIの起動画面

コマンド入力用のターミナルは図1.14のようにして，「Applications」→「System Tools」→「Terminal」で開くことができる．

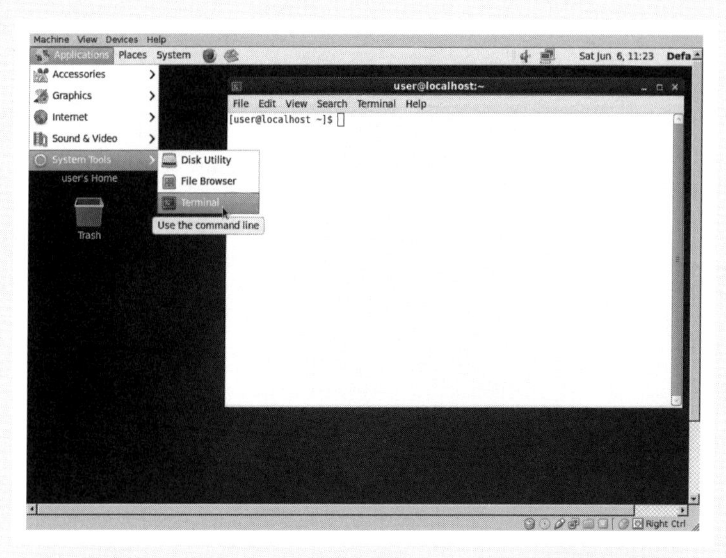

図1.14: コマンド入力用のターミナルを開く

1.4.2 SSHでのログインを可能にする

GUIが使えるようになると非常に便利ではあるのだが，コンソール画面を使わない別の方法として，SSHでログインする，というものもある．

実際にはSSHによりホスト側からネットワーク経由でログインできると，ファイルのやりとりなどもできて何かと便利だ．ここではSSHによるログインを可能にする方法を説明しよう．

まずはポート・フォワーディングの設定が必要になる．VirtualBoxでVMが起動していない状態でSettingsをクリックし，ネットワークの設定に入る．

図1.15はVirtualBoxのネットワークの設定だ．Advancedをクリックすると追加の設定が現れ，ポート・フォーワーディングの設定ができる．

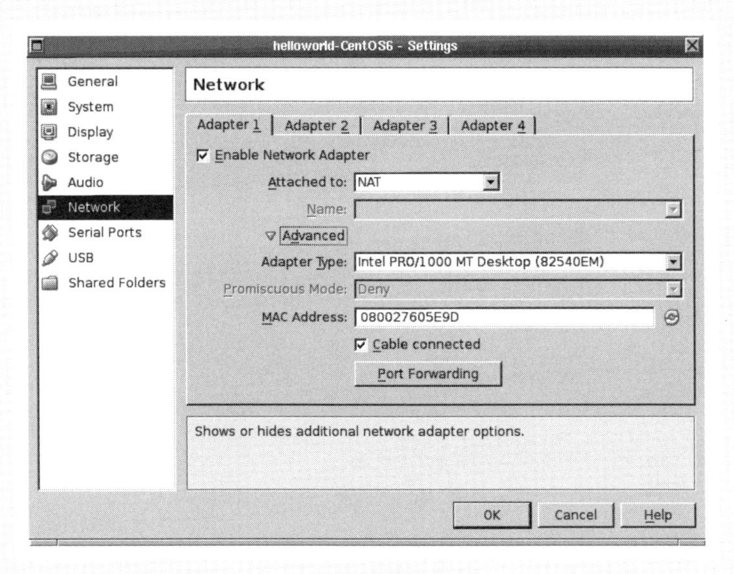

●図1.15: VirtualBoxでのネットワークの設定

図1.16がポート・フォワーディングの設定ウィンドウになる．図1.16を参考に，以下のようなエントリを追加してほしい．

- **ホスト側のIPアドレス：127.0.0.1**
- **ホスト側のポート：10022（これは自由に選択可能）**
- **ゲスト側のポート：22**

このようにすることで，ホストから10022番ポートに対してSSH接続するとパケットがゲスト側に転送され，ゲスト側のSSHサーバに接続することができる．

ホスト側のIPアドレスは，未設定でもSSH接続はできる．しかしそのようにしておくとネットワーク経由で10022番ポートに対してSSH接続できてしまい，セキュリティ上の問題があるので注意してほしい．

Port Forwarding Rules

Name	Protocol	Host IP	Host Port	Guest IP	Guest Port
Rule 1	TCP	127.0.0.1	10022		22

OK　Cancel

図1.16: ポート・フォワーディングの設定

次にVMを起動し，ログインしてスーパーユーザになる．SSHによるログインを可能にするには，スーパーユーザで以下のコマンドを実行する．

```
[root@localhost user]# chkconfig sshd on
```

実行すると図1.17のように，とくに何も起きていないように見える．しかしこれで起動時にSSHによるログインが有効になっているので，あとはCentOSを再起動すればいい．

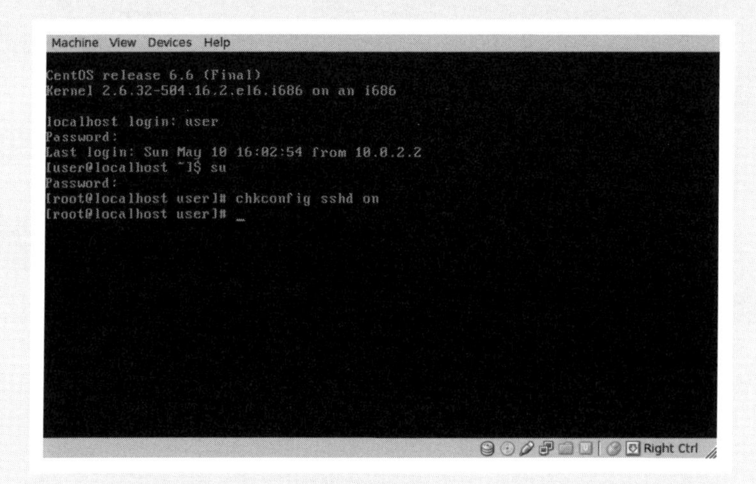

図1.17: SSHによるログインを有効にする

もしくは以下を実行すると，再起動無しでSSHを一時的に有効にできる．しかしこの方法だと，再起動するとSSHは無効の状態に戻ってしまう．

```
[root@localhost user]# service sshd start
```

SSHを有効にした場合，ポート番号10022からフォワーディングされているので，ホスト側から以下で接続できる．

- **接続先：127.0.0.1**
- **ポート番号：10022**
- **プロトコル：SSH**

接続にはTeraTermのようなSSHクライアントが利用できる．またWinSCPなどのツールにより，ファイルのやりとりも可能になる．

|1.4.3| 文字化けを防ぐ

標準では文字コードに漢字が利用されることで，環境によっては文字化けが発生してしまうかもしれない．図1.18は先述したSSHによるログインをした際の，文字化けの例だ．

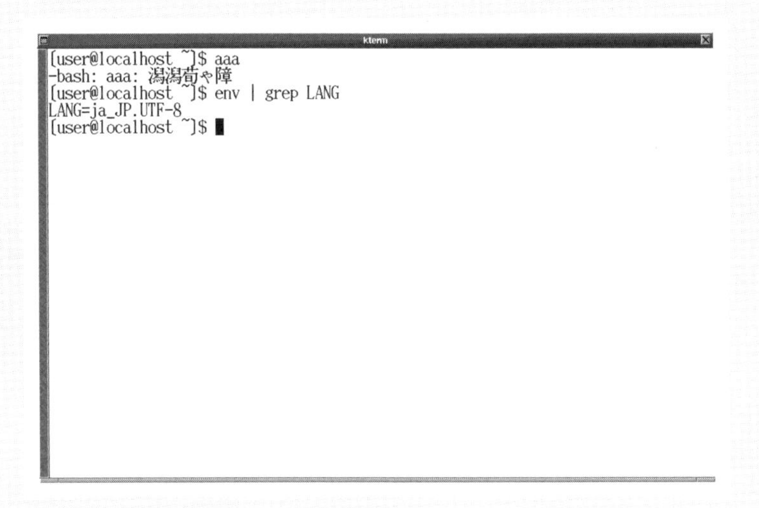

●図1.18: 文字化けの例

このような文字化けは，環境変数LANGが日本語に設定されているときに漢字のメッセージが出力され，ターミナルが日本語対応されているものでなかったり，もしくは漢字コードの設定が正しくない場合などに発生する．

このような場合には，以下のようにして環境変数「LANG」を設定してほしい．

```
[user@localhost ~]$ LANG=C
```

図1.19のように出力が英語になり，文字化けを防ぐことができる．

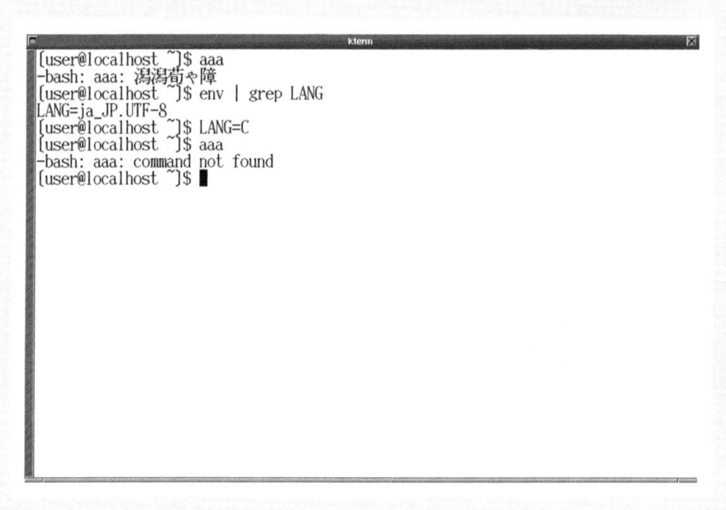

●図1.19: 文字化けを防ぐ

またシェルのショートカットキーなどがうまく動作しない場合には，以下のようにして環境変数「TERM」の設定も行っておくといいだろう．

```
[user@localhost ~]$ TERM=vt100
```

1.4.4 カーネルの起動オプションを調整する

「使いやすくする」ということとはちょっと違うのだが追加の設定として，Linuxカーネルの起動オプションに「nosep」を追加することで「SEP」を無効化しておいてほしい，というものがある．

> なお本書のCentOS環境では以下で説明する操作によりgrub.confを変更しSEPを無効化してあるため，ここで説明することは読み飛ばしていただいても構わない．

「SEP」というのはx86でsysenterというシステムコール命令が有効かどうかを判定

するためのフラグなのだが，これが有効になっているかどうかでプログラムの動作が変わってくる．具体的には，共有ライブラリを使ったVDSOという仕組みでどのライブラリが呼ばれるのかが変わってくる．

詳細は第12章で説明するので当面は知らなくていいのだが，環境によって動作が変わってくることになるので，書籍の内容と食い違いが発生してしまう可能性がある．そこでカーネルの起動オプションを調整して，とりあえずSEPを無効化することで動作が本書の説明と合うようにする方法を，ここで説明しておく．

方法には一時的なものと永続的なものがあるので，それぞれ適当な方法を選択してほしい．なおこれについては必要になった際にまた説明するので，必ずしもここで行っておく必要は無い．そのときになったら，また本節を読み返してほしい．

⦿一時的にnosepオプションを付加して起動する

まずは起動時に一度限りでオプションを付加する方法だ．

VMを起動し，図1.6の画面になったらEnterキーを押す．すると，図1.20のようなカーネルの選択画面になるだろう．

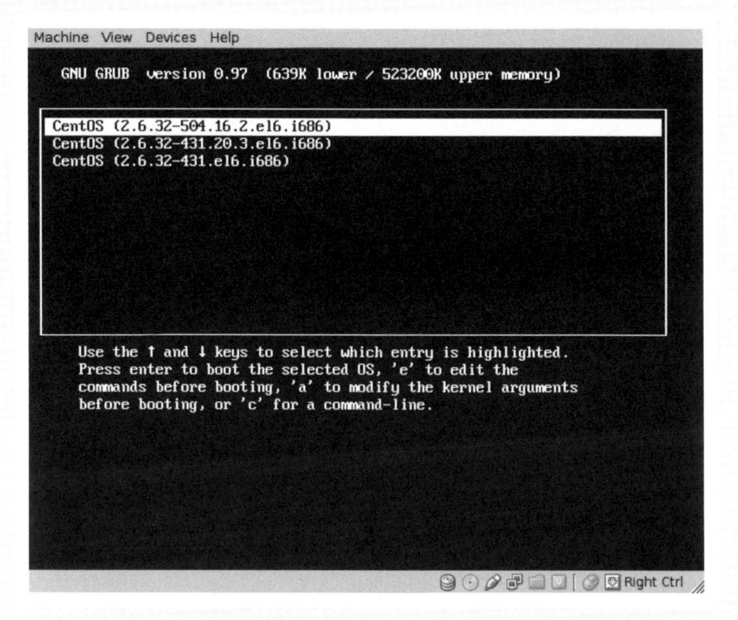

図1.20: 起動カーネルの選択

ここで「e」を押すと，図1.21のような起動オプションの編集画面になる．

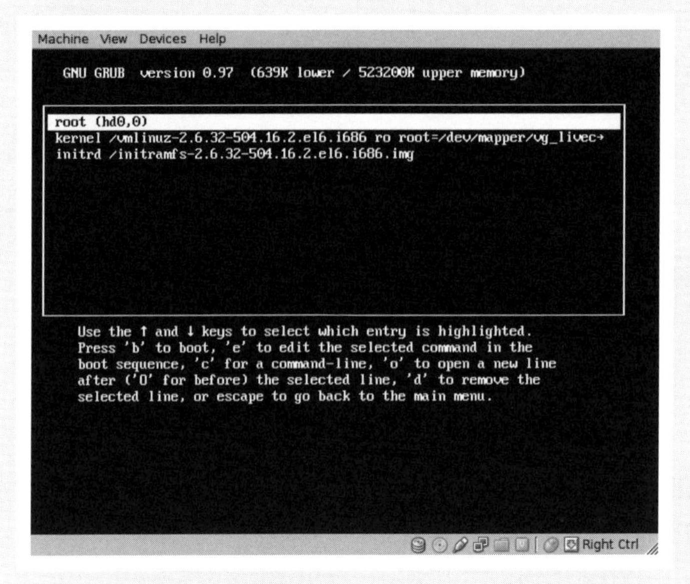

●図1.21: 起動オプションの編集

「↓」を押して，カーネルの起動オプションを選択しよう．図1.22のように「kernel」の行が反転表示された状態だ．

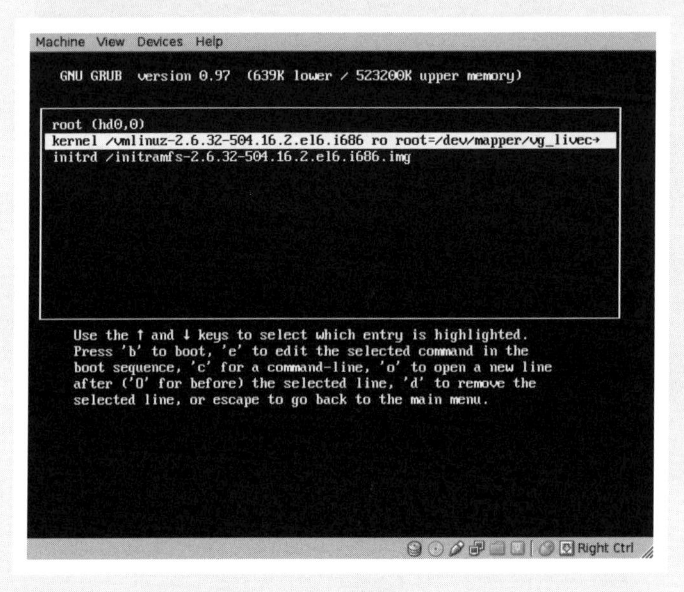

●図1.22: カーネルの起動オプションを選択

ここで「e」を押すとテキストエディタが起動し，カーネルの起動オプションを編集できる．図1.23では末尾付近のみ表示されてしまっているが，「←」を押して前のほうに戻ると，オプション指定の全体を確認することができる．

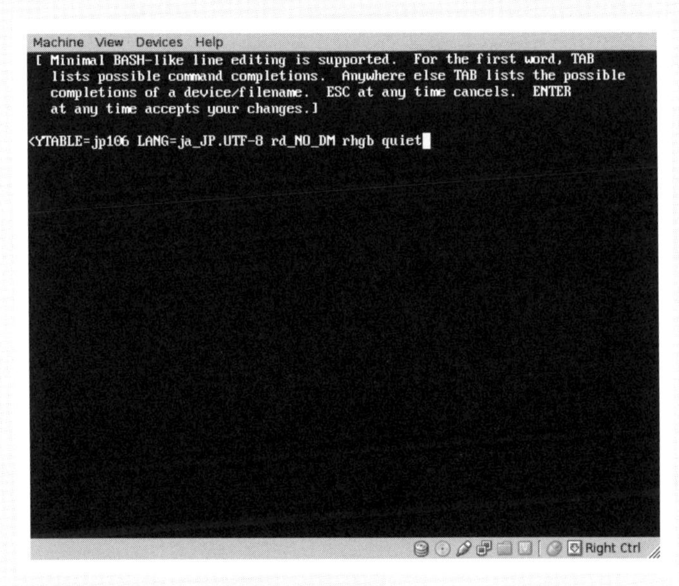

●図1.23: カーネルの起動オプションの編集

図1.24のように，末尾に「nosep」を付加してほしい．

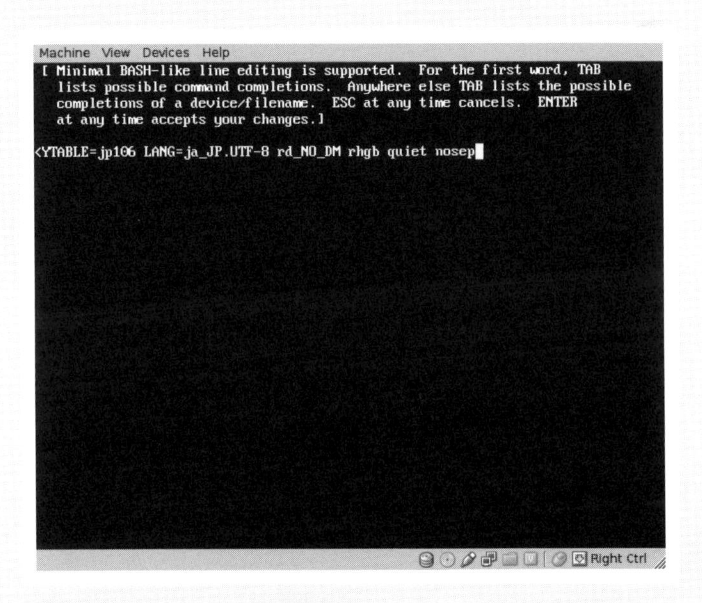

●図1.24: nosepオプションを追加する

nosepを付加したらEnterを押すと，図1.25の画面に戻る．

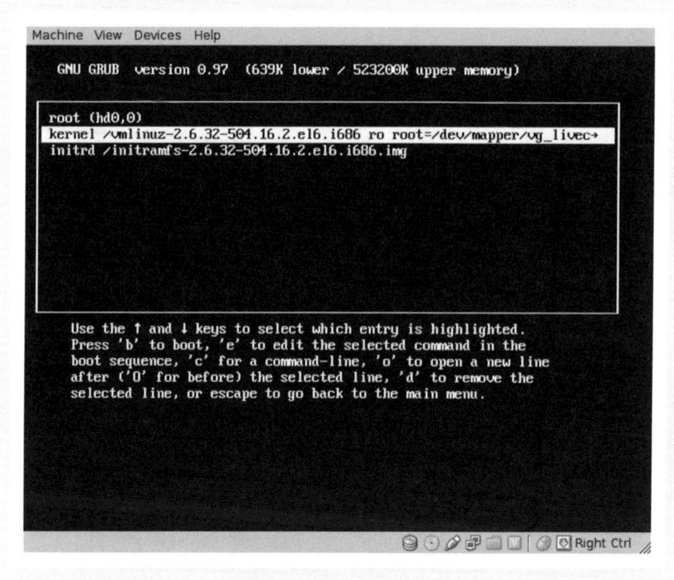

図1.25: オプションの設定が完了

ここで「b」を押すと，指定したオプションで起動する．ただしこの設定は起動時の一度限りで，再起動した際には元に戻るので注意が必要だ．

⦿nosepオプションを永続的に付加する

次は起動のたびではなく，永続的にnosepオプションを付加する方法だ．

CentOSをいったん起動し，スーパーユーザになって/boot/grub/grub.confというファイルを編集する．なお編集前にはgrub.confをgrub.conf.origにリネームして，バックアップしておくといいだろう．

編集にはnanoやviというテキストエディタが使える．ここでは操作が簡単なnanoでの方法を説明する．図1.26のようにして，スーパーユーザで/boot/grub/grub.confを引数にしてnanoを起動する．

> 編集に失敗すると，最悪CentOSが起動しなくなる可能性がある．
> 修正は十分に注意した上で行ってほしい．

```
Machine View Devices Help

CentOS release 6.6 (Final)
Kernel 2.6.32-504.16.2.el6.i686 on an i686

localhost login: user
Password:
Last login: Sat Jun  6 10:17:40 on tty1
[user@localhost ~]$ su
Password:
[root@localhost user]# mv /boot/grub/grub.conf /boot/grub/grub.conf.orig
[root@localhost user]# cp /boot/grub/grub.conf.orig /boot/grub/grub.conf
[root@localhost user]# nano /boot/grub/grub.conf_
```

●図1.26: nanoを起動する

nanoを起動すると図1.27のようになるはずだ.

```
Machine View Devices Help
  GNU nano 2.0.9            File: /boot/grub/grub.conf

# grub.conf generated by anaconda
#
# Note that you do not have to rerun grub after making changes to this file
# NOTICE:  You have a /boot partition.  This means that
#          all kernel and initrd paths are relative to /boot/, eg.
#          root (hd0,0)
#          kernel /vmlinuz-version ro root=/dev/mapper/vg_livecd-lv_root
#          initrd /initrd-[generic-]version.img
#boot=/dev/sda
default=0
timeout=5
splashimage=(hd0,0)/grub/splash.xpm.gz
hiddenmenu
title CentOS (2.6.32-504.16.2.el6.i686)
        root (hd0,0)
        kernel /vmlinuz-2.6.32-504.16.2.el6.i686 ro root=/dev/mapper/vg_livecd-$
        initrd /initramfs-2.6.32-504.16.2.el6.i686.img
title CentOS (2.6.32-431.20.3.el6.i686)
        root (hd0,0)
        kernel /vmlinuz-2.6.32-431.20.3.el6.i686 ro root=/dev/mapper/vg_livecd-$
                                [ Read 25 lines ]
^G Get Help  ^O WriteOut  ^R Read File ^Y Prev Page ^K Cut Text  ^C Cur Pos
^X Exit      ^J Justify   ^W Where Is  ^V Next Page ^U UnCut Text^T To Spell
```

●図1.27: grub.confを編集する

16行目に「kernel」で始まる行がある. これがカーネルの起動オプションの設定になるので, その行末に移動する. 図1.28では16行目のみスクロールされて末尾が表示されているためわかりづらいのだが, 末尾に「nosep」を追加している.

```
Machine  View  Devices  Help
  GNU nano 2.0.9             File: /boot/grub/grub.conf                Modified

# grub.conf generated by anaconda
#
# Note that you do not have to rerun grub after making changes to this file
# NOTICE:  You have a /boot partition.  This means that
#          all kernel and initrd paths are relative to /boot/, eg.
#          root (hd0,0)
#          kernel /vmlinuz-version ro root=/dev/mapper/vg_livecd-lv_root
#          initrd /initrd-[generic-]version.img
#boot=/dev/sda
default=0
timeout=5
splashimage=(hd0,0)/grub/splash.xpm.gz
hiddenmenu
title CentOS (2.6.32-504.16.2.el6.i686)
        root (hd0,0)
$ja_JP.UTF-8 rd_NO_DM rhgb quiet nosep_
        initrd /initramfs-2.6.32-504.16.2.el6.i686.img
title CentOS (2.6.32-431.20.3.el6.i686)
        root (hd0,0)
        kernel /vmlinuz-2.6.32-431.20.3.el6.i686 ro root=/dev/mapper/vg_livecd-$

^G Get Help  ^O WriteOut  ^R Read File ^Y Prev Page ^K Cut Text  ^C Cur Pos
^X Exit      ^J Justify   ^W Where Is  ^V Next Page ^U UnCut Text^T To Spell
                                                                  Right Ctrl
```

●図1.28: 末尾に「nosep」を追加する

「nosep」を追加したら，Ctrlキーを押しながら「x」を押すことで，ファイルを保存しnanoを終了する．

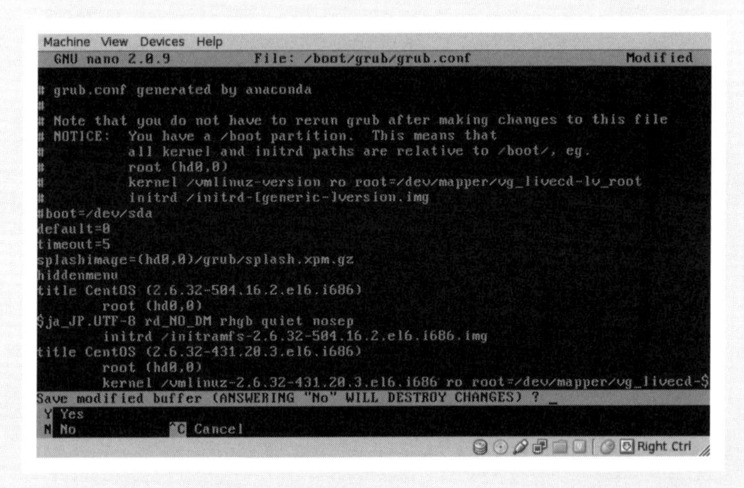

●図1.29: ファイルの保存

図1.29のように上書き保存していいかどうか聞いてくるので，「y」を押す．

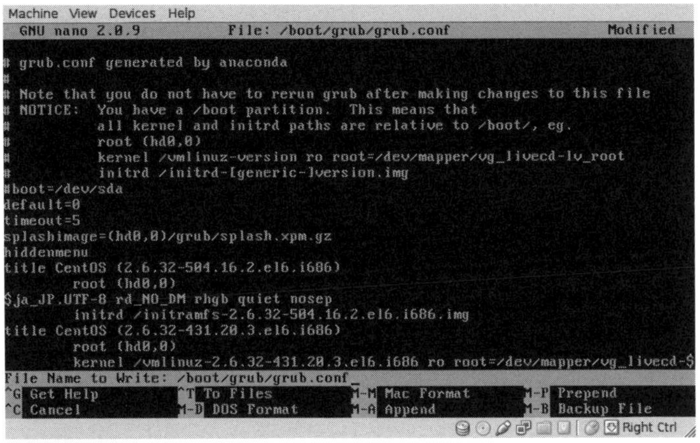

```
Machine  View  Devices  Help
  GNU nano 2.0.9          File: /boot/grub/grub.conf                    Modified

# grub.conf generated by anaconda
#
# Note that you do not have to rerun grub after making changes to this file
# NOTICE:  You have a /boot partition.  This means that
#          all kernel and initrd paths are relative to /boot/, eg.
#          root (hd0,0)
#          kernel /vmlinuz-version ro root=/dev/mapper/vg_livecd-lv_root
#          initrd /initrd-[generic-]version.img
#boot=/dev/sda
default=0
timeout=5
splashimage=(hd0,0)/grub/splash.xpm.gz
hiddenmenu
title CentOS (2.6.32-504.16.2.el6.i686)
        root (hd0,0)
$ja_JP.UTF-8 rd_NO_DM rhgb quiet nosep
        initrd /initramfs-2.6.32-504.16.2.el6.i686.img
title CentOS (2.6.32-431.20.3.el6.i686)
        root (hd0,0)
        kernel /vmlinuz-2.6.32-431.20.3.el6.i686 ro root=/dev/mapper/vg_livecd-$
File Name to Write: /boot/grub/grub.conf
^G Get Help        ^T To Files        M-M Mac Format      M-P Prepend
^C Cancel          M-D DOS Format     M-A Append          M-B Backup File
                                                              Right Ctrl
```

図1.30: nanoの終了

次に図1.30のようにファイル名を聞いてくる．これはそのままEnterを押すことで，修正した内容がgrub.confに上書きされる．

なお起動時のカーネルオプションは，起動後に/proc/cmdlineを見ることで確認することができる．「nosep」が付加されていることを確認しておいてほしい．

```
[user@localhost ~]$ cat /proc/cmdline
ro root=/dev/mapper/vg_livecd-lv_root rd_NO_LUKS rd_LVM_LV=vg_livecd/lv_swap rd_NO_MD
rd_LVM_LV=vg_livecd/lv_root   KEYBOARDTYPE=pc KEYTABLE=jp106 LANG=ja_JP.UTF-8 rd_NO_DM
rhgb quiet nosep
[user@localhost ~]$
```

【1.5】アセンブラを読んでみる

いよいよ次章からはデバッガなどを駆使したハロー・ワールドの解析に入っていくわけだが，その前の準備として，ここで手始めにアセンブラの読みかたについて簡単に説明しておく．

本書では全般において，アセンブラが多く出現する．プログラムはC言語で書かれていてもCPUは結局のところ機械語コードを実行しているわけなので，これは解析を行う上で自然のことだ．

このためある程度はアセンブラを読めたほうが理解しやすいし，少なくとも抵抗感無く触れられる程度には慣れておきたい．

そもそもサンプル・プログラムのmain()関数は，どのようなアセンブラに変換されているのだろうか．ここではデバッガによる解析の手始めにmain()関数のアセンブラを見ることで，アセンブラについて説明しておこう．

1.5.1 main()のアセンブラを読む

実行ファイルの逆アセンブル結果はp.8で説明したように，objdumpというコマンドで見ることができる．

本書向けのVM環境の上で，実行ファイルhelloを逆アセンブルしてみよう．なおVM環境のCentOS上ではp.17で説明した操作がすでに行われ，サンプル・プログラムのアーカイブであるhello.zipが展開済みであるものとする．

```
[user@localhost ~]$ cd hello
[user@localhost hello]$ objdump -d hello | less
```

「main」で検索しmain()に相当する部分を探していくと，以下のような部分が見つかる．これがmain()関数のアセンブラだ．

```
080482bc <main>:
 80482bc:       55                      push   %ebp
 80482bd:       89 e5                   mov    %esp,%ebp
 80482bf:       83 e4 f0                and    $0xfffffff0,%esp
 80482c2:       83 ec 10                sub    $0x10,%esp
 80482c5:       8b 45 0c                mov    0xc(%ebp),%eax
 80482c8:       8b 10                   mov    (%eax),%edx
 80482ca:       b8 0c 36 0b 08          mov    $0x80b360c,%eax
 80482cf:       89 54 24 08             mov    %edx,0x8(%esp)
 80482d3:       8b 55 08                mov    0x8(%ebp),%edx
 80482d6:       89 54 24 04             mov    %edx,0x4(%esp)
 80482da:       89 04 24                mov    %eax,(%esp)
 80482dd:       e8 7e 10 00 00          call   8049360 <_IO_printf>
 80482e2:       b8 00 00 00 00          mov    $0x0,%eax
 80482e7:       c9                      leave
 80482e8:       c3                      ret
 80482e9:       90                      nop
 80482ea:       90                      nop
```

```
80482eb:     90                      nop
80482ec:     90                      nop
80482ed:     90                      nop
80482ee:     90                      nop
80482ef:     90                      nop
```

左端の16進数の列は命令である機械語コードが配置されているアドレス，中央の16進数の数値はそのアドレスに配置されている機械語コードだ．

そして右側の「push %ebp」や「mov %esp,%ebp」は，「アセンブリ言語」「ニーモニック」などと呼ばれるものだ．

C言語のソースコードはコンパイラによってアセンブリ言語に変換され，アセンブリ言語はアセンブラによって機械語コードに変換される．アセンブリ言語は人間の読み書き向けに機械語コードを書き下したものであり，CPUが実際に実行するのは16進数の数値列である機械語コードだ．そして機械語コードからアセンブリ言語に戻すのが逆アセンブルだ．

またアセンブリ言語のことを「アセンブラ」と言ってしまうことも多く，本書でもそのように表現している．「アセンブラ」と言ったときに，アセンブリ言語を指している場合と，機械語コードへの変換ツールのことを指している場合があるので要注意だ．

我々が利用しているPCの多くはIntelのx86アーキテクチャというものだ．アセンブラはアーキテクチャによって異なるものだが，本書ではx86が主な対象になる．よってここで説明するのは，x86アーキテクチャのアセンブラだ．

1.5.2 レジスタの扱い

まずx86はEAX，EBX，ECX，EDX，EBPといったレジスタを持っている．レジスタというのはCPUが持っている記憶領域のことだが，まあよくわからなければとりあえずはCPUの固定の変数だと思っていただければわかりやすいだろう．

さらにx86はESPというレジスタを持っており，これはスタックの使用位置を指す「スタックポインタ」になっている．

逆アセンブル結果のニーモニック中には「%ebp」や「%esp」などが見られるが，これらがそれぞれEBPレジスタやESPレジスタ（スタックポインタ）を示すことになる．

そしてニーモニック中には「(%eax)」のような表現があるが，このようにレジスタ名に括弧が付くと，レジスタの保持する値をアドレスとしたときの，その指す先のメモリ上の値を示す．「(%eax)」をC言語風に書きなおすと「*(int *)EAX」ということになるだろうか．

また「0xc(%ebp)」のような表現は，EBPに0xcを加算してから，同様にその指す先のメモリ上の値を示すことになる．C言語風に書くと「*(int *)((char *)EBP+0xc)」という具合だろう．なお「0x」は16進数表記を示す．「0xc」ならば16進数の「c」，つまり10進数での「12」を表すことになる．

次に命令についてだ．ニーモニック中には「mov」という命令が頻出している．これは第1引数から第2引数への，値の代入を指す．

これだけの知識で，上記のアセンブラの多くの部分を読むことができる．例えば2命令目の「mov %esp,%ebp」はESP（スタックポインタ）の値をEBPレジスタに代入するという意味になる．また5命令目の「mov 0xc(%ebp),%eax」は，EBP＋12の位置のメモリ上の値を読み込み，EAXに格納するという意味になる．

1.5.3 スタックの扱い

movの他にも「and」や「sub」という命令があるようだ．これらは演算の命令で，それぞれ論理積と減算を示す．

and命令ではスタックポインタに0xFFFFFFF0を論理積でかけあわせることで，スタックポインタを16バイト境界にそろえているようだ．キャッシュ効率を向上させて高速化することを目的に，スタックの先頭をキャッシュラインにそろえているのだろうか．このようにある値（ここではアドレスだが，他にも領域サイズなど）を特定の値（ここでは16）の倍数にそろえることを「アラインメント」と呼ぶ．

またsub命令ではスタックポインタから0x10という値を減算している．これはスタックポインタを移動させてスタックに16バイトの空き領域を作成することで，main()関数内で利用するための領域を確保している．x86ではスタックは下方伸長（ゼロアドレスに向かって伸びる）のため，スタックポインタを減算することが，スタック領域の獲得になる．

このように関数のためにスタック上に作成される領域は「スタックフレーム」と呼ばれる．ここではmain()のために16バイトのスタックフレームを獲得しているわけだ．関数内の自動変数などはスタックフレーム上に作成されることになる．

先頭には「push」という命令がある．これはスタックに値を積む命令だ．具体的にはスタックポインタを4だけ減算することでスタックを4バイト拡張し，さらにスタックポインタの指す先のメモリ上にEBPレジスタの値を書き込む，という動作を行う．ここでの「4」という値は，32ビットCPUを前提にしているためint型が32ビット（つまり4バイト）ということから来ている．

|1.5.4| 関数呼び出しの手順

そして12命令目の「call」は，関数呼び出しになる．ここでは「_IO_printf」という関数にジャンプしているようだ．これがprintf()関数の呼び出しに相当するようだ．

実はcall命令の直前のmov命令の連続は，関数呼び出しのための引数の準備になる．

まず5命令目の「mov 0xc(%ebp),%eax」では先述したようにEBP+12の位置の値をEAXに代入するわけだが，EBPは2命令目でスタックポインタの値がコピーされているので，これはスタック上の+12の位置の値をEAXレジスタに格納することになる．

x86では関数呼び出し時には，スタック経由で引数が渡される．関数呼び出しがされたとき，スタックポインタの指す先には関数からの戻り先アドレスが格納されている．さらに続けて+4の位置に第1引数，+8の位置に第2引数のようにして引数が格納されている．実際には先頭のpush命令によりスタックが4バイト拡張されているので，+4の位置に戻り先アドレス，+8の位置に第1引数が格納されていることになる．よってEAXには，第2引数の値が格納される．これによってmain()の第2引数である「argv」がEAXレジスタに格納されることになる．

次に6命令目の「mov (%eax),%edx」によって，EAXレジスタの指す先の値がEDXレジスタに格納される．これはargv[0]に相当する．

7命令目はちょっと忘れて，次に8命令目を見てみよう．「mov %edx,0x8(%esp)」となっているので，EDXレジスタの値がスタックポインタ+8の位置に格納されることになる．ということはこれはスタック上に，printf()の第3引数としてargv[0]を設定していることになる．第3引数なのに+8になっているのは，関数からの戻り先アドレスはcall命令によって自動的にスタックに積まれそこでスタックポインタが減算されるので，呼び出し前には第1引数をスタックポインタの指す先に設定しておくためだ．

次に9命令目と10命令目を見てみよう．「mov 0x8(%ebp),%edx」「mov %edx,0x4(%esp)」のようになっており，まずmain()の第1引数がEDXレジスタに格納され，さらにその値がスタックポインタ+4の位置，つまりprintf()の第2引数として設定されることになる．つまりEDXレジスタを経由して，printf()の第2引数を準備しているわけだ．

最後に7命令目と11命令目の「$0x80b360c,%eax」「mov %eax,(%esp)」によって，「0x80b360c」という値がprintf()の第1引数に設定される．これはprintf()の第1引数であるフォーマット文字列の設定だ．つまりフォーマット文字列は「0x80b360c」というアドレスに配置されていることになる．

|1.5.5| 関数からのリターン

call命令の後は,「mov $0x0,%eax」によってゼロがEAXレジスタに格納されている.

x86アーキテクチャでは,関数からの戻り値はEAXレジスタで返される.つまりこれはmain()関数の終端にある「return 0」の戻り値を準備していることになる.

さらに「ret」によって,関数の呼び出し元に戻る.ret命令はスタックポインタの指す先から戻り先アドレスを取得し,そこにジャンプする.さらにスタックポインタを取得したアドレスのサイズぶんだけ加算することで,スタックに積まれていた戻り先アドレスを無効化する.

なおret命令の後には「nop」という命令が連続している.これは「no operation」の略であり,「何もしない」という命令だ.

関数の先頭は16バイトや32バイトなどのキャッシュラインにアラインメントされていたほうがキャッシュ効率が良くなり,高速性が高まる.よってnop命令で埋めることで次に続く関数の先頭アドレスをアラインメントする,といった最適化が行われているようだ.

末尾のnopは0x80482efというアドレスにあるので,次の関数は0x80482f0というアドレスから開始することになる.たしかに16バイトにアラインメントされているようだ.

【1.6】 この章のまとめ

本書を読み進める上で必要な準備について説明し,さらに予備知識としてアセンブラの読み方について簡単に説明した.

次章からは,いよいよ解析だ.解析のためには様々な知識が必要であるが,「習うより慣れろ」の部分も大きい.本書ではそうした「慣れ」の部分を重要視して,解答だけでなく実際に解析した際の手順を多く載せている.ぜひ実際に手を動かして,目で見て解析というものを肌で感じてほしいと思う.

では,Happy Analyzing!

第2章

printf()の内部動作を追う

ハロー・ワールドのプログラムを書くとき，主役となるのはprintf()という標準ライブラリ関数だ．printf()は書式文字列の指定により様々なフォーマットでの出力を行うことができる，非常に便利な関数だ．

C言語のプログラムを習得するとき，printf()を使ったことが無いという人は（一部の組込みプログラマを除けば）そう多くはいないことだろう．

しかしprintf()の内部の動作を追いかけてみたことがあるという人は，少ないのではないだろうか．

本章ではまずは解析の練習として，デバッガを用いてprintf()の動作を探ってみよう．

【2.1】デバッガを使ってみよう

hello.cはメッセージを出力するだけのプログラムなのだが，メッセージの出力自体はprintf()という関数によって行われている．

printf()は「標準ライブラリ関数」などと呼ばれるもので，C言語によるプログラミング環境で，標準的に用意されているライブラリ関数だ．つまりC言語を使ってプログラムを書くプログラマは，あまり難しいことは考えずに，printf()は標準で使うことができるということだ．

しかしその「printf()」にも，実体はあるはずだ．printf()の中では，いったい何が行われているのだろうか．ということでまずはprintf()の動作を追ってみよう．

関数の内部の処理を知る方法はいくつかある．ひとつはprintf()のソースコードを追いかける方法だ．いわゆる静的解析と呼ばれるものだ．

もうひとつはプログラムを実際に動作させ，デバッガなどを用いて実行される手順を追うというものだ．これは動的解析と呼ばれる．

これらには一長一短があり，どちらが優れているということではなく場合によって取捨選択することになる．しかし手始めに行うには，実際の実行の流れを追うことができる動的解析のほうが馴染みやすいだろう．

そこでここではデバッガによる動的解析によって，printf()の動作を追ってみよう．

なお実際にはデバッガによる手作業での方法の他にも，いくつかの解析手法がある．たとえば後述のstraceを利用すれば，システムコールの呼び出しまで一足飛びに追うことはできる．解析時にはひとつの手法にこだわらず，様々な手法を併用して組み合わせるべきと思う．そのような意味で，手数は増やしておいたほうがいい．

しかしここではデバッガの操作の練習と処理の流れの全体を把握することを目的として，敢えてデバッガでの手作業によって解析してみる．

|2.1.1| GDBを起動してみよう

本書ではGDB（GNU Debugger）というデバッガを利用する．まずは実行ファイルを指定して，GDBを起動してみよう．

```
[user@localhost hello]$ gdb hello
```

もしも以下のようなメッセージが出力されたならば，GDBの実体である「gdbコマンド」がインストールされていない．

```
[user@localhost ~]$ gdb
-bash: gdb: command not found
[user@localhost ~]$
```

その場合にはまずGDBをインストールしてほしい．以下はCentOSでのインストール例だ．

```
# yum install gdb
```

「GDB」のように大文字で表記した場合にはデバッガのソフトウェアを指し，「gdb」のように小文字で表記した場合にはコマンドとしてのデバッガを指す．同様のことは「GCC」と「gcc」についても言える．

無事に起動できたときには，以下のようにライセンス文章が出力される．

```
[user@localhost hello]$ gdb hello
GNU gdb (GDB) Red Hat Enterprise Linux (7.2-75.el6)
Copyright (C) 2010 Free Software Foundation, Inc.
License GPLv3+: GNU GPL version 3 or later <http://gnu.org/licenses/gpl.html>
This is free software: you are free to change and redistribute it.
There is NO WARRANTY, to the extent permitted by law.  Type "show copying"
and "show warranty" for details.
This GDB was configured as "i686-redhat-linux-gnu".
For bug reporting instructions, please see:
<http://www.gnu.org/software/gdb/bugs/>...
Reading symbols from /home/user/hello/hello...done.
(gdb)
```

ライセンスなどのメッセージ出力後に「(gdb)」というプロンプトが出て，コマンドの入力待ちになっている．

gdbの操作のためのインターフェースはコマンドラインによる，いわゆるCUIだ．よってコマンドを手打ちして操作することになる．

なおGDBのインターフェースには，GUIのものも多くある．しかしそのようなものも多くの実体はGUIの先でgdbのコマンドを発行しているだけであり，CUIのコマンドを知っておくことは有益だ．ということで，本書ではコマンドによる操作をベースにして説明していく．なおそのようなGUIは「ラッパー」(wrapper) などと呼ばれたりする．上にかぶせたガワ，という意味だ．

GDBを起動したら，まずはハロー・ワールドのプログラムを，そのまま実行してみよう．GDBでは「run」というコマンドでプログラムを実行することができる．

```
(gdb) run
Starting program: /home/user/hello/hello
Hello World! 1 /home/user/hello/hello

Program exited normally.
(gdb)
```

「Hello World!」と出力されているので，どうやらうまく実行できたようだ．

またメッセージの出力後には「Program exited normally.」と出力されている．どうやら正常終了しているようだ．

そしてGDBは，以下のようにquitコマンドで終了できる．

```
(gdb) quit
[user@localhost hello]$
```


|2.1.2| gdbserverで画面崩れを防ぐ

さてこれで実行はできたわけだが,「Hello World!」の文字列はGDBを起動しているスクリーン上に出力されている.

これは実は,後述するソースコードやアセンブラの表示を行うと,画面が崩れてしまい確認しにくくなるという問題がある.場合によってはそもそも視認できない,ということもあるようだ.

これを回避するためには,gdbserverを利用してサンプル・プログラムの起動コンソールとGDBの操作コンソールを分けるとよい.以下にgdbserverによるデバッグ手法を説明しておくので,「Hello World!」のメッセージ出力が確認できない,という場合には参考にしてほしい.

> なお本書では説明を1画面で行いたいという都合上,gdbserverは利用せずにひとつのコンソール上で作業を行っている.このため「Hello World!」の文字列表示で画面が崩れているような場合もあるので注意していただきたいと思う.

まずgdbserverがインストールされていない場合には,スーパーユーザで以下を実行することでgdbserverをインストールする.

```
[user@localhost ~]$ gdbserver
-bash: gdbserver: command not found
[user@localhost ~]$ su
Password:
[root@localhost user]# yum install gdb-gdbserver
```

インストールできたら,gdbserver経由でサンプル・プログラムを起動しよう.

```
[user@localhost ~]$ cd hello
[user@localhost hello]$ gdbserver localhost:12345 ./hello
Process ./hello created; pid = 2324
Listening on port 12345
```

ここでは接続用ポート番号を「12345」という適当なものにしているが，すでに使われている場合には以下のようなエラーになるので，ポート番号を12345以外に変更して再度試してみてほしい．

```
[user@localhost hello]$ gdbserver localhost:12345 ./hello
Process ./hello created; pid = 2466
Can't bind address: Address already in use.
Killing process(es): 2466
[user@localhost hello]$
```

gdbserverが起動できたら，次は別のターミナルでGDBを起動する．

```
[user@localhost ~]$ cd hello
[user@localhost hello]$ gdb -q hello
Reading symbols from /home/user/hello/hello...done.
(gdb)
```

gdbの「-q」オプションは，起動時のメッセージ出力を抑制するためのものだ．本書ではページ数が限られていることもあり，以降は-qオプションを利用することにする．

GDB側で「target extended-remote」というコマンドでgdbserverに接続する．これでgdbserver側で起動しているサンプル・プログラムを，GDB側から操作できる．

```
(gdb) target extended-remote localhost:12345
Remote debugging using localhost:12345
0x080481c0 in _start ()
Created trace state variable $trace_timestamp for target's variable 1.
(gdb)
```

なお接続には通常は「target remote」コマンドを利用するのだが，それだとgdbserverを利用しない場合と比べて様々な操作の違いが出てくる．例えば起動時にrunでなくcontinueで動作開始する，runでリスタートができない，終了すると接続が切断されてしまいやはりリスタートできない，といったものだ．「target extended-remote」で接続することで，gdbserverを経由せずにgdb上でプログラムを動作させているときと同じ感覚で操作できる．

あとは通常のGDBの操作と同じだ．runで実行してみよう．

```
(gdb) run
The program being debugged has been started already.
Start it from the beginning? (y or n) y
Starting program: /home/user/hello/hello

Program exited normally.
(gdb)
```

GDB側にはメッセージは出力されていない．プログラムの実行はgdbserver側で行われ，メッセージもそちらに出力されることになる．

```
[user@localhost hello]$ gdbserver localhost:12345 ./hello
Process ./hello created; pid = 2324
Listening on port 12345
Remote debugging from host 127.0.0.1
Process ./hello created; pid = 2353
Hello World! 1 ./hello

Child exited with status 0
```

図2.1はGUI上でターミナルを2つ開き，片方でgdbserver，もう片方でGDBを動作させているところだ．左下のウィンドウがgdbserver，右上のウィンドウがGDBになる．左下のgdbserver側で「`Hello World!`」のメッセージ出力がされていることを確認してほしい．

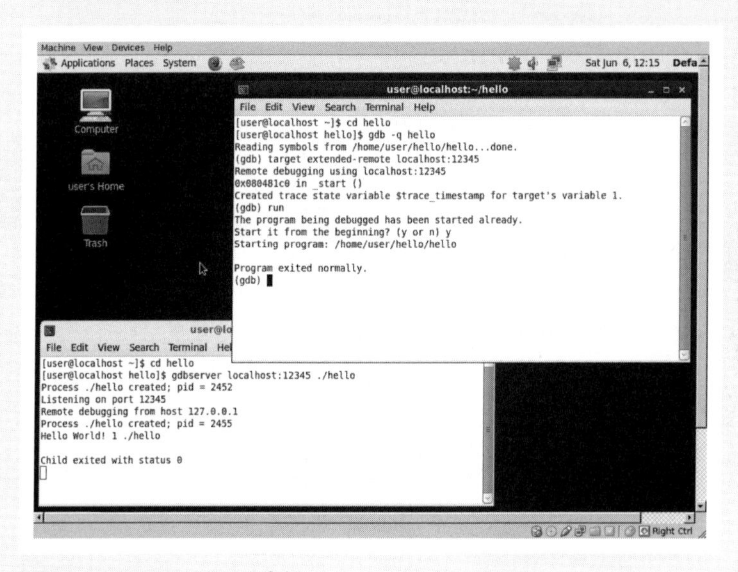

●図2.1: gdbserverによる実行

プログラムの終了は，「quit」ではgdbserver側が終了せず，GDB側のみ終了する．以下のように「monitor exit」というコマンドで，gdbserver側を終了できる．GDB側を終了させてしまったときには，GDBを再起動しtarget extended-remoteで再接続できるので，再接続した状態でmonitor exitを実行する．

```
(gdb) monitor exit
```

gdbserverは本来は組込み機器のようなプアなプログラム実行環境で，ターゲット機器上ではGDBを動作させずにプログラムのデバッグを行うためのものなのだが，プログラムの実行とGDBの操作を分離できるため，たとえばテキストエディタのようなプログラムのデバッグにも重宝する．

2.1.3 ブレークポイントを張ってみる

さて，ただ実行するだけではデバッガを使う意味が無い．

GDBの操作方法の説明に戻ろう．次はmain()関数の先頭に「ブレークポイント」を張って，そこでブレークしてみる．ブレークポイントを張るコマンドは「break」だ．

```
(gdb) break main
Breakpoint 1 at 0x80482c5: file hello.c, line 5.
(gdb)
```

もう一度実行してみよう．

```
(gdb) run
Starting program: /home/user/hello/hello

Breakpoint 1, main (argc=1, argv=0xbffffc14) at hello.c:5
5           printf("Hello World! %d %s\n", argc, argv[0]);
(gdb)
```

今度はmain()関数の内部，hello.cの5行目でブレークしたようだ．

これで，どうやらprintf()の呼び出し位置でブレークしているらしいということはわかる．ソースコードを表示させてみよう．

```
(gdb) layout src
```

すると，図2.2のような画面になるだろう．

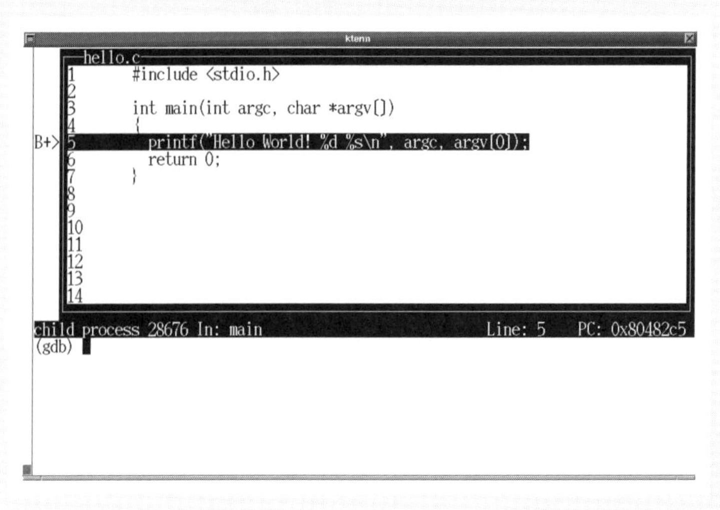

図2.2: layout srcの実行画面

printf()の行が反転表示されているので，そこで停止しているようだ．

反転表示されている位置は「実行完了した行」ではなく「これから実行しようとしている行」を指す．つまりprintf()の呼び出し前で停止していることになる．

このようにデバッガではブレークポイントを張ることで，任意の場所でプログラムの実行を一時停止することができる．

この「ブレークポイント」が，デバッガの代表的な2つの機能のうちのひとつだ．

|2.1.4| ステップ実行してみる

デバッガの代表的な機能のもうひとつは，ステップ実行だ．

この状態でステップ実行してみよう．ステップ実行は「next」というコマンドで行える．

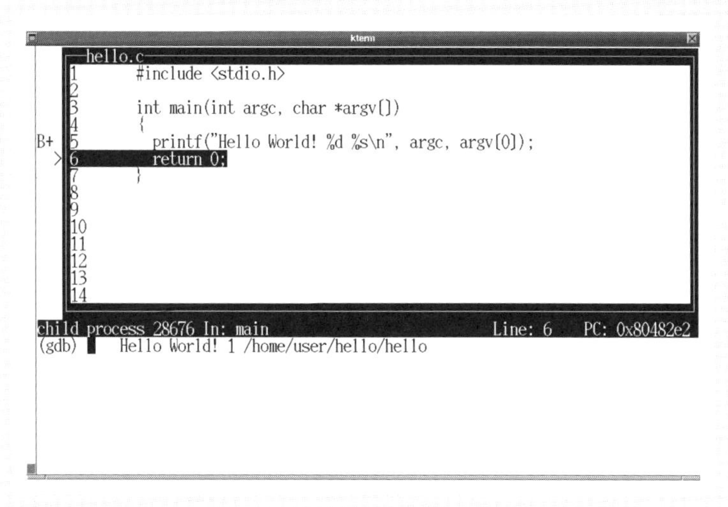

図2.3: nextの実行画面

図2.3ではreturnの行が反転表示されている．表示位置が崩れてしまってはいるが,「Hello World!」のメッセージも出力されていることがわかる．

なおここで表示崩れのために「Hello World!」のメッセージが確認できない，という場合があるかもしれない．そのような場合には，先述したgdbserver経由での実行を試してみてほしい．

さて現在はreturnの実行前でブレークしている状態だが,「continue」というコマンドを実行すると，ブレーク状態を解除して実行を継続する．

やってみよう．

```
(gdb) continue
Continuing.

Program exited normally.
(gdb)
```

実行が継続され，プログラムが終了した．画面は図2.4のようになっている．

```
                    ktenn
   ┌hello.c──────────────────────────────────────────────
   │4          {
B+ │5            printf("Hello World! %d %s\n", argc, argv[0]);
   │6            return 0;
   │7          }
   │8
   │9
   │10
   │11
   │12
   │13
   │14
   │15
   │16
   │17
   └─────────────────────────────────────────────────────
child No process In:                      Line: ??   PC: ??
(gdb) continueo World! 1 /home/user/hello/hello
Continuing.

Program exited normally.
(gdb) █
```

●図2.4: continueの実行画面

GDBではこのように，プログラムを適宜ブレークさせてはそのときの状態を見て，デバッグをしていく．

さらにプログラムの実行とコマンド実行は，排他になっている．プログラムを実行している最中はコマンド実行できないし，コマンドを実行させるときにはプログラムの実行を一時的に停止する．プログラム実行とコマンド実行を交互に行う感じだ．

まずはこのようなデバッガの操作に慣れてほしい．

【2.2】デバッガで動作を追ってみる

デバッガの操作に慣れたら，いよいよprintf()の内部の処理を追ってみよう．

|2.2.1| printf()の中に入っていく

nextコマンドではステップ実行によりプログラムの動作を1行ずつ確認しながら進められるのだが，printf()のような関数呼び出しも1行として数えてしまう．

つまりnextでは，関数内部の処理を一気に実行してしまうことになる．このままではprintf()の処理の内部が追えない．

関数の中に入っていくためのステップ実行の方法は，また別にある．

試してみよう．まずはもう一度runを実行し，プログラムの動作を開始する．

```
(gdb) run
```

画面は図2.5のようになった．ブレークポイントはまだ有効のまま残っているので，先ほどと同様にmain()の先頭で止まっている．

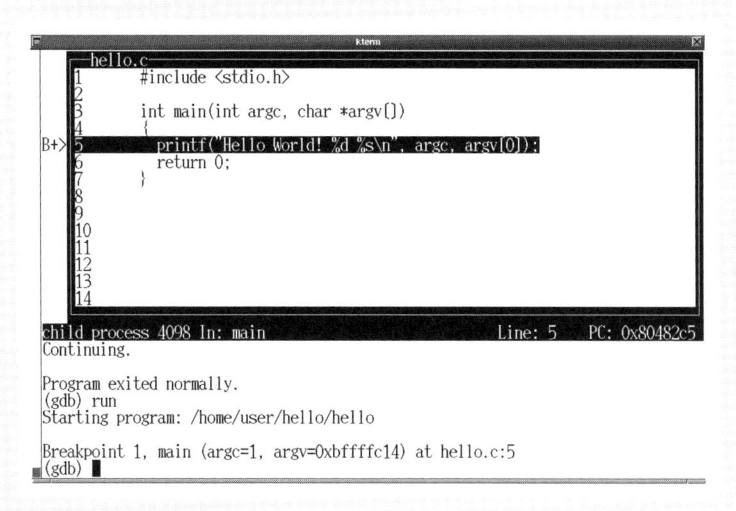

図2.5: runの実行画面

ここで「stepi」というコマンドを実行してみよう．1回実行しただけでは変化は無いのだが，8回ほど実行すると，図2.6のような画面になった．

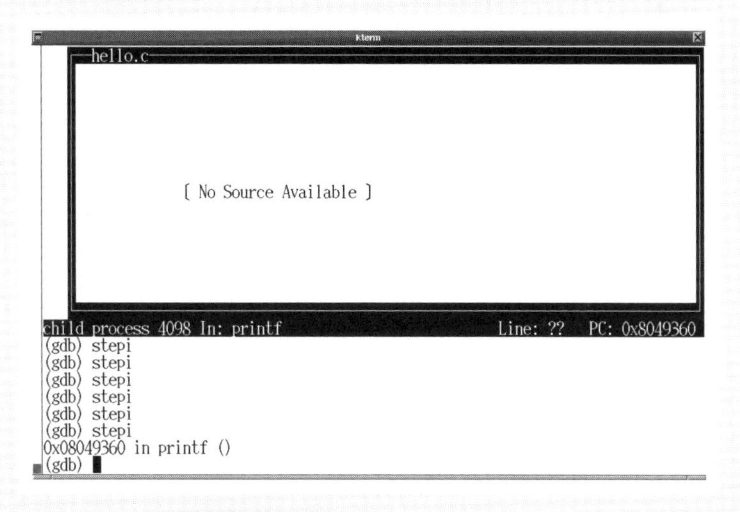

図2.6: stepiの実行画面

ステップ実行にはいくつかのコマンドがある．

まず「next」と「step」がある．これらはどちらもステップ実行なのだが，「next」は関数呼び出しの際に関数の処理をすべて行った上で呼び出し後の次の行でブレークする．つまり関数呼び出しも，1行の実行として扱う．それに対して「step」は，関数呼び出しの中に入っていく．

さらに「nexti」「stepi」がある．これらは機械語の命令単位でのステップ実行を行う．

2.2.2 アセンブラベースで処理を見る

さて図2.6では，画面上にソースコードが表示されていない．これは実行がprintf()の内部に入っていったのだが，printf()が標準Cライブラリに含まれており，ソースコードが参照できないためだ．

つまりソースコードをベースとした，いわゆる「シンボリック・デバッグ」は，できないということだ．

しかしC言語のソースコードが参照できなくても，実行ファイルには機械語コードが含まれている．よってそれを逆アセンブルして，アセンブラベースで処理を追うことは可能だ．

ということで，アセンブラの表示に切り替えてみよう．

```
(gdb) layout asm
```

すると図2.7のような画面になるだろう．

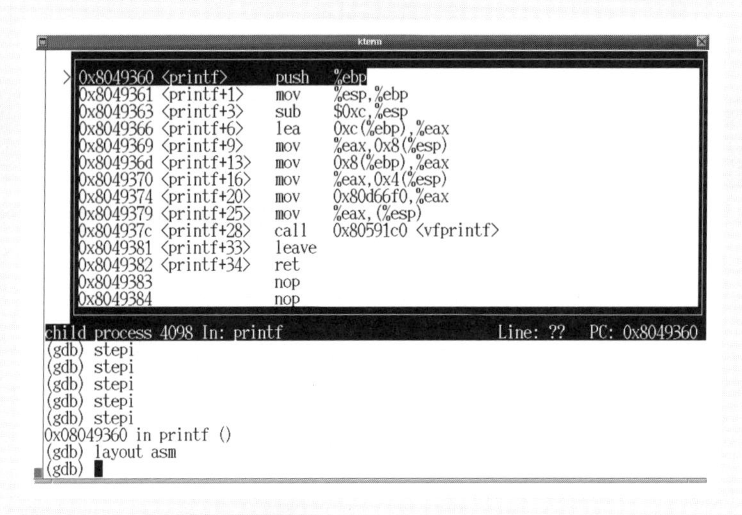

図2.7: layout asmの実行画面

これはstepiによって関数呼び出しの中に入っていった状態だ．

アセンブラの解読には慣れない読者の方も多いかもしれないが，本書ではそれほど難しい解析は行わない．アセンブラが初見のかたも，気負わずそんなものかくらいの感覚で話を聞いてみてほしい．

objdumpにより出力されるアセンブラの読みかたについてはp.34で説明したが，ここではGDB上で出力されるアセンブラの読み方を簡単に説明しておこう．

まず図2.7の一番左の列の「0x8049360」「0x8049361」のような16進数の値は，命令である機械語コードが配置されているアドレスだ．

左から2番目の列には「<printf>」「<printf+1>」のようにして，機械語コードが配置されている関数が表示されているようだ．つまり機械語コードはprintf()の関数内部にある，ということを示していることになる．「+1」などの数値は，関数の先頭からのオフセット値だろう．

さらに右の列の「push %ebp」「mov %esp,%ebp」といったものは，機械語コードを逆アセンブルした結果のニーモニックだ．

そして反転表示されている行が，実行を停止している位置だ．どうやらprintf()の先頭で「push %ebp」という命令を実行しようとしているところで停止しているようだ．

2.2.3 逆アセンブル結果と比較する

GDBによる表示を，逆アセンブルした結果と比較してみよう．

以下のようにして実行ファイルを逆アセンブルする．出力が大量に発生するため，lessなどに入力するといいだろう．

```
[user@localhost hello]$ objdump -d hello | less
```

lessでprintf()の先頭を探してみよう．図2.7では「8049360」というアドレスに配置されているようなので，アドレスで検索すると手っ取り早い．

すると，当該の箇所は以下のようになっていた．

```
08049360 <_IO_printf>:
 8049360:       55                      push   %ebp
 8049361:       89 e5                   mov    %esp,%ebp
 8049363:       83 ec 0c                sub    $0xc,%esp
 8049366:       8d 45 0c                lea    0xc(%ebp),%eax
 8049369:       89 44 24 08             mov    %eax,0x8(%esp)
 804936d:       8b 45 08                mov    0x8(%ebp),%eax
```

```
 8049370:       89 44 24 04             mov    %eax,0x4(%esp)
 8049374:       a1 f0 66 0d 08          mov    0x80d66f0,%eax
 8049379:       89 04 24                mov    %eax,(%esp)
 804937c:       e8 3f fe 00 00          call   80591c0 <_IO_vfprintf>
 8049381:       c9                      leave
 8049382:       c3                      ret
...
```

ニーモニックが，図2.7のそれと一致していることを確認してほしい．ここではGDBの出力とobjdumpの出力を比較しているわけだが，このようにひとつのツールによる出力だけでなく，複数のツールの出力を比較しながら進めることは，確実に理解しながら動作を追うために意外に重要だ．

なお関数名はprintf()でなく_IO_printf()になっているようだが，エイリアスになっているのだろうか．関数の配置アドレスは，p.10で説明したreadelfを用いることで確認することができる．見てみよう．

```
[user@localhost hello]$ readelf -a hello | grep 8049360
   946: 08049360    35 FUNC    GLOBAL DEFAULT    6 __printf
   960: 08049360    35 FUNC    GLOBAL DEFAULT    6 printf
  1233: 08049360    35 FUNC    GLOBAL DEFAULT    6 _IO_printf
[user@localhost hello]$
```

どうやら同じアドレスに__printf()，printf()，_IO_printf()の3つの関数名がエイリアスとして配置されているようだ．

2.2.4 関数呼び出しの流れを見る

現在はstepiによって関数呼び出しをした後でlayout asmでアセンブラ表示に切替えたため，呼び出し前の状態を見ることができていない．

layout asmを指示した状態で，もう一度やりなおしてみよう．デバッガでのデバッグはこのように，何度もやりなおして探ることで感覚をつかんでいくといいかと思う．

ということでrunによってプログラムを再実行する．実行中の状態で再実行しているので「最初から実行するか？」と聞いてくるが，「y」を選択する．

```
(gdb) run
The program being debugged has been started already.
Start it from the beginning? (y or n)
Starting program: /home/user/hello/hello

Breakpoint 1, main (argc=1, argv=0xbffffc14) at hello.c:5
(gdb)
```

画面は図2.8のようになった．main()の先頭でブレークしているのだが，アセンブラ表示の状態でブレークしているだろう．なお画面が崩れて「Hello World!」の表示が残ってしまっている場合には，Ctrl＋Lで適宜画面をリフレッシュすることができる．

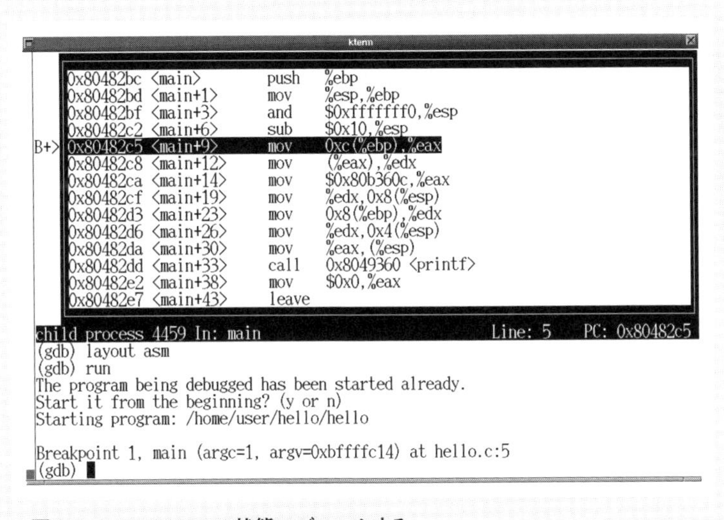

図2.8: layout asmの状態でブレークする

反転表示されている行を見ると，どうやら「mov 0xc(%ebp),%eax」という命令でブレークしているようだ．

まずはステップ実行によって，動作を進めてみよう．stepiを一回，実行してみる．

```
(gdb) stepi
```

すると図2.9のように，実行が1命令進んだ．

```
   0x80482bc <main>        push   %ebp
   0x80482bd <main+1>      mov    %esp,%ebp
   0x80482bf <main+3>      and    $0xfffffff0,%esp
   0x80482c2 <main+6>      sub    $0x10,%esp
B+ 0x80482c5 <main+9>      mov    0xc(%ebp),%eax
  >0x80482c8 <main+12>     mov    (%eax),%edx
   0x80482ca <main+14>     mov    $0x80b360c,%eax
   0x80482cf <main+19>     mov    %edx,0x8(%esp)
   0x80482d3 <main+23>     mov    0x8(%ebp),%edx
   0x80482d6 <main+26>     mov    %edx,0x4(%esp)
   0x80482da <main+30>     mov    %eax,(%esp)
   0x80482dd <main+33>     call   0x8049360 <printf>
   0x80482e2 <main+38>     mov    $0x0,%eax
   0x80482e7 <main+43>     leave
child process 4459 In: main                          Line: 5    PC: 0x80482c8
(gdb) run
The program being debugged has been started already.
Start it from the beginning? (y or n)
Starting program: /home/user/hello/hello

Breakpoint 1, main (argc=1, argv=0xbffffc14) at hello.c:5
(gdb) stepi
(gdb)
```

●図2.9: stepiを実行する

さらにstepiを繰り返し実行し，「call」という命令まで進めてみよう．

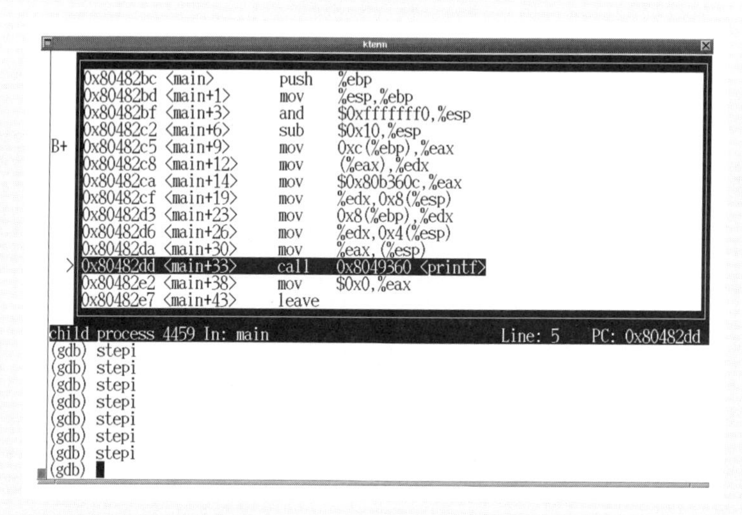

●図2.10: call命令まで進める

callという命令の位置で停止している．これは，x86の関数呼び出し命令だ．もう一度，stepiを実行してみよう．

```
(gdb) stepi
0x08049360 in printf ()
(gdb)
```

```
kterm
> 0x8049360 <printf>      push   %ebp
  0x8049361 <printf+1>    mov    %esp,%ebp
  0x8049363 <printf+3>    sub    $0xc,%esp
  0x8049366 <printf+6>    lea    0xc(%ebp),%eax
  0x8049369 <printf+9>    mov    %eax,0x8(%esp)
  0x804936d <printf+13>   mov    0x8(%ebp),%eax
  0x8049370 <printf+16>   mov    %eax,0x4(%esp)
  0x8049374 <printf+20>   mov    0x80d66f0,%eax
  0x8049379 <printf+25>   mov    %eax,(%esp)
  0x804937c <printf+28>   call   0x80591c0 <vfprintf>
  0x8049381 <printf+33>   leave
  0x8049382 <printf+34>   ret
  0x8049383               nop
  0x8049384               nop
child process 4459 In: printf                      Line: ??   PC: 0x8049360
(gdb) stepi
(gdb) stepi
(gdb) stepi
(gdb) stepi
(gdb) stepi
(gdb) stepi
0x08049360 in printf ()
(gdb)
```

図2.11: printf()の内部

呼び出し先の関数の中に入ったようだ．左から2列目の表示が「<printf>」に切り替わった点に注目してほしい．つまり今は，printf()の先頭で停止していることになる．

stepiで，処理を進めてみよう．

```
(gdb) stepi
0x08049361 in printf ()
(gdb)
```

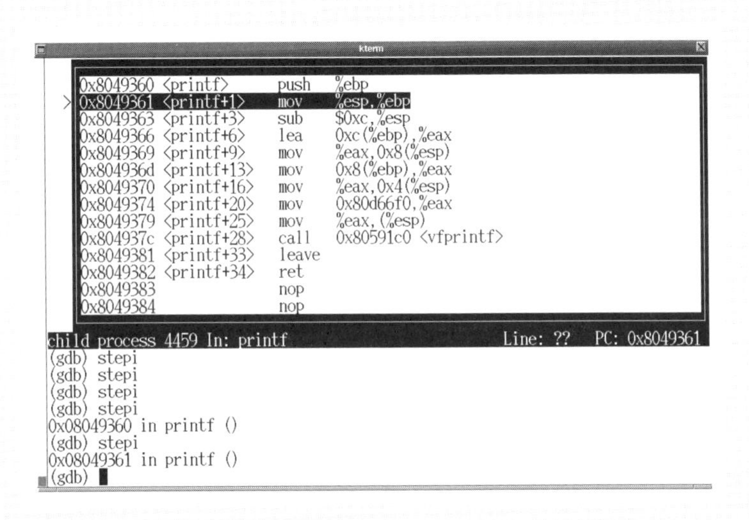

図2.12: printf()の中でステップ実行する

関数の中でも，stepiによるステップ実行は問題無く行えるようだ．

2.2.5 メッセージの出力箇所を探る

これでprintf()の中に入れたわけだが，ステップ実行によってさらに処理を先まで進めることで，ハロー・ワールドのメッセージが出力されている箇所を探っていこう．

ここではメッセージ出力が行われている関数が知りたいので，nextiで処理を進めていけばいいだろう．そこでnextiを何回か実行すると，図2.13のような関数の呼び出しが見つかる．

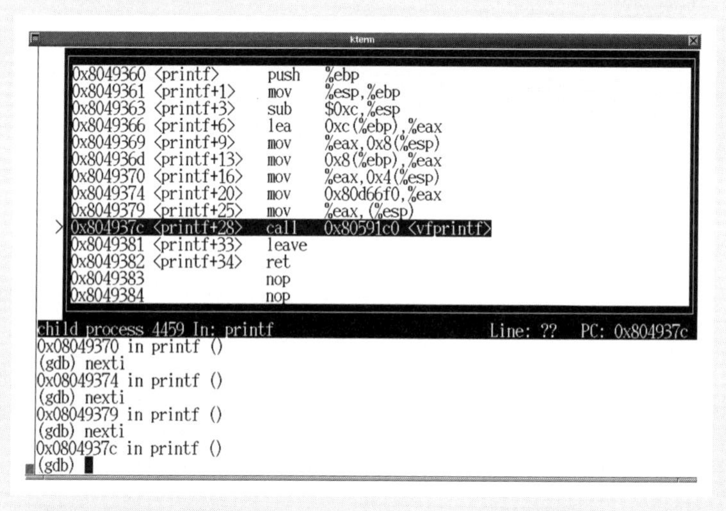

●図2.13: vfprintf()の呼び出し

ニーモニックを見ると，「call 0x80591c0 <vfprintf>」とある．命令としては「0x80591c0という位置にある関数を呼び出す」という意味なのだが，アドレスからそこにある関数をGDBが割り出して，vfprintf()が呼ばれていると表示してくれているようだ．

ということで，どうやらvfprintf()という関数が呼び出されているようだ．この中で文字列の出力が行われているのだろうか．

関数の実行時に，メッセージが出力されるかどうかを試してみよう．まず画面上にメッセージが残ってしまっている場合には，Ctrl＋Lで画面をリフレッシュする．さらにnextiで関数の処理を進めてみよう．

```
(gdb) nexti
```

```
0x08049381 in printf ()
(gdb)
```

すると図2.14のようになった．

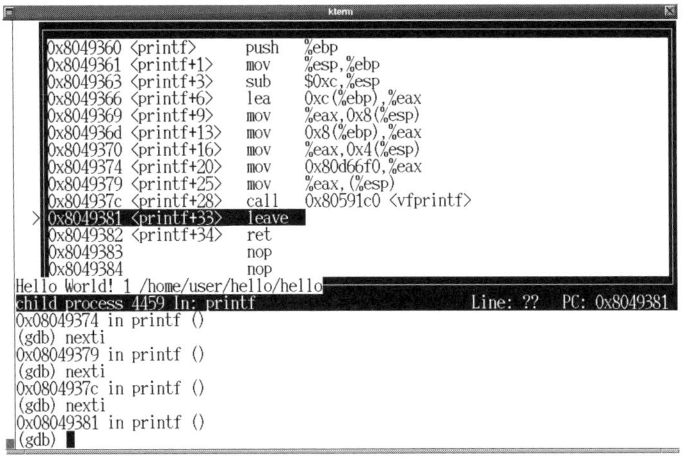

```
0x8049360 <printf>       push   %ebp
0x8049361 <printf+1>     mov    %esp,%ebp
0x8049363 <printf+3>     sub    $0xc,%esp
0x8049366 <printf+6>     lea    0xc(%ebp),%eax
0x8049369 <printf+9>     mov    %eax,0x8(%esp)
0x804936d <printf+13>    mov    0x8(%ebp),%eax
0x8049370 <printf+16>    mov    %eax,0x4(%esp)
0x8049374 <printf+20>    mov    0x80d66f0,%eax
0x8049379 <printf+25>    mov    %eax,(%esp)
0x804937c <printf+28>    call   0x80591c0 <vfprintf>
>0x8049381 <printf+33>   leave
0x8049382 <printf+34>    ret
0x8049383                nop
0x8049384                nop
Hello World! 1 /home/user/hello/hello
child process 4459 In: printf                Line: ??   PC: 0x8049381
0x08049374 in printf ()
(gdb) nexti
0x08049379 in printf ()
(gdb) nexti
0x0804937c in printf ()
(gdb) nexti
0x08049381 in printf ()
(gdb)
```

図2.14: nextiでvfprintf()の呼び出しを進める

表示が崩れてしまっていてわかりづらいのだが，よく見ると反転表示されている行の数行下に「Hello World!」の文字列が出力されていることがわかる．つまり，メッセージ出力が行われているということだ．

ということは，メッセージ出力が行われているのはvfprintf()という関数の呼び出しの先ということがわかる．

2.2.6 vfprintf()の中に入る

どうやらメッセージの出力は，vfprintf()という関数の先で行われているようだ．ということでvfprintf()にブレークポイントを新たに張って，再度実行してそこまで進めてみよう．

```
(gdb) break vfprintf
Breakpoint 2 at 0x80591d3
(gdb) run
The program being debugged has been started already.
Start it from the beginning? (y or n)
```

```
Starting program: /home/user/hello/hello

Breakpoint 1, main (argc=1, argv=0xbffffc14) at hello.c:5
(gdb)
```

main()の先頭に張ったブレークポイントがまだ残っているので，main()の先頭でブレークしたはずだ．ここで「Hello World!」のメッセージがまだ画面上に残っているようならば，メッセージ出力のタイミングを見誤らないように，Ctrl+Lを押すことで画面をリフレッシュしておこう．

さらにcontinueを実行しよう．すると次のブレークポイントであるvfprintf()の先頭まで進むはずだ．画面は図2.15のようになるだろう．

●図2.15: vfprintf()でブレークする

先ほどと同様にnextiで処理を進め，メッセージが出力されるタイミングを調べよう．実際にやってみると，まず図2.16のようなstrchrnul()という関数の呼び出しがある．

```
0x8059245 <vfprintf+133>        jne     0x80593f8 <vfprintf+568>
0x805924b <vfprintf+139>        mov     -0x48c(%ebp),%edi
0x8059251 <vfprintf+145>        mov     %edi,-0x1c(%ebp)
0x8059254 <vfprintf+148>        movl    $0x25,0x4(%esp)
0x805925c <vfprintf+156>        mov     -0x488(%ebp),%eax
0x8059262 <vfprintf+162>        mov     %eax,(%esp)
>0x8059265 <vfprintf+165>       call    0x8050550 <strchrnul>
0x805926a <vfprintf+170>        movl    $0x0,-0x49c(%ebp)
0x8059274 <vfprintf+180>        mov     %eax,-0x498(%ebp)
0x805927a <vfprintf+186>        mov     (%ebx),%eax
0x805927c <vfprintf+188>        test    %ax,%ax
0x805927f <vfprintf+191>        js      0x80592de <vfprintf+286>
0x8059281 <vfprintf+193>        mov     $0x0,%edx
0x8059286 <vfprintf+198>        test    %edx,%edx
child process 4495 In: vfprintf                   Line: ??   PC: 0x8059265
0x08059254 in vfprintf ()
(gdb) nexti
0x0805925c in vfprintf ()
(gdb) nexti
0x08059262 in vfprintf ()
(gdb) nexti
0x08059265 in vfprintf ()
(gdb)
```

図2.16: strchrnul()の呼び出し

メッセージの出力が行われているのはこの関数の先だろうか？

まあ関数名からして関係なさそうな気はするのだが，練習として一応見てみよう．nextiで関数を実行すると，図2.17のようになった．

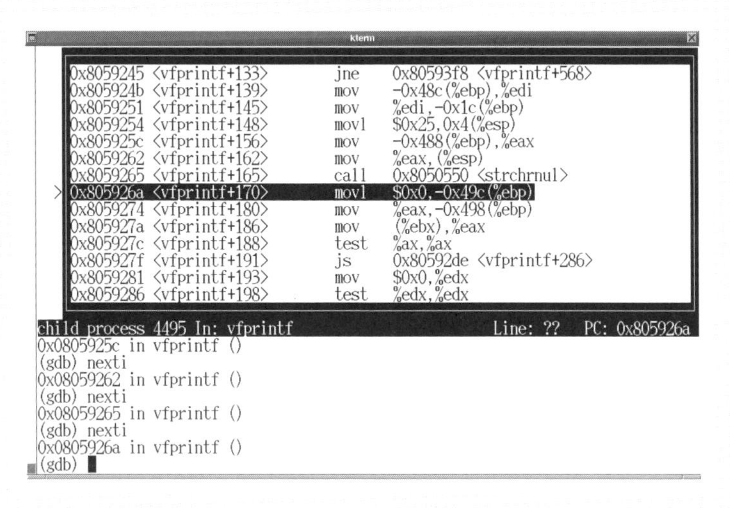

図2.17: strchrnul()の呼び出しでは，メッセージは出力されない

メッセージが出力されるようなことは無かったようだ．よってこの関数呼び出しは関係ないようだ．

このようにしてメッセージ出力が行われる箇所を探っていくことができる．途中，repnzという命令でnextiで進まなくなる箇所があるが，数10回nextiを繰り返すと抜けられるので，気にせずに進めてほしい．

すると，図2.18の位置でメッセージが出力されることがわかる．なお図2.18の位置はメッセージ出力までに何度か通過しているようなのだが，その中で数回目にメッセージが出力されるようだ．

```
0x8059722 <vfprintf+1378>      mov    0x94(%ebx),%eax
0x8059728 <vfprintf+1384>      sub    %edx,%esi
0x805972a <vfprintf+1386>      mov    %esi,0x8(%esp)
0x805972e <vfprintf+1390>      mov    %edx,0x4(%esp)
0x8059732 <vfprintf+1394>      mov    %ebx,(%esp)
0x8059735 <vfprintf+1397>      call   *0x1c(%eax)
>0x8059738 <vfprintf+1400>     cmp    %eax,%esi
0x805973a <vfprintf+1402>      jne    0x805cb78 <vfprintf+14776>
0x8059740 <vfprintf+1408>      mov    $0x7fffffff,%eax
0x8059745 <vfprintf+1413>      sub    -0x484(%ebp),%eax
0x805974b <vfprintf+1419>      cmp    %eax,%esi
0x805974d <vfprintf+1421>      jg     0x805deb4 <vfprintf+19700>
0x8059753 <vfprintf+1427>      add    %esi,-0x484(%ebp)
0x8059759 <vfprintf+1433>      cmpb   $0x0,(%edi)
Hello World! 1 /home/user/hello/hello
child process 4495 In: vfprintf                 Line: ??   PC: 0x8059738
0x0805972e in vfprintf ()
(gdb) nexti
0x08059732 in vfprintf ()
(gdb) nexti
0x08059735 in vfprintf ()
(gdb) nexti
0x08059738 in vfprintf ()
(gdb)
```

図2.18: ポインタ経由の関数呼び出しでメッセージが出力される

2.2.7 ポインタ経由での関数呼び出しを探る

図2.18では「call *0x1c(%eax)」という関数呼び出しが行われている．

「0x1c(%eax)」という表記はp.35-36で説明したように，EAXレジスタに0x1cを加算したアドレスの位置の値，という意味だ．よってこれは，関数へのポインタを経由しての関数呼び出しになっている．call命令手前の3つのmov命令によってスタック上に準備している引数も含めてC言語風に書くと，以下のような感じだ．

```
int (*f)(int a, int b, int c);
f = *(EAX + 0x1c)
f(EBX, EDX, ESI);
```

ポインタ経由で関数呼出しされているので，その先にどのような関数があるのかが一見してわからない．アセンブラを見る限り，関数のアドレスはEAX＋0x1Cという位置にあるのだが，関数呼出しによってEAXの値は変化してしまうので，調べるのも面倒そうだ．

ということでこの関数呼出しの位置にブレークポイントを張ってみよう．call命令は0x8059735というアドレスに配置されている．そして以下のようにすれば，アドレス指定でブレークポイントを設定することができる．アドレス値の前に「*」が必要となる点に注意してほしい．

```
(gdb) break *0x8059735
Breakpoint 3 at 0x8059735
(gdb)
```

Ctrl＋Lで画面をきれいにして，再度，実行してみよう．

```
(gdb) run
The program being debugged has been started already.
Start it from the beginning? (y or n)
Starting program: /home/user/hello/hello

Breakpoint 1, main (argc=1, argv=0xbffffc14) at hello.c:5
(gdb)
```

最初はmain()の先頭でブレークしているようだ．continueで処理を進める．

```
(gdb) continue
Continuing.

Breakpoint 2, 0x080591d3 in vfprintf ()
(gdb)
```

vfprintf()でブレークしたようだ．さらにcontinueで処理を進めよう．

```
(gdb) continue
Continuing.

Breakpoint 3, 0x08059735 in vfprintf ()
(gdb)
```

画面は図2.19のようになった．先ほどブレークポイントを設定したcall命令の位置でブレークしている．

```
0x8059720 <vfprintf+1376>       mov    %eax,%edi
0x8059722 <vfprintf+1378>       mov    0x94(%ebx),%eax
0x8059728 <vfprintf+1384>       sub    %edx,%esi
0x805972a <vfprintf+1386>       mov    %esi,0x8(%esp)
0x805972e <vfprintf+1390>       mov    %edx,0x4(%esp)
0x8059732 <vfprintf+1394>       mov    %ebx,(%esp)
B+>0x8059735 <vfprintf+1397>    call   *0x1c(%eax)
0x8059738 <vfprintf+1400>       cmp    %eax,%esi
0x805973a <vfprintf+1402>       jne    0x805cb78 <vfprintf+14776>
0x8059740 <vfprintf+1408>       mov    $0x7fffffff,%eax
0x8059745 <vfprintf+1413>       sub    -0x484(%ebp),%eax
0x805974b <vfprintf+1419>       cmp    %eax,%esi
0x805974d <vfprintf+1421>       jg     0x805deb4 <vfprintf+19700>
0x8059753 <vfprintf+1427>       add    %esi,-0x484(%ebp)
child process 4507 In: vfprintf                    Line: ??   PC: 0x8059735
Continuing.

Breakpoint 2, 0x080591d3 in vfprintf ()
(gdb) continue
Continuing.

Breakpoint 3, 0x08059735 in vfprintf ()
(gdb)
```

図2.19: call命令でブレークする

メッセージ出力が行われるのはここだろうか．nextiで処理を進めてみよう．

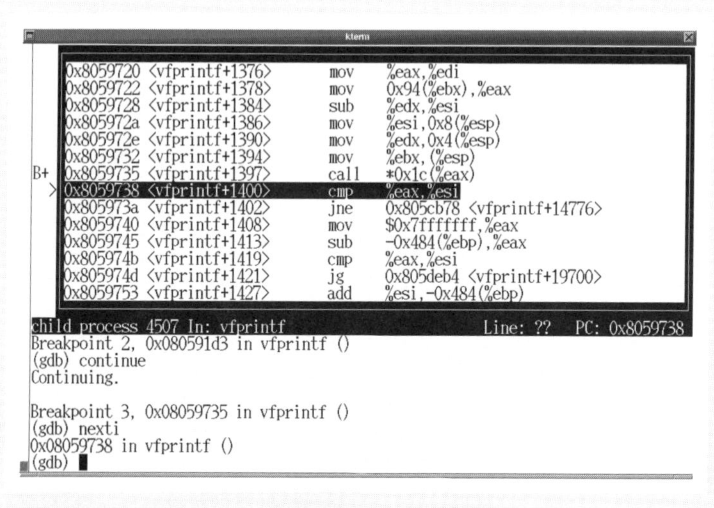

図2.20: nextiでcall命令を実行する

メッセージは出力されない．1回目の関数呼出しではメッセージは出力されないようだ．

再びcontinueで処理を進める．すると再度，call命令の位置でブレークした．そしてnextiを実行すると，今度は図2.21のようになった．

```
    0x8059720 <vfprintf+1376>        mov     %eax,%edi
    0x8059722 <vfprintf+1378>        mov     0x94(%ebx),%eax
    0x8059728 <vfprintf+1384>        sub     %edx,%esi
    0x805972a <vfprintf+1386>        mov     %esi,0x8(%esp)
    0x805972e <vfprintf+1390>        mov     %edx,0x4(%esp)
    0x8059732 <vfprintf+1394>        mov     %ebx,(%esp)
B+> 0x8059735 <vfprintf+1397>        call    *0x1c(%eax)
B+  0x8059735 <vfprintf+1397>        call    *0x1c(%eax)
  > 0x8059738 <vfprintf+1400>        cmp     %eax,%esi <vfprintf+14776>
    0x8059740 <vfprintf+1408>        mov     $0x7fffffff,%eax
    0x8059745 <vfprintf+1413>        sub     -0x484(%ebp),%eax
    0x805974b <vfprintf+1419>        cmp     %eax,%esi
    0x805974d <vfprintf+1421>        jg      0x805deb4 <vfprintf+19700>
    0x8059753 <vfprintf+1427>        add     %esi,-0x484(%ebp)
child process 4507 In: vfprintf                        Line: ??   PC: 0x8059735
Breakpoint 3, 0x08059735 in vfprintf ()
(gdb) continue
Continuing.

Breakpoint 3, 0x08059735 in vfprintf ()
(gdb) nextiHello World! 1 /home/user/hello/hello

0x08059738 in vfprintf ()
(gdb)
```

図2.21: 2回目のcall命令でメッセージが出力される

図2.21はやはり画面が崩れてしまっているのだが，メッセージが出力されている．ということは，2回目のcall命令でメッセージが出力されるということだ．

runで再実行しよう．1回目のmain()でのブレークと，2回目のvfprintf()でのブレークは，continueで継続する．さらにcall命令でブレークするはずだが，これもcontinueで継続する．そして2回目のcall命令のブレークのときに，stepiで関数内部に入っていこう．

```
(gdb) run
The program being debugged has been started already.
Start it from the beginning? (y or n)
Starting program: /home/user/hello/hello

Breakpoint 1, main (argc=1, argv=0xbffffc14) at hello.c:5
(gdb) continue
Continuing.

Breakpoint 2, 0x080591d3 in vfprintf ()
(gdb) continue
Continuing.

Breakpoint 3, 0x08059735 in vfprintf ()
(gdb) continue
Continuing.
```

```
Breakpoint 3, 0x08059735 in vfprintf ()
(gdb) stepi
0x080673a0 in _IO_new_file_xsputn ()
(gdb)
```

すると画面は図2.22のようになった.

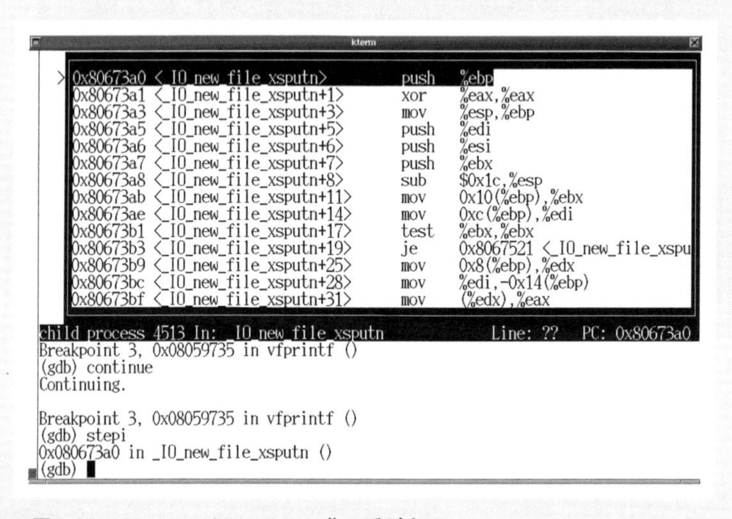

図2.22: _IO_new_file_xsputn()の呼び出し

どうやら_IO_new_file_xsputn()という関数が呼び出されていて，その先でメッセージの出力が行われているようだ.

あとはまた_IO_new_file_xsputn()にブレークポイントを張り，再度実行することで_IO_new_file_xsputn()の中に入っていくことができる.

2.2.8 ブレークポイントを整理する

このようにcall命令を探してはnextiでメッセージが出力されるかどうか確認し，新たにブレークポイントを設定して実行し直してということを繰り返していけば，どの関数の先でメッセージ出力が行われているのかを突き詰めていくことができる.

そしていずれはメッセージ出力の核の部分，実際の出力が行われる最後の1命令まで迫ることができるはずだ.

今までわかったことをまとめてみよう. hello.cのメッセージ出力処理は，以下のような関数呼び出しによって行われているということになる.

main()→printf()→vfprintf()→_IO_new_file_xsputn()→（不明）→メッセージ出力処理

次は_IO_new_file_xsputn()にブレークポイントを張り，再びrunで実行する．

```
(gdb) break _IO_new_file_xsputn
Breakpoint 4 at 0x80673a8
(gdb) run
The program being debugged has been started already.
Start it from the beginning? (y or n)
Starting program: /home/user/hello/hello

Breakpoint 1, main (argc=1, argv=0xbffffc14) at hello.c:5
(gdb)
```

ブレークポイントが増えてきたので，ここらで一度整理しておこう．

まずinfo breakpointsでブレークポイント一覧を出力する．アセンブラ表示をしているため画面に入りきらない場合には，「Ctrl+X」の後に続けて「A」を押すことで，リスト表示のON／OFFを一時的に切替えられる．

```
(gdb) info breakpoints
Num     Type           Disp Enb Address    What
1       breakpoint     keep y   0x080482c5 in main at hello.c:5
        breakpoint already hit 1 time
2       breakpoint     keep y   0x080591d3 <vfprintf+19>
3       breakpoint     keep y   0x08059735 <vfprintf+1397>
4       breakpoint     keep y   0x080673a8 <_IO_new_file_xsputn+8>
(gdb)
```

_IO_new_file_xsputn()以外のブレークポイントは一時的に無効にしてしまおう．これには以下のようにdisableコマンドでブレークポイントの番号（上記info breakpointsの出力の左端の値）を指定すればいい．

```
(gdb) disable 1 2 3
```

もう一度，ブレークポイントの一覧を見てみよう．

```
(gdb) info breakpoints
Num     Type           Disp Enb Address    What
1       breakpoint     keep n   0x080482c5 in main at hello.c:5
        breakpoint already hit 1 time
2       breakpoint     keep n   0x080591d3 <vfprintf+19>
3       breakpoint     keep n   0x08059735 <vfprintf+1397>
4       breakpoint     keep y   0x080673a8 <_IO_new_file_xsputn+8>
(gdb)
```

1～3番までは「Enb」の部分が「n」になっており，無効化されていることがわかる.

|2.2.9| さらに深く追っていく

あとはさらに調査を進めていくだけだ．実際の作業はブレークポイントを張ってはステップ実行でメッセージ出力が行われるかどうかを確認するだけの単調なものになるので読み飛ばしていただいても構わないが，ここでは筆者が実施した手順について，いちおう説明しておこう.

「Ctrl＋X」→「A」でリスト表示を元に戻し，continueしてみよう．今度は図2.23のようにして，_IO_new_file_xsputn()の先頭まで一気に進むことだろう.

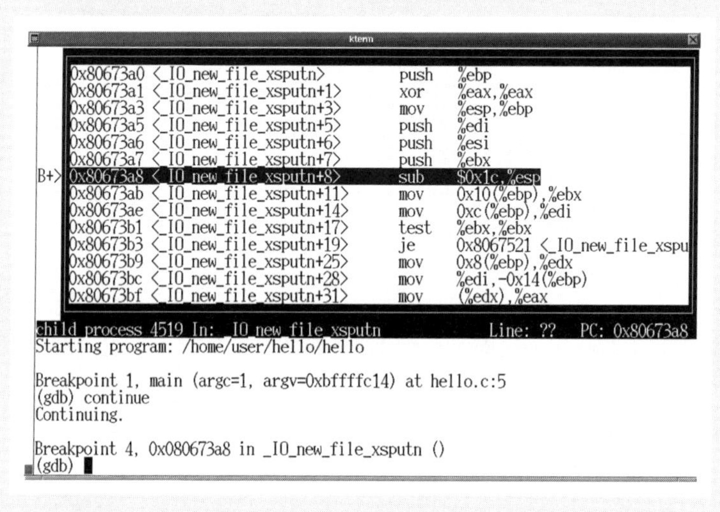

図2.23: _IO_new_file_xsputn()でブレークする

そしてcontinueしてみるが，メッセージは出力されず，再度_IO_new_file_xsputn()でブレークする．さらにcontinueしても同じだ．3回目と4回目のcontinueも同様だ.

そして5回目のcontinueでようやく図2.24のようになり，メッセージが出力された．

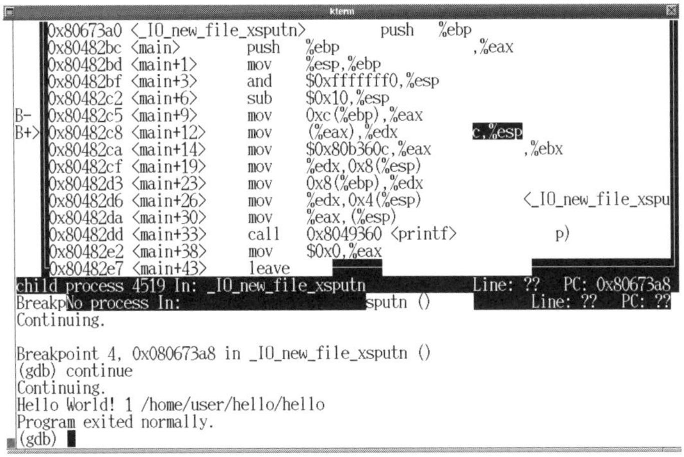

```
 0x80673a0 <_IO_new_file_xsputn>         push   %ebp
 0x80482bc <main>         push   %ebp                       ,%eax
 0x80482bd <main+1>       mov    %esp,%ebp
 0x80482bf <main+3>       and    $0xfffffff0,%esp
 0x80482c2 <main+6>       sub    $0x10,%esp
B- 0x80482c5 <main+9>     mov    0xc(%ebp),%eax
B+>0x80482c8 <main+12>    mov    (%eax),%edx             c,%esp
 0x80482ca <main+14>      mov    $0x80b360c,%eax                ,%ebx
 0x80482cf <main+19>      mov    %edx,0x8(%esp)
 0x80482d3 <main+23>      mov    0x8(%ebp),%edx
 0x80482d6 <main+26>      mov    %edx,0x4(%esp)          <_IO_new_file_xspu
 0x80482da <main+30>      mov    %eax,(%esp)
 0x80482dd <main+33>      call   0x8049360 <printf>            p)
 0x80482e2 <main+38>      mov    $0x0,%eax
 0x80482e7 <main+43>      leave
child process 4519 In: _IO_new_file_xsputn         Line: ??   PC: 0x80673a8
BreakpNo process In:                    sputn ()        Line: ??   PC: ??
Continuing.

Breakpoint 4, 0x080673a8 in _IO_new_file_xsputn ()
(gdb) continue
Continuing.
Hello World! 1 /home/user/hello/hello
Program exited normally.
(gdb)
```

●図2.24: 5回目のcontinueでメッセージが出力される

ということは_IO_new_file_xsputn()での5回目のブレークの際に，nextiで処理を進めればいいことになる．

runで再実行し，_IO_new_file_xsputn()でブレークするのでcontinueを4回実行する．そしてnextiで処理を進めていく．

すると，図2.25の箇所でメッセージ出力がされた．

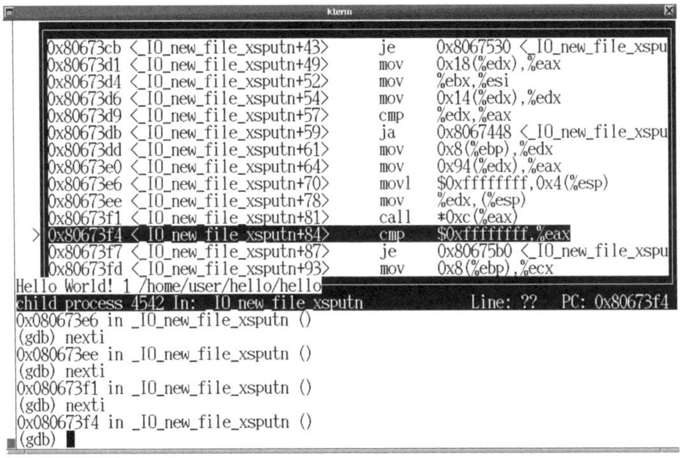

```
 0x80673cb <_IO_new_file_xsputn+43>      je     0x8067530 <_IO_new_file_xspu
 0x80673d1 <_IO_new_file_xsputn+49>      mov    0x18(%edx),%eax
 0x80673d4 <_IO_new_file_xsputn+52>      mov    %ebx,%esi
 0x80673d6 <_IO_new_file_xsputn+54>      mov    0x14(%edx),%edx
 0x80673d9 <_IO_new_file_xsputn+57>      cmp    %edx,%eax
 0x80673db <_IO_new_file_xsputn+59>      ja     0x8067448 <_IO_new_file_xspu
 0x80673dd <_IO_new_file_xsputn+61>      mov    0x8(%ebp),%edx
 0x80673e0 <_IO_new_file_xsputn+64>      mov    0x94(%edx),%eax
 0x80673e6 <_IO_new_file_xsputn+70>      movl   $0xffffffff,0x4(%esp)
 0x80673ee <_IO_new_file_xsputn+78>      mov    %edx,(%esp)
 0x80673f1 <_IO_new_file_xsputn+81>      call   *0xc(%eax)
>0x80673f4 <_IO_new_file_xsputn+84>      cmp    $0xffffffff,%eax
 0x80673f7 <_IO_new_file_xsputn+87>      je     0x80675b0 <_IO_new_file_xspu
 0x80673fd <_IO_new_file_xsputn+93>      mov    0x8(%ebp),%ecx
Hello World! 1 /home/user/hello/hello
child process 4542 In: _IO_new_file_xsputn         Line: ??   PC: 0x80673f4
0x080673e6 in _IO_new_file_xsputn ()
(gdb) nexti
0x080673ee in _IO_new_file_xsputn ()
(gdb) nexti
0x080673f1 in _IO_new_file_xsputn ()
(gdb) nexti
0x080673f4 in _IO_new_file_xsputn ()
(gdb)
```

●図2.25: ポインタ経由の関数呼び出しでメッセージが出力される

ポインタ経由で関数呼出しされているので，先ほどと同様にcall命令にブレークポイントを設定する．call命令のアドレスは0x80673f1だ．

```
(gdb) break *0x80673f1
Breakpoint 5 at 0x80673f1
(gdb)
```

先ほどのブレークポイントは無効化しておく．

```
(gdb) disable 4
```

runで再実行しよう．

```
(gdb) run
The program being debugged has been started already.
Start it from the beginning? (y or n)
Starting program: /home/user/hello/hello

Breakpoint 5, 0x080673f1 in _IO_new_file_xsputn ()
(gdb)
```

continueを実行すると同じ場所でまたブレークするのだが，繰り返すと2回目のcontinueでメッセージが出力される．

runで再実行し，1回continueを行い，2回目のブレークはstepiで関数呼出しの中に入る．すると_IO_new_file_overflow()という関数の内部に入った．

nextiで処理を進めよう．すると図2.26の位置でメッセージが出力された．

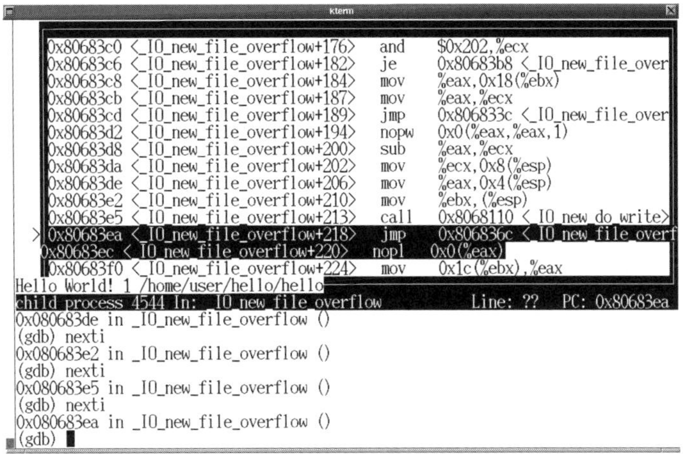

```
0x80683c0 <_IO_new_file_overflow+176>   and    $0x202,%ecx
0x80683c6 <_IO_new_file_overflow+182>   je     0x80683b8 <_IO_new_file_over
0x80683c8 <_IO_new_file_overflow+184>   mov    %eax,0x18(%ebx)
0x80683cb <_IO_new_file_overflow+187>   mov    %eax,%ecx
0x80683cd <_IO_new_file_overflow+189>   jmp    0x806833c <_IO_new_file_over
0x80683d2 <_IO_new_file_overflow+194>   nopw   0x0(%eax,%eax,1)
0x80683d8 <_IO_new_file_overflow+200>   sub    %eax,%ecx
0x80683da <_IO_new_file_overflow+202>   mov    %ecx,0x8(%esp)
0x80683de <_IO_new_file_overflow+206>   mov    %eax,0x4(%esp)
0x80683e2 <_IO_new_file_overflow+210>   mov    %ebx,(%esp)
0x80683e5 <_IO_new_file_overflow+213>   call   0x8068110 <_IO_new_do_write>
>0x80683ea <_IO_new_file_overflow+218>  jmp    0x806836c <_IO_new_file_overf
0x80683ec <_IO_new_file_overflow+220>   nopl   0x0(%eax)
0x80683f0 <_IO_new_file_overflow+224>   mov    0x1c(%ebx),%eax
Hello World! 1 /home/user/hello/hello
child process 4544 In: _IO_new_file_overflow        Line: ??   PC: 0x80683ea
0x080683de in _IO_new_file_overflow ()
(gdb) nexti
0x080683e2 in _IO_new_file_overflow ()
(gdb) nexti
0x080683e5 in _IO_new_file_overflow ()
(gdb) nexti
0x080683ea in _IO_new_file_overflow ()
(gdb)
```

図2.26: _IO_new_do_write()の呼び出しでメッセージが出力されている

_IO_new_do_write()という関数の先でメッセージ出力が行われているようだ．

_IO_new_do_write()にブレークポイントを張り，他のブレークポイントは無効にする．

```
(gdb) break _IO_new_do_write
Breakpoint 6 at 0x8068116
(gdb) disable 5
(gdb) run
The program being debugged has been started already.
Start it from the beginning? (y or n)
Starting program: /home/user/hello/hello

Breakpoint 6, 0x08068116 in _IO_new_do_write ()
(gdb)
```

ブレーク後にcontinueしてみると，2回目の_IO_new_do_write()の呼出しでメッセージが出力されているようだ．

ということでrunで再実行し，1回はcontinueでスキップし，2回目のブレークの際にnextiで処理を進めていく．

すると図2.27の位置でメッセージが出力された．

```
 0x8068178 <_IO_new_do_write+104>     mov    %eax,%ecx
 0x806817a <_IO_new_do_write+106>     and    %edx,%ecx
 0x806817c <_IO_new_do_write+108>     cmp    $0xffffffff,%ecx
 0x806817f <_IO_new_do_write+111>     je     0x80681cc <_IO_new_do_write+
 0x8068181 <_IO_new_do_write+113>     mov    %eax,0x4c(%ebx)
 0x8068184 <_IO_new_do_write+116>     mov    %edx,0x50(%ebx)
 0x8068187 <_IO_new_do_write+119>     mov    0x94(%ebx),%eax
 0x806818d <_IO_new_do_write+125>     mov    %esi,0x8(%esp)
 0x8068191 <_IO_new_do_write+129>     mov    %edi,0x4(%esp)
 0x8068195 <_IO_new_do_write+133>     mov    %ebx,(%esp)
 0x8068198 <_IO_new_do_write+136>     call   *0x3c(%eax)
>0x806819b <_IO_new_do_write+139>     mov    %eax,%edx
 0x806819d <_IO_new_do_write+141>     movzwl 0x44(%ebx),%eax
 0x80681a1 <_IO_new_do_write+145>     test   %edx,%edx
Hello World! 1 /home/user/hello/hello
child process 4551 In: _IO_new_do_write              Line: ??   PC: 0x806819b
0x08068191 in _IO_new_do_write ()
(gdb) nexti
0x08068195 in _IO_new_do_write ()
(gdb) nexti
0x08068198 in _IO_new_do_write ()
(gdb) nexti
0x0806819b in _IO_new_do_write ()
(gdb)
```

図2.27: ポインタ経由の関数呼び出しでメッセージが出力される

ポインタ経由で関数呼び出しが行われている．そこでcall命令(0x8068198)にブレークポイントを設定し，先ほどのブレークポイントを無効化する．

```
(gdb) break *0x8068198
Breakpoint 7 at 0x8068198
(gdb) disable 6
(gdb)
```

runで再実行してみると，1回目のブレークでメッセージ出力されるようだ．ということでもう一度runで再実行し，stepiで関数の中に入る．

すると図2.28のようになった．

```
 >0x8067630 <_IO_new_file_write>      push   %ebp
  0x8067631 <_IO_new_file_write+1>    xor    %eax,%eax
  0x8067633 <_IO_new_file_write+3>    mov    %esp,%ebp
  0x8067635 <_IO_new_file_write+5>    push   %edi
  0x8067636 <_IO_new_file_write+6>    push   %esi
  0x8067637 <_IO_new_file_write+7>    push   %ebx
  0x8067638 <_IO_new_file_write+8>    sub    $0xc,%esp
  0x806763b <_IO_new_file_write+11>   mov    0x10(%ebp),%ebx
  0x806763e <_IO_new_file_write+14>   mov    0x8(%ebp),%edi
  0x8067641 <_IO_new_file_write+17>   mov    0xc(%ebp),%esi
  0x8067644 <_IO_new_file_write+20>   test   %ebx,%ebx
  0x8067646 <_IO_new_file_write+22>   jg     0x8067658 <_IO_new_file_writ
  0x8067648 <_IO_new_file_write+24>   jmp    0x806767d <_IO_new_file_writ
  0x806764a <_IO_new_file_write+26>   nopw   0x0(%eax,%eax,1)
child process 4558 In: _IO_new_file_write           Line: ??   PC: 0x8067630
Program exited normally.
(gdb) run
Starting program: /home/user/hello/hello

Breakpoint 7, 0x08068198 in _IO_new_do_write ()
(gdb) stepi
0x08067630 in _IO_new_file_write ()
(gdb)
```

●図2.28: _IO_new_file_write()の中に入る

_IO_new_file_write()が呼ばれているので，_IO_new_file_write()にブレークポイントを張り，先ほどのブレークポイントは無効化する．

```
(gdb) break _IO_new_file_write
Breakpoint 8 at 0x8067638
(gdb) disable 7
(gdb)
```

runで再実行する．ブレークするのでcontinueすると，どうやら1回目のブレークでメッセージが表示されるようだ．ということでrunで再実行し，ブレークしたらnextiで処理を進める．

すると，図2.29のようなwrite()の呼出しがあった．

```
ktern
  0x8067658 <_IO_new_file_write+40>        testb  $0x2,0x3c(%edi)
  0x806765c <_IO_new_file_write+44>        jne    0x80676a7 <_IO_new_file_writ
  0x806765e <_IO_new_file_write+46>        mov    %ebx,0x8(%esp)
  0x8067662 <_IO_new_file_write+50>        mov    %esi,0x4(%esp)
  0x8067666 <_IO_new_file_write+54>        mov    0x38(%edi),%eax
  0x8067669 <_IO_new_file_write+57>        mov    %eax,(%esp)
> 0x806766c <_IO_new_file_write+60>        call   0x8053d70 <write>
  0x8067671 <_IO_new_file_write+65>        test   %eax,%eax
  0x8067673 <_IO_new_file_write+67>        jns    0x8067650 <_IO_new_file_writ
  0x8067675 <_IO_new_file_write+69>        mov    0x10(%ebp),%eax
  0x8067678 <_IO_new_file_write+72>        orl    $0x20,(%edi)
  0x806767b <_IO_new_file_write+75>        sub    %ebx,%eax
  0x806767d <_IO_new_file_write+77>        mov    0x50(%edi),%esi
  0x8067680 <_IO_new_file_write+80>        mov    0x4c(%edi),%ebx
child process 4560 In: _IO_new_file_write                Line: ??   PC: 0x806766c
0x08067662 in _IO_new_file_write ()
(gdb) nexti
0x08067666 in _IO_new_file_write ()
(gdb) nexti
0x08067669 in _IO_new_file_write ()
(gdb) nexti
0x0806766c in _IO_new_file_write ()
(gdb)
```

●図2.29: write()の呼出し

2.2.10 write()が呼ばれている

write()はファイル出力を行うためのシステムコールの呼び出しだ．

ということは，ここでメッセージ出力が行われているのではないだろうか．stepiで関数の内部に入ってみよう．

●図2.30: write()の内部

メッセージ出力がされないかどうか，ステップ実行を注意深く進めよう．すると図2.31のようなcall命令が見つかる．

```
0x8053d70 <write>                 cmpl   $0x0,%gs:0xc
0x8053d78 <write+8>               jne    0x8053d9f <write+47>
0x8053d7a <__write_nocancel>      push   %ebx
0x8053d7b <__write_nocancel+1>    mov    0x10(%esp),%edx
0x8053d7f <__write_nocancel+5>    mov    0xc(%esp),%ecx
0x8053d83 <__write_nocancel+9>    mov    0x8(%esp),%ebx
0x8053d87 <__write_nocancel+13>   mov    $0x4,%eax
>0x8053d8c <__write_nocancel+18>  call   *0x80d6750
0x8053d92 <__write_nocancel+24>   pop    %ebx
0x8053d93 <__write_nocancel+25>   cmp    $0xfffff001,%eax
0x8053d98 <__write_nocancel+30>   jae    0x8056650 <__syscall_error>
0x8053d9e <__write_nocancel+36>   ret
0x8053d9f <write+47>              call   0x8055400 <__libc_enable_asynccancel
0x8053da4 <write+52>              push   %eax
child process 4560 In: __write_nocancel                Line: ??   PC: 0x8053d8c
0x08053d7f in __write_nocancel ()
(gdb) nexti
0x08053d83 in __write_nocancel ()
(gdb) nexti
0x08053d87 in __write_nocancel ()
(gdb) nexti
0x08053d8c in __write_nocancel ()
(gdb)
```

図2.31: write()の内部からの関数呼び出し

write()の内部なので，かなり核心に近付いているように思われる．ここはstepiで関数の内部に入っていこう．

すると図2.32のようになった．「int」という，今まで出てきていない命令があるようだ．

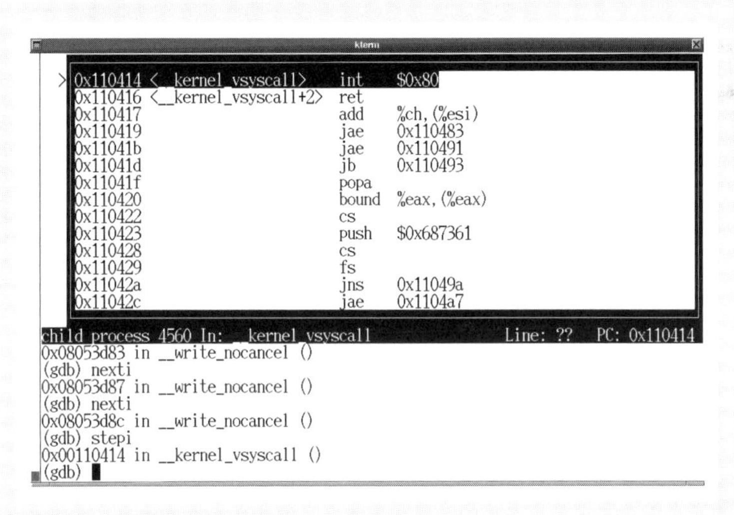

図2.32: int命令の呼び出し

|2.2.11| 呼ばれる命令が異なる場合

なお図2.32では「int　$0x80」という命令を実行する直前で停止しているのだが，環境によっては，もしかしたら「sysenter」や「syscall」という命令が呼ばれるようなコードになっているかもしれない．

このような場合には，まずp.26で説明したnosepオプションを付加した上で，再度試してみてほしい．今度はint　$0x80を呼ぶようなコードに置き換わっている可能性がある．CentOSの再起動が必要になってしまうが，break　writeでwrite()にブレークポイントを設定することで，図2.30の箇所まで迅速にたどり着くことができる．

それでも駄目ならば，スーパーユーザで以下を実行した上で再度試してみてほしい．これは「VDSO」という機能を無効化するものだ．

```
# sysctl -w vm.vdso_enabled=0
```

この場合，実行結果は図2.33のようになり微妙に異なる関数が呼ばれるものになるのだが，「int　$0x80」が呼ばれることには変わりは無く大きな違いは無いので，ひとまずはこれで見ていってほしい．

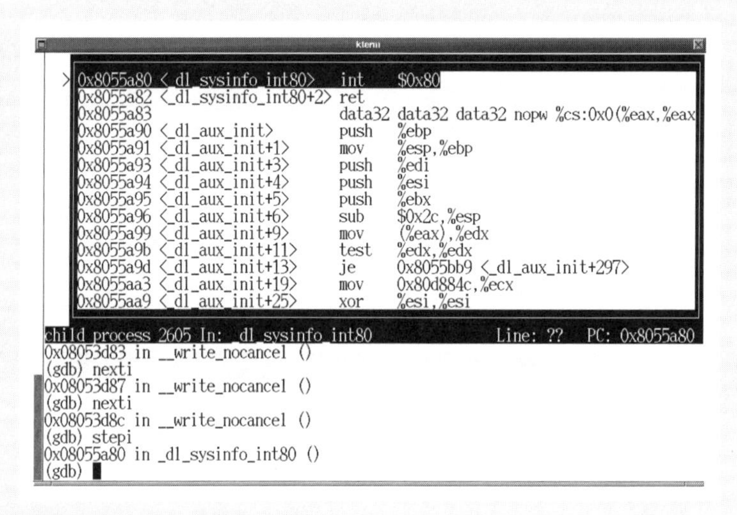

●図2.33: VDSOを無効にした場合

実はここで出てきたint　$0x80，sysenter，syscallはどれもシステムコール呼び出しのための命令なのだが，sysenterやsyscallは仕様が複雑であり，初心者に対する説明には向いていない．このため本書ではint　$0x80を使ったシステムコールを説明する．

2.2.12 メッセージが出力される瞬間

さて`int $0x80`という命令にたどりついたら，`stepi`でステップ実行してみよう．すると，図2.34のようにしてメッセージが出力された．

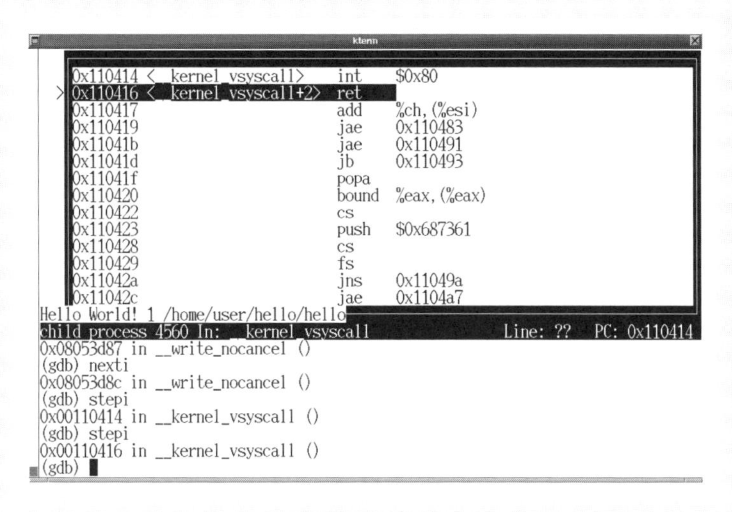

図2.34: メッセージが出力された瞬間

つまり「`int $0x80`」という命令が実行された瞬間に，ハロー・ワールドのメッセージが出力されているということになる．

さて，これでメッセージ出力の核心まで進めることができた．ここで「`where`」というコマンドを実行してみよう．

```
(gdb) where
#0  0x00110416 in __kernel_vsyscall ()
#1  0x08053d92 in __write_nocancel ()
#2  0x08067671 in _IO_new_file_write ()
#3  0x0806819b in _IO_new_do_write ()
#4  0x080683ea in _IO_new_file_overflow ()
#5  0x080673f4 in _IO_new_file_xsputn ()
#6  0x08059738 in vfprintf ()
#7  0x08049381 in printf ()
#8  0x080482e2 in main (argc=1, argv=0xbffffc14) at hello.c:5
(gdb)
```

`where`は関数の呼び出し手順を遡って調べて表示するコマンドだ．関数呼び出しは実際には戻り先や関数内のさまざまなパラメータをスタック上に保存することで実現されており，このような逆算処理は一般にスタックのバックトレースと呼ばれる．

よってこれがmain()からprintf()が呼ばれ，実際にメッセージが出力されるまでの一連の関数の呼び出し手順になる．

なお図2.30を見ると，__write_nocancelの直前にwriteというシンボルがあり，write()の呼び出しではwriteの先頭部分が実行されていることに注目してほしい．つまりwhereでは__write_nocancelが表示されているのだが，これはおそらくその後の__kernel_vsyscall()の呼び出しが__write_nocancelの部分から行われているためGDBがそのように表示しているだけであり，実際には__write_nocancelではなくwriteが呼び出されているわけだ．

つまりprintf()の先では，最終的にはシステムコールのwrite()が呼ばれていることになる．

【2.3】システムコールの呼び出し

ここでOSのシステムコールについて考えてみよう．

アプリケーション・プログラムとOSカーネルの間のインターフェースは，システムコールだ．アプリケーション・プログラムは，最終的にはシステムコールを呼び出すことになる．

CentOS環境ではopen()やread()といったシステムコールが利用できる．これらはUNIXライクなOSでのシステムコールAPIであり，POSIXという仕様で定義されている．

なおここで「Linux」と呼ばずに「CentOS環境」と言っているのは，Linuxが持っているのは「open」というシステムコールであり，「open()」というAPIを提供しているのはglibcであるためだ．これについては第4章で説明する．

ハロー・ワールドのサンプル・プログラムからは，どのようなシステムコールが呼ばれているのだろうか．

|2.3.1| straceによるトレース

CentOS環境ではstraceというコマンドで，プログラムが呼び出しているシステムコールをトレースすることができる．

ハロー・ワールドに対してstraceを試してみよう.

```
[user@localhost hello]$ strace ./hello
execve("./hello", ["./hello"], [/* 26 vars */]) = 0
uname({sys="Linux", node="localhost.localdomain", ...}) = 0
brk(0)                                  = 0x9e39000
brk(0x9e39cd0)                          = 0x9e39cd0
set_thread_area({entry_number:-1 -> 6, base_addr:0x9e39830, limit:1048575, seg_32bit:1
, contents:0, read_exec_only:0, limit_in_pages:1, seg_not_present:0, useable:1}) = 0
brk(0x9e5acd0)                          = 0x9e5acd0
brk(0x9e5b000)                          = 0x9e5b000
fstat64(1, {st_mode=S_IFCHR|0620, st_rdev=makedev(136, 0), ...}) = 0
mmap2(NULL, 4096, PROT_READ|PROT_WRITE, MAP_PRIVATE|MAP_ANONYMOUS, -1, 0) = 0xb777f000
write(1, "Hello World! 1 ./hello\n", 23Hello World! 1 ./hello
) = 23
exit_group(0)                           = ?
[user@localhost hello]$
```

いくつかのシステムコールが呼ばれていることがわかる. そして注目すべきは, 最後のほうにあるwrite()の呼び出しだ. ここでwriteシステムコールによって, ハロー・ワールドのメッセージが出力されていることが確認できる.

|2.3.2| ptrace()によるトレース

straceではプロセスのシステムコール呼出しをトレースできるわけだが, ここではもうひとつ, ptrace()というシステムコールを用いた独自トレーサによるトレースについても説明しておこう.

ptrace()は主にデバッガが用いるシステムコールで, 特定のプロセスにアタッチしてメモリやレジスタの内容を得たり, 書き換えたりすることができる. もちろんGDBも利用しているし, p.42で説明したgdbserverは, 実はホスト側のGDBから送られてきたリクエストに従ってptrace()を実行するだけの中継プログラムとも言える.

ptrace()の使いかたはそれほど難しくはない. 特定のプログラムの動作を追いたいだけならば, Linuxならばfork()の後にTRACEMEというリクエストを発行後, execve()でプログラムを起動するだけだ.

親プロセス側ではwaitpid()で待つことで子プロセス側がブレークするのを待ち, ブレークしたらやりたいことをやった後に, 子プロセスをブレーク解除して再び動作させる, ということを繰り返す感じだ. ただしLinuxのptrace()の機能にはちょっと癖があり，FreeBSDなどとはだいぶ異なるようだ．

ptrace()の使いかたはなかなか資料が無いのだが，とりあえずはオンラインマニュアルで知ることができる．CentOS上でman ptraceを実行してみよう．図2.35のような画面になることだろう．

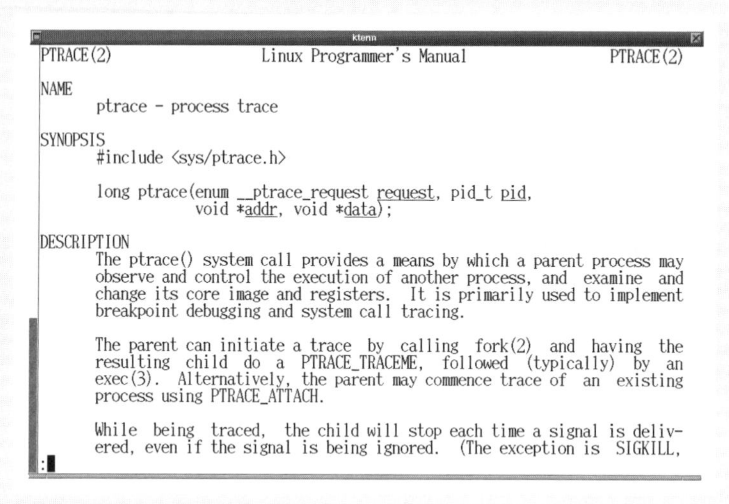

```
PTRACE(2)                Linux Programmer's Manual                PTRACE(2)

NAME
       ptrace - process trace

SYNOPSIS
       #include <sys/ptrace.h>

       long ptrace(enum __ptrace_request request, pid_t pid,
                   void *addr, void *data);

DESCRIPTION
       The ptrace() system call provides a means by which a parent process may
       observe and control the execution of another process, and examine and
       change its core image and registers.  It is primarily used to implement
       breakpoint debugging and system call tracing.

       The parent can initiate a trace by calling fork(2) and having the
       resulting child do a PTRACE_TRACEME, followed (typically) by an
       exec(3).  Alternatively, the parent may commence trace of an existing
       process using PTRACE_ATTACH.

       While being traced, the child will stop each time a signal is deliv-
       ered, even if the signal is being ignored.  (The exception is SIGKILL,
:
```

●図2.35: man ptraceの結果

manコマンドを利用することで，このようにオンラインマニュアルを読むことができる．例えば図2.35からは，ptrace()の仕様が以下のようになっていることがわかる．

```
long ptrace(enum __ptrace_request request, pid_t pid,
       void *addr, void *data);
```

さらにカーソルキーで画面をスクロールさせて上から流し読みすると，図2.36のような部分がある．

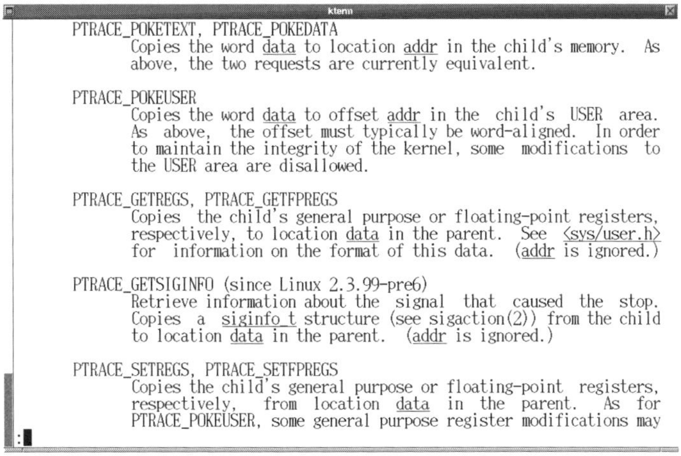

```
ktem
       PTRACE_POKETEXT, PTRACE_POKEDATA
              Copies the word data to location addr in the child's memory.  As
              above, the two requests are currently equivalent.

       PTRACE_POKEUSER
              Copies the word data to offset addr in the  child's  USER  area.
              As  above,  the offset must typically be word-aligned.  In order
              to maintain the integrity of the kernel, some  modifications  to
              the USER area are disallowed.

       PTRACE_GETREGS, PTRACE_GETFPREGS
              Copies  the child's general purpose or floating-point registers,
              respectively, to location data in the parent.  See  <sys/user.h>
              for  information on the format of this data.  (addr is ignored.)

       PTRACE_GETSIGINFO (since Linux 2.3.99-pre6)
              Retrieve information about the  signal  that  caused  the  stop.
              Copies  a  siginfo_t structure (see sigaction(2)) from the child
              to location data in the parent.  (addr is ignored.)

       PTRACE_SETREGS, PTRACE_SETFPREGS
              Copies the child's general purpose or floating-point  registers,
              respectively,   from  location  data  in  the  parent.  As  for
              PTRACE_POKEUSER, some general purpose register modifications may
:
```

●図2.36: PTRACE_GETREGSの説明

どうやらPTRACE_GETREGSという操作により，レジスタ値の取得が可能なようだ．詳しくは以下のように説明されている．

```
PTRACE_GETREGS, PTRACE_GETFPREGS
       Copies  the child's general purpose or floating-point registers,
       respectively, to location data in the parent.  See  <sys/user.h>
       for  information on the format of this data.  (addr is ignored.)
```

しかしそれでも，わからない部分もあったりする．

第4引数のdataにコピー先の領域のポインタを与えるらしいのだが，どのような領域を確保すればいいのかが明記されていない．/usr/include/sys/user.hを見ろ，とは書いてあるのだが，実際に見てみても，そちらにも詳しい説明は無い．

|2.3.3| ptrace()の細かい動作をカーネルソースから知る

このようなときはLinuxカーネルのソースコードを見るのが手っ取り早い．

p.18で展開しておいたLinuxカーネルのソースコードを，「PTRACE_GETREGS」というキーワードで検索してみよう．実際に検索するとarchというディレクトリ以下のファイルが大量にヒットするのだが，これはアーキテクチャ依存の処理が，各アーキテクチャごとのディレクトリに格納されている場所になる．レジスタ設定の処理なので，アーキテクチャ依存があるのだろう．

ということは，見るべきはarch/x86の下だろう．

```
[user@localhost linux-2.6.32.65]$ grep -r PTRACE_GETREGS .
...
./arch/x86/include/asm/ptrace-abi.h:#define PTRACE_GETREGS            12
./arch/x86/kernel/ptrace.c:     case PTRACE_GETREGS:    /* Get all gp regs from the ch
ild. */
./arch/x86/kernel/ptrace.c:     case PTRACE_GETREGS:    /* Get all gp regs from the ch
ild. */
...
```

arch/x86/kernel/ptrace.cに，switch～caseで条件分岐している部分があるようだ．ということはここでptrace()の第1引数で指定されたリクエストに応じた動作をしているのだと推測できる．

arch/x86/kernel/ptrace.cの当該の部分を見てみよう．

```
925:long arch_ptrace(struct task_struct *child, long request, long addr, long data)
926:{
...
968:        case PTRACE_GETREGS:    /* Get all gp regs from the child. */
969:                return copy_regset_to_user(child,
970:                                           task_user_regset_view(current),
971:                                           REGSET_GENERAL,
972:                                           0, sizeof(struct user_regs_struct),
973:                                           datap);
```

sizeof(struct user_regs_struct)というサイズぶんだけコピーしているようだ．ということは呼び出し側で確保するべき構造体は，struct user_regs_structだ．

これは実は先ほど説明した/usr/include/sys/user.hで以下のように定義されているので，manによる説明とも辻褄が合うことになる．どうやらx86のレジスター覧が定義されているようだ．

```
55:struct user_regs_struct
56:{
```

```
57:  long int ebx;
58:  long int ecx;
59:  long int edx;
60:  long int esi;
61:  long int edi;
62:  long int ebp;
63:  long int eax;
...
74:};
```

さらにptrace()の第3引数で指定されるaddrは，PTRACE_GETREGSの処理では利用されていないようだ．switch～caseの外の部分を見ても，利用されていなかった．man ptraceでは「addr is ignored.」と説明されており，これも辻褄が合う．

このように利用されない引数についても，カーネルのソースコードを読むことで確認することができる．引数に何を与えればいいのかがドキュメントに明記されていないというとき（よくあることだ）には，このようにして判断することができる．

|2.3.4| ptrace()で独自トレーサを作る

ptrace()をうまく使うと，独自のトレーサを作成することができる．

以下はそうしたトレーサの例で，Linux上で利用できる．

●wtrace.c

```
 1:#include <stdio.h>
 2:#include <stdlib.h>
 3:#include <unistd.h>
 4:#include <signal.h>
 5:#include <sys/ptrace.h>
 6:#include <sys/wait.h>
 7:#include <sys/user.h>
 8:
 9:int main(int argc, char *argv[], char *envp[])
10:{
11:  int pid, status, size, fildes[2];
12:  fd_set fds;
13:  struct timeval t;
14:  char buf[64];
15:  struct user_regs_struct regs;
16:
17:  pipe(fildes);
```

```
18:  pid = fork();
19:  if (!pid) { /* child process */
20:    close(1);
21:    dup2(fildes[1], 1);
22:    close(fildes[0]);
23:    close(fildes[1]);
24:    ptrace(PTRACE_TRACEME, 0, NULL, NULL);
25:    execve(argv[1], argv + 1, envp); /* execute program */
26:  }
27:
28:  while (1) { /* main loop */
29:    waitpid(pid, &status, 0);
30:    if (WIFEXITED(status))
31:      break;
32:    FD_ZERO(&fds);
33:    FD_SET(fildes[0], &fds);
34:    t.tv_sec = t.tv_usec = 0;
35:    select(fildes[0] + 1, &fds, NULL, NULL, &t);
36:    if (FD_ISSET(fildes[0], &fds)) { /* detect writing */
37:      size = read(fildes[0], buf, sizeof(buf));
38:      buf[size] = '\0';
39:      ptrace(PTRACE_GETREGS, pid, NULL, &regs);
40:      fprintf(stderr, "WROTE: EIP = %08x, %s\n", (int)regs.eip, buf);
41:      ptrace(PTRACE_CONT, pid, NULL, SIGABRT);
42:      ptrace(PTRACE_DETACH, pid, NULL, NULL);
43:      break;
44:    }
45:    ptrace(PTRACE_SINGLESTEP, pid, NULL, NULL);
46:  }
47:
48:  exit(0);
49:}
```

この独自トレーサは，指定したコマンドをステップ実行し，標準出力に何かしらの文字列が出力されたことを検知して停止するようになっている．ただし書籍用のサンプルということもあり，かなり手抜きの作りだ．そのまま使うのではなく，改造するためのベースとして考えてほしい．

具体的な動作は，こうだ．まず指定したコマンドを子プロセスとして起動するが，その際に標準出力をパイプで親プロセスに向け，さらにptrace()でステップ実行させる．そしてステップ実行のたびに，パイプへの出力が無いかどうかを検知している．

このようにして，子プロセスがwrite()した瞬間に実行を止め，そのときの実行位置のアドレスを出力させている．さらにSIGABRTで子プロセスを止めることでコアダンプを出力させている．これはGDBで細かく解析するためだ．

独自トレーサにより，helloを解析してみよう．まずは独自トレーサをコンパイルする．なお独自トレーサのソースコードのファイル名はwtrace.cとした．wtrace.cは本書のサポートサイトでも配布しているので，必要なかたはそちらを参照してほしい．

```
[user@localhost ~]$ cd wtrace
[user@localhost wtrace]$ gcc wtrace.c -o wtrace -Wall
[user@localhost wtrace]$
```

さらに，標準でコアファイルが出力されないように設定されている場合がある．実行前に以下のようにulimitコマンドを用いてコアファイルのサイズ制限を確認し，必要に応じて制限を外しておく．

```
[user@localhost wtrace]$ ulimit -a | grep core
core file size          (blocks, -c) 0
[user@localhost wtrace]$ ulimit -c unlimited
[user@localhost wtrace]$ ulimit -a | grep core
core file size          (blocks, -c) unlimited
[user@localhost wtrace]$
```

実行ファイルhelloをトレースしてみよう．注意としてはulimitコマンドはシェルに対する指示なので，ulimitによるコアダンプのサイズ解除を行ったシェル上でwtraceを実行する必要がある．

```
[user@localhost wtrace]$ ./wtrace ../hello/hello
WROTE: EIP = 00b1a416, Hello World! 1 ../hello/hello

[user@localhost wtrace]$ ./wtrace ../hello/hello
WROTE: EIP = 0073a416, Hello World! 1 ../hello/hello

[user@localhost wtrace]$ ./wtrace ../hello/hello
WROTE: EIP = 00e59416, Hello World! 1 ../hello/hello

[user@localhost wtrace]$
```

「Hello World! ...」の文字列の出力を検出できているようだ．

そしてそのときの実行位置はEIPとしてアドレスが出力されているのだが，このアドレスの値は，毎回異なっているようだ．おそらくセキュリティ上の理由により，共有ライブラリがマッピングされるアドレスが実行ごとに変化しているためだろう．

> 実行コードが常に固定のアドレスに配置されるのは，既存の実行コードを利用して攻撃するROP (Return-Oriented Programming) などの手法で利用される対象になってしまうからだ．実行ファイルhelloは静的リンクのはずなのだが，システムコール呼び出しに関しては第12章で説明するVDSOという共有ライブラリが利用されてしまうようなのだ．

p.74での説明にならって，VDSOを無効化してもう一度試してみよう．

```
[user@localhost wtrace]$ su
Password:
[root@localhost wtrace]# sysctl -a | grep vdso
vm.vdso_enabled = 1
[root@localhost wtrace]# sysctl -w vm.vdso_enabled=0
vm.vdso_enabled = 0
[root@localhost wtrace]# exit
[user@localhost wtrace]$
```

再度，実行してみる．

```
[user@localhost wtrace]$ ./wtrace ../hello/hello
WROTE: EIP = 08055a82, Hello World! 1 ../hello/hello

[user@localhost wtrace]$ ./wtrace ../hello/hello
WROTE: EIP = 08055a82, Hello World! 1 ../hello/hello

[user@localhost wtrace]$ ./wtrace ../hello/hello
WROTE: EIP = 08055a82, Hello World! 1 ../hello/hello

[user@localhost wtrace]$
```

今度はEIPが毎回08055a82というアドレスに固定になった．

そして図2.33でVDSOを無効にした場合のブレーク位置をもう一度見直してほしい．int $0x80の次の命令は0x08055a82というアドレスに配置されており，確かにint $0x80の直後に停止していることが確認できる．

なお実験が終わったら，以下を実行してVDSOを有効な状態に戻しておくことに注意しておいてほしい．これをやらないと，他の実験をしたときの結果が本書の内容と食い違ってきてしまう可能性がある．

```
[root@localhost wtrace]# sysctl -w vm.vdso_enabled=1
```

2.3.5 コアダンプを解析する

さらにプログラムの実行停止時に，SIGABRTによるコアダンプが生成されているはずだ．見てみよう．

```
[user@localhost wtrace]$ ls
core.2025  core.2031  core.2058  wtrace
core.2029  core.2055  core.2060  wtrace.c
[user@localhost wtrace]$
```

コアダンプをGDBで解析することで，停止箇所を調べることができるはずだ．コアファイルは実行回数分として6つが生成されているが，とりあえず一番新しい「core.2060」を使ってみよう．なお「2060」などの数値は，プロセスIDだ．

以下のように実行ファイルに続けてコアダンプを指定してGDBを起動することで，コアダンプを解析することができる．

```
[user@localhost wtrace]$ gdb -q ../hello/hello core.2060
Reading symbols from /home/user/hello/hello...done.
[New Thread 2060]
Core was generated by `../hello/hello'.
Program terminated with signal 6, Aborted.
#0  0x08055a82 in _dl_sysinfo_int80 ()
(gdb)
```

実行停止した位置が表示されている．

そのときのバックトレースを見てみよう．

```
(gdb) where
#0  0x08055a82 in _dl_sysinfo_int80 ()
#1  0x08053d92 in __write_nocancel ()
#2  0x08067671 in _IO_new_file_write ()
#3  0x0806819b in _IO_new_do_write ()
#4  0x080683ea in _IO_new_file_overflow ()
#5  0x08069ea0 in _IO_flush_all_lockp ()
#6  0x08069f55 in _IO_cleanup ()
#7  0x08048eca in exit ()
#8  0x08048480 in __libc_start_main ()
```

```
#9  0x080481e1 in _start ()
(gdb)
```


writeシステムコールによる出力が行われる箇所が，ピンポイントで見つけることができている．

しかしこれは，p.75で調べた結果とは一致していない．ひとつはint $0x80の呼び出しを行う処理が__kernel_vsyscall()ではなく_dl_sysinfo_int80()になっていることだが，これはVDSOを無効化したためなので納得できる．

もうひとつの食い違いは，printf()ではなくexit()の延長でwrite()が呼ばれていることだ．

この理由だが，おそらく出力がTTYでなくパイプになるため標準入出力関数のバッファリング処理の動作が切り替わり，exit()の際にバッファがフラッシュされることで出力されているためだと思われる．

実際にstdoutのフラグ（stdout->_IO_file_flags）を見てみると，wtrace利用時には_IO_LINE_BUFのフラグ（0x200）が落ちており，p.209で説明する_IO_new_file_overflow()内の_IO_LINE_BUFのチェックに通らずにwrite()が呼ばれないようだ．詳しくはp.209を参照してほしい．

単にシステムコールをトレースするだけならば，straceでも問題は無い．ptrace()を使うことには，straceのような既存のツールではできないような独自の複雑なトレースや，状況に応じて動作が切り替わるような自動トレーサなどを自分で即興で作成できるという点にメリットがある．

【2.4】バイナリエディタを使ってみる

ここまででwrite()が呼ばれていることは間違い無いようだが，果して本当に思った箇所で呼ばれ，そして文字列出力が行われているのだろうか．

解析を行う場合，まるで教科書を読むように，確実な情報に沿って行えるということは少ない．自分が追いかけている場所は本当にこれで正しいのだろうか，見当外れなところを見ていたりするのではないだろうかと不安に思いながら行うことがほとんどだ．

このため確証を得るための手段を様々に持っておくことが重要になる．ひとつの手段だけで確認するのではなく，複数の手段で多面的に確認して確実にするわけだ．

ここではバイナリエディタの使いかたの練習も含めて，実行ファイルを変更したときの挙動の変化を見ることで確認するという方法を試しておこう．

2.4.1 バイナリエディタで実行ファイルを開く

バイナリエディタを使ったことがある読者のかたは少ないかもしれない．

しかしバイナリエディタはバイナリファイルを扱う際の必須ツールだ．フォーマットに応じたツールによって読み書きができる場合も多いが，いざというときはやはりバイナリエディタが万能のツールになる．

本書ではhexeditというバイナリエディタを利用する．hexeditは本書のVM環境にもインストールされているため，そのまま使うことができる．

まずはhexeditで，実行ファイルのhelloを開いてみよう．なお後でファイルの変更を行うので，helloをhello-nopにコピーしてそちらを開くようにする．

```
[user@localhost ~]$ cd hello
[user@localhost hello]$ cp hello hello-nop
[user@localhost hello]$ hexedit hello-nop
```

図2.37はhexeditでhello-nopを開いた状態だ．

```
kterm
00000000> 7F 45 4C 46  01 01 01 03  00 00 00 00  00 00 00 00  .ELF............
00000010  02 00 03 00  01 00 00 00  C0 81 04 08  34 00 00 00  ............4...
00000020  E4 E4 08 00  00 00 00 00  34 00 20 00  05 00 28 00  ........4. ...(.
00000030  29 00 26 00  01 00 00 00  00 00 00 00  00 80 04 08  ).&.............
00000040  00 80 04 08  3F D6 08 00  3F D6 08 00  05 00 00 00  ....?...?.......
00000050  00 10 00 00  01 00 00 00  40 D6 08 00  40 66 0D 08  ........@...@f..
00000060  40 66 0D 08  00 08 00 00  B8 23 00 00  06 00 00 00  @f.......#......
00000070  00 10 00 00  04 00 00 00  D4 00 00 00  D4 80 04 08  ................
00000080  D4 80 04 08  44 00 00 00  44 00 00 00  04 00 00 00  ....D...D.......
00000090  04 00 00 00  07 00 00 00  40 D6 08 00  40 66 0D 08  ........@...@f..
000000A0  40 66 0D 08  10 00 00 00  28 00 00 00  04 00 00 00  @f......(.......
000000B0  04 00 00 00  51 E5 74 64  00 00 00 00  00 00 00 00  ....Q.td........
000000C0  00 00 00 00  00 00 00 00  00 00 00 00  06 00 00 00  ................
000000D0  04 00 00 00  04 00 00 00  10 00 00 00  01 00 00 00  ................
000000E0  47 4E 55 00  00 00 00 00  02 00 00 00  06 00 00 00  GNU.............
000000F0  12 00 00 00  04 00 00 00  14 00 00 00  03 00 00 00  ................
00000100  47 4E 55 00  0C C3 BA D7  85 6E D9 A4  92 9A 49 86  GNU......n....I.
00000110  32 F9 2C 6B  7A D7 B3 6D  B4 66 0D 08  2A 00 00 00  2.,kz..m.f..*...
00000120  B8 66 0D 08  2A 00 00 00  BC 66 0D 08  2A 00 00 00  .f..*....f..*...
00000130  C0 66 0D 08  2A 00 00 00  C4 66 0D 08  2A 00 00 00  .f..*....f..*...
00000140  55 89 E5 53  83 EC 04 E8  00 00 00 00  5B 81 C3 5C  U..S........[..\
00000150  E5 08 00 8B  93 FC FF FF  FF 85 D2 74  05 E8 9E 7E  ...........t...~
00000160  FB F7 E8 F9  00 00 00 E8  74 9B 06 00  58 5B C9 C3  ........t...X[..
00000170  FF 25 B4 66  0D 08 68 00  00 00 00 E9  00 00 00 00  .%.f..h.........
---  hello-nop       --0x0/0x9D761--127--01111111--------------------------
```

図2.37: hexeditで実行ファイルを開く

図2.37では左端の列にファイル先頭からのオフセット位置，中央にバイナリデータ，右端にはバイナリデータをアスキー文字に変換したものが表示されている．

カーソルは通常の文字反転カーソルの他に，十字カーソルも表示されている．これは本書のVM環境にインストールされたhexedit特有の追加パッチによるものだ．

ここでhexeditの使いかたについて，簡単に説明しておこう．

まずカーソルは矢印キーの上下左右で移動できる．

Tabキーを押すと，カーソル位置をバイナリデータ内からアスキー文字に交互に切替える．

検索は「/」を押すことで行える．カーソルがバイナリデータ内にある場合には16進数値の検索が行われる．アスキー文字内にある場合には文字列の検索が可能だ．

まずはこれくらいを知っておけば，とりあえずバイナリデータを参照するくらいは可能だろう．

|2.4.2| int $0x80の呼び出し部分を探す

さてここでint $0x80の呼び出し部分を探してみよう．

図2.31を見ると，write()の内部の0x8053d8cの位置からint $0x80を呼び出す処理が呼ばれていた．

逆アセンブル結果からこのアドレスの部分を位置を探してみると，以下のようになっていた．

```
[user@localhost hello]$ objdump -d hello
...
08053d70 <__libc_write>:
 8053d70:       65 83 3d 0c 00 00 00    cmpl   $0x0,%gs:0xc
 8053d77:       00
 8053d78:       75 25                   jne    8053d9f <__write_nocancel+0x25>

08053d7a <__write_nocancel>:
 8053d7a:       53                      push   %ebx
 8053d7b:       8b 54 24 10             mov    0x10(%esp),%edx
 8053d7f:       8b 4c 24 0c             mov    0xc(%esp),%ecx
 8053d83:       8b 5c 24 08             mov    0x8(%esp),%ebx
 8053d87:       b8 04 00 00 00          mov    $0x4,%eax
 8053d8c:       ff 15 50 67 0d 08       call   *0x80d6750
 8053d92:       5b                      pop    %ebx
 8053d93:       3d 01 f0 ff ff          cmp    $0xfffff001,%eax
...
```

機械語コードの命令列を見てみよう．call命令によるint $0x80の処理の呼び出し付近の機械語コードを集めると「08 b8 04 00 00 00 ff 15 50 67 0d

08」のようになっている．

この機械語コードを，実行ファイル中から探してみよう．

まず検索のために「/」を押してみよう．すると図2.38のようになり，検索するバイト列を聞いてくる．

```
ktenn
00000000> 7F 45 4C 46  01 01 01 03  00 00 00 00  00 00 00 00  .ELF............
00000010  02 00 03 00  01 00 00 00  C0 81 04 08  34 00 00 00  ............4...
00000020  E4 E4 08 00  00 00 00 00  34 00 20 00  05 00 28 00  ........4. ...(.
00000030  29 00 26 00  01 00 00 00  00 00 00 00  00 80 04 08  ).&.............
00000040  00 80 04 08  3F D6 08 00  3F D6 08 00  05 00 00 00  ....?...?.......
00000050  00 10 00 00  01 00 00 00  40 D6 08 00  40 66 0D 08  ........@...@f..
00000060  40 66 0D 08  00 08 00 00  B8 23 00 00  06 00 00 00  @f.......#......
00000070  00 10 00 00  04 00 00 00  D4 00 00 00  D4 80 04 08  ................
00000080  D4 80 04 08  44 00 00 00  44 00 00 00  04 00 00 00  ....D...D.......
00000090  04 00 00 00  07 00 00 00  40 D6 08 00  40 66 0D 08  ........@...@f..
000000A0  40 66 0D 08  10 00 00 00  28 00 00 00  04 00 00 00  @f......(.......

                    Hexa string to search:

000000E0  47 4E 55 00  00 00 00 00  02 00 00 00  06 00 00 00  GNU.............
000000F0  12 00 00 00  04 00 00 00  14 00 00 00  03 00 00 00  ................
00000100  47 4E 55 00  0C C3 BA D7  85 6E D9 A4  92 9A 49 86  GNU......n....I.
00000110  32 F9 2C 6B  7A D7 B3 6D  B4 66 0D 08  2A 00 00 00  2.,kz..m.f..*...
00000120  B8 66 0D 08  2A 00 00 00  BC 66 0D 08  2A 00 00 00  .f..*....f..*...
00000130  C0 66 0D 08  2A 00 00 00  C4 66 0D 08  2A 00 00 00  .f..*....f..*...
00000140  55 89 E5 53  83 EC 04 E8  00 00 00 00  5B 81 C3 5C  U..S........[..\
00000150  E5 08 00 8B  93 FC FF FF  FF 85 D2 74  05 E8 9E 7E  ...........t...
00000160  FB F7 E8 F9  00 00 00 E8  74 9B 06 00  58 5B C9 C3  ........t...X[..
00000170  FF 25 B4 66  0D 08 68 00  00 00 00 E9  00 00 00 00  .%.f..h.........
---  hello-nop      --0x0/0x9D761--127--01111111------------------------------
```

図2.38: 検索のために「/」を押す

ここで検索するバイトデータとして「08 b8 04 00 00 00 ff 15 50 67 0d 08」を入力してみよう．図2.39ではデータが長く折り返されているが，とくに気にする必要は無いようだ．

```
ktenn
00000000> 7F 45 4C 46  01 01 01 03  00 00 00 00  00 00 00 00  .ELF............
00000010  02 00 03 00  01 00 00 00  C0 81 04 08  34 00 00 00  ............4...
00000020  E4 E4 08 00  00 00 00 00  34 00 20 00  05 00 28 00  ........4. ...(.
00000030  29 00 26 00  01 00 00 00  00 00 00 00  00 80 04 08  ).&.............
00000040  00 80 04 08  3F D6 08 00  3F D6 08 00  05 00 00 00  ....?...?.......
00000050  00 10 00 00  01 00 00 00  40 D6 08 00  40 66 0D 08  ........@...@f..
00000060  40 66 0D 08  00 08 00 00  B8 23 00 00  06 00 00 00  @f.......#......
00000070  00 10 00 00  04 00 00 00  D4 00 00 00  D4 80 04 08  ................
00000080  D4 80 04 08  44 00 00 00  44 00 00 00  04 00 00 00  ....D...D.......
00000090  04 00 00 00  07 00 00 00  40 D6 08 00  40 66 0D 08  ........@...@f..
000000A0  40 66 0D 08  10 00 00 00  28 00 00 00  04 00 00 00  @f......(.......

                    Hexa string to search: 08 b8 04 00 00 00 ff 15 50 67
 0d 08
000000E0  47 4E 55 00  00 00 00 00  02 00 00 00  06 00 00 00  GNU.............
000000F0  12 00 00 00  04 00 00 00  14 00 00 00  03 00 00 00  ................
00000100  47 4E 55 00  0C C3 BA D7  85 6E D9 A4  92 9A 49 86  GNU......n....I.
00000110  32 F9 2C 6B  7A D7 B3 6D  B4 66 0D 08  2A 00 00 00  2.,kz..m.f..*...
00000120  B8 66 0D 08  2A 00 00 00  BC 66 0D 08  2A 00 00 00  .f..*....f..*...
00000130  C0 66 0D 08  2A 00 00 00  C4 66 0D 08  2A 00 00 00  .f..*....f..*...
00000140  55 89 E5 53  83 EC 04 E8  00 00 00 00  5B 81 C3 5C  U..S........[..\
00000150  E5 08 00 8B  93 FC FF FF  FF 85 D2 74  05 E8 9E 7E  ...........t...
00000160  FB F7 E8 F9  00 00 00 E8  74 9B 06 00  58 5B C9 C3  ........t...X[..
00000170  FF 25 B4 66  0D 08 68 00  00 00 00 E9  00 00 00 00  .%.f..h.........
---  hello-nop      --0x0/0x9D761--127--01111111------------------------------
```

図2.39: 検索データを入力する

Enterを押すと検索が開始される．再度「/」→Enterのように押すと，次を検索することができる．

そして図2.40の状態では次を検索しても図2.41のように「not found」となるので，ヒットしたのは図2.40の一箇所のみのようだ．

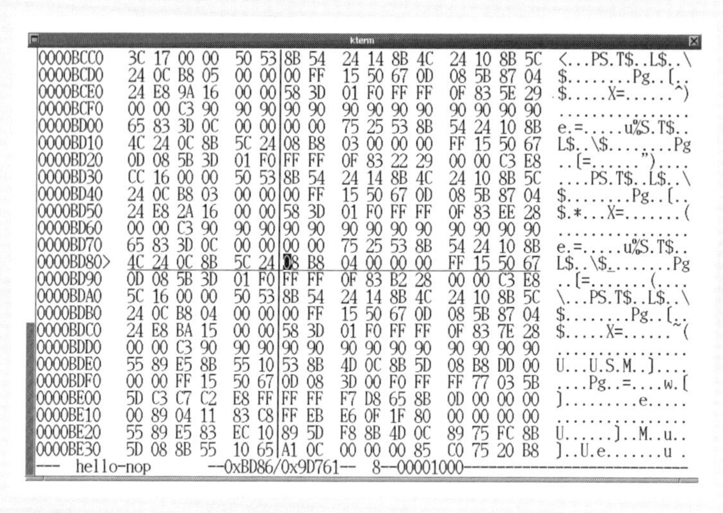

図2.40: Enterで検索が開始される

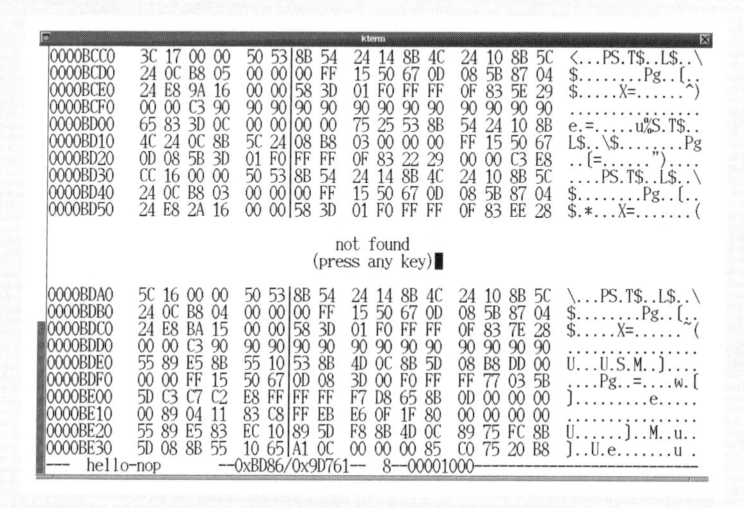

図2.41: 次を検索しても見つからない

さて図2.40が`int $0x80`の呼び出し箇所のようなのだが，具体的にはヒットした付近の「`ff 15 50 67 0d 08`」という6バイトが，`int $0x80`の処理の関数の呼び出しになる．図2.42のカーソル位置の部分だ．

```
0000BCC0   3C 17 00 00  50 53 8B 54  24 14 8B 4C  24 10 8B 5C  <...PS.T$..L$..\
0000BCD0   24 0C B8 05  00 00 00 FF  15 50 67 0D  08 5B 87 04  $........Pg..[..
0000BCE0   24 E8 9A 16  00 00 58 3D  01 F0 FF FF  0F 83 5E 29  $.....X=......^)
0000BCF0   00 00 C3 90  90 90 90 90  90 90 90 90  90 90 90 90  ................
0000BD00   65 83 3D 0C  00 00 00 00  75 25 53 8B  54 24 10 8B  e.=.....u%S.T$..
0000BD10   4C 24 0C 8B  5C 24 08 B8  03 00 00 00  FF 15 50 67  L$..\$........Pg
0000BD20   0D 08 5B 3D  01 F0 FF FF  0F 83 22 29  00 00 C3 E8  ..[=......")....
0000BD30   CC 16 00 00  50 53 8B 54  24 14 8B 4C  24 10 8B 5C  ....PS.T$..L$..\
0000BD40   24 0C B8 03  00 00 00 FF  15 50 67 0D  08 5B 87 04  $........Pg..[..
0000BD50   24 E8 2A 16  00 00 58 3D  01 F0 FF FF  0F 83 EE 28  $.*...X=.......(
0000BD60   00 00 C3 90  90 90 90 90  90 90 90 90  90 90 90 90  ................
0000BD70   65 83 3D 0C  00 00 00 00  75 25 53 8B  54 24 10 8B  e.=.....u%S.T$..
0000BD80>  4C 24 0C 8B  5C 24 08 B8  04 00 00 00  FF 15 50 67  L$..\$........Pg
0000BD90   0D 08 5B 3D  01 F0 FF FF  0F 83 B2 28  00 00 C3 E8  ..[=.......(....
0000BDA0   5C 16 00 00  50 53 8B 54  24 14 8B 4C  24 10 8B 5C  \...PS.T$..L$..\
0000BDB0   24 0C B8 04  00 00 00 FF  15 50 67 0D  08 5B 87 04  $........Pg..[..
0000BDC0   24 E8 BA 15  00 00 58 3D  01 F0 FF FF  0F 83 7E 28  $.....X=......~(
0000BDD0   00 00 C3 90  90 90 90 90  90 90 90 90  90 90 90 90  ................
0000BDE0   55 89 E5 8B  55 10 53 8B  4D 0C 8B 5D  08 B8 DD 00  U...U.S.M..]....
0000BDF0   00 00 FF 15  50 67 0D 08  3D 00 F0 FF  FF 77 03 5B  ....Pg..=....w.[
0000BE00   5D C3 C7 C2  E8 FF FF FF  F7 D8 65 8B  0D 00 00 00  ].........e.....
0000BE10   00 89 04 11  83 C8 FF EB  E6 0F 1F 80  00 00 00 00  ................
0000BE20   55 89 E5 83  EC 10 89 5D  F8 8B 4D 0C  89 75 FC 8B  U......]..M..u..
0000BE30   5D 08 8B 55  10 65 A1 0C  00 00 00 85  C0 75 20 B8  ]..U.e.......u .
---  hello-nop       --0xBD8C/0x9D761--255--11111111---------------------------
```

図2.42: int $0x80の呼び出し部分

2.4.3 実行ファイルを書き換えて確認する

この命令列を無効化したらどうなるであろうか.

x86では0x90が何もしない「nop」という命令になるので, 0x90という値で上書きしてみよう. そしてhexeditでは, 上書きするデータ列をそのまま入力することで, カーソル位置のデータが上書きされる.

この6バイトの命令列を, すべてnopで書き換えてみよう. 図2.43でカーソル位置の前の6バイトがすべて0x90になっていることに注目してほしい.

```
0000BCC0   3C 17 00 00  50 53 8B 54  24 14 8B 4C  24 10 8B 5C  <...PS.T$..L$..\
0000BCD0   24 0C B8 05  00 00 00 FF  15 50 67 0D  08 5B 87 04  $........Pg..[..
0000BCE0   24 E8 9A 16  00 00 58 3D  01 F0 FF FF  0F 83 5E 29  $.....X=......^)
0000BCF0   00 00 C3 90  90 90 90 90  90 90 90 90  90 90 90 90  ................
0000BD00   65 83 3D 0C  00 00 00 00  75 25 53 8B  54 24 10 8B  e.=.....u%S.T$..
0000BD10   4C 24 0C 8B  5C 24 08 B8  03 00 00 00  FF 15 50 67  L$..\$........Pg
0000BD20   0D 08 5B 3D  01 F0 FF FF  0F 83 22 29  00 00 C3 E8  ..[=......")....
0000BD30   CC 16 00 00  50 53 8B 54  24 14 8B 4C  24 10 8B 5C  ....PS.T$..L$..\
0000BD40   24 0C B8 03  00 00 00 FF  15 50 67 0D  08 5B 87 04  $........Pg..[..
0000BD50   24 E8 2A 16  00 00 58 3D  01 F0 FF FF  0F 83 EE 28  $.*...X=.......(
0000BD60   00 00 C3 90  90 90 90 90  90 90 90 90  90 90 90 90  ................
0000BD70   65 83 3D 0C  00 00 00 00  75 25 53 8B  54 24 10 8B  e.=.....u%S.T$..
0000BD80   4C 24 0C 8B  5C 24 08 B8  04 00 00 00  90 90 90 90  L$..\$..........
0000BD90>  90 90 5B 3D  01 F0 FF FF  0F 83 B2 28  00 00 C3 E8  ..[=.......(....
0000BDA0   5C 16 00 00  50 53 8B 54  24 14 8B 4C  24 10 8B 5C  \...PS.T$..L$..\
0000BDB0   24 0C B8 04  00 00 00 FF  15 50 67 0D  08 5B 87 04  $........Pg..[..
0000BDC0   24 E8 BA 15  00 00 58 3D  01 F0 FF FF  0F 83 7E 28  $.....X=......~(
0000BDD0   00 00 C3 90  90 90 90 90  90 90 90 90  90 90 90 90  ................
0000BDE0   55 89 E5 8B  55 10 53 8B  4D 0C 8B 5D  08 B8 DD 00  U...U.S.M..]....
0000BDF0   00 00 FF 15  50 67 0D 08  3D 00 F0 FF  FF 77 03 5B  ....Pg..=....w.[
0000BE00   5D C3 C7 C2  E8 FF FF FF  F7 D8 65 8B  0D 00 00 00  ].........e.....
0000BE10   00 89 04 11  83 C8 FF EB  E6 0F 1F 80  00 00 00 00  ................
0000BE20   55 89 E5 83  EC 10 89 5D  F8 8B 4D 0C  89 75 FC 8B  U......]..M..u..
0000BE30   5D 08 8B 55  10 65 A1 0C  00 00 00 85  C0 75 20 B8  ]..U.e.......u .
-**  hello-nop       --0xBD92/0x9D761-- 91--01011011---------------------------
```

図2.43: nopで上書きする

書き換えたら実行ファイルを保存しよう．hexeditはCtrl＋Xでファイルを保存して終了する（ファイルに変更が無い場合には，そのまま終了する）．

実際にCtrl+Xを押すと図2.44のように変更を保存していいかどうかを聞いてくるので，「y」を押すことで保存して終了する．

```
ktern
0000BCC0   3C 17|00 00  50 53 8B 54  24 14 8B 4C  24 10 8B 5C  <...PS.T$..L$..\
0000BCD0   24 0C|B8 05  00 00 00 FF  15 50 67 0D  08 5B 87 04  $........Pg..[..
0000BCE0   24 E8|9A 16  00 00 58 3D  01 F0 FF FF  0F 83 5E 29  $.....X=......^)
0000BCF0   00 00|C3 90  90 90 90 90  90 90 90 90  90 90 90 90  ................
0000BD00   65 83|3D 0C  00 00 00 00  75 25 53 8B  54 24 10 8B  e.=.....u%S.T$..
0000BD10   4C 24|0C 8B  5C 24 08 B8  03 00 00 00  FF 15 50 67  L$..\$........Pg
0000BD20   0D 08|5B 3D  01 F0 FF FF  0F 83 22 29  00 00 C3 E8  ..[=......")....
0000BD30   CC 16|00 00  50 53 8B 54  24 14 8B 4C  24 10 8B 5C  ....PS.T$..L$..\
0000BD40   24 0C|B8 03  00 00 00 FF  15 50 67 0D  08 5B 87 04  $........Pg..[..
0000BD50   24 E8|2A 16  00 00 58 3D  01 F0 FF FF  0F 83 EE 28  $.*...X=.......(
0000BD60   00 00|C3 90  90 90 90 90  90 90 90 90  90 90 90 90  ................

                     Save changes (Yes/No/Cancel) ?

0000BDA0   5C 16|00 00  50 53 8B 54  24 14 8B 4C  24 10 8B 5C  \...PS.T$..L$..\
0000BDB0   24 0C|B8 04  00 00 00 FF  15 50 67 0D  08 5B 87 04  $........Pg..[..
0000BDC0   24 E8|BA 15  00 00 58 3D  01 F0 FF FF  0F 83 7E 28  $.....X=......~(
0000BDD0   00 00|C3 90  90 90 90 90  90 90 90 90  90 90 90 90  ................
0000BDE0   55 89|E5 8B  55 10 53 8B  4D 0C 8B 5D  08 B8 DD 00  U...U.S.M..]....
0000BDF0   00 00|FF 15  50 67 0D 08  3D 00 F0 FF  FF 77 03 5B  ....Pg..=....w.[
0000BE00   5D C3|C7 C2  E8 FF FF FF  F7 D8 65 8B  0D 00 00 00  ].........e.....
0000BE10   00 89|04 11  83 C8 FF EB  E6 0F 1F 80  00 00 00 00  ................
0000BE20   55 89|E5 83  EC 10 89 5D  F8 8B 4D 0C  89 75 FC 8B  U......]..M..u..
0000BE30   5D 08|8B 55  10 65 A1 0C  00 00 00 85  C0 75 20 B8  ]..U.e.......u .
-**  hello-nop      --0xBD92/0x9D761-- 91--01011011------------------------
```

図2.44: ファイルを保存する

保存したらhello-nopを実行してみよう．

```
[user@localhost hello]$ ./hello-nop
[user@localhost hello]$
```

今度はメッセージが出力されなくなった．

つまりint　$0x80の呼び出しをnopで上書きしたため，システムコールが呼ばれなくなったわけだ．

このように注目している箇所の処理をnopで潰してしまい，プログラムの挙動が変化するかどうかを見ることで，その処理がプログラムの実行結果にどのように影響しているのかを確認することができる．

【2.5】
この章のまとめ

まずは練習として，printf()の処理をデバッガで追ってみた．入門書ではおなじみのハロー・ワールドであるが，単なるprintf()であってもその先には様々な処理があり，最終的にはシステムコールが呼ばれているということがわかる．

Linuxのような汎用OSでは，printf()の先にデバイスドライバがいきなり接続されているようなことは無く，システムコールによりアプリケーション・プログラムはOSカーネルと分離されている．

そしてその間には，システムコール命令によるソフトウェア割込みの発行がある．これは，資源の操作の権限を分離したいためだ．汎用システムではユーザがアプリケーションを作成し実行する．そのアプリケーションにバグがあったとき，アプリケーションが何でもできてしまっては，システムに重大な悪影響を及ぼす可能性がある．このため資源にアクセスする権限はOSカーネルのみが持ち，アプリケーションは資源の操作をOSカーネルに依頼するようなソフトウェア構成になっている．

なおシステムコールの発行を共通APIにして移植性を高めることにも目的があるという考えもあるが，これはAPIの定義による恩恵であり，システムコールを割り込みベースにすることで実行権限を分離することによる恩恵ではない．

また解析はひとつのツールだけで完結するものではなく，GDBによる動的解析，objdumpによる逆アセンブル結果やreadelfの出力，バイナリエディタによる機械語コード表示などを見比べながら行われる場合が多い．このため本章ではGDB以外のツールについても言及した．GDBでの解析結果に疑問が出たときの調査手段として参考になればと思う．

次の章では，システムコール命令の発行とOSカーネルの内部処理について見てみよう．

第3章 Linuxカーネルの処理を探る

前章ではprintf()の最深部まで追うことで，メッセージ出力が行われる核心部分がわかった．

具体的には，以下の命令が呼ばれた瞬間にメッセージの出力が行われていた．

```
int $0x80
```

Linux/x86では，これはシステムコールの呼び出しに相当する．正確に言うと，要点は以下の2つだ．

- **x86アーキテクチャはシステムコール命令を持っていて，OSのシステムコール呼出しに利用できる．**
- **x86向けのLinuxカーネルは，そのシステムコール命令をOSのシステムコールに採用している，**

システムコール呼出しにCPUが用意してくれているシステムコール命令を利用するかしないかはOS次第だが，Linuxカーネルは順当に利用している，という言いかたが正しい．またシステムコール命令を持っていないCPUも存在する．

そして実行ファイルhelloがシステムコールを呼び出したとき，その先にあるのはLinuxカーネルだ．つまりあとはLinuxカーネルが処理を行うことになる．

Linuxのシステムコール処理は，当然ながらLinuxのソースコードを読むことで知ることができる．そしてLinuxのソースコードは，様々な知見の宝庫である素晴らしい教材だ．本章ではシステムコールが呼ばれたときの，Linuxカーネルの処理を追ってみよう．

【3.1】 Linuxカーネルのソースコードを読んでみよう

「Linuxカーネルのソースコードを読む」と言ったときに，敷居を感じてしまう読者のかたもいるかもしれない．

しかしここで行うのは，本格的なコードリーディングではない．

カーネル・ソースコードを読む際によく言われることは，何を知りたいかを決めて読む，ということだ．つまり，場所を限定して読むことだ．

そしてここではシステムコールの処理に限定して読む．あまり気負わずに，気軽に読んでみよう．

|3.1.1| Linuxカーネルのダウンロード

Linuxカーネルの本家ダウンロードサイトは以下だ．

```
https://www.kernel.org/
```

mainlineと呼ばれるものが，開発中の最新カーネルだ．本書執筆時点では，バージョン4系がmainlineになっている．

それ以外はstable，longtermと呼ばれるものがある．stableは安定バージョン，longtermは長期メンテナンスが行われるバージョンだ．

ところで，本書のCentOS環境のLinuxカーネルのバージョンはいくつだろうか．これはunameコマンドで調べることができる．

```
[user@localhost ~]$ uname -r
2.6.32-504.16.2.el6.i686
[user@localhost ~]$
```

バージョンは2.6.32のようだ．

本来ならば実行環境と同じバージョンのカーネルのソースコードを読むべきだが，システムコールの仕様は頻繁に変わるようなものではないので，それほど神経質にはならなくともいいだろう．

本書執筆時点では，本家サイトでは2.6系のlongtermカーネルの最新版として，2.6.32.65というバージョンのものがダウンロードできた．ということで本書では，2.6.32.65のカーネルを参照することにしよう．

なお上記バージョンのカーネルは，本書のサポートサイトからもダウンロードできるようにしてある．本家サイトで見当たらなかったら，そちらからダウンロードできる．詳しくはp.3を参照してほしい．

3.1.2 ディレクトリ構成を見る

Linuxのソースコードは，p.18ですでに展開してある．まずは軽く，ディレクトリ構成を見てみよう．

```
[user@localhost ~]$ cd linux-2.6.32.65
[user@localhost linux-2.6.32.65]$ ls
COPYING        MAINTAINERS     arch     firmware  ipc     net       sound
CREDITS        Makefile        block    fs        kernel  samples   tools
Documentation  README          crypto   include   lib     scripts   usr
Kbuild         REPORTING-BUGS  drivers  init      mm      security  virt
[user@localhost linux-2.6.32.65]$
```

様々なディレクトリがあるようだが，ディレクトリ構成をおおまかに説明しておこう．

まず本書で重要な部分として，archはアーキテクチャ依存の処理，fsはファイルシステム関連，kernelはカーネルのアーキテクチャ共通の処理になる．さらにdriversは各種デバイスドライバ，includeは各種ヘッダファイル，mmは仮想メモリ関連，netはネットワーク関連だ．

さてこの中で，いったいどこを見ていけばいいのであろうか．

見たいのはint　$0x80が呼ばれたときの処理だ．つまりシステムコール命令が呼ばれたときの処理だ．

システムコールはCPUに対しての例外発行になる．これはいわゆるソフトウェア割込みなので，割込み処理にその入り口がある．そして割込み処理はCPUごとの独自処理となるため，アーキテクチャ依存の処理となる．

アーキテクチャ依存の処理は，ディレクトリarchの中にある．つまりそこに，目的の処理があるはずだ。

まずはディレクトリarchの中を確認しよう．

```
[user@localhost linux-2.6.32.65]$ cd arch
[user@localhost arch]$ ls
Kconfig  avr32     frv    m32r       microblaze  parisc   score  um
alpha    blackfin  h8300  m68k       mips        powerpc  sh     x86
arm      cris      ia64   m68knommu  mn10300     s390     sparc  xtensa
[user@localhost arch]$
```

様々なアーキテクチャが存在しているようだが，中にはx86というディレクトリがある．ここにx86依存の処理があるのだと思われる．

確認してみよう．

```
[user@localhost arch]$ cd x86
[user@localhost x86]$ ls
Kbuild       Kconfig.debug    boot     ia32     kvm     math-emu  pci    video
Kconfig      Makefile         configs  include  lguest  mm        power  xen
Kconfig.cpu  Makefile_32.cpu  crypto   kernel   lib     oprofile  vdso
[user@localhost x86]$
```

ここにも様々なディレクトリがあるようだ．

3.1.3 目的の処理を探す

ファイルやディレクトリが大量に存在しているのを見ると圧倒されてしまいがちだが，こういうときの調べかたにはコツがある．

基本はgrepという，検索用のコマンドをうまく使うことなのだが，使いかたはそれほど難しくはない．システムコールの処理はどこにあるのか，grepで検索してみよう．

問題は検索のためのキーワードなのだが，ここはセンスが問われるところだ．とりあえずシステムコールの処理なので「SystemCall」や「SYSTEMCALL」で検索してみよう．

```
[user@localhost x86]$ grep -r SystemCall .
[user@localhost x86]$ grep -r SYSTEMCALL .
[user@localhost x86]$
```

とくに何も無いようだ．

> grepコマンドは「-r」というオプションを付加することで，ディレクトリを再帰的に追いかけて検索してくれる．つまり上の例では，カレントディレクトリ以下のファイルを全検索している．

次は「syscall」をキーワードにして検索してみよう．

```
[user@localhost x86]$ grep -r syscall .
./include/asm/ia32_unistd.h: * Only add syscalls here where some part of the kernel ne
eds to know
./include/asm/ia32_unistd.h:#define __NR_ia32_restart_syscall 0
./include/asm/syscalls.h: * syscalls.h - Linux syscall interfaces (arch-specific)
./include/asm/sys_ia32.h: * sys_ia32.h - Linux ia32 syscall interfaces
./include/asm/unistd_64.h:/* at least 8 syscall per cacheline */
./include/asm/unistd_64.h:__SYSCALL(__NR_uselib, sys_ni_syscall)
...
```

今度は大量にヒットした．ヒット数を見てみよう．

```
[user@localhost x86]$ grep -r syscall . | wc -l
618
[user@localhost x86]$
```

600件以上もヒットしている．これくらいの数ならば，ヒットしたファイルをすべて調べていくことは不可能ではないが，まずは調べるファイルを限定していくことを考えたほうがいいだろう．

さて，どのようにして範囲を狭めていけばいいだろうか．

3.1.4 見るべきファイルを限定していく

grepで検索した場合，このように大量のファイルがヒットしてしまい引いてしまうこともあるかもしれないが，こういうときにはコツがあって，あまり恐れることは無い．

まず考えるべきことは，見なくていいファイルを間引くことだ．

知りたいのは，割込み処理だ．つまりヘッダファイルは除いていいだろう．さらに割込み処理はアセンブラで書いてあるはずなので，*.sか*.Sというファイルを見るべきと言える．

```
[user@localhost x86]$ find . -name "*.s"
[user@localhost x86]$
```

.sというファイルは無いようだ．.Sのみ検索すればいいだろう．

```
[user@localhost x86]$ find . -name "*.S" | xargs grep syscall
./vdso/vdso32/sysenter.S: * You can not use this vsyscall for the clone() syscall beca
use the
./vdso/vdso32/sysenter.S:       .globl __kernel_vsyscall
./vdso/vdso32/sysenter.S:       .type __kernel_vsyscall,@function
...
```

こちらはヒットしているファイルがいくつもあるようだ．ヒット数を調べてみよう．

```
[user@localhost x86]$ find . -name "*.S" | xargs grep syscall | wc -l
246
[user@localhost x86]$
```

約250件なので，だいぶしぼり込むことができた．

さらに，ディレクトリでもしぼり込むことができる．実際に見てみるとvdsoやxenといったディレクトリのファイルもヒットしているのだが，これらは名前からして，あまり関係が無さそうだ．そして関係があるのはkernelというディレクトリのみのように思える．

ということでkernel以下のみで検索しなおしてみよう．

```
[user@localhost x86]$ find kernel -name "*.S" | xargs grep syscall | wc -l
127
[user@localhost x86]$
```

半分くらいにすることができた．

次はファイル名を見てみよう．

```
[user@localhost x86]$ find kernel -name "*.S" | xargs grep syscall | perl -pe 's/:.*//
' | uniq
kernel/entry_64.S
kernel/head_64.S
kernel/entry_32.S
kernel/syscall_table_32.S
kernel/vmlinux.lds.S
```

```
[user@localhost x86]$
```

5つのファイルがヒットしていることがわかる.

しかしentry_64.Sとhead_64.Sは, 名前からして64ビット対応のものだろう. またvmlinux.lds.Sは名前からしてリンクの際に参照されるリンカスクリプトのように思えるので, これも除外できる.

残りはentry_32.Sとsyscall_table_32.Sという2つのファイルだ. ここまで来たら, あとはファイルをビューワで開いて中身を見てみてもいいだろう.

syscall_table_32.Sは実際に見てみると以下のようになっており, 名前の通りシステムコールのテーブルがあるだけということがわかる. ちなみにテーブルの名前はsys_call_tableとなっているようなのだが, これは後で言及するので覚えておこう.

```
1:ENTRY(sys_call_table)
2:        .long sys_restart_syscall       /* 0 - old "setup()" system call, used for r
estarting */
3:        .long sys_exit
4:        .long ptregs_fork
5:        .long sys_read
6:        .long sys_write
7:        .long sys_open          /* 5 */
8:        .long sys_close
...
```

ということで, entry_32.Sというファイルを見ればよさそうだ.

ところでここまでにいろいろと説明をしてきているが, そろそろ「そもそも何をしたいんだっけ?」と思ってしまっている読者のかたも多いかもしれない.

ここで本来の目的を振り返っておこう. そもそもの目的は, int $0x80が呼ばれたときのシステムコール例外の処理を探すことだ. そのために「syscall」をキーワードに検索をかけ, entry_32.Sというファイルがあやしい, というところまで来ている.

巨大なソースコードを追いかけているときにはこのように, 本来の目的を忘れてしまうことも多くある. 定期的に本来の目的を振り返るようにするといいだろう.

3.1.5 割込みハンドラを見る

entry_32.Sを見ていこう. entry_32.Sの内部でsyscallというキーワードで検索すると, 以下のような部分がある.

```
529:syscall_call:
530:        call *sys_call_table(,%eax,4)
531:syscall_after_call:
532:        movl %eax,PT_EAX(%esp)        # store the return value
533:syscall_exit:
534:        LOCKDEP_SYS_EXIT
535:        DISABLE_INTERRUPTS(CLBR_ANY)  # make sure we don't miss an interrupt
536:                                      # setting need_resched or sigpending
537:                                      # between sampling and the iret
538:        TRACE_IRQS_OFF
539:        movl TI_flags(%ebp), %ecx
540:        testl $_TIF_ALLWORK_MASK, %ecx  # current->work
541:        jne syscall_exit_work
...
```

syscall_callというラベルの位置で，sys_call_tableというアドレスに対してEAXレジスタを4倍した値を加算し，そこに対して関数呼出しを行っている．

さらにsys_call_tableはsyscall_table_32.Sでシステムコールのテーブルとして定義されていたことを思い出してほしい．これは関数のアドレス一覧になっており，言い替えると関数へのポインタの配列になっている．

つまりこれはC言語風に書くと，以下のような呼出しをしていることになる．

```
int (*sys_call_table[])(void) = {
        sys_restart_syscall,
        sys_exit,
        ptregs_fork,
        sys_read,
        sys_write,
        ...
};

sys_call_table[EAX]();
```

つまり，関数へのポインタの配列であるsys_call_table[]に対して，sys_call_table[EAX]に登録されている関数を呼び出しているということだ．

これは言いかたを変えると，EAXレジスタをインデックスにしてシステムコール・テーブルに登録されている関数を呼び出している，ということになる．

そしてそれらの関数が，システムコールの処理関数だ．つまりEAXをシステムコール番号として，それをインデックスにして配列から処理関数を得て呼び出しているということだ．

3.1.6 割込みハンドラの登録

システムコールの処理関数の呼び出しは，entry_32.S内のsyscall_callというラベル位置で行われていた．

このsyscall_callの処理はどこから呼ばれているのだろうか．

ソースコードを読むときのコツとして，注目した箇所の付近の部分も見ておく，というものがある．結び付きの強いものは，ソースコード上でも近くに置かれていることが多いためだ．

ということでsyscall_callの周りを見てみると，直上に以下のような部分があった．

```
517:        # system call handler stub
518:ENTRY(system_call)
519:        RINGO_INT_FRAME                        # can't unwind into user space anyway
520:        pushl %eax                             # save orig_eax
521:        CFI_ADJUST_CFA_OFFSET 4
522:        SAVE_ALL
523:        GET_THREAD_INFO(%ebp)
524:                                               # system call tracing in operation / emula
tion
525:        testl $_TIF_WORK_SYSCALL_ENTRY,TI_flags(%ebp)
526:        jnz syscall_trace_entry
527:        cmpl $(nr_syscalls), %eax
528:        jae syscall_badsys
529:syscall_call:
530:        call *sys_call_table(,%eax,4)
...
```

つまりsystem_callという処理が呼び出され，そのまま下にあるsyscall_callの処理に入っていっているようだ．なおentry_32.Sを見てみるとsyscall_trace_entryを経由したsyscall_callの呼び出しも他にあるようなのだが，トレース処理のようなのでとりあえず無視しよう．

system_callというシンボルがどのように利用されているのか，調べてみよう．grepで検索してみると，以下のような箇所があった．

```
[user@localhost x86]$ grep -r system_call .
...
./kernel/traps.c:        set_system_trap_gate(SYSCALL_VECTOR, &system_call);
[user@localhost x86]$
```

おそらくこれは割込みハンドラの登録処理だろう．つまり割込みハンドラとしてsystem_callが登録されているわけだ．なおこのような割込みハンドラのことを一般にISR（Interrupt Service Routine）と呼んだりする．

ということは，system_callがint $0x80が実行されたときのソフトウェア割込み処理の入り口のようだ．

システムコール命令を発行するとCPUに例外が発生する．これはソフトウェア割込みであり，CPUはLinuxカーネルの割込み処理の実行に移る．そしてハンドラとして登録されているsystem_callが呼ばれるようだ．

【3.2】パラメータの渡しかたを見る

Linuxカーネルでのシステムコール処理の入口となっている，ソフトウェア割込みのハンドラの位置はわかった．

ただこれは，呼び出される手順がわかったというだけだ．実際にはシステムコール発行時には，アプリケーションからいくつかのパラメータが渡されてくるはずだ．

次はシステムコール発行時のアプリケーション側とLinuxカーネル側での，パラメータの引渡しについて見てみよう．

|3.2.1| レジスタの値を確認する

Linuxのような汎用OSでは，アプリケーションからOSカーネルにパラメータを渡す方法として，レジスタ経由かスタック経由かが主に考えられる．

第2章では動的解析によりint $0x80の呼び出し箇所まで知ることができている．システムコール発行時のレジスタとスタックの値を，GDBでの動的解析によって確認してみよう．

ということでGDBでの解析に戻ろう．GDBを起動し，write()にブレークポイントを張る．

```
[user@localhost hello]$ gdb -q hello
Reading symbols from /home/user/hello/hello...done.
(gdb) break write
```

```
Breakpoint 1 at 0x8053d70
(gdb)
```

ブレークポイントを張ったらrunで実行すると，write()まで処理が進む．

```
(gdb) run
Starting program: /home/user/hello/hello

Breakpoint 1, 0x08053d70 in write ()
(gdb)
```

さらにint命令にブレークポイントを張ろう．図2.32を見ると，int命令は0x110414というアドレスに配置されている．

アドレス指定でブレークポイントを張るには以下のようにする．

```
(gdb) break *0x110414
Breakpoint 2 at 0x110414
(gdb)
```

この状態でcontinueすれば，int命令まで実行を進めることができるはずだ．

```
(gdb) continue
Continuing.

Breakpoint 2, 0x00110414 in __kernel_vsyscall ()
(gdb)
```

「0x00110414」というアドレスでブレークしているので，int命令の位置まで進めることができたようだ．

> ここで初めからint命令にブレークポイントを張らないのは，別のシステムコールからも当該の箇所が大量に呼ばれており，write()以外の呼び出しでもブレークしてしまうためだ．

この状態で，レジスタの状態を見てみよう．これはinfo registersというコマンドで可能だ．

```
(gdb) info registers
eax            0x4      4
ecx            0xb7fff000       -1207963648
edx            0x26     38
ebx            0x1      1
esp            0xbffff4d8       0xbffff4d8
ebp            0xbffff4fc       0xbffff4fc
esi            0xb7fff000       -1207963648
edi            0x80d68c0        135096512
eip            0x110414 0x110414 <__kernel_vsyscall>
eflags         0x246    [ PF ZF IF ]
cs             0x73     115
ss             0x7b     123
ds             0x7b     123
es             0x7b     123
fs             0x0      0
gs             0x33     51
(gdb)
```

eipが0x110414となっていることを確認しておこう．EIPは「インストラクション・ポインタ」と呼ばれるレジスタで，いわゆる「プログラム・カウンタ」のことだ．つまり実行中のアドレスを指すレジスタだ．正確には，これから実行しようとしている命令のアドレスを指す．

このようなレジスタは一般的にはプログラム・カウンタと呼ばれるが，x86ではインストラクション・ポインタと呼ばれている．もともとは「IP」というレジスタなのだが，頭に「E」が付くのは32ビット拡張されたときに「Extend」の意味で付加されたものだ．

ここでwriteシステムコールについて考えてみよう．出力先は標準出力で，そのファイルディスクリプタの値は1だ．そして出力される文字列は"Hello World! 1 /home/user/hello/hello\n"なので，38バイトになる．

そのような視点で見てみると，int $0x80が実行される直前にEBXレジスタが1，EDXレジスタが38になっている点に興味をひかれるだろう．

ECXは0xb7fff000という値になっている．これはESPと近い値になっているので，どうやらスタック上のアドレスのようだ．その先には何があるのだろうか．

```
(gdb) x/s $ecx
0xb7fff000:      "Hello World! 1 /home/user/hello/hello\n"
(gdb)
```

これは表示される文字列のようだ．

つまりシステムコールのパラメータは，EAX，EBX，ECX，EDXといったレジスタで渡されているらしいということがわかる．これらは汎用レジスタとして多く利用されるものだが，その値をまとめると，表3.1のようになっているようだ．

表3.1: レジスタの値

レジスタ	値
EAX	4
EBX	1
ECX	0xb7fff000
EDX	38

3.2.2 スタックの状態も確認しておく

参考までに，スタックの状態も見ておこう．

```
(gdb) x/16x $esp
0xbffff4d8:     0x08053d92      0x00000026      0x08067671      0x00000001
0xbffff4e8:     0xb7fff000      0x00000026      0x080d68c0      0x00000026
0xbffff4f8:     0xb7fff000      0xbffff524      0x0806819b      0x080d68c0
0xbffff508:     0xb7fff000      0x00000026      0xbffff544      0x08069732
(gdb)
```

スタック先頭から+12以降の位置に，1，0xb7fff000，0x26（10進数で38）という3つの値が並んでいることがわかる．

つまりスタック上にもシステムコールの引数が配置されているようなのだが，これは後述するシステムコール・ラッパーの呼び出しのためのものであり，write()が呼ばれたときにスタック経由で渡された，システムコールの引数だ．

つまりint $0x80の呼び出しによって直接参照される箇所ではない．これについては後述する．

3.2.3 システムコール呼び出し後のレジスタの状態

さらにstepiでint命令を実行すると，以下のようにしてメッセージが出力される．

```
(gdb) stepi
Hello World! 1 /home/user/hello/hello
```

```
0x00110416 in __kernel_vsyscall ()
(gdb)
```

この状態で，もう一度レジスタの状態を見てみよう．

```
(gdb) info registers
eax            0x26     38
ecx            0xb7fff000       -1207963648
edx            0x26     38
ebx            0x1      1
esp            0xbffff4d8       0xbffff4d8
ebp            0xbffff4fc       0xbffff4fc
esi            0xb7fff000       -1207963648
edi            0x80d68c0        135096512
eip            0x110416 0x110416 <__kernel_vsyscall+2>
eflags         0x10246  [ PF ZF IF RF ]
cs             0x73     115
ss             0x7b     123
ds             0x7b     123
es             0x7b     123
fs             0x0      0
gs             0x33     51
(gdb)
```

eaxの値が4→38のように変化していることに注目してほしい．
これが実は，システムコールの戻り値になる．これについては後述する．

|3.2.4| システムコール番号

システムコールのパラメータとしてLinuxカーネルに渡されるものには，どのシステムコールが呼ばれているかの番号と，そのシステムコールの引数の2種類がある．

まず，システムコール番号について考えてみよう．

もう一度，Linuxカーネルに話を戻そう．システムコールの処理関数はsys_call_tableというシステムコール・テーブル（言い替えると関数へのポインタの配列）から，EAXレジスタをインデックスにして取得されていた．このインデックスがシステムコール番号ということになる．

表3.1によれば，int $0x80の呼び出し時のEAXレジスタの値は4になっている．

syscall_table_32.Sのsys_call_tableを，もう一度見てみよう．

```
1:ENTRY(sys_call_table)
2:        .long sys_restart_syscall       /* 0 - old "setup()" system call, used for r
estarting */
3:        .long sys_exit
4:        .long ptregs_fork
5:        .long sys_read
6:        .long sys_write
7:        .long sys_open          /* 5 */
8:        .long sys_close
...
```

先頭をゼロとして順に数えて4番目は，sys_writeという関数だ．これはおそらくwriteシステムコールの処理関数だろう．つまり呼ばれているのはwriteシステムコールであり，そのシステムコール番号は4である，ということができるわけだ．

実はシステムコール番号は，arch/x86/include/asm/unistd_32.hというヘッダファイルで定義されている．

見てみると，writeシステムコールは以下のようにして定義されている．やはり4という値で合っているようだ．

```
12:#define __NR_write              4
```

3.2.5 システムコールの引数

次にシステムコールの引数について考えてみよう．システムコールの引数はどのように渡されているのだろうか．

Linuxカーネルのシステムコール処理では，system_callからsyscall_callに入り，さらにcall命令によってシステムコールの処理関数が呼ばれている．

その先はC言語の関数であるから，そこまでに関数呼び出しの引数の設定が行われているはずだ．そしてp.37で説明したように，x86では関数の引数はスタック渡しだ．つまりスタック上に値を保存している箇所があれば，そこが処理関数用に引数の準備をしている場所だ．

そのような視点で探すとSAVE_ALLというマクロがentry_32.Sで以下のように定義されており，system_callの内部で使われている．

```
194:.macro SAVE_ALL
195:        cld
196:        PUSH_GS
```

```
197:        pushl %fs
...
218:        pushl %edx
219:        CFI_ADJUST_CFA_OFFSET 4
220:        CFI_REL_OFFSET edx, 0
221:        pushl %ecx
222:        CFI_ADJUST_CFA_OFFSET 4
223:        CFI_REL_OFFSET ecx, 0
224:        pushl %ebx
225:        CFI_ADJUST_CFA_OFFSET 4
226:        CFI_REL_OFFSET ebx, 0
...
```

push命令により，EDX，ECX，EBXレジスタの値をスタックに格納している．これらがスタック上に配置された状態でcall命令によりシステムコールの処理関数が呼ばれるため，EBX〜EDXに格納されていた値がシステムコールの処理関数に，引数として渡されることになる．

つまりLinux/x86では，EAXでシステムコール番号を，EBX以降で引数を渡しているということになる．表3.1を拡張した形でまとめると，表3.2のようになる．

●表3.2: レジスタの値と意味

レジスタ	値	意味
EAX	4	システムコール番号（write()は4）
EBX	1	write()の第1引数（出力先ファイルディスクリプタ．標準出力は1）
ECX	0xb7fff000	write()の第2引数（出力データのアドレス）
EDX	38	write()の第3引数（出力データのサイズ）

これはアプリケーション・プログラム側からすると，EAXにシステムコール番号，EBX以降に引数を設定してint　$0x80を実行することでシステムコールが発行され，あとはLinuxカーネルが当該の処理を行ってくれるということになる．

つまりLinux/x86は，システムコール番号をEAXに，システムコールの引数をEBX以降に設定してint　$0x80を呼ぶというシステムコール体系だといえる．

ただしこれはLinux/x86特有の話であって，Linux以外のOSならば異なるかもしれない．たとえばFreeBSDでは同じx86用でも，引数の渡しかたは異なる．そしてx86以外のアーキテクチャならばそもそもレジスタ構成が違うので，また異なることになる．

つまりこれはLinux/x86のシステムコール仕様，ということができる．

3.2.6 システムコール・ラッパー

Linux/x86ではEAXレジスタにシステムコール番号，EBX以降のレジスタに引数を設定してint $0x80を実行することでシステムコールを呼び出すことができる，ということはわかった．

しかしそれらの作業は，C言語では記述できない．アセンブラで記述する必要がある．

そうしたコードをプログラマがすべて書くことは面倒だ．アセンブラで記述はするが，C言語から呼び出すことができる関数の形にライブラリ化して，システム側から提供してもらいたい．

そして多くの環境では実際にそのようなライブラリが用意され提供されているため，一般のプログラマがこうしたことを気にする必要は無い．write()を呼び出せば，あとはライブラリ側で適切な処理をしてくれる．実際にはライブラリの呼び出しの先で，レジスタ設定とint $0x80の実行が行われているわけだ．

そのような役割のアセンブラで書かれた関数は，システムコール・ラッパー（System Call Wrapper）と呼ばれる．

プログラミングの世界でラッパーというと，何らかの処理を覆っているような処理のことになる．一枚かぶせる，といった言いかたをしたりもする．プログラミングの他にも例えばp.41で説明したGDBのGUIインターフェースなどは，GDBのGUIラッパーである，などと言ったりする．これはユーザ・インターフェースのラッパーの例だ．

ではシステムコール・ラッパーの実体は，どこにあるのだろうか．

int $0x80実行前のスタックの状態をもう一度見てみよう．

```
(gdb) x/16x $esp
0xbffff4d8:     0x08053d92      0x00000026      0x08067671      0x00000001
0xbffff4e8:     0xb7fff000      0x00000026      0x080d68c0      0x00000026
0xbffff4f8:     0xb7fff000      0xbffff524      0x0806819b      0x080d68c0
0xbffff508:     0xb7fff000      0x00000026      0xbffff544      0x08069732
(gdb)
```

x86では関数呼び出しの際には，スタックの先頭に戻り先アドレスが格納される．スタックのダンプの上のほうにある0x08053d92や0x08067671といった値は，第1章で見た機械語コードのアドレス値に似ていて，戻り先アドレスのように思える．

ここで第1章のバックトレースでは，以下のように関数が呼び出されていたことを思い出してほしい．

```
(gdb) where
#0  0x00110416 in __kernel_vsyscall ()
#1  0x08053d92 in __write_nocancel ()
#2  0x08067671 in _IO_new_file_write ()
#3  0x0806819b in _IO_new_do_write ()
#4  0x080683ea in _IO_new_file_overflow ()
#5  0x080673f4 in _IO_new_file_xsputn ()
#6  0x08059738 in vfprintf ()
#7  0x08049381 in printf ()
#8  0x080482e2 in main (argc=1, argv=0xbffffc14) at hello.c:5
(gdb)
```

__write_nocancel()と_IO_new_file_write()のアドレスに注目してほしい．これらは0x08053d92と0x08067671になっており，まさにスタックダンプの中に現れている．

x86では関数呼び出し時にはスタックに引数が積まれ，関数呼び出しによってスタックにはさらに戻り先アドレスが詰まれる．つまりスタック上には，戻り先アドレスの次に引数があることになる．

ということは，_IO_new_file_write()→__write_nocancel()のように呼ばれたときの引数が0x00000001，0xb7fff000，0x00000026になっているのだと推測できる．ちなみにスタックを見ると__write_nocancel()→__kernel_vsyscall()のように呼ばれたときの引数が0x00000026であるようにも見えるが，これはアセンブラの処理を見ると単にEBXレジスタの値をスタック上に保存しているだけのもので，関数呼び出しの引数としての意味は無いようだ．

ここでこの3つの値に注目すると，それらはint $0x80が呼ばれるときのEBX，ECX，EDXの値になっている．つまり__write_nocancel()という関数が，関数が呼び出された際にスタック経由で渡された引数をレジスタに設定しているのでは，と思えるわけだ．これがwriteシステムコールのシステムコール・ラッパーだ．

逆アセンブル結果から，__write_nocancel()を探して見てみよう．

```
[user@localhost hello]$ objdump -d hello | less
```

__write_nocancelで検索すると，以下のような部分があった．

```
08053d70 <__libc_write>:
 8053d70:       65 83 3d 0c 00 00 00    cmpl   $0x0,%gs:0xc
 8053d77:       00
```

```
 8053d78:       75 25                   jne    8053d9f <__write_nocancel+0x25>

08053d7a <__write_nocancel>:
 8053d7a:       53                      push   %ebx
 8053d7b:       8b 54 24 10             mov    0x10(%esp),%edx
 8053d7f:       8b 4c 24 0c             mov    0xc(%esp),%ecx
 8053d83:       8b 5c 24 08             mov    0x8(%esp),%ebx
 8053d87:       b8 04 00 00 00          mov    $0x4,%eax
 8053d8c:       ff 15 50 67 0d 08       call   *0x80d6750
```

p.102で説明したコツとして，付近も見てみるようにすると，実際には__libc_write()という関数があり，その直後の__write_nocancelという処理が継続実行されているようで，_IO_new_file_write()からも__libc_write()が呼び出されていることに気がつく．

p.76で調べた結果では，__write_nocancelの直前にはwrite()があったはずだ．そしてreadelfの結果を見ると，__libc_write()と同じアドレスにwrite()が配置されているため，実質はwrite()が呼び出されているようだ（p.103でwrite()にブレークポイントを張っていたことを思い出してほしい）．GDBのバックトレースでは「__write_nocancel()」のように表示されているが，これはスタック上に保存されている戻り先アドレスから，直前のシンボルを単純に検索して表示しているためだろう．

そして__write_nocancelの内部では，mov命令によりスタック上の引数をEDX，ECX，EBXレジスタに設定し，システムコール番号の4をEAXレジスタに設定している．さらにその後のcall命令により，int $0x80を行う__kernel_vsyscall()が呼ばれているのだろう．

call命令によるジャンプ先は，0x80d6750というアドレスに格納されているアドレスになっている．つまりC言語風に書くと，以下のような関数呼び出しが行われている．

```
int (*f)();
f = (int (*)())0x80d6750;
f();
```

これが__kernel_vsyscall()の呼び出しになっているはずだ．

確認してみよう．前述の手順でwriteシステムコールの呼び出しのための int $0x80の実行位置でブレークする．

```
[user@localhost hello]$ gdb -q hello
Reading symbols from /home/user/hello/hello...done.
```

```
(gdb) break write
Breakpoint 1 at 0x8053d70
(gdb) run
Starting program: /home/user/hello/hello

Breakpoint 1, 0x08053d70 in write ()
(gdb) break *0x110414
Breakpoint 2 at 0x110414
(gdb) continue
Continuing.

Breakpoint 2, 0x00110414 in __kernel_vsyscall ()
(gdb)
```

0x80d6750の指す先を，GDB上で逆アセンブルしてみよう．

```
(gdb) print/x *0x80d6750
$1 = 0x110414
(gdb) disassemble *0x80d6750
Dump of assembler code for function __kernel_vsyscall:
=> 0x00110414 <+0>:     int    $0x80
   0x00110416 <+2>:     ret
End of assembler dump.
(gdb)
```

確かにint $0x80の処理が呼ばれているようだ．

【3.3】戻り値の返しかたを見る

Linux/x86のwriteシステムコールはシステムコール・ラッパーが呼び出されることでレジスタの準備がされ，レジスタ経由でパラメータが渡されていることはわかった．

ではシステムコールの戻り値は，どのようにして返されるのだろうか？

3.3.1 システムコールの戻り値

Linuxカーネルの処理に戻ろう. entry_32.Sでのシステムコール処理関数の呼び出しは，以下のようになっていた.

```
529:syscall_call:
530:        call *sys_call_table(,%eax,4)
531:syscall_after_call:
532:        movl %eax,PT_EAX(%esp)          # store the return value
533:syscall_exit:
...
```

sys_call_table[]に登録されたシステムコール処理関数を呼び出した後，EAXレジスタの値をスタック上のEAX格納位置に格納している.

システムコールの先頭ではSAVE_ALLというマクロによってレジスタの値がスタックに退避されていたが，その先を読むと以下のような部分があり，システムコールの終了時にはRESTORE_REGSというマクロでその逆が，つまりスタック上に退避された値がレジスタに書き戻されていることがわかる.

これはシステムコール処理の完了後に，レジスタの値を復帰してアプリケーションに戻るようにするためだ.

```
558:restore_nocheck:
559:        RESTORE_REGS 4                  # skip orig_eax/error_code
560:        CFI_ADJUST_CFA_OFFSET -4
561:irq_return:
562:        INTERRUPT_RETURN
```

よってシステムコール処理関数の戻り値がスタック上のEAX退避位置に書き込まれ，復帰時にはそれがEAXレジスタに戻されてアプリケーションに戻ることになる.

つまりアプリケーション側から見れば，int $0x80からの復帰時にはシステムコール処理関数の戻り値がEAXレジスタに格納されて戻ってくることになる. __write_nocancelの逆アセンブル結果を見てみると以下のようになっており，int $0x80を実行するためのcall命令の後に，ret命令がある.

```
08053d7a <__write_nocancel>:
 8053d7a:       53                      push   %ebx
 8053d7b:       8b 54 24 10             mov    0x10(%esp),%edx
```

```
8053d7f:        8b 4c 24 0c             mov    0xc(%esp),%ecx
8053d83:        8b 5c 24 08             mov    0x8(%esp),%ebx
8053d87:        b8 04 00 00 00          mov    $0x4,%eax
8053d8c:        ff 15 50 67 0d 08       call   *0x80d6750
8053d92:        5b                      pop    %ebx
8053d93:        3d 01 f0 ff ff          cmp    $0xfffff001,%eax
8053d98:        0f 83 b2 28 00 00       jae    8056650 <__syscall_error>
8053d9e:        c3                      ret
```

p.38で説明したように，x86アーキテクチャでは，関数からの戻り値はEAXレジスタによって返される．よってシステムコール処理関数の戻り値が，__write_nocancel()の戻り値として返されることになる．

疑問なのはret命令の前に，jaeというジャンプ処理があることだ．

条件によってはこのジャンプ命令によって，ret命令によるリターン前に__syscall_errorという処理にジャンプすることになる．これは，いったい何が行われているのだろうか．

3.3.2 errnoを設定するのは誰か？

ここでシステムコールがエラーを返したときのことを考えてみたい．UNIXライクなOSでは，システムコールのエラー時には負の値を返し，グローバル変数のerrnoにエラー番号が設定される，というのが通例だ．

しかしこのerrnoという変数に，カーネルが値を設定することはできるのだろうか？errnoはアプリケーションのメモリ空間にあるものだ．まあ頑張れば不可能ではないが，やるべきではない．カーネルから見れば，errnoはアプリケーションが持っているメモリ空間の一部分に過ぎないもので，なんら特別なものではないからだ．

ではerrnoはどこで設定されるのだろうか？システムコールの呼び出し後には，条件によって__syscall_errorという処理にジャンプしている．名前からして，これはエラー時の処理に思える．もう一度，よく見てみよう．

```
8053d93:        3d 01 f0 ff ff          cmp    $0xfffff001,%eax
8053d98:        0f 83 b2 28 00 00       jae    8056650 <__syscall_error>
```

システムコールの戻り値はEAXレジスタによって返される．これをcmp命令でチェックし，特定の条件のときに__syscall_errorが呼ばれる．

jae命令はcmp命令と組み合わせて，値の大小の条件判断を行う．具体的には上のような場合，「EAX >= 0xfffff001」という条件判断になる．

実際に以下のような簡単なプログラムを書いてGDBのステップ実行により試すと，EAXが0xfffff001～0xffffffffの間の値のときのみ，jae命令によるジャンプが行われていた．アセンブラの命令の動作をちょっと確認したいような場合には，このようなプログラムを即席で書いてGDBで実行してみるのが手軽だ．

```
        .global main
main:
        mov     $-1, %eax
        cmp     $0xfffff001, %eax
        jae     match
        jmp     unmatch
match:
        nop
unmatch:
        ret
```

これは符号付き10進数にすると，－4095～－1の値になる．ということはシステムコールの戻り値が－4095～－1の場合に，__syscall_errorが呼ばれるということだ．

3.3.3 errnoの設定処理

__syscall_errorでは何が行われているのだろうか．helloを逆アセンブルした出力を確認すると，以下のようになっていた．

```
08056650 <__syscall_error>:
 8056650:       f7 d8                   neg    %eax

08056652 <__syscall_error_1>:
 8056652:       65 8b 0d 00 00 00 00    mov    %gs:0x0,%ecx
 8056659:       89 81 e8 ff ff ff       mov    %eax,0xffffffe8(%ecx)
 805665f:       b8 ff ff ff ff          mov    $0xffffffff,%eax
 8056664:       c3                      ret
```

negは正負の反転命令だ．つまりEAXが－1ならば1に，1ならば－1になる．

さらにEAXの値をどこかのメモリ領域に書き込んでいるようだ．そしてEAXに－1を設定して返っている．

ということはEAXが－4095～－1の値の場合には，正負反転させた値がメモリ上のどこかに書き込まれ，EAXは－1に置き換えられるということだ．これがerrnoの設定になるのではないだろうか？

UNIXライクなOSでのC言語のシステムコールAPIの多くは，エラー発生時には－1が返されてerrnoにエラー番号が設定される，ということになっている．しかしLinux/x86は，エラー番号を負の値で返すのではないだろうか．errnoをカーネルが直接書き換えるのは不適切なので，errnoの設定はシステムコール・ラッパー側に任せる，という仕組みになっているようだ．

つまりC言語風に書くと，システムコール呼び出しの後には以下のような処理を行っていることになる．

```
int ret = int0x80();
if ((ret < 0) && (ret > -4096)) {
      errno = -ret;
      ret = -1;
}
return ret;
```

3.3.4 Linuxカーネルのエラーの返しかた

Linuxカーネル側を確認してみよう．

p.108によれば，writeシステムコールの処理はsys_writeによって行われる，という話になっていた．syscall_table_32.Sで定義されている以下のシステムコールのテーブルの，ゼロから数えて4番目のエントリだ．

```
1:ENTRY(sys_call_table)
2:        .long sys_restart_syscall       /* 0 - old "setup()" system call, used for r
estarting */
3:        .long sys_exit
4:        .long ptregs_fork
5:        .long sys_read
6:        .long sys_write
7:        .long sys_open          /* 5 */
8:        .long sys_close
...
```

sys_writeの処理を実際に見てみよう．これはアーキテクチャに非依存の処理になるので，arch/x86の下には無いだろう．

探してみると，fs/read_write.cというファイルで以下のように定義されていた．なお定義にはSYSCALL_DEFINE3()というマクロが利用されており，これがSYSCALL_DEFINEx()，__SYSCALL_DEFINEx()というマクロを経由して，最終的にsys_write()に展開されるようだ．#defineの展開について詳しくは，include/linux/syscalls.hを参照してほしい．

```
389:SYSCALL_DEFINE3(write, unsigned int, fd, const char __user *, buf,
390:                size_t, count)
391:{
392:        struct file *file;
393:        ssize_t ret = -EBADF;
394:        int fput_needed;
395:
396:        file = fget_light(fd, &fput_needed);
397:        if (file) {
398:                loff_t pos = file_pos_read(file);
399:                ret = vfs_write(file, buf, count, &pos);
400:                file_pos_write(file, pos);
401:                fput_light(file, fput_needed);
402:        }
403:
404:        return ret;
405:}
```

戻り値を格納している変数retの初期値が-EBADFのようにして，負の値が設定されている点に注目だ．

またretにはvfs_write()という関数の戻り値が格納されている箇所があるが，vfs_write()は同じfs/read_write.cの中で定義されている．先頭部分を見ると以下のようになっていて，やはりエラー番号を負の値で返している．

```
332:ssize_t vfs_write(struct file *file, const char __user *buf, size_t count, loff_t
*pos)
333:{
334:        ssize_t ret;
335:
336:        if (!(file->f_mode & FMODE_WRITE))
337:                return -EBADF;
```

```
338:        if (!file->f_op || (!file->f_op->write && !file->f_op->aio_write))
339:                return -EINVAL;
340:        if (unlikely(!access_ok(VERIFY_READ, buf, count)))
341:                return -EFAULT;
...
```

つまりLinuxカーネル内では，システムコール処理関数はエラー時にはエラー番号を負の値で返すという約束のようだ．これはLinuxカーネル内の仕様だ．

そしてシステムコール自体も，その値をそのまま返す．つまりエラーは負の値で返ってくる．これはx86依存部で行われているためLinux/x86の仕様になるが，他のアーキテクチャ向けのLinuxでも同様のようだ．

さらにアプリケーション側のシステムコール・ラッパーではこれを受け取り，負の値ならばerrnoに設定して−1を返す，という動作をしていることになる．ここでようやくAPIの仕様として吸収され，移植性が確保される．

errnoはエラー番号が保存される変数だが，その実体は標準Cライブラリ側で用意されたグローバル変数だ．よってエラーの際にLinuxカーネル側でそれを設定するのは適切でないしそもそもerrnoのアドレスはアプリケーションによって変化する前提がある．変数のアドレスはリンカによるリンク時に決定されるためだ．

このためLinux/x86の仕様としてはエラーは負の値で返し，それをerrnoに設定するのはシステムコール・ラッパー側の役割，ということになる．もちろんその処理じたいは標準Cライブラリの中で実装されているため，一般プログラマが意識する必要はないわけだ．

【3.4】 Linuxカーネルの問題点

さて，ここまででLinuxカーネルのシステムコール呼出し方法と，戻り値やエラーの返しかたについて説明してきた．

しかしここで，以下のような問題点があることに気がつかないだろうか．

1.引数をレジスタで渡すため，渡せる引数の個数に上限がある
2.正しい戻り値として負の値を返すことができない

こうした問題点は，どのようにして解決されているのだろうか．

3.4.1 引数の個数の制限の問題

引数の個数の問題は，レジスタの個数が決まっているための制限だ．レジスタの個数を越えたならばスタックを使って渡すなどの回避策も考えられるがLinux/x86ではそのようにはしておらず，引数の上限は6個という制限があるようだ．

では，それを越える個数の引数を渡したかったらどうすればいいのだろうか．

まず思い付くのは引数をまとめた構造体を定義してその構造体を（自動変数としてスタック上に）確保し，構造体に引数を詰め，構造体へのポインタをシステムコールで渡すという方法だろう．これはシステムコール・ラッパーで実現できる．

たとえばselect()ならば5つの引数が必要となるが，Linuxカーネルとしては5つの引数をそのままレジスタ経由で渡してもらってもいいし，引数を構造体に詰めてその構造体へのポインタを渡してもらっても処理できる．実現方法はどちらでもいい．ユーザ・プログラマに対してはシステムコール・ラッパーによりselect()を提供する際に，APIを合わせればいいだけだ．

例えば以下のような実装のイメージだ．

```
struct select_params {
  int nfds;
  fd_set *rfds;
  fd_set *wfds;
  fd_set *efds;
  struct timeval *timeout;
};

int select(int nfds, fd_set *rfds, fd_set *wfds, fd_set *efds, struct timeval *timeout)
{
  struct select_params params;
  params.nfds = nfds;
  params.rfds = rfds;
  params.wfds = wfds;
  params.efds = efds;
  params.timeout = timeout;
  EAX = (selectのシステムコール番号);
  EBX = &params;
  int_0x80();
  return EAX;
}
```

実は初期のLinuxカーネルは引数の数が4個という制限があり，このためselect()はまさに上記のような方法で実現されていたようだ.

しかしLinuxカーネルの開発が進みそれ以上の個数の引数が利用できるようになり，旧式のselect()の処理関数はカーネル内ではold_select()と名前を変えている.

しかしここでややこしいのは，処理関数の名前とシステムコール番号上の名前が一致していない場合が多い，という点だ.

たとえばselect()ならば処理関数はold_select()とsys_select()になっているが，それに対応するシステムコール番号の定義はそれぞれ__NR_select（82番）と__NR__newselect（142番）になっているようだ．このようにLinuxカーネル内には，システムコール番号と処理関数の名前の対応が名前通りになっていないシステムコールがいくつもあるようだ.

Linuxカーネルは基本的に過去互換を維持することを重要視しているようで，既存のシステムコールが新しいものに改良される場合には古いシステムコールも必ず残すようにしてあり，その方針は2通りがあるようだ.

ひとつは，カーネル内では新しいシステムコールとして番号も関数も新たに（new_*のような名前で）登録し，システムコール・ラッパー（後述するが，これは実はglibcが持っている）の呼び出し先システムコールを新しいものに切替えるというものだ.

もうひとつは，古いシステムコール処理関数はold_*のような名前にリネームして，その空いた関数名を新しいシステムコールの処理関数として利用する（ただしシステムコール番号は新たに採番する），というものだ.

いずれにしても古いシステムコールの番号と処理関数はそのままの対応で残されるため，過去にビルドしたアプリケーションは問題なく動作することになる．そしてどうやらselect()は，後者の方針で対応されたようだ.

old_select()を探したら，arch/x86/kernel/sys_i386_32.cで以下のように定義されていた．構造体として受け取った引数をバラしてsys_select()を呼ぶ，という実装になっている．copy_from_user()を呼んでいるのは，引数の構造体はアプリケーションの仮想メモリ空間にあるため，カーネル空間へのコピーが必要なためだ.

```
68:asmlinkage int old_select(struct sel_arg_struct __user *arg)
69:{
70:         struct sel_arg_struct a;
71:
72:         if (copy_from_user(&a, arg, sizeof(a)))
73:                 return -EFAULT;
```

```
74:         /* sys_select() does the appropriate kernel locking */
75:         return sys_select(a.n, a.inp, a.outp, a.exp, a.tvp);
76:}
```

そのような視点で見ると，LinuxカーネルはPOSIXを実現するための「機能」を提供するものであり，POSIXそのものを提供しているとはいいにくいとも言える．Linuxカーネルが提供する機能を利用してPOSIXインターフェースを実現するのはシステムコール・ラッパーの役割であり，これは後述するglibcによって提供されるものだ．

3.4.2 戻り値の範囲の問題

もうひとつ，エラーの場合にはエラー番号を負の値にして返すため，そもそも戻り値が負の値になるようなシステムコールが実装できない，という問題がある．負の値が返された場合に，正しい戻り値なのかエラーなのかが判別できないからだ．

これは回避策がとりづらいため，さらにやっかいな問題だ．戻り値として負の値を返すようなシステムコールはいくつかある．たとえばgetpriority()は−20～19の値を返すため，そのままではエラーと判別がつかない．そこでシステムコールとしては1～40の値を返し，それを20から減算することで戻り値としているようだ．

これはLinuxカーネルではkernel/sys.cで，以下のように実装されている．

```
207:/*
208: * Ugh. To avoid negative return values, "getpriority()" will
209: * not return the normal nice-value, but a negated value that
210: * has been offset by 20 (ie it returns 40..1 instead of -20..19)
211: * to stay compatible.
212: */
213:SYSCALL_DEFINE2(getpriority, int, which, int, who)
214:{
...
225:        switch (which) {
226:                case PRIO_PROCESS:
...
232:                                niceval = 20 - task_nice(p);
233:                                if (niceval > retval)
234:                                        retval = niceval;
...
270:        return retval;
271:}
```

20から引いた値を戻り値として返している．

この値をもとに戻すのは，やはりシステムコール・ラッパーの役割だ．これはglibcのsysdeps/unix/sysv/linux/getpriority.cで以下のように実装されているようだ．

```
25:/* The return value of getpriority syscall is biased by this value
26:   to avoid returning negative values.  */
27:#define PZERO 20
28:
29:/* Return the highest priority of any process specified by WHICH and WHO
30:   (see above); if WHO is zero, the current process, process group, or user
31:   (as specified by WHO) is used.  A lower priority number means higher
32:   priority.  Priorities range from PRIO_MIN to PRIO_MAX.  */
33:
34:int
35:getpriority (enum __priority_which which, id_t who)
36:{
37:  int res;
38:
39:  res = INLINE_SYSCALL (getpriority, 2, (int) which, who);
40:  if (res >= 0)
41:    res = PZERO - res;
42:  return res;
43:}
```

INLINE_SYSCALL()はint $0x80を実行し，戻り値が−4095〜−1の値の場合には値を反転してerrnoに設定して，代わりに−1を返す．そして正常終了の場合には，やはり20から引くことで元に戻しているようだ．

もうひとつ，戻り値として「あらゆる値」を返すシステムコールもある．例えばptrace()をPTRACE_PEEKDATAというオプションで呼び出したときには，これは指定したメモリ上に格納されている値を返す．これは任意の値であるから，0x00000000〜0xFFFFFFFFの範囲のどの値でも返ってくる可能性がある．

ではptrace()のPTRACE_PEEKDATAオプションは，どのような実装になっているのだろうか．

ptrace()のシステムコール・ラッパーはglibcのsysdeps/unix/sysv/linux/ptrace.cで，以下のように定義されている．

```
28:long int
29:ptrace (enum __ptrace_request request, ...)
30:{
...
42:  if (request > 0 && request < 4)
43:    data = &ret;
44:
45:  res = INLINE_SYSCALL (ptrace, 4, request, pid, addr, data);
46:  if (res >= 0 && request > 0 && request < 4)
47:    {
48:      __set_errno (0);
49:      return ret;
50:    }
51:
52:  return res;
53:}
```

PTRACE_PEEKDATAの値は2なので，(request > 0 && request < 4)という条件は満たされる．よって正常終了時にはerrnoがゼロに設定された上で，指定したメモリ上の値が変数retを経由して戻り値として返される．

エラー時にはINLINE_SYSCALL()によりシステムコールの戻り値がエラー番号として反転されてerrnoに設定され，代わりに−1が戻り値として返されることになる．

ということはアプリケーション側では，エラーが発生したかどうかはerrnoがゼロになっているか否かで判断できるということだ．これについてはman ptraceに以下のような記述がある．メモリ上の値として−1が正常値として返ってくることもあるので，errnoをチェックするようにと言っている．

```
RETURN VALUE
       On  success,  PTRACE_PEEK*  requests  return  the requested data, while
       other requests return zero.  On error,  all  requests  return  -1,  and
       errno  is  set appropriately.  Since the value returned by a successful
       PTRACE_PEEK* request may be -1, the caller must check errno after  such
       requests to determine whether or not an error occurred.
```

【3.5】この章のまとめ

本章ではOSカーネルとアプリケーション・プログラムの接点を見てみた．

複数のモジュールの接点となる部分の実装は筆者が興味深く感じる点だが，これがアプリケーション・プログラムの場合には，システムコールになる．そしてそれを片側からだけでなく，両側から見てみることで理解は深まる．システムコールの実装ならば，アプリケーション側とカーネル側の両方から見てみるといいだろう．

そしてこのような部分は理論的に理解することも大切だが，それだけで終わらせずに現物ベースで実装を見てみることも必要だ．そこで本章では，現物を両側から見る，というやりかたを実践してみた．

また最後にはLinuxカーネルの問題点について言及したが，第10章ではそれらの問題点をFreeBSDカーネルと比較した結果について説明している．そちらもぜひ参考にしてほしい．

第4章 標準ライブラリはなぜ必要なのか

ここまででシステムコールの発行を，アプリケーション・プログラムとLinuxカーネルの両面から見てみた．

システムコールの呼び出しは，レジスタの設定とシステムコール命令の発行だ．これはアセンブラでの記述が必要なわけであるが，実際にはそうした処理はライブラリによって吸収されているため，一般のユーザ・プログラマが意識する必要は無い．システムコール・ラッパーと呼ばれる部分だ．

しかしそうしたライブラリも，必ずどこかに本体があるはずだ．このようなものは標準であるものとして，あまり意識が払われない場合も多いが，我々は普段から使っているものであるはずであり，どのようなものが下で動いているのかを知りたくはないだろうか？

本章ではそうしたライブラリの実装を見てみよう．

【4.1】GNU C Library (glibc)

C言語によるプログラミング環境のひとつとして，標準Cライブラリがある．いわゆる`printf()`などの本体のことだ．コンパイラがあっても標準Cライブラリが無ければ，`printf()`などの標準ライブラリ関数を用いたプログラミングはできない．

つまりC言語によるプログラミング環境には，多くの場合，標準Cライブラリが標準的に含まれている(ここで「多くの場合」と言っているのは，組込みソフトウェアの開発環境などではまた話が違ってくるためだ)．これはライブラリの本体であるファイルの名前から，一般に「libc」と呼ばれる．

そしてCentOSなどの一般的なGNU/Linuxディストリビューションでは，標準Cライブラリには GNUプロジェクトによって開発されている標準Cライブラリである GNU C

Library (glibc) が多く採用されている．つまりOSカーネルにはLinux，コンパイラにはGCC，標準Cライブラリにはglibcを用いており，これらはすべて別々に開発されているものだ．

つまり我々がCentOS上でprintf()を呼び出すようなプログラムを書いたときに呼ばれるのは，glibcが持つprintf()だ．そしてシステムコールの呼び出しを行うシステムコール・ラッパーも，glibcに内包されている．

glibcのソースコードを読んで，システムコール・ラッパーの実装を見てみよう．

1 2 3 4 5 6 7 8 9 10 11 12

|4.1.1| システムコール・ラッパーの重要性

その前に，システムコール・ラッパーが標準Cライブラリに含まれている理由について考えてみよう．

標準Cライブラリと言うとprintf()やfopen()のようなストリーム系のライブラリや，strlen()やstrcpy()のような文字列操作系などが注目されがちだ．これはこれらのライブラリが，C言語の入門書などでよく説明されるからだろう．

もちろんこれらのライブラリ関数を提供することも，標準Cライブラリの役割ではある．しかしこれらのライブラリ関数は，C言語で実装することが面倒な部分を同じC言語であらかじめ実装しているものであり，頑張ればユーザ・プログラマ側でも同等のものを作成できなくもない．

たとえばstrlen()を即席で実装することなどは，実に簡単なことだろう．以下のような感じだろうか．

```
int strlen(const char *str)
{
  int len;
  for (len = 0; str[len]; len++)
    ;
  return len;
}
```

つまりこれらが標準Cライブラリに含まれているのは，あくまでユーザ・プログラマの利便性のためのものだ．まあ実際には高速化のためのチューニングがアーキテクチャごとに施されていたりはするのだが．

しかしシステムコール・ラッパーは，それとは異質のものだ．というのはシステムコール・ラッパーにはC言語とアセンブラの橋渡しをするという役割があり，アセンブラで記述する必要がある．strlen()が無くても自作することはできるのでそれほど困ることは無いが，システムコール・ラッパーが無いのでアセンブラで自分で用意して，となってしまっては，尻込みしてしまうプログラマも多いことだろう．

つまりC言語のユーザ・プログラマにとっては，システムコール・ラッパーこそが「C言語の知識だけでは作成できない部分」となる．C言語のプログラマがC言語の範囲だけでプログラミングを行えるようにするために，システム側にあらかじめ用意しておいてほしい重要部分となるわけだ．これにより，OSカーネルに対するシステムコールをopen()やwrite()などのC言語のAPIの形で提供することができる．

よって標準Cライブラリでは，システムコール・ラッパーこそが最も重要な部分であり，標準Cライブラリで必ず準備すべき部分だとも言えるのではないだろうか．

筆者の考えとして，OSカーネルの中でアセンブラでしか記述できない部分は「スタートアップ」「割込みの入口と出口」「タスクディスパッチ」の3箇所がある．アプリケーションの場合にはこの3つに対応して，アセンブラで記述すべき部分として「スタートアップ」「システムコール・ラッパー」「setjmp()/longjmp()」の3つがあると言えるだろうか（setjmp()/longjmp()はタスクディスパッチに利用することができる）．

|4.1.2| glibcのソースコード

標準Cライブラリでシステムコール・ラッパーを準備する重要性について触れたところで，glibcのソースコードを見ていこう．

glibcのソースコードは，p.18ですでに展開してある．参照するバージョンは，glibc-2.21だ．

なお本来ならば，本書のCentOS環境に合わせたバージョンのものを参照すべきだ．しかしシステムコール・ラッパーのような根幹部分はそれほど頻繁に変わるものでもないので，ここではバージョンの違いにはそれほど気を使わずに説明している．

まずはディレクトリ構成を見てみよう．

```
[user@localhost ~]$ cd glibc-2.21
[user@localhost glibc-2.21]$ ls
BUGS                        NAMESPACE        libio
CONFORMANCE                 NEWS             locale
COPYING                     PROJECTS         localedata
COPYING.LIB                 README           login
ChangeLog                   Rules            mach
...
```

大量のファイルとディレクトリがあるようだ.

|4.1.3| int $0x80の呼び出しを探す

さてこのように多くのファイルとディレクトリがあることはわかったが，この中からLinux/x86向けのシステムコール・ラッパーをどのようにして探していけばいいだろうか.

glibc自体はLinux/x86専用というわけではないため，他のアーキテクチャ向けの，例えばLinux/ARM向けのシステムコール・ラッパーも内包されているはずだ. Linux/x86のシステムコール・ラッパーの，特徴的なキーワードは何だろうか?

Linux/x86のシステムコールには，int　$0x80という命令が利用されていた. これは「0x80」という定数値を含んでいるため，それなりに特徴的な命令だと言えるだろう. そしてシステムコール・ラッパーからはint　$0x80が呼ばれているはずだ.

ということで「int　$0x80」をキーワードにして検索してみよう.

```
[user@localhost glibc-2.21]$ find . -name "*" | xargs grep \$0x80 | grep int
./ChangeLog.14: int $0x80.
./ChangeLog.14: Use it instead of directly int $0x80.
./sysdeps/unix/sysv/linux/i386/lowlevellock.h:# define LLL_ENTER_KERNEL "int $0x80\n\t"
./sysdeps/unix/sysv/linux/i386/lowlevellock-futex.h:# define LLLF_ENTER_KERNEL "int $0x
80\n\t"
./sysdeps/unix/sysv/linux/i386/vfork.S: int      $0x80
...
```

いくつかの箇所がヒットしている.

しかし見ると，どうやらsysdeps/unix/sysv/linux/i386というディレクトリに集中しているように見受けられる. そこに移動して検索しなおそう.

```
[user@localhost glibc-2.21]$ cd sysdeps/unix/sysv/linux/i386
[user@localhost i386]$ find . -name "*" | xargs grep \$0x80 | grep int
./lowlevellock.h:# define LLL_ENTER_KERNEL       "int $0x80\n\t"
./lowlevellock-futex.h:# define LLLF_ENTER_KERNEL        "int $0x80\n\t"
./vfork.S:       int      $0x80
./sysdep.h:   to use int $0x80.  */
./sysdep.h:# define ENTER_KERNEL int $0x80
./sysdep.h:     "int $0x80\n\t"                                                      \
./sysdep.h:     "int $0x80\n\t"                                                      \
./sigaction.c:   "       int  $0x80"                                  \
./sigaction.c:   "       int  $0x80"                                  \
```

```
./clone.S:      int     $0x80
./_exit.S:      int     $0x80
./dl-sysdep.h:/* Traditionally system calls have been made using int $0x80.  A
./dl-sysdep.h:        "int $0x80;\n\t"                                           \
./call_pselect6.S:      int     $0x80
./i486/pthread_cond_signal.S:   int     $0x80
./i486/pthread_cond_signal.S:   int     $0x80
./i486/pthread_cond_broadcast.S:        int     $0x80
./i486/pthread_cond_broadcast.S:        int     $0x80
[user@localhost i386]$
```

ファイル名を見る限り，sysdep.hというヘッダファイルらしきものがそれらしく思える．

sysdep.hの中を見て0x80で検索すると，以下のような定義があった．

```
153:/* The original calling convention for system calls on Linux/i386 is
154:   to use int $0x80.  */
155:#ifdef I386_USE_SYSENTER
156:# ifdef SHARED
157:#  define ENTER_KERNEL call *%gs:SYSINFO_OFFSET
158:# else
159:#  define ENTER_KERNEL call *_dl_sysinfo
160:# endif
161:#else
162:# define ENTER_KERNEL int $0x80
163:#endif
```

ENTER_KERNELという定義がされているようだ．

なおsysdep.hでint $0x80の呼び出しを探していくと他にもINTERNAL_SYSCALL()というマクロの定義が見つかるのだが，これはint $0x80の直前にmovlによるEAXの設定が行われており，p.72で見た__write_nocancelの処理とは異なりそうだ．

```
381:# define INTERNAL_SYSCALL(name, err, nr, args...) \
382:  ({                                                                      \
383:    register unsigned int resultvar;                                      \
384:    EXTRAVAR_##nr                                                         \
385:    asm volatile (                                                        \
386:    LOADARGS_##nr                                                         \
387:    "movl %1, %%eax\n\t"                                                  \
```

```
388:    "int $0x80\n\t"                                                  \
...
```

　ということでINTERNAL_SYSCALL()は無視して，ENTER_KERNELをキーワードにして検索を続けてみよう．

　ENTER_KERNELで検索するといくつかのファイルがヒットするが，ファイル名をみてふるいにかけるとsyscall.S，sysdep-cancel.h，sysdep.hという3つのファイルがそれらしく思える．

```
[user@localhost i386]$ grep ENTER_KERNEL *
...
syscall.S:      ENTER_KERNEL              /* Do the system call.  */
sysdep-cancel.h:    ENTER_KERNEL;                                          \
sysdep.h:#  define ENTER_KERNEL call *%gs:SYSINFO_OFFSET
sysdep.h:#  define ENTER_KERNEL call *_dl_sysinfo
sysdep.h:# define ENTER_KERNEL int $0x80
sysdep.h:    ENTER_KERNEL                                                   \
[user@localhost i386]$
```

　syscall.SはENTER_KERNELを利用しているが，利用箇所を実際に見てみると，その直前のEAXレジスタへの代入がやはりp.72で見た__write_nocancelの処理とは異なっており，これは関係なさそうだ．

　よってsysdep-cancel.hかsysdep.hのどちらかが目的の箇所のように思える．

4.1.4 システムコール・ラッパーの定義

　まずはsysdep.hでのENTER_KERNELの利用箇所を見てみよう．

　実際に見てみると，DO_CALL()というマクロが以下のように定義されている．

```
212:#define DO_CALL(syscall_name, args)                                   \
213:    PUSHARGS_##args                                                  \
214:    DOARGS_##args                                                    \
215:    movl $SYS_ify (syscall_name), %eax;                              \
216:    ENTER_KERNEL                                                     \
217:    POPARGS_##args
```

　SYS_ify()はsysdep.hで以下のように定義されているマクロで，「__NR_」を先頭に付加することで「__NR_write」のようなシステムコール番号を生成するようだ. なおSYS_ify()の定義はsysdeps/unix/sysdep.hにも(「SYS_」を先頭に付加する形で)あるのだが, 以下のコメントにあるようにLinuxでは__NR_*のような名前でシステムコール番号が定義してあるので, それに合わせて以下で再定義してあるようだ.

```
29:/* For Linux we can use the system call table in the header file
30:        /usr/include/asm/unistd.h
31:   of the kernel.  But these symbols do not follow the SYS_* syntax
32:   so we have to redefine the `SYS_ify' macro here.  */
33:#undef SYS_ify
34:#define SYS_ify(syscall_name)   __NR_##syscall_name
```

そしてDO_CALL()は, sysdep-cancel.hで以下のように定義されているPSEUDO()というマクロの中で利用されている.

```
28:# define PSEUDO(name, syscall_name, args)                              \
29:  .text;                                                              \
30:  ENTRY (name)                                                        \
31:    cmpl $0, %gs:MULTIPLE_THREADS_OFFSET;                             \
32:    jne L(pseudo_cancel);                                             \
33:  .type __##syscall_name##_nocancel,@function;                        \
34:  .globl __##syscall_name##_nocancel;                                 \
35:  __##syscall_name##_nocancel:                                        \
36:    DO_CALL (syscall_name, args);                                     \
37:    cmpl $-4095, %eax;                                                \
38:    jae SYSCALL_ERROR_LABEL;                                          \
39:    ret;                                                              \
```

sysdep-cancel.hにもENTER_KERNELの利用箇所はあるが, 上記PSEUDO()の定義の中なので, 見るべき場所はここのようだ.

PSEUDO()の定義をよく見ると, システムコール名に対して「_nocancel」という文字列を付加したラベルを設定している. これはp.72で見た__write_nocancelというシンボルの処理と一致している. よってこれがwriteシステムコールのシステムコール・ラッパーになるように思える.

p.72で見たwriteシステムコールのシステムコール・ラッパーを, もう一度見てみよう.

```
kterm
 >0x8053d70 <write>              cmpl   $0x0,%gs:0xc
  0x8053d78 <write+8>            jne    0x8053d9f <write+47>
  0x8053d7a <__write_nocancel>   push   %ebx
  0x8053d7b <__write_nocancel+1> mov    0x10(%esp),%edx
  0x8053d7f <__write_nocancel+5> mov    0xc(%esp),%ecx
  0x8053d83 <__write_nocancel+9> mov    0x8(%esp),%ebx
  0x8053d87 <__write_nocancel+13> mov   $0x4,%eax
  0x8053d8c <__write_nocancel+18> call  *0x80d6750
  0x8053d92 <__write_nocancel+24> pop   %ebx
  0x8053d93 <__write_nocancel+25> cmp   $0xfffff001,%eax
  0x8053d98 <__write_nocancel+30> jae   0x8056650 <__syscall_error>
  0x8053d9e <__write_nocancel+36> ret
  0x8053d9f <write+47>           call   0x8055400 <__libc_enable_asynccancel
  0x8053da4 <write+52>           push   %eax
child process 4560 In: write                          Line: ??   PC: 0x8053d70
0x08067666 in _IO_new_file_write ()
(gdb) nexti
0x08067669 in _IO_new_file_write ()
(gdb) nexti
0x0806766c in _IO_new_file_write ()
(gdb) stepi
0x08053d70 in write ()
(gdb)
```

●図4.1: write()の内部

PSEUDO()の先頭にはcmplとjne命令による条件分岐があり，これらは図4.1のコードと一致している．

またDO_CALL()によるシステムコールの呼び出し後にはcmplとjae命令による条件分岐があるが，これらも図4.1のコードと一致しており，エラー時のerrnoの設定処理への分岐のように思える．

つまりPSEUDO(write, write, ...)のような定義を行うことで，writeシステムコールのシステムコール・ラッパーが生成されるように思える．

では，実際にそのような定義を行うことでシステムコール・ラッパーの実体を生成している箇所は，どこにあるのだろうか．

4.1.5 システムコール・ラッパーの実体を探す

システムコール・ラッパーの実体を探すには，PSEUDO()マクロを利用している箇所を探せばいい．

grepしてみよう．ただしそのままgrepするとPSEUDO_END()やPSEUDO_ERRVAL()といった関係なさそうなものもヒットしてしまうため，それらを省いてみる．

```
[user@localhost i386]$ grep PSEUDO * | grep -v PSEUDO_
sysdep-cancel.h:# undef PSEUDO
sysdep-cancel.h:# define PSEUDO(name, syscall_name, args)                         \
sysdep.h:#undef PSEUDO
sysdep.h:#define       PSEUDO(name, syscall_name, args)                            \
```

```
[user@localhost i386]$
```

PSEUDO()の定義をしているだけで，利用している箇所は見つからない．

トップ・ディレクトリに戻って，全体を検索してみよう．

```
[user@localhost glibc-2.21]$ grep -r PSEUDO .
./ChangeLog.11: * sysdeps/unix/sysv/linux/arm/sysdep.h (PSEUDO_RET): New macro.
./ChangeLog.11: (ret): Redefine to PSEUDO_RET.
./ChangeLog.11: (PSEUDO): Remove jump to syscall_error.
...
[user@localhost glibc-2.21]$ grep -r PSEUDO . | wc -l
815
[user@localhost glibc-2.21]$
```

今度は山のようにヒットした．800件ほどあるので，少し狭めたいところだ．

先程と同様にPSEUDO_END()などの別のマクロもヒットしているようなので，これらを取り除いてみよう．さらにChangeLogというログファイル中の文字列もヒットしているようなので，これも削ってみる．

```
[user@localhost glibc-2.21]$ grep -r PSEUDO . | grep -v PSEUDO_ | grep -v ChangeLog |
wc -l
114
[user@localhost glibc-2.21]$
```

114件まで少なくすることができた．これなら目視で探せる量だ．

|4.1.6| lessでキーワードを探す

さて，114件の中から目的の箇所を探すというときに，これはこれで分量が多くて厳しい，と感じてしまう読者のかたもいるかもしれない．

しかしそれほど難しいことは無く，やはりコツがある．まずはlessに入力する．

```
[user@localhost glibc-2.21]$ grep -r PSEUDO . | grep -v PSEUDO_ | grep -v ChangeLog |
less
```

すると図4.2のような画面になるだろう．

```
./sysdeps/i386/sysdep.h:#define PSEUDO(name, syscall_name, args)
                        \
./sysdeps/x86_64/sysdep.h:#define       PSEUDO(name, syscall_name, args)
                        \
./sysdeps/unix/sysdep.h:#define SYSCALL__(name, args)   PSEUDO (__##name, name,
args)
./sysdeps/unix/sysdep.h:#define SYSCALL(name, args)     PSEUDO (name, name, args
)
./sysdeps/unix/sysdep.h:   PSEUDO (function_name, syscall_name) to emit assembly
 code to define the
./sysdeps/unix/mips/mips64/n64/sysdep.h:#define PSEUDO(name, syscall_name, args)
 \
./sysdeps/unix/mips/mips64/n64/sysdep.h:#define PSEUDO(name, syscall_name, args)
 \
./sysdeps/unix/mips/mips64/n32/sysdep.h:#define PSEUDO(name, syscall_name, args)
 \
./sysdeps/unix/mips/mips64/n32/sysdep.h:#define PSEUDO(name, syscall_name, args)
 \
./sysdeps/unix/mips/mips32/sysdep.h:#define PSEUDO(name, syscall_name, args) \
./sysdeps/unix/mips/mips32/sysdep.h:#define PSEUDO(name, syscall_name, args) \
./sysdeps/unix/syscall-template.S:#define T_PSEUDO(SYMBOL, NAME, N)
PSEUDO (SYMBOL, NAME, N)
./sysdeps/unix/syscall-template.S:T_PSEUDO (SYSCALL_SYMBOL, SYSCALL_NAME, SYSCAL
L_NARGS)
:
```

●図4.2: lessに入力する

lessに入力したら「/」を押して検索に入り，目的のキーワードである「PSEUDO」を入力して，検索してみる．

すると，図4.3のようにキーワードが反転表示されてわかりやすくなるだろう．

```
./sysdeps/i386/sysdep.h:#define PSEUDO(name, syscall_name, args)
                        \
./sysdeps/x86_64/sysdep.h:#define       PSEUDO(name, syscall_name, args)
                        \
./sysdeps/unix/sysdep.h:#define SYSCALL__(name, args)   PSEUDO (__##name, name,
args)
./sysdeps/unix/sysdep.h:#define SYSCALL(name, args)     PSEUDO (name, name, args
)
./sysdeps/unix/sysdep.h:   PSEUDO (function_name, syscall_name) to emit assembly
 code to define the
./sysdeps/unix/mips/mips64/n64/sysdep.h:#define PSEUDO(name, syscall_name, args)
 \
./sysdeps/unix/mips/mips64/n64/sysdep.h:#define PSEUDO(name, syscall_name, args)
 \
./sysdeps/unix/mips/mips64/n32/sysdep.h:#define PSEUDO(name, syscall_name, args)
 \
./sysdeps/unix/mips/mips64/n32/sysdep.h:#define PSEUDO(name, syscall_name, args)
 \
./sysdeps/unix/mips/mips32/sysdep.h:#define PSEUDO(name, syscall_name, args) \
./sysdeps/unix/mips/mips32/sysdep.h:#define PSEUDO(name, syscall_name, args) \
./sysdeps/unix/syscall-template.S:#define T_PSEUDO(SYMBOL, NAME, N)
PSEUDO (SYMBOL, NAME, N)
./sysdeps/unix/syscall-template.S:T_PSEUDO (SYSCALL_SYMBOL, SYSCALL_NAME, SYSCAL
L_NARGS)
:
```

●図4.3:「PSEUDO」を検索することで，反転表示させる

このようにするとキーワードが一目瞭然になり，目視で確認しやすい．

あとは，重要なものはだいたい左側にある，ということを覚えておくといいだろう．関数の定義や#defineによるマクロの定義など，重要なものは左側にある．つまり反転表示させたキーワードのうち，左側にあるものを意識して見ていけばいいわけだ．

さらにp.98で説明したように，ファイル名でおおまかな目星をつけることができる．ファイル名を見るだけで，明らかに見なくていいだろうと判断できるものも多い．

このような目線でキーワードを見ていくことで，目的の箇所を効率よく探していくことができる．筆者の感覚ではgrepでのヒット件数を300くらいまで狭めることができれば，あとは目視で普通に探せる感じだ．

実際に図4.3を下に探していくと，実はほとんどのヒット箇所のファイルはsysdeps/m68kやsysdeps/unix/alphaのようなアーキテクチャ依存のように思えるディレクトリにあり，除外してもいいことがわかる．やってみると実はほとんどの部分は見なくて済む，ということに気がつくはずだ．

そしてどうも，以下の箇所がそれらしく思える．

```
...
./sysdeps/unix/sysdep.h:#define SYSCALL__(name, args)   PSEUDO (__##name, name, args)
./sysdeps/unix/sysdep.h:#define SYSCALL(name, args)     PSEUDO (name, name, args)
./sysdeps/unix/sysdep.h:   PSEUDO (function_name, syscall_name) to emit assembly code
to define the
...
./sysdeps/unix/syscall-template.S:#define T_PSEUDO(SYMBOL, NAME, N)             PSEUDO
(SYMBOL, NAME, N)
./sysdeps/unix/syscall-template.S:T_PSEUDO (SYSCALL_SYMBOL, SYSCALL_NAME, SYSCALL_NARG
S)
...
```

sysdeps/unix以下に目的の場所があるようだ．

|4.1.7| システムコール・ラッパーのテンプレート

sysdep.hではSYSCALL()というマクロがPSEUDO()に定義されているようだ．またsyscall-template.Sでは，T_PSEUDO()というマクロがPSEUDO()に定義されている．

これらの利用箇所を見てみよう．まずはSYSCALL()だ．

```
[user@localhost glibc-2.21]$ cd sysdeps/unix
[user@localhost unix]$ grep SYSCALL *
...
syscall.S:SYSCALL (syscall, 1)
...
```

やはり大量にヒットするのだが，p.98で説明したコツを駆使して利用箇所を探してみてほしい．するとsyscall.Sにそれらしい箇所がある．

syscall.Sを見てみると，以下のようになっていた．

```
24:/* This works if the kernel does an "indirect system call" for system call 0,
25:   taking the first argument word off the stack as the system call number.  */
26:
27:SYSCALL (syscall, 1)
28:         ret
```

これはシステムコール名がsyscall限定になっているので関係なさそうだ．

次にT_PSEUDO()だが，これはヘッダファイルでなくsyscall-template.Sで定義されているため，syscall-template.Sを見ればいい．すると以下のような箇所が見つかる．

```
50:#define T_PSEUDO(SYMBOL, NAME, N)                  PSEUDO (SYMBOL, NAME, N)
...
53:#define T_PSEUDO_END(SYMBOL)                       PSEUDO_END (SYMBOL)
...
78:/* This is a "normal" system call stub: if there is an error,
79:   it returns -1 and sets errno.  */
80:
81:T_PSEUDO (SYSCALL_SYMBOL, SYSCALL_NAME, SYSCALL_NARGS)
82:         ret
83:T_PSEUDO_END (SYSCALL_SYMBOL)
```

SYSCALL_SYMBOLとSYSCALL_NAMEにwriteを設定してsyscall-template.Sをアセンブルすると，writeシステムコールのスタブが生成される，という仕組みのようだ．

これらのシンボルを設定している場所はどこだろうか．

```
[user@localhost unix]$ grep SYSCALL_SYMBOL *
make-syscalls.sh:        echo '#define SYSCALL_SYMBOL $strong'; \\"
...
```

make-syscalls.shというシェルスクリプトがあるようだ．見てみよう．

```
[user@localhost unix]$ grep make-syscalls.sh *
Makefile:$(common-objpfx)sysd-syscalls: $(..)sysdeps/unix/make-syscalls.sh \
make-syscalls.sh:# Usage: make-syscalls.sh ../sysdeps/unix/common
make-syscalls.sh:  echo "                  \$(..)sysdeps/unix/make-syscalls.sh"
make-syscalls.sh:                  \$(..)sysdeps/unix/make-syscalls.sh\
syscall-template.S:   generated by make-syscalls.sh that #include's this file after
[user@localhost unix]$
```

Makefile内で利用しているようだ.

つまりシステムコール・ラッパーはglibcのビルド時に, Makefile内の処理によって実体が生成されるようだ.

そしてそのテンプレートにはsyscall-template.Sというアセンブラのファイルが利用されており, PSEUDO()というマクロによって実際のコードが生成されている, ということがわかる.

【4.2】システムコールについて考える

glibcのシステムコール・ラッパーの実装について見てみた.

OS上で動作するアプリケーションは, 必ずなんらかのシステムコールを呼んでいる. 入出力を行うために必要だからだ. そしてそれはライブラリ経由になるためユーザ・プログラマは意識しないことかもしれないが, 実際にはこれらのシステムコール・ラッパーを経由してOSカーネルのサービスを利用しているわけだ.

これで「アプリケーション」「OSカーネル」「標準Cライブラリのシステムコール・ラッパー」という3つの階層をすべて見ることができたわけだが, ひととおり見てみたところで, これらの関わり合いをもう一度整理しておこう.

|4.2.1| システムコールのABI

Linux/x86でシステムコールを呼び出すには, レジスタに各種パラメータを設定して int $0x80を実行すればいいということは, p.109よりすでにわかっている.

これはLinux/x86の仕様であり, このような仕様はOSカーネルのABI (Application Binary Interface) と呼ばれる.

そしてこれはx86向けのLinuxの仕様なので, アーキテクチャが異なれば (たとえば

ARMなど），システムコール呼び出しの仕様は異なることになる．アーキテクチャが異なればレジスタ構成などが異なるため，これは当然のことだ．またOSが（たとえばFreeBSDなどに）異なれば，やはり仕様は異なることになる．OSカーネルのシステムコールABIは，そのOSカーネルの開発者が決定することだからだ．

つまり「Linux/x86のシステムコールABIは，EAXにシステムコール番号，EBX以降に引数を設定してint $0x80を呼び出す」という言いかたが正しいことになる．Linux/ARMなら異なるだろうし，x86向けのFreeBSDでも異なるだろうということだ．実際にFreeBSD/i386では，システムコールの引数はスタック経由で渡すという，Linux/x86とは異なるABIになっている（なおFreeBSDの場合は，FreeBSD/x86でなくFreeBSD/i386と表記する．これはカーネルのソースコード内のアーキテクチャのディレクトリが，Linuxではx86になっているのに対して，FreeBSDではi386になっているためだ）．

このような処理はレジスタの操作を伴うためC言語では記述できず，アセンブラで書くことになる．たとえば以下のようなプログラムを書けば，Linux/x86上でwriteシステムコールを呼び出して文字列の出力を行うことができる．

```
        .global main
main:
        mov     $4, %eax        # system call number (write)
        mov     $1, %ebx        # stdout
        mov     $str, %ecx      # message
        mov     $13, %edx       # message length
        int     $0x80           # system call
        ret

        .section .rodata
str:
        .string "Hello World!\n"
```

4.2.2 簡単なシステムコール・ラッパーの例

実際にはこのような処理をプログラマが書くことは面倒だ．

ということでこのようなレジスタ設定の処理はあらかじめ用意され関数化されていて，プログラマはwrite()を呼び出せばwriteシステムコールの呼び出しが行われるようになっている．つまりC言語のAPIとしてwrite()が用意されているというわけだ．

そのようなwrite()に相当する関数をアセンブラで書くと，たとえば以下のようになる．なおここでは本来のwrite()と衝突しないように，_write()という名前にしている．

```
        .global _write
_write:
        push    %ebx
        mov     $4, %eax          # system call number (write)
        mov     8(%esp), %ebx     # 1st argument (file descriptor)
        mov     12(%esp), %ecx    # 2nd argument (message)
        mov     16(%esp), %edx    # 3rd argument (message length)
        int     $0x80             # system call
        pop     %ebx
        ret
```

これをwrite.Sのようなファイル名で保存し，コンパイルして_write()をwrite()と同様に呼び出せば，文字列出力が行われることになる（もっとも上の例では，errnoの設定処理は省略している）．

EAXレジスタにはwriteのシステムコール番号である4を設定している．さらにx86ではスタック経由で引数が渡されるため，スタック上の引数をEBX，ECX，EDXレジスタに設定している．

関数の戻り値はEAXレジスタで返されるが，int $0x80でのシステムコール時にも結果はEAXレジスタで返されるため，とくに何もせずにそのままretで返ればシステムコールの処理関数の戻り値が，_write()の戻り値として返ることになる（というより，そのようなx86の関数呼び出しの仕様に合わせてLinux/x86カーネルが作られている，と考えるべきだろう）．

このように書けば，アセンブラで書いた関数をC言語から呼び出すことができる．これがシステムコール・ラッパーと呼ばれるものだ．

4.2.3 アセンブラで書いた関数をC言語から呼び出す

C言語で書かれたプログラムは最終的に機械後コードになるが，関数呼び出しの方法はやはりABIで定義されている．これはOSのABIでなくアーキテクチャのABIであるが，異なる種類のコンパイラでコンパイルしたオブジェクトをリンクするためのものだ．

そしてそのABIに合わせてアセンブラを書けば，アセンブラのサブルーチンをC言語から関数呼び出しで呼ぶことができる．言いかたを変えれば，アセンブラで関数を書くことができる．もっともサブルーチンは一般用語，「関数」という呼び名はC言語特有の用語のように思うので，アセンブラの場合は「サブルーチン」と呼ぶのが適切だろう．サブルーチンを実現するためのC言語での文法が「関数」だからだ．

また逆にC言語の関数をアセンブラから呼び出したりすることもできる．つまりアセンブラで書いた処理とC言語で書いた処理を，リンクして相互に連携することができるわけだ．

例えばx86アーキテクチャのABIでは，関数呼び出しはスタックに引数を積んでcall命令でジャンプし，戻り値はEAXレジスタで返すことになっている．その約束を守れば，アセンブラで関数を作成することもできるわけだ．

なおEBXレジスタは関数内で値を保存することを保証しなければならない（これもx86のABIで定義されている）ため，_write()の例では先頭でEBXレジスタをスタックに退避し，終端で復旧している．push命令に対してpop命令は，スタック上に積まれている値をレジスタにコピーしてスタックポインタを増加させることでスタックを解放する．

このようにC言語とアセンブラの橋渡しをするのがシステムコール・ラッパーの役割だ．

そして_write()の呼び出し側は，以下のように書けばいいことになる．

```
int main()
{
  _write(1, "Hello World!\n", 13);
  return 0;
}
```

システムコール・ラッパーが用意されているおかげで，writeシステムコールを_write()という関数のAPIで呼び出すことができる，ということだ．

上記プログラムは，システムコール・ラッパーのアセンブラ・リストを例えばwrite.Sというファイル，C言語による_write()の呼び出しを例えばmain.cというファイルで保存すれば，以下のようにしてコンパイルして実行を確認することができる．

```
[user@localhost ~]$ gcc main.c write.S -o _write
[user@localhost ~]$ ./_write
Hello World!
[user@localhost ~]$
```

4.2.4 関数呼び出しのABI

ここまででABIという言葉が2種類の意味で出てきていることに注意してほしい．「OSのABI」と「アーキテクチャの（関数呼び出しの）ABI」だ．

前者はOSカーネルによって定義されるものであり，主にシステムコールの呼び出し方法を指して言っている．つまりLinux/x86というOSカーネルで定義されているものだ．よって「Linux/x86のシステムコールABIでは，引数はレジスタ経由で渡す」という言いかたが正しいことになる．これはあるシステム上でビルドしたアプリケーションの実行ファイルを，他のシステム上でも動作できるようにするための仕様だ．

それに対して後者はアーキテクチャによって定義されるものであり，主に関数呼び出し時の引数の渡しかたや戻り値の返しかたを指して言っている．つまりx86というアーキテクチャで定義されている．「x86の関数呼び出しのABIでは，引数をスタックに積んで渡す」という言いかたが正しい．アーキテクチャのABIには他にも構造体のメモリ配置方法や，プログラム中でのレジスタの扱いかたなどがあり，主にコンパイラがそれらを意識することになる．これは複数の異なるコンパイラで作成されたモジュールをリンクできるようにするための仕様だ．つまりコンパイラが気にするものだ．

「ABI」とだけ言ったときに，OSのABIを指して言っているのか，アーキテクチャの（関数呼び出しの）ABIを指して言っているのか，注意が必要だ．

4.2.5 ABIとAPI

システムコールの呼び出し処理はレジスタ操作を含むためアセンブラでしか書けないが，このような処理があらかじめ用意してあるため，一般プログラマがシステムコール呼び出しをアセンブラで書く必要はない．

そしてユーザ・プログラムからは，C言語で標準Cライブラリが持つwrite()関数を使うことで，writeシステムコールを呼ぶことができる．write()関数の仕様は一般に以下のようなものだ．実際にはintでなくsize_tなどの型を用いて定義されているが，以下は簡略化している．

```
int write(int fd, const void *buf, int size);
```

これがシステムコールのAPI（Application Programming Interface）と呼ばれるものだ．正確に言うならば，writeシステムコールを呼び出すためのC言語向けのAPIがwrite()として上のように定義してある，ということができる．

これはPOSIXという仕様で定義されている．POSIXはいわゆるUNIXのシステムコールのAPIの定義だ．POSIXでは他にも様々なUNIXの仕様が定義されているが，本書ではシステムコールのAPIに注目して考える．

このためプログラムがPOSIX準拠で書かれていれば，POSIX準拠のOS上では，コンパイルしなおすだけで実行できるということになる．実際のシステムコール処理はOS依存になるため，システム側でライブラリとして提供されるわけだ．

そしてこのAPIは，Linux/ARMやFreeBSD/i386でも同じことになる．ABIの差異を吸収して環境に依存しない共通のAPIを提供するのがシステムコール・ラッパーの役割と言うこともできるだろう．

逆の言い方をするならば，APIさえ一致していればその先は異なっていても構わないということになる．例えば組込みシステムなどでPOSIX互換のシステムコールを持たないミニマムな組込みOSを利用しているような場合でも，POSIX互換のライブラリを用意してやれば，UNIX向けのアプリケーションをコンパイルして利用することができるということだ．

このような役目をもつのが，p.110でも説明した「ラッパー」と呼ばれるものだ．「OSの上に，POSIXインターフェースのラッパーを一枚被せてある」などといった言いかたをする．

|4.2.6| writeとwrite()の違い

注意として，「write」と表記するか「write()」のように括弧をつけて表記するかによって，意味が変わってくるということを意識してほしい．

「writeシステムコール」と言ったときには，Linux（や，他のOSカーネル）が持っているシステムコールのことを指している．つまり，OSカーネルの話をしていることになる．

それに対して「write()関数」「write()システムコール」などと言ったときには，POSIXで定義されているwriteシステムコールを呼び出すためのC言語用APIを指している．つまりアプリケーション用のAPIの話をしているわけで，対象とする層が異なってくる．

このような言葉の細かい違いに無頓着な場合も多いが，例えば以下のようなことを言われたときに，その意味を正確に理解することができるだろうか．

「このシステムでは標準Cライブラリが使えないので（APIの）write()を呼べないので，（OSカーネルの）writeを直接呼ぶようなラッパーを書いてください」

用語を正確に使うことは意志伝達を確実に行うために重要であり，できる技術者どうしが少ない言葉数で意志伝達できるのは，用語を正確に知り正確に使っているためという理由が大きいように思う．

このため本書では,「それはLinuxのものなのか, GNUのものなのか」「それはLinuxの特徴なのかLinux/x86の特徴なのか」などのような用語の違いに非常に気を使っている.

【4.3】glibcをビルドする

ここまではglibcのソースコードを読んで理解してきた. いわゆる静的解析と呼ばれるものだ. しかしソースコードを読むだけでは, どの関数が実際に呼ばれているのかが判断しにくいときもあるのが難点だ. またビルド時に自動生成されるようなファイルの内容を追いにくい問題もある.

反面, 第2章ではデバッガによる動的解析も行っている. しかし標準Cライブラリの部分についてはソースコードが無いため, アセンブラ・ベースでの解析になっていた. つまりC言語のソースコードをベースとしたシンボリック・デバッグはできなかったわけだ.

そのようなときには, glibcを自分でビルドするという方法がある. ビルドしたglibcをリンクして動的解析することで, 標準Cライブラリの中までC言語のソースコードをベースにして解析することができる.

またビルド時に生成されるファイルの内容を参照することもできるようになる.

自己ビルドしたglibcはシステム付属のglibcとはバージョンやコンパイル・オプションの差異などで, 微妙に異なる可能性が高い. このため実行ファイルも厳密には異なるものになるかもしれないが, 解析のための参考と助けにはなることだろう.

なおここではビルドの手順のみを示すだけではなく, 筆者が実際にビルドしたときの試行錯誤の流れを説明する. 現実のビルド作業は, エラーの発生とその回避の繰り返しだ. そしてその回避方法は, システムにインストールするためにきちんと行う場合と, とりあえずビルドできればいいだけなので即席の対応で済ませる場合がある.

ここでの方針は後者だ. アプリケーションをビルドする際にエラーが発生することはよくあることだが, そのようなときの参考にしてほしい.

|4.3.1| ./configureスクリプトを実行する

まずはビルド用のディレクトリを作成しよう. 場合によってはglibcのソースコードに手を入れるので, 参照用とは別に, ビルドのために専用のディレクトリを作成したほうがいいだろう.

```
[user@localhost ~]$ mkdir build
[user@localhost ~]$ cd build
[user@localhost build]$ tar xvJf ../glibc-2.21.tar.xz
glibc-2.21/
glibc-2.21/.gitattributes
glibc-2.21/.gitignore
...
[user@localhost build]$
```

glibcなどのオープンソース系のソフトウェアは以下の手順でビルドしインストールできる場合が多い．

```
$ ./configure
$ make
# make install
```

これは俗に「ビルドするにはコンフィギュア，メイク，メイクインストールするだけ」などと言われたりする．

glibcもこの手順にならっており，同様の手順でビルドすることができる．しかし実際にやってみると，configureスクリプトの実行でエラーになる．

```
[user@localhost build]$ cd glibc-2.21
[user@localhost glibc-2.21]$ ./configure
checking build system type... i686-pc-linux-gnu
checking host system type... i686-pc-linux-gnu
checking for gcc... gcc
checking for suffix of object files... o
checking whether we are using the GNU C compiler... yes
checking whether gcc accepts -g... yes
checking for g++... g++
checking whether we are using the GNU C++ compiler... yes
checking whether g++ accepts -g... yes
checking for readelf... readelf
configure: error: you must configure in a separate build directory
[user@localhost glibc-2.21]$
```

では，エラー対応していこう．

|4.3.2| ビルド用のディレクトリを作成する

エラーが発生したときの鉄則だが，まずはエラーメッセージをよく読もう．

「you must configure in a separate build directory」と言われている．これは「ビルド用のディレクトリは，ソースコードとは別に切り分けろ」という意味だ．

このため以下のようにビルド用のディレクトリを作成し，そこでconfigureスクリプトを実行するようにする．このようにビルド用に別ディレクトリを作成するのもconfigureスクリプトの定番なので，覚えておくといいだろう．

```
[user@localhost glibc-2.21]$ cd ..
[user@localhost build]$ mkdir glibc-2.21-build
[user@localhost build]$ cd glibc-2.21-build
[user@localhost glibc-2.21-build]$ ../glibc-2.21/configure
checking build system type... i686-pc-linux-gnu
checking host system type... i686-pc-linux-gnu
checking for gcc... gcc
...
configure: error:
*** These critical programs are missing or too old: as ld compiler
*** Check the INSTALL file for required versions.
[user@localhost glibc-2.21-build]$
```

再びエラーで停止している．asやldといったbinutils付属のツール群のバージョンが古いためにエラーとなっているようだ．

本来ならばツール群のバージョンを上げるのが根本解決なのだが，ここではお試しとしてとりあえずビルドできればいいだけなので，チェックを無効化して回避しよう．

修正箇所は，エラーメッセージで./configureスクリプトを検索すると，エラー判定している場所がわかる．そこを無効化すればいいのだが，実際にはバージョンチェックの箇所のみを無効にしてもリンカのオプションチェックなどでまたエラーになってしまうので，configureスクリプトに以下のような修正を加えてエラー終了自体を無効にしてしまう．

```
[user@localhost ~]$ cd build/glibc-2.21
[user@localhost glibc-2.21]$ diff -u configure~ configure
--- configure~  2015-02-06 15:40:18.000000000 +0900
+++ configure   2015-07-18 17:44:17.295314293 +0900
@@ -416,7 +416,7 @@
     $as_echo "$as_me:${as_lineno-$LINENO}: error: $2" >&$4
```

```
    fi
    $as_echo "$as_me: error: $2" >&2
-   as_fn_exit $as_status
+   #as_fn_exit $as_status
 } # as_fn_error

 if expr a : '\(a\)' >/dev/null 2>&1 &&
[user@localhost glibc-2.21]$
```

なおdiffコマンドによるファイル差分の見方だが，行頭に「-」が付加されている行は削除される行，行頭に「+」が付加されている行は追加される行だ．上の例なら，「as_fn_exit ...」の行を「#as_fn_exit ...」のように変更して，エラー処理の呼び出しをコメント化していることになる．

また「@@ -416,7 +416,7 @@」は修正を加える位置の行番号で，この例では416行目付近を修正する，という意味になる．

これでエラー処理は無効にできる．再度./configureを実行してみよう．

```
[user@localhost glibc-2.21-build]$ ../glibc-2.21/configure
...
*** On GNU/Linux systems the GNU C Library should not be installed into
*** /usr/local since this might make your system totally unusable.
*** We strongly advise to use a different prefix.  For details read the FAQ.
*** If you really mean to do this, run configure again using the extra
*** parameter `--disable-sanity-checks'.
[user@localhost glibc-2.21-build]$
```

今度は別の箇所でエラーになったようだ．

glibcのインストール先はデフォルトで/usr/localになるのだが，エラーメッセージを読むと，/usr/localにインストールするべきではない，と言っている．ここに本当にインストールしてしまうと既存のライブラリがあった場合に上書きされてしまい，既存のアプリケーションが起動しなくなってしまうなど，システムが壊れてしまう懸念があるためだ．

メッセージ中で「a different prefix」と言っているのはインストール先のことだが，これはconfigure時に--prefixというオプションで指定できる．もしくはインストール先がそれでもほんとに構わないのならば，「--disable-sanity-checks」というオプションでチェックを回避できるようだ．

ここではシステム上にインストールすることも見越して，--prefixでインストール先に/usr/local/glibc-2.21を指定することで回避しよう．

```
[user@localhost glibc-2.21-build]$ ../glibc-2.21/configure --prefix=/usr/local/glibc-2
.21
...
configure: creating ./config.status
config.status: creating config.make
config.status: creating Makefile
config.status: creating config.h
config.status: executing default commands
[user@localhost glibc-2.21-build]$
```

今度はうまく./configureが通った.

|4.3.3| makeを実行する

これでMakefileが生成されるので, 次はmakeを実行する. なおマルチコアのPCの場合には,「make -j 4」のようにしてコア数を指定することで, コアに処理を分散して効率的にビルドすることができる.

```
[user@localhost glibc-2.21-build]$ make
make -r PARALLELMFLAGS="" -C ../glibc-2.21 objdir=`pwd` all
make[1]: Entering directory `/home/user/build/glibc-2.21'
...
In file included from gconv_simple.c:1149:
../iconv/loop.c: In function 'utf8_internal_loop_single':
../iconv/loop.c:398: error: #pragma GCC diagnostic not allowed inside functions
../iconv/loop.c:399: error: #pragma GCC diagnostic not allowed inside functions
../iconv/loop.c:402: error: #pragma GCC diagnostic not allowed inside functions
make[2]: *** [/home/user/build/glibc-2.21-build/iconv/gconv_simple.o] Error 1
make[2]: Leaving directory `/home/user/build/glibc-2.21/iconv'
make[1]: *** [iconv/subdir_lib] Error 2
make[1]: Leaving directory `/home/user/build/glibc-2.21'
make: *** [all] Error 2
[user@localhost glibc-2.21-build]$
```

iconv/loop.cの398行目付近でエラーになっている. ファイルを見てみると, 以下の箇所でエラーになっているようだ.

```
396:      /* Building with -O3 GCC emits a `array subscript is above array
397:         bounds' warning.  GCC BZ #64739 has been opened for this.  */
```

```
398:       DIAG_PUSH_NEEDS_COMMENT;
399:       DIAG_IGNORE_NEEDS_COMMENT (4.9, "-Warray-bounds");
400:       while (inptr < inend)
401:         bytebuf[inlen++] = *inptr++;
402:       DIAG_POP_NEEDS_COMMENT;
```

DIAG_*のようなマクロが気になる．これらのマクロはinclude/libc-internal.hで_Pragma()に定義されている．

よってinclude/libc-internal.hを以下のように修正する．

```
[user@localhost glibc-2.21]$ diff -u include/libc-internal.h~ include/libc-internal.h
--- include/libc-internal.h~    2015-02-06 15:40:18.000000000 +0900
+++ include/libc-internal.h     2015-07-18 17:49:52.827313460 +0900
@@ -84,10 +84,10 @@
    single macro expansion.  */

 /* Push diagnostic state.  */
-#define DIAG_PUSH_NEEDS_COMMENT _Pragma ("GCC diagnostic push")
+#define DIAG_PUSH_NEEDS_COMMENT /* _Pragma ("GCC diagnostic push") */

 /* Pop diagnostic state.  */
-#define DIAG_POP_NEEDS_COMMENT _Pragma ("GCC diagnostic pop")
+#define DIAG_POP_NEEDS_COMMENT /* _Pragma ("GCC diagnostic pop") */

 #define _DIAG_STR1(s) #s
 #define _DIAG_STR(s) _DIAG_STR1(s)
@@ -105,6 +105,6 @@
    macro should only be used if the diagnostic seems hard to fix (for
    example, optimization-related false positives).  */
 #define DIAG_IGNORE_NEEDS_COMMENT(version, option)     \
-  _Pragma (_DIAG_STR (GCC diagnostic ignored option))
+  /* _Pragma (_DIAG_STR (GCC diagnostic ignored option)) */

 #endif /* _LIBC_INTERNAL  */
[user@localhost glibc-2.21]$
```

これでmakeしてみよう．

すると今度は，以下のようなエラーになった．

```
[user@localhost glibc-2.21-build]$ make
```

```
...
cc1: warnings being treated as errors
../sysdeps/unix/sysv/linux/clock.c: In function 'clock':
../sysdeps/unix/sysv/linux/clock.c:28: error: implicit declaration of function '_Stati
c_assert'
make[2]: *** [/home/user/build/glibc-2.21-build/time/clock.o] Error 1
make[2]: Leaving directory `/home/user/build/glibc-2.21/time'
make[1]: *** [time/subdir_lib] Error 2
make[1]: Leaving directory `/home/user/build/glibc-2.21'
make: *** [all] Error 2
[user@localhost glibc-2.21-build]$
```

ワーニングをエラー扱いにすると言っている．

そしてこれも定番なのだが，ワーニングは./configure時に--disable-werrorというオプションを付加することで，エラー扱いにせずに警告にとどめることができる．

|4.3.4| ./configureからやりなおす

ということでもう一度，--disable-werrorを付加して./configureからやりなおそう．

```
[user@localhost glibc-2.21-build]$ ../glibc-2.21/configure --prefix=/usr/local/glibc-2
.21 --disable-werror
...
[user@localhost glibc-2.21-build]$ make
...
/home/user/build/glibc-2.21-build/libc_pic.os: In function `clock':
/home/user/build/glibc-2.21/time/../sysdeps/unix/sysv/linux/clock.c:28: undefined refe
rence to `_Static_assert'
collect2: ld returned 1 exit status
make[2]: *** [/home/user/build/glibc-2.21-build/libc.so] Error 1
make[2]: Leaving directory `/home/user/build/glibc-2.21/elf'
make[1]: *** [elf/subdir_lib] Error 2
make[1]: Leaving directory `/home/user/build/glibc-2.21'
make: *** [all] Error 2
[user@localhost glibc-2.21-build]$
```

今度は_Static_assertというシンボルが見つからずにリンクでエラーになっている．ただしリンクまで行われているので，あとひといきのようだ．

_Static_assertとは何であろうか．探してみよう．

```
[user@localhost glibc-2.21]$ grep -r _Static_assert .
./sysdeps/unix/sysv/linux/clock.c:  _Static_assert (CLOCKS_PER_SEC == 1000000,
./ChangeLog:    * sysdeps/unix/sysv/linux/clock.c (clock): _Static_assert
./assert/assert.h:# define static_assert _Static_assert
[user@localhost glibc-2.21]$
```

clock.cでしか用いられていないアサートなので，削除してしまってよさそうだ．ということでclock.cに以下のような修正を加える．

```
[user@localhost glibc-2.21]$ diff -u sysdeps/unix/sysv/linux/clock.c~ sysdeps/unix/sys
v/linux/clock.c
--- sysdeps/unix/sysv/linux/clock.c~    2015-02-06 15:40:18.000000000 +0900
+++ sysdeps/unix/sysv/linux/clock.c     2015-07-18 18:10:25.302312873 +0900
@@ -25,8 +25,10 @@
 {
   struct timespec ts;

+#if 0
   _Static_assert (CLOCKS_PER_SEC == 1000000,
           "CLOCKS_PER_SEC should be 1000000");
+#endif

   /* clock_gettime shouldn't fail here since CLOCK_PROCESS_CPUTIME_ID is
      supported since 2.6.12.  Check the return value anyway in case the kernel
[user@localhost glibc-2.21]$
```

makeしなおそう．

```
[user@localhost glibc-2.21-build]$ make
...
make[2]: Leaving directory `/home/user/build/glibc-2.21/elf'
make[1]: Leaving directory `/home/user/build/glibc-2.21'
[user@localhost glibc-2.21-build]$
```

ようやくうまくビルドできたようだ．ライブラリの実体が生成されていることを確認しよう．

```
[user@localhost glibc-2.21-build]$ find . -name libc.a
```

```
./libc.a
[user@localhost glibc-2.21-build]$ find . -name "libc.so*"
./libc.so
./libc.so.6
./linkobj/libc.so
[user@localhost glibc-2.21-build]$
```

このようにビルド作業は試行錯誤の連続になることが多い．ここでは結果のみに終止せずに，あえて筆者が行った実作業を説明してみた．エラーが出てしまうとあせってしまうことも多いかもしれないが，とりあえずビルドするだけならばエラーメッセージをよく読めば対応できることも多く，またここで説明したようなクイック・ハックで回避できる場合も多い．

なおビルドが完了しても，ビルドに利用したglibcのソースコードは削除しないようにしておいてほしい．これを削除しないでおけば，GDBでのデバッグ時に標準Cライブラリの内部まで，C言語のソースコードをベースにして追うことができる．

生成されたライブラリにはそのソースコードへのリンクが埋め込まれており，ソースコードの本体が埋め込まれているわけではない．このためソースコードを削除すると，デバッグ時にソースコードを追えなくなってしまう．

4.3.5 ライブラリをシステムにインストールする

ビルドが完了したら，システムにインストールしてみよう．

libc.aが生成されていることは確認できているので，標準Cライブラリを使うだけならばインストールの必要は無いのだが，インストールすることで，どのようなライブラリが生成されたのかを確認することができる．

スーパーユーザになって以下を実行しよう．

```
[user@localhost glibc-2.21-build]$ su
Password:
[root@localhost glibc-2.21-build]# make install
LC_ALL=C; export LC_ALL; \
        make -r PARALLELMFLAGS="" -C ../glibc-2.21 objdir=`pwd` install
...
make[1]: Leaving directory `/home/user/build/glibc-2.21'
[root@localhost glibc-2.21-build]#
```

無事にインストールできたようだ．

インストール先は./configure時に--prefixとして指定した/usr/local/glibc-2.21になっているはずだ．確認してみよう．

```
[root@localhost glibc-2.21-build]# exit
exit
[user@localhost glibc-2.21-build]$ ls /usr/local/glibc-2.21
bin  etc  include  lib  libexec  sbin  share  var
[user@localhost glibc-2.21-build]$ find /usr/local/glibc-2.21 -name libc.a
/usr/local/glibc-2.21/lib/libc.a
[user@localhost glibc-2.21-build]$
```

libc.aがインストールされている．
これがビルドしたものと同一であることを確認しよう．

```
[user@localhost glibc-2.21-build]$ diff libc.a /usr/local/glibc-2.21/lib/libc.a
[user@localhost glibc-2.21-build]$
```

確かに，ビルドしたものと同じファイルのようだ．

|4.3.6| ビルドしたglibcで実行ファイルを作成する

ビルドしたglibcをリンクして，ハロー・ワールドの実行ファイルを作成してみよう．
まずはビルド用のディレクトリにハロー・ワールドのソースコードを展開し，make cleanを実行して実行ファイルを削除しておく．

```
[user@localhost glibc-2.21-build]$ cd ..
[user@localhost build]$ unzip ../hello.zip
Archive:  ../hello.zip
   creating: hello/
  inflating: hello/hello-strip
  inflating: hello/hello
...
[user@localhost build]$ cd hello
[user@localhost hello]$ make clean
rm -f hello hello-* simple
[user@localhost hello]$
```

この状態で以下を実行することで，独自ビルドしたglibcをリンクした実行ファイルを生成することができる．

```
[user@localhost hello]$ gcc hello.c -o hello -Wall -g -O0 -static /usr/local/glibc-2.2
1/lib/libc.a
[user@localhost hello]$ ./hello
Hello World! 1 ./hello
[user@localhost hello]$
```

4.3.7 デバッガで追ってみる

生成した実行ファイルをGDBで動作させてみよう．

```
[user@localhost hello]$ gdb -q hello
Reading symbols from /home/user/build/hello/hello...done.
(gdb) break printf
Breakpoint 1 at 0x804de96: file printf.c, line 27.
(gdb) run
Starting program: /home/user/build/hello/hello

Breakpoint 1, __printf (format=0x80be36c "Hello World! %d %s\n") at printf.c:27
27        __printf (const char *format, ...)
(gdb)
```

printf()の先頭でブレークした．

ここで，関数の先頭部分のC言語ソースコードが表示されている点に注目してほしい．またその関数はprintf.cというファイルの27行目で定義されているという情報も表示されている．つまり標準Cライブラリの中まで，ソースコードをベースにしたシンボリック・デバッグができるということだ．

参考までに，以下はhello.zip内の実行ファイルで同様の操作を行った場合の結果だ．比較すると，独自ビルドしたglibcを使うことで多くの情報が出力されていることがわかるだろう．

```
[user@localhost hello]$ gdb -q hello
Reading symbols from /home/user/hello/hello...done.
(gdb) break printf
Breakpoint 1 at 0x8049366
```

```
(gdb) run
Starting program: /home/user/hello/hello

Breakpoint 1, 0x08049366 in printf ()
(gdb)
```

独自ビルドしたglibcをリンクしたほうに話を戻そう.

ソースコードを見ることはできるだろうか. 表示してみよう.

```
(gdb) layout src
```

すると図4.4のようになった.

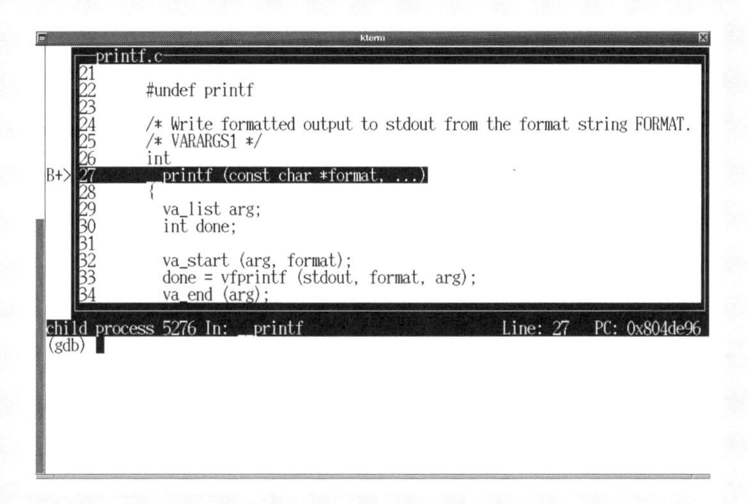

図4.4: printf()の内部もシンボリック・デバッグができる

printf()のソースコードがバッチリ表示されている.

ステップ実行で処理を進めて, vfprintf()の中に入ってみる. すると図4.5のようになった.

```
ktem
vfprintf.c
251         va_list ap_save;
252
253         /* Count number of specifiers we already processed.  */
254         int nspecs_done;
255
256         /* For the %m format we may need the current `errno' value.  */
257         int save_errno = errno;
258
259         /* 1 if format is in read-only memory, -1 if it is in writable me
260            0 if unknown.  */
261         int readonly_format = 0;
262
263         /* For the argument descriptions, which may be allocated on the h
264         void *args_malloced = NULL;
child process 5276 In: _IO_vfprintf_internal          Line: 257  PC: 0x807b4c9
(gdb) step
_IO_vfprintf_internal (s=0x80df1e0, format=0x80be36c "Hello World! %d %s\n",
    ap=0xbffffb84 "\001") at vfprintf.c:257
(gdb)
```

●図4.5: vfprintf()の内部

write()の位置でブレークしてみよう.

```
(gdb) break write
Breakpoint 2 at 0x806c660: file ../sysdeps/unix/syscall-template.S, line 81.
(gdb) continue
Continuing.

Breakpoint 2, write () at ../sysdeps/unix/syscall-template.S:81
(gdb)
```

画面は図4.6のようになった.

●図4.6: システムコール・ラッパーのソースコードが参照できる

write()はsysdeps/unix/syscall-template.Sというファイルにソースコードがあり，T_PSEUDO()というマクロが利用されているということがわかる．p.137で読み取った結果は正しかったということだ．目的の箇所が複雑なマクロ展開をされているような場合には，このような確認手段があると非常に便利だ．

バックトレースを見てみよう．

```
(gdb) where
#0  write () at ../sysdeps/unix/syscall-template.S:81
#1  0x08050f08 in _IO_new_file_write (f=0x80df1e0, data=<value optimized out>,
    n=44) at fileops.c:1251
#2  0x08050bcc in new_do_write (fp=0x80df1e0,
    data=0xb7fff000 "Hello World! 1 /home/user/build/hello/hello\n",
    to_do=<value optimized out>) at fileops.c:506
#3  0x08050e95 in _IO_new_do_write (fp=0x80df1e0,
    data=0xb7fff000 "Hello World! 1 /home/user/build/hello/hello\n", to_do=44)
    at fileops.c:482
#4  0x08051a3d in _IO_new_file_overflow (f=0x80df1e0, ch=-1) at fileops.c:839
#5  0x08050d07 in _IO_new_file_xsputn (f=0x80df1e0, data=0x80be37e, n=1)
    at fileops.c:1319
#6  0x0807ce8d in _IO_vfprintf_internal (s=0x80df1e0,
    format=<value optimized out>,
    ap=0xbffffb8c "\210\201\004\b\030\361\r\b\210\201\004\b\b\374\377\277v\205\004\b\0
01") at vfprintf.c:1673
#7  0x0804deb1 in __printf (format=0x80be36c "Hello World! %d %s\n")
    at printf.c:33
#8  0x080483c2 in main (argc=1, argv=0xbffffc34) at hello.c:5
(gdb)
```

標準のglibcを利用した場合の，p.75の出力と見比べてみてほしい．こちらは関数が定義されたファイルのファイル名情報が出力されている．

こうした情報はソースコード・リーディングを行う際に，非常に有用だろう．

またシステムコール・ラッパーの実体としてはsysd-syscallsというファイルがビルド用ディレクトリに生成されているようだ．write()の定義を探してみると，以下のような部分があった．

```
2845:#### CALL=write NUMBER=4 ARGS=i:ibn SOURCE=-
2846:ifeq (,$(filter write,$(unix-syscalls)))
2847:unix-syscalls += write
2848:$(foreach p,$(sysd-rules-targets),$(foreach o,$(object-suffixes),$(objpfx)$(patsu
```

```
bst %,$p,write)$o)): \
2849:                    $(..)sysdeps/unix/make-syscalls.sh
2850:         $(make-target-directory)
2851:         (echo '#define SYSCALL_NAME write'; \
2852:          echo '#define SYSCALL_NARGS 3'; \
2853:          echo '#define SYSCALL_SYMBOL __libc_write'; \
2854:          echo '#define SYSCALL_CANCELLABLE 1'; \
2855:          echo '#include <syscall-template.S>'; \
2856:          echo 'weak_alias (__libc_write, __write)'; \
2857:          echo 'libc_hidden_weak (__write)'; \
2858:          echo 'weak_alias (__libc_write, write)'; \
2859:          echo 'libc_hidden_weak (write)'; \
2860:         ) | $(compile-syscall) $(foreach p,$(patsubst %write,%,$(basename $(@F)))
,$($(p)CPPFLAGS))
2861:endif
```

必要なパラメータを#defineで定義した後にsyscall-template.Sをインクルードすることで，システムコール・ラッパーを生成しているようだ．

このようなビルド時に自動生成されるファイルの内容を実際に見ることができるのも，実際にビルドを行うことの利点だと言える．

【4.4】この章のまとめ

ここまででシステムコールというものを，アプリケーション・プログラム，OSカーネル，標準Cライブラリの3つの視点から見てきた．このようなサービスの接合部というものは，片側からでなく両側，多方向から見ることでより理解が深まることと思う．

OSの上で動作するアプリケーション・プログラムでは，システムコールの呼び出しは必須だ．しかしOSカーネルとアプリケーションの間にあるのはアーキテクチャに依存したABIのみだ．

よって本来はシステムコール呼び出しはアセンブラで書く必要がある．そうせずに済むのは，システムコール・ラッパーによりC言語のAPIを提供してくれる標準Cライブラリがあるからだ．

標準Cライブラリの役割は，printf()のような高機能なライブラリ関数を提供することだけではない．ユーザ・プログラマがC言語のみでのプログラミングに注力できるのも，標準Cライブラリのおかげなわけだ．

第5章

main()関数の呼び出しの前と後

printf()の呼び出しの先にあるものとシステムコールの仕組みは漠然とわかったが，次はプログラムの開始と終了時に何が行われるのかを見てみよう．関数の呼び出し先を追うのではなく，呼び出し元をさかのぼってみるわけだ．

C言語の入門書を開くと，プログラムの実行はmain()関数から開始されると説明されていることがある．しかしこれは嘘であり，その前にスタートアップという初期化処理があると説明されている本もある．

が，そのスタートアップの処理について説明されている本は少ない．いったいスタートアップでは，どのような処理が行われているのだろうか．

またプログラムはexit()を呼び出すことで終了する．ではそのexit()では，何が行われているのだろうか．なぜexit()を呼び出すことで，プログラムは終了するのだろうか．プログラムの終了はmain()関数から戻ることでも行われるが，main()から戻った先にはいったい何があるのだろうか．

本章ではmain()関数が呼び出されるまでと，呼び出された後を見てみよう．

【5.1】デバッガでスタートアップの処理を追う

第2章ではデバッガによる動的解析でprintf()の呼び出しの先を探ったが，ここでも同じようにして，main()が呼ばれるまでの処理を追ってみよう．

サンプル・プログラムには，第2章で解析の対象にした実行ファイルhelloをそのまま利用する．

|5.1.1| とりあえずmain()でブレークしてみる

まずはhelloを指定してGDBを起動して，main()にブレークポイントを張って動作を開始しよう．

```
[user@localhost hello]$ gdb -q hello
Reading symbols from /home/user/hello/hello...done.
(gdb) break main
Breakpoint 1 at 0x80482c5: file hello.c, line 5.
(gdb) run
Starting program: /home/user/hello/hello

Breakpoint 1, main (argc=1, argv=0xbffffc14) at hello.c:5
5         printf("Hello World! %d %s\n", argc, argv[0]);
(gdb)
```

main()関数の先頭でブレークした．ここでwhereにより，バックトレースを追ってみよう．

```
(gdb) where
#0  main (argc=1, argv=0xbffffc14) at hello.c:5
(gdb)
```

もしかしたらmain()関数の呼び出し元となっている関数がわかるかもしれないと思ったのだが，そういうわけでもないようだ．

どのようにすれば，main()関数の呼び出し元を調べることができるだろうか．

main()関数から戻ってみたらどうだろうか．サンプル・プログラムでは，main()の最後はreturn 0で呼び出し元に戻っている．

まずnextでprintf()の処理を実行する．

```
(gdb) next
Hello World! 1 /home/user/hello/hello
6         return 0;
(gdb)
```

「Hello World!」のメッセージが出力され，実行はreturnの位置に移動している．さらにstepによりステップ実行してみよう．

```
(gdb) step
7       }
(gdb) step
0x08048478 in __libc_start_main ()
(gdb)
```

stepを2回行うと，__libc_start_main()という関数に戻ったようだ．ソースコードは表示されないので，これもアセンブラで見てみよう．

```
(gdb) layout asm
```

すると図5.1のような画面になった．

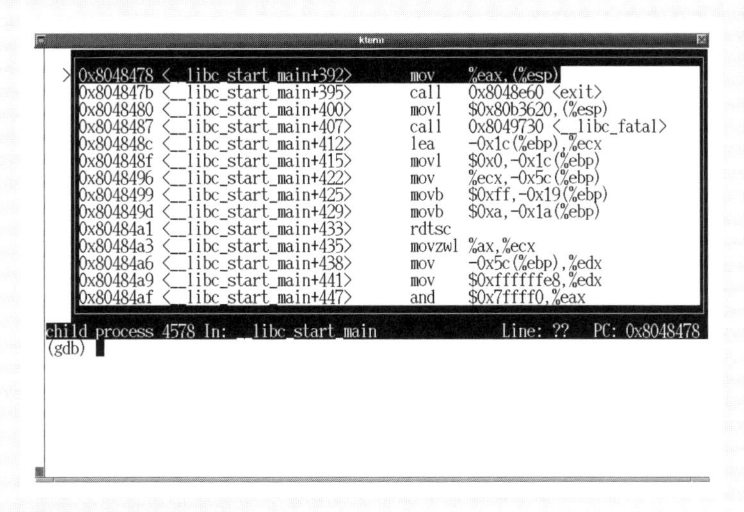

●図5.1: main()から戻ったところ

見たところ，確かに__libc_start_main()という関数に戻っているようだ．ということはまず__libc_start_main()という関数があり，そこからmain()が呼ばれているということだろうか？

|5.1.2| main()の呼び出し元を探る

__libc_start_main()にブレークポイントを張ることはできるだろうか？　やってみよう．

```
(gdb) break __libc_start_main
Breakpoint 2 at 0x80482fb
(gdb)
```

うまく張れたようなので，再実行してみよう．

p.52でも説明したが，runを実行すると以下のように聞かれる．プログラムが実行中のため「プログラムを最初から実行するか?」と聞かれているので，これには「y」を答えておけばいい．

```
(gdb) run
The program being debugged has been started already.
Start it from the beginning? (y or n)
Starting program: /home/user/hello/hello

Breakpoint 2, 0x080482fb in __libc_start_main ()
(gdb)
```

__libc_start_main()で，うまくブレークできたようだ．バックトレースはどうなっているだろうか．

```
(gdb) where
#0  0x080482fb in __libc_start_main ()
#1  0x080481e1 in _start ()
(gdb)
```

今度は_start()という関数が出てきたようだ．

_start()にブレークポイントを張り，もう一度実行してみよう．

```
(gdb) break _start
Breakpoint 3 at 0x80481c0
(gdb) run
The program being debugged has been started already.
Start it from the beginning? (y or n)
Starting program: /home/user/hello/hello

Breakpoint 3, 0x080481c0 in _start ()
(gdb)
```

うまくブレークできている．バックトレースを見てみよう．

```
(gdb) where
#0  0x080481c0 in _start ()
(gdb)
```

とくに何も出力されない．画面は図5.2のようになっている．

```
B+> 0x80481c0 <_start>       xor    %ebp,%ebp
    0x80481c2 <_start+2>     pop    %esi
    0x80481c3 <_start+3>     mov    %esp,%ecx
    0x80481c5 <_start+5>     and    $0xfffffff0,%esp
    0x80481c8 <_start+8>     push   %eax
    0x80481c9 <_start+9>     push   %esp
    0x80481ca <_start+10>    push   %edx
    0x80481cb <_start+11>    push   $0x8048be0
    0x80481d0 <_start+16>    push   $0x8048c20
    0x80481d5 <_start+21>    push   %ecx
    0x80481d6 <_start+22>    push   %esi
    0x80481d7 <_start+23>    push   $0x80482bc
    0x80481dc <_start+28>    call   0x80482f0 <__libc_start_main>
    0x80481e1 <_start+33>    hlt
child process 4588 In: _start                    Line: ??   PC: 0x80481c0
The program being debugged has been started already.
Start it from the beginning? (y or n)
Starting program: /home/user/hello/hello

Breakpoint 3, 0x080481c0 in _start ()
(gdb) where
#0  0x080481c0 in _start ()
(gdb)
```

●図5.2: _start()の呼び出し

アセンブラ出力の下のほうでcall命令により__libc_start_main()が呼び出され，その後にhltという命令が呼ばれていることに注目してほしい．

hltはいわゆるHALT命令というもので，CPUの動作を停止するものだ．つまり__libc_start_main()から戻ってきた場合にはプログラムの動作は停止する．この先の処理は実行されない，ということだ．

ということはこれが，main()を呼び出すためのおおもとの処理だろうか．そもそもプログラムが実行開始される位置は，どこかに情報として格納されていないものだろうか．

5.1.3 エントリ・ポイントを見てみる

ここで，ちょっと別の視点から実行ファイルを見てみよう．

プログラムの実行開始位置の情報がもしもどこかにあるのだとしたら，それは実行

1 2 3 4 5 6 7 8 9 10 11 12

ファイル中にあるべきだ．そこで目先を変えて，実行ファイルのメタ情報を調べてみよう．

Linuxの実行ファイルはELFフォーマットという形式になっている．そしてELFフォーマットの解析は，p.10で説明したreadelfというコマンドで行うことができる．

試しに以下を実行してみよう．

```
[user@localhost hello]$ readelf -a hello | less
```

すると，図5.3のような出力が得られた．

```
ELF Header:
  Magic:   7f 45 4c 46 01 01 01 03 00 00 00 00 00 00 00 00
  Class:                             ELF32
  Data:                              2's complement, little endian
  Version:                           1 (current)
  OS/ABI:                            UNIX - Linux
  ABI Version:                       0
  Type:                              EXEC (Executable file)
  Machine:                           Intel 80386
  Version:                           0x1
  Entry point address:               0x80481c0
  Start of program headers:          52 (bytes into file)
  Start of section headers:          582884 (bytes into file)
  Flags:                             0x0
  Size of this header:               52 (bytes)
  Size of program headers:           32 (bytes)
  Number of program headers:         5
  Size of section headers:           40 (bytes)
  Number of section headers:         41
  Section header string table index: 38

Section Headers:
  [Nr] Name              Type            Addr     Off    Size   ES Flg Lk Inf Al
  [ 0]                   NULL            00000000 000000 000000 00      0   0  0
:
```

●図5.3: readelfの出力

上から11行目の「Entry point address」という値が0x80481c0になっている．これは「エントリ・ポイント」と呼ばれるものだ．プログラムの実行はエントリ・ポイントというアドレスから開始される．つまりこのプログラムは，0x80481c0というアドレスから実行開始されるということだ．

そして図5.2をもう一度，見てほしい．_start()の先頭のアドレスも0x80481c0になっている．

よって_start()がエントリ・ポイントとして登録されているということがわかる．Linuxカーネルがこのプログラムを実行するときには，実行ファイルのエントリ・ポイントを見て，そこから実行を開始するということだ．プログラムの実行はmain()関数から始まるのではなく，スタートアップから始まるということになる．対して「C言語のプログラムは」と言ったときには，「main()から始まる」というのが正しいということになるだろうか．

つまりGDBの解析では，readelfの結果からエントリ・ポイントを調べて以下のようにしてブレークポイントをエントリ・ポイントに張ってしまえば，実は一撃でプログラムの先頭で停止させることができるし，readelfの結果から_startがエントリ・ポイントになっていることを知ることもできる．しかしこれはエントリ・ポイントというものを知らなければできないことなので，ここでは敢えてGDBのみを使う方法で_startの先頭を探ってみている．

```
(gdb) break *0x80481c0
```

まとめてみると，以下のような順番で処理が呼び出されているということがわかった．

```
_start→__libc_start_main→main()
```

|5.1.4| main()が呼ばれるまでの処理を追う

デバッガでの解析に戻ろう．GDBを使って，main()が呼ばれるまでと呼ばれた後の，一連の処理を追ってみよう．

まずブレークポイントをきれいにしよう．delete breakpointsで全削除して，エントリ・ポイントである_start()に新たにブレークポイントを設定する．

```
(gdb) delete breakpoints
Delete all breakpoints? (y or n)
(gdb) break _start
Breakpoint 4 at 0x80481c0
(gdb)
```

runで実行を開始しよう．

```
(gdb) run
The program being debugged has been started already.
Start it from the beginning? (y or n)
Starting program: /home/user/hello/hello
```

```
Breakpoint 4, 0x080481c0 in _start ()
(gdb)
```


_start()でブレークした．この状態でstepiにより，ステップ実行で処理を進める．

進めていくと__libc_start_main()の呼び出しがある．図5.2のアセンブラ出力の，下から2行目の位置だ．stepiで__libc_start_main()の中に入っていこう．すると図5.4のようになった．

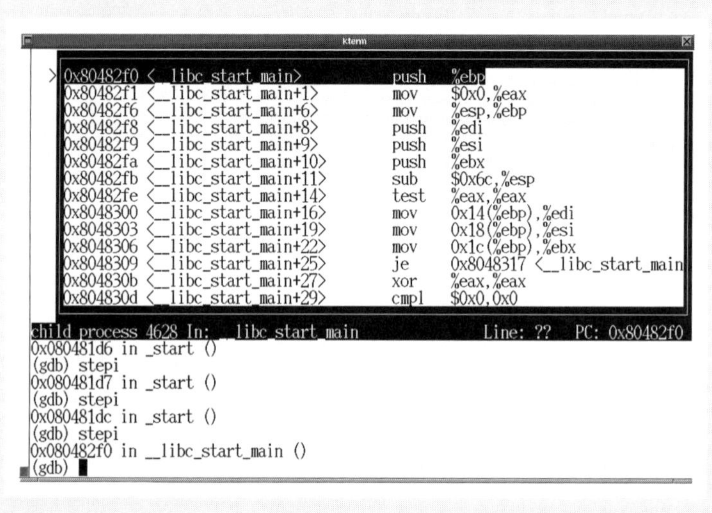

●図5.4: __libc_start_main()の中

さらに処理を進めていくのだが，ここで図5.1をもう一度見直しておきたい．main()から__libc_start_main()に戻ってきたときには0x8048478というアドレスに戻っていたので，main()の呼び出しはその直前にあるはずだ．ということはmain()の呼び出しを見るためには，0x8048478というアドレスの付近まで処理を進めればいいと見当がつくだろう．

途中にcall命令による関数呼び出しがいくつかあるので，nextiで適当に実行を進めていく．すると，0x8048475という位置に図5.5のような関数呼び出しがある．

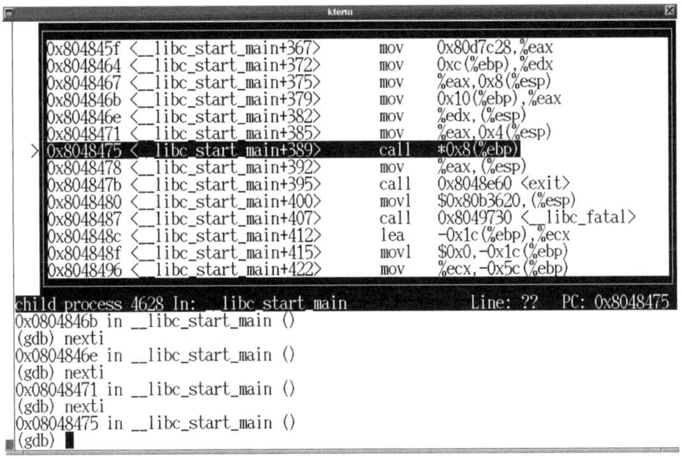

```
kterm
0x804845f <__libc_start_main+367>       mov    0x80d7c28,%eax
0x8048464 <__libc_start_main+372>       mov    0xc(%ebp),%edx
0x8048467 <__libc_start_main+375>       mov    %eax,0x8(%esp)
0x804846b <__libc_start_main+379>       mov    0x10(%ebp),%eax
0x804846e <__libc_start_main+382>       mov    %edx,(%esp)
0x8048471 <__libc_start_main+385>       mov    %eax,0x4(%esp)
>0x8048475 <__libc_start_main+389>      call   *0x8(%ebp)
0x8048478 <__libc_start_main+392>       mov    %eax,(%esp)
0x804847b <__libc_start_main+395>       call   0x8048e60 <exit>
0x8048480 <__libc_start_main+400>       movl   $0x80b3620,(%esp)
0x8048487 <__libc_start_main+407>       call   0x8049730 <__libc_fatal>
0x804848c <__libc_start_main+412>       lea    -0x1c(%ebp),%ecx
0x804848f <__libc_start_main+415>       movl   $0x0,-0x1c(%ebp)
0x8048496 <__libc_start_main+422>       mov    %ecx,-0x5c(%ebp)
child process 4628 In: __libc_start_main          Line: ??   PC: 0x8048475
0x0804846b in __libc_start_main ()
(gdb) nexti
0x0804846e in __libc_start_main ()
(gdb) nexti
0x08048471 in __libc_start_main ()
(gdb) nexti
0x08048475 in __libc_start_main ()
(gdb)
```

●図5.5: main()の呼び出し位置

関数呼び出しの先は，「*0x8(%ebp)」のようにして指定されている．これはEBPレジスタの値+8の位置に格納されている値，という意味だ．

値を見てみよう．

```
(gdb) print/x *(int *)($ebp + 8)
$1 = 0x80482bc
(gdb)
```

これが呼び出し先の関数のアドレスであり，おそらくmain()のアドレスになっているはずだ．

図2.2を見直してみよう．main()の先頭は0x80482bcというアドレスになっており，一致していることがわかる．

nextiでmain()を呼んでみよう．

```
0x804845f <__libc_start_main+367>      mov    0x80d7c28,%eax
0x8048464 <__libc_start_main+372>      mov    0xc(%ebp),%edx
0x8048467 <__libc_start_main+375>      mov    %eax,0x8(%esp)
0x804846b <__libc_start_main+379>      mov    0x10(%ebp),%eax
0x804846e <__libc_start_main+382>      mov    %edx,(%esp)
0x8048471 <__libc_start_main+385>      mov    %eax,0x4(%esp)
0x8048475 <__libc_start_main+389>      call   *0x8(%ebp)
>0x8048478 <__libc_start_main+392>     mov    %eax,(%esp)
0x804847b <__libc_start_main+395>      call   0x8048e60 <exit>
0x8048480 <__libc_start_main+400>      movl   $0x80b3620,(%esp)
0x8048487 <__libc_start_main+407>      call   0x8049730 <__libc_fatal>
0x804848c <__libc_start_main+412>      lea    -0x1c(%ebp),%ecx
0x804848f <__libc_start_main+415>      movl   $0x0,-0x1c(%ebp)
0x8048496 <__libc_start_main+422>      mov    %ecx,-0x5c(%ebp)
Hello World! 1 /home/user/hello/hello
child process 4628 In: __libc_start_main              Line: ??   PC: 0x8048478
0x08048471 in __libc_start_main ()
(gdb) nexti
0x08048475 in __libc_start_main ()
(gdb) print/x *(int *)($ebp + 8)
$1 = 0x80482bc
(gdb) nexti
0x08048478 in __libc_start_main ()
(gdb)
```

図5.6: メッセージが出力された

画面が崩れてしまっているが，中央付近に「Hello World! ...」の文字列が表示されており，メッセージが出力されたことがわかる．

たしかにmain()が呼ばれているようだ．

5.1.5 main()の呼び出しの前後を見る

さてここで，少しだけアセンブラを読んでみよう．アセンブラの解析と聞くと身構えてしまう読者のかたもいるかもしれないが，ここではそれほど難しい解析は行わない．そしてアセンブラを見るとき，命令の一字一句を理解する必要もない．

まずは図5.5を漠然と眺めてみよう．気がつくところはないだろうか．

図5.5で反転表示されているのはmain()関数の呼び出しのためのcall命令だが，その前にはmov命令によりESPレジスタの指す先に値を格納している．これは関数呼び出しの前なので，おそらく引数の準備だろう．ということはmain()を呼び出す前に，argcやargvなどの引数を用意しているのだろうと想像がつく．

さらにcall命令によるmain()の呼び出しの後には，以下のような行がある．

```
call    0x8048e60 <exit>
```

どうやらmain()の呼び出しの直後には，exit()が呼ばれているようだ．

さらに反転表示された行の次の行ではmov命令でEAXレジスタの値をスタックに格納している．どうやらmain()の戻り値を引数にして，exit()を呼んでいるように思える．

つまり，例えば以下のようにして，main()の戻り値を引数にしてexit()が呼ばれているようなのだ．

```
exit(main(argc, argv, envp));
```

main()からreturnで返った場合には，戻り値がそのままexit()に渡されているわけだ．

ここで__libc_start_main()から戻ってきた場合にhlt命令が呼ばれていたことを思い出してほしい．実際にはそこまで戻る前に必ずexit()が呼ばれ，その先でプログラムは終了する．よってHALTすることは無いわけだ．

【5.2】スタートアップのソースコードを読む

C言語では，実際にはmain()が呼ばれる前に様々な設定処理が行われている．これは「スタートアップ」と呼ばれる部分だ．

ではmain()の前にあるスタートアップでは，いったい何が行われているのだろうか？　スタートアップのソースコードを見てみよう．

|5.2.1| スタートアップの役割

実際にはスタートアップは標準Cライブラリによって提供されているため，一般プログラマは意識する必要は無い．

冒頭で「プログラムの実行はmain()から開始される」というのは嘘である，とは説明した．しかしユーザ・プログラマにとっては，これは嘘ではなく正しいと言えるだろう．要は目線の問題であり，一般プログラマとして見ているか，システム開発者として見ているかの違いだ．

スタートアップでは，何が必要だろうか．プログラムが動作するための各種レジスタの設定，ライブラリの初期化などが思いつく．

しかしいくつかの設定は，カーネルによってすでに行われているものもある．

例えばプロセスを持たずにタスクレスで動作する組込みソフトウェアでは，スタートアップでスタックポインタの設定を行わないと，そもそも関数呼び出しを行うことができない．またデータ領域やBSS領域の初期化を行わないと，静的変数を正常に読み書きできないことも考えられる．

しかしLinuxのようなプロセスモデルの汎用OSでは，これらの設定はカーネルによって行われている可能性が高いだろう．たとえば実行時に渡されるargv[]の文字列の本体がスタック上に置かれているような構成ならば，スタックポインタはカーネル側で初期化すべきだ．

スタートアップでどのような設定が行われているのかを知りたければ，スタートアップのソースコードを読むことがもっとも近道だ．そしてスタートアップは標準Cライブラリの役割であり，GNU/Linuxディストリビューションの場合はglibcによって提供される．

つまりglibcのソースコード中から探せばいいわけだ．

5.2.2 glibcのソースコードを読む

glibcが持っているシステムコール・ラッパーの実装を読む話のときに，標準Cライブラリが持っている機能の中で最も重要なものはprintf()やstrcpy()などではなく，システムコール・ラッパーだという話をした．

理由はシステムコール・ラッパーが，C言語とアセンブラの橋渡しをする部分だからだ．つまりC言語のユーザ・プログラマがC言語の知識だけでは実装できない未知の部分をあらかじめ用意しているということだ．

これと同じことが，スタートアップについても言えることだろう．スタートアップは各種レジスタ設定が必要となるため，基本としてアセンブラで記述する．そしてその中から各種のサービス関数やmain()などのC言語の関数を，関数呼び出しによりコールする．

つまりC言語のプログラマがC言語の範囲だけでプログラミングできるようにするために，スタートアップは標準Cライブラリ側での提供が絶対に必要な部分ということになる．

そしてスタートアップの処理が標準Cライブラリとして提供されるということは，そのソースコードはglibcにあるはずだ．

ということでglibcの中を探してみよう．まずは検索のキーワードだが，__libc_start_main()という関数からmain()が呼ばれていることがわかっている．これをキーワードにして調べてみよう．

```
[user@localhost glibc-2.21]$ grep -r __libc_start_main . | wc -l
```

```
137
[user@localhost glibc-2.21]$
```

137件ならば，目視で判別できる分量だ．lessに入力して__libc_start_main()に関わる重要そうな部分を探そう．目視で判別するときのコツはp.135で説明したように，lessで検索しなおして反転表示させることと，重要な部分は左側にあるので左側を注意してみる，ということだ．

すると，以下の2箇所が気にかかる．sysdeps以下の様々なアーキテクチャ向けのファイルもヒットしているようだが，x86以外は無視していいだろう．

```
...
./sysdeps/i386/start.S:    later in __libc_start_main.  */
./sysdeps/i386/start.S: call __libc_start_main@PLT
./sysdeps/i386/start.S: call __libc_start_main
...
./csu/libc-start.c:# define LIBC_START_MAIN __libc_start_main
...
```

まずsysdeps/i386/start.Sなのだが，これはcall命令で__libc_start_main()を呼び出しているようなアセンブラのファイルであり，名前もstart.Sであるから，これがエントリ・ポイントの_startの定義である可能性が高い．スタートアップはアセンブラで書く必要があるから，アーキテクチャ依存になる．よってi386のようなアーキテクチャ依存のディレクトリに置かれていることも納得できる．

そしてcsu/libc-start.cで「LIBC_START_MAIN」に#defineしているのが気にかかる．「LIBC_START_MAIN」という名前で何らかの定義が行われていないか，調べる必要があるだろう．ヘッダファイルではなくC言語ファイルで定義されているので，調べるのはこのファイルに閉じた範囲でよさそうだ．

|5.2.3| _startを読む

まずは順番として，_startから調べてみよう．

sysdeps/i386/start.Sの当該箇所を見ると，以下のようになっている．

```
55:         .text
56:         .globl _start
57:         .type _start,@function
58:_start:
```

```
 59:        /* Clear the frame pointer.  The ABI suggests this be done, to mark
 60:           the outermost frame obviously.  */
 61:        xorl %ebp, %ebp
 62:
 63:        /* Extract the arguments as encoded on the stack and set up
 64:           the arguments for `main': argc, argv.  envp will be determined
 65:           later in __libc_start_main.  */
 66:        popl %esi                /* Pop the argument count.  */
 67:        movl %esp, %ecx          /* argv starts just at the current stack top.*/
...
 84:#ifdef SHARED
...
103:#else
104:        /* Push address of our own entry points to .fini and .init.  */
105:        pushl $__libc_csu_fini
106:        pushl $__libc_csu_init
107:
108:        pushl %ecx               /* Push second argument: argv.  */
109:        pushl %esi               /* Push first argument: argc.  */
110:
111:        pushl $main
112:
113:        /* Call the user's main function, and exit with its value.
114:           But let the libc call main.    */
115:        call __libc_start_main
116:#endif
117:
118:        hlt                      /* Crash if somehow `exit' does return.  */
...
```

まさに_startの定義のようだ．ここがエントリ・ポイントであり，プログラムの実行開始時の一番最初に実行される部分だ．アーキテクチャ依存の処理になるのでファイルはsysdeps/i386というx86依存のディレクトリに置かれており，アセンブラで書かれている．

気になるのは__libc_start_main()の呼び出し前にmain()の第1引数であるargcとargvをスタックに積んでいるが，第3引数であるenvpはスタックに積んでいないということだ．その先の__libc_start_main()で積まれるのだろうか．

また_startの先頭ではスタックポインタの初期化を行わずに，いきなりpop命令によってスタックを使っている．ということは，スタックポインタはOSカーネルによって設定された状態でプロセスが起動するようだ．

pop命令の直後にはESPをECXにコピーしており，コメントを読むとどうやらargv[]の配列はスタック上に置かれた状態でプログラムが起動するらしい．よってスタックポインタであるESPの指す先がargv[]の先頭となっており，それをECXに設定しているわけだ．

argv[]がスタック上にあることを確認してみよう．

```
[user@localhost hello]$ gdb -q hello
Reading symbols from /home/user/hello/hello...done.
(gdb) break main
Breakpoint 1 at 0x80482c5: file hello.c, line 5.
(gdb) run
Starting program: /home/user/hello/hello

Breakpoint 1, main (argc=1, argv=0xbffff744) at hello.c:5
5         printf("Hello World! %d %s\n", argc, argv[0]);
(gdb) print argv[0]
$1 = 0xbffff87a "/home/user/hello/hello"
(gdb) print argv
$2 = (char **) 0xbffff744
(gdb) print/x $esp
$3 = 0xbffff680
(gdb)
```

ESPの直後にargv[]があり，さらにその直後にargv[0]の文字列がある．よってargv[]の配列はスタック上にあり，さらにargv[0]の実体である文字列はその直後に置かれている，ということのようだ．

|5.2.4| __libc_start_main()を読む

次にLIBC_START_MAINについて調べてみよう．

これはsysdeps/i386のようなアーキテクチャ依存のディレクトリではなく，csu/libc-start.cという共通処理の部分に置かれている．つまり，アーキテクチャ非依存の共通処理のようだ．

そして当該の箇所は，以下のようになっていた．どうやら__libc_start_main()の関数定義になっているらしい．

```
 96:# define LIBC_START_MAIN __libc_start_main
...
```

```
122:/* Note: the fini parameter is ignored here for shared library.  It
123:   is registered with __cxa_atexit.  This had the disadvantage that
124:   finalizers were called in more than one place.  */
125:STATIC int
126:LIBC_START_MAIN (int (*main) (int, char **, char ** MAIN_AUXVEC_DECL),
127:                 int argc, char **argv,
128:#ifdef LIBC_START_MAIN_AUXVEC_ARG
129:                 ElfW(auxv_t) *auxvec,
130:#endif
131:                 __typeof (main) init,
132:                 void (*fini) (void),
133:                 void (*rtld_fini) (void), void *stack_end)
134:{
135:  /* Result of the 'main' function.  */
136:  int result;
...
141:  char **ev = &argv[argc + 1];
142:
143:  __environ = ev;
...
244:  if (init)
245:    (*init) (argc, argv, __environ MAIN_AUXVEC_PARAM);
...
271:#ifdef HAVE_CLEANUP_JMP_BUF
...
288:      /* Run the program.  */
289:      result = main (argc, argv, __environ MAIN_AUXVEC_PARAM);
...
318:#else
319:  /* Nothing fancy, just call the function.  */
320:  result = main (argc, argv, __environ MAIN_AUXVEC_PARAM);
321:#endif
322:
323:  exit (result);
324:}
```

実際には#ifdef SHAREDや#ifndef SHAREDでいろいろ括られている部分があるが，SHAREDは共有ライブラリの場合に定義されるので，glibcが静的ライブラリ版と共有ライブラリ版でビルドされたときの動作に違いがあるようだ．

見るとmain()の呼び出しがHAVE_CLEANUP_JMP_BUFという定義で分けられて2箇所にあるのだが，どちらも同じように呼び出しているようだ．main()には引数としてargcとargvを渡していることも確認できる．そしてmain()の第3引数に環境変数を渡すための処理も行われており，実は環境変数の配列は&argv[argc + 1]の位置から取得しているため，argv[]の直後に置かれているということがわかる．

またmain()からの戻り値をそのまま引数として渡すことでexit()を呼んでいることもわかる．つまりmain()の終端は，終了コードをexit()に引数として渡して呼び出してもいいし，終了コードをreturnで戻してもいいわけだ．

さらに，このファイルが置かれている「csu」というディレクトリ名にも注目したい．「csu」はおそらく「C Start Up」の略で，スタートアップを指すときによく用いられる略語だ．他にもスタートアップには「crt」(C RunTime)などの略語が使われることもある(「crt」はその言葉の意味からして，まさにランタイムライブラリを指すこともあるが，「C RunTime startup」としてスタートアップの略語としても用いられるようだ)．

例えばFreeBSDの標準Cライブラリは以下のようなファイルを持っており，これがスタートアップ部分のようだ．glibcの実装と比較してみても面白いだろう．

```
[user@localhost ~]$ find FreeBSD-9.3/usr/src/lib -name "*crt*" | grep i386
FreeBSD-9.3/usr/src/lib/csu/i386-elf/crt1_c.c
FreeBSD-9.3/usr/src/lib/csu/i386-elf/crti.S
FreeBSD-9.3/usr/src/lib/csu/i386-elf/crt1_s.S
FreeBSD-9.3/usr/src/lib/csu/i386-elf/crtn.S
[user@localhost ~]$
```

【5.3】exit()の処理

main()関数が呼び出されるまでの処理の内容はだいたいわかってきたが，次はプログラムの終了についてだ．

プログラムの実行は，exit()が呼び出されることで終了する．これはプログラマが明示的に呼び出すこともあれば，main()から戻った後にスタートアップによって呼び出される場合もあるだろう．

しかしexit()からは戻ってくることは無いため呼び出されっぱなしであり，このためexit()の中でどのような処理が行われているのかを意識することは少ないかもしれない．

ここではGDBによる動的解析と，glibcのソースコード読解による静的解析の両面から，exit()で行われる処理を追ってみよう．

|5.3.1| exit()の処理をデバッガで追う

まずはGDBでexit()の処理を追うことで，プログラムの実行が終了するその瞬間を探ってみよう．

GDBでhelloを起動して，exit()にブレークポイントを張る．

```
[user@localhost hello]$ gdb -q hello
Reading symbols from /home/user/hello/hello...done.
(gdb) break exit
Breakpoint 1 at 0x8048e65
(gdb) run
Starting program: /home/user/hello/hello
Hello World! 1 /home/user/hello/hello

Breakpoint 1, 0x08048e65 in exit ()
(gdb)
```

exit()もglibcによって与えられるものなので，ブレークした箇所のC言語のソースコードは出てこない．layout asmでアセンブラを見てみよう．

すると図5.7のようになった．

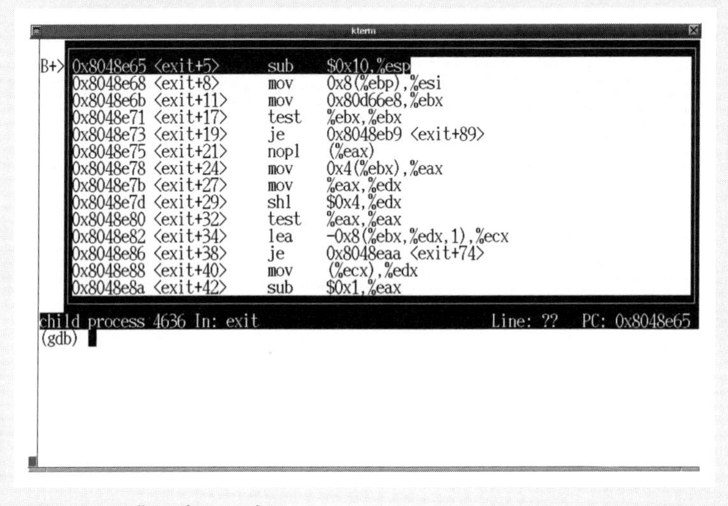

●図5.7: exit()でブレークする

さて，プログラムが終了する瞬間を見つけるのは簡単だ．この状態でnextiによりステップ実行を繰り返していき，終了するところを探ればいい．

実際に何度か繰り返して試してみると，図5.8の位置でnextiを実行したときにプログラムが終了することがわかってきた．

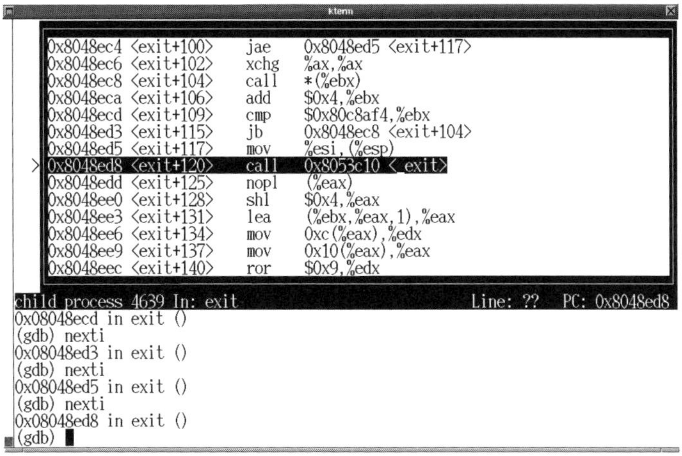

```
   0x8048ec4 <exit+100>    jae    0x8048ed5 <exit+117>
   0x8048ec6 <exit+102>    xchg   %ax,%ax
   0x8048ec8 <exit+104>    call   *(%ebx)
   0x8048eca <exit+106>    add    $0x4,%ebx
   0x8048ecd <exit+109>    cmp    $0x80c8af4,%ebx
   0x8048ed3 <exit+115>    jb     0x8048ec8 <exit+104>
   0x8048ed5 <exit+117>    mov    %esi,(%esp)
  >0x8048ed8 <exit+120>    call   0x8053c10 <_exit>
   0x8048edd <exit+125>    nopl   (%eax)
   0x8048ee0 <exit+128>    shl    $0x4,%eax
   0x8048ee3 <exit+131>    lea    (%ebx,%eax,1),%eax
   0x8048ee6 <exit+134>    mov    0xc(%eax),%edx
   0x8048ee9 <exit+137>    mov    0x10(%eax),%eax
   0x8048eec <exit+140>    ror    $0x9,%edx
child process 4639 In: exit                          Line: ??   PC: 0x8048ed8
0x08048ecd in exit ()
(gdb) nexti
0x08048ed3 in exit ()
(gdb) nexti
0x08048ed5 in exit ()
(gdb) nexti
0x08048ed8 in exit ()
(gdb)
```

●図5.8: _exit()の呼び出し

_exit()という関数を呼び出したときに終了しているようだ．

5.3.2 _exit()の呼び出し

そこで次は_exit()にブレークポイントを張ってみよう．

```
(gdb) break _exit
Breakpoint 2 at 0x8053c10
(gdb)
```

再実行してみる．

```
(gdb) run
The program being debugged has been started already.
Start it from the beginning? (y or n)
Starting program: /home/user/hello/hello

Breakpoint 1, 0x08048e65 in exit ()
(gdb)
```

まずはexit()の先頭でブレークする．さらにcontinueしてみると_exit()の先頭でブレークし，図5.9のような画面になった．

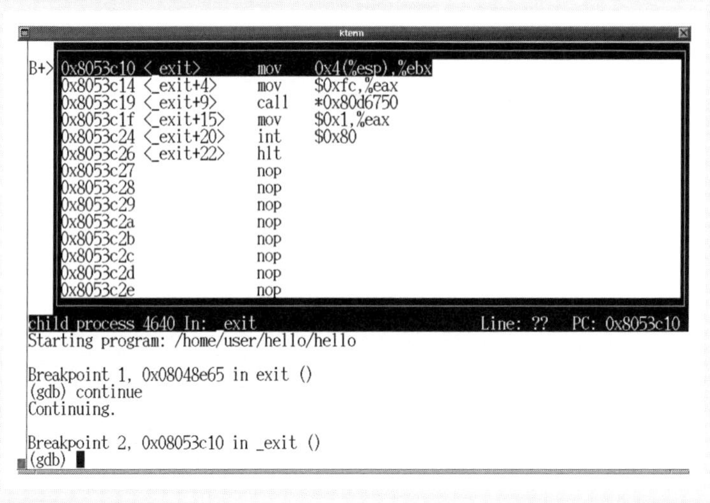

図5.9: _exit()の先頭

0x8058304の位置でint $0x80が呼び出されていることに注目してほしい．ということはこれはシステムコールの呼び出しだ．

これは一見すると_exit()の内部でシステムコールが呼ばれているように思えるのだが，実際にステップ実行で処理を進めてみると，0x8053c19にあるcall命令で関数呼び出しされ図5.10のようになり，さらにそこでint $0x80が呼び出されるところでプログラムが終了した．

図5.10: int $0x80の呼び出し

ということは，何らかのシステムコールによって終了しているようだ．

またexit()は_exit()を呼び出し，実際の終了はそちらで行われる．exit()は終了処理を行った後に_exit()を呼び出すライブラリ関数になっているということがわかるだろう．

5.3.3 exit_groupとexitの2つのシステムコール

どのようなシステムコールが呼ばれているのかを知るには，int $0x80が呼ばれたときのシステムコール番号を見てみればいいだろう．

図5.10の位置で，レジスタの値を見てみる．

```
(gdb) info registers
eax            0xfc     252
ecx            0x1      1
edx            0x80d82b4        135103156
ebx            0x0      0
esp            0xbffffb48       0xbffffb48
ebp            0xbffffb68       0xbffffb68
esi            0x0      0
edi            0x8048c20        134515744
eip            0x110414 0x110414 <__kernel_vsyscall>
eflags         0x246    [ PF ZF IF ]
cs             0x73     115
ss             0x7b     123
ds             0x7b     123
es             0x7b     123
fs             0x0      0
gs             0x33     51
(gdb)
```

EAXの値が252になっている．これがシステムコール番号なわけだが，これに相当するシステムコールは何であろうか．

システムコール番号はLinuxカーネルのシステムコール・テーブルを見ればわかるはずだ．p.100の説明を見返すと，arch/x86/kernel/syscall_table_32.Sというファイルにある．

実際にsyscall_table_32.Sを見ると，252番は以下のように定義されている．

```
...
252:        .long sys_fadvise64     /* 250 */
253:        .long sys_ni_syscall
254:        .long sys_exit_group
...
```

「exit_group」というシステムコールがあるようだ．man exit_groupで調べてみると，以下のように書かれている．

```
NAME
       exit_group - exit all threads in a process

SYNOPSIS
       #include <linux/unistd.h>

       void exit_group(int status);

DESCRIPTION
       This system call is equivalent to exit(2) except that it terminates not
       only the calling thread, but all threads in the calling process's
       thread group.
...
```

プロセス内の全スレッドを終了するシステムコールとのことだ．

DESCRIPTIONを読むと，exitシステムコールと等価であるが，exitはそれを呼んだスレッドのみ終了するのに対して，exit_groupはプロセス内の全スレッドを終了する，とある．

ここでもう一度，p.76のstraceによるシステムコール・トレースを見てほしい．以下のようなシステムコール呼び出しが検出されており，プログラムの終了時には実はexit_groupが呼ばれていたことがわかる．

```
exit_group(0)                           = ?
```

さらに図5.9を見返してみよう．

callによる関数呼び出しの先ではexit_groupが呼ばれるためにcall以降が実行されることはないはずなのだが，そこにあるコードはこれもint $0x80によるシステムコール呼び出しだ．直前でEAXに1を設定しているのでシステムコール番号は1のようだ．syscall_table_32.Sのテーブルを調べると，以下のようになっている．

```
1:ENTRY(sys_call_table)
2:        .long sys_restart_syscall       /* 0 - old "setup()" system call, used for r
estarting */
3:        .long sys_exit
...
```

どうやら「exit」というシステムコールがあるようだ.

つまり「exit_group」と「exit」という2種類のシステムコールがあるようなのだが, これはいったいどういうことであろうか.

|5.3.4| _exit()のソースコードを読む

glibcの_exit()のソースコードを読んでみよう.

そのためには, まずは_exit()が定義されている場所を探さなければならない. しかし単純に「exit」や「_exit」で検索しても, 大量にヒットしてしまいそうだ. どのようにして探したらいいだろうか.

このようなとき, まずは探す対象がアーキテクチャ共通の処理なのか, そうではなく特定のアーキテクチャ特有の処理なのかをまず考えるといい. 図5.9を見るとhltという命令が呼ばれているが, これはx86特有の命令でコンパイラが出力するようなものではない. ということは, x86依存のディレクトリに_exitの実体があるのではないだろうか. しかもおそらく, アセンブラのファイルだろう.

システムコール・ラッパーを探したとき, glibcではx86特有の処理はsysdeps/unix/sysv/linux/i386というディレクトリにあった(p.129). そこでhlt命令を利用している箇所を探してみよう.

```
[user@localhost ~]$ cd glibc-2.21/sysdeps/unix/sysv/linux/i386
[user@localhost i386]$ grep hlt *
_exit.S:        hlt
makecontext.S:  hlt
[user@localhost i386]$
```

_exit.Sというファイルがある. 内容を見てみると, 以下のようになっていた.

```
21:        .type   _exit,@function
22:        .global _exit
23:_exit:
24:        movl    4(%esp), %ebx
```

```
25:
26:         /* Try the new syscall first.  */
27:#ifdef __NR_exit_group
28:         movl    $__NR_exit_group, %eax
29:         ENTER_KERNEL
30:#endif
31:
32:         /* Not available.  Now the old one.  */
33:         movl    $__NR_exit, %eax
34:         /* Don't bother using ENTER_KERNEL here.  If the exit_group
35:            syscall is not available AT_SYSINFO isn't either.  */
36:         int     $0x80
37:
38:         /* This must not fail.  Be sure we don't return.  */
39:         hlt
```

内容はまさに図5.9と一致するので，これが_exitの定義のようだ．システムコールを呼び出しているので，どうやらシステムコール・ラッパーのようだ．

exit_groupの呼び出し処理は#ifdef __NR_exit_groupでくくられているので，exit_groupが存在する場合にはそれが呼ばれるが，そうでない場合にはexitが呼ばれる，ということらしい．コメントにも「Try the new syscall first.」や「Not available. Now the old one.」のように書かれており，まず新しいシステムコール（exit_group）を試すが，ダメなら古いほう（exit）を使う，というように書かれている．

システムコール番号から考えても，exitの1に対してexit_groupは252であり，exitは初期から存在するシステムコールだが，exit_groupはおそらくだいぶ後に追加されたシステムコールだと推測できる．またglibcの_exitは，Linuxカーネルにexit_groupが追加された際にその呼び出しが#ifdefでくくることで追加された，ということも推測できる．

exit_groupの機能を考えると，スレッド機能が追加されたときに追加されたシステムコールなのだろうか．

5.3.5 exit()と_exit()とexit_groupとexit

exit()や_exit()，そしてexit_groupとexitなどいろいろ出てきているが，ここで一度整理しよう．

- exit() ………… プログラムの終了時に呼び出されるライブラリ関数（glibc）
- _exit() ……… exit()の中から呼ばれ，exit_groupを呼び出すシステムコール・ラッパー（glibc）
- exit_group … プログラムを終了させるLinuxのシステムコール（Linux）
- exit …………… プログラムを終了させるLinuxの旧来のシステムコールだが，現在はexit_groupが主に使われる（Linux）

そしてPOSIXでは，プログラムを終了させるAPIとして，以下の2つが定義されている．なおatexit()はexit()による終了時に呼び出してほしい関数を登録しておくことができる，ライブラリ関数だ．

- exit()…………… atexit()によって登録された関数を呼び出してから終了する
- _exit() ………… atexit()によって登録された関数を呼ばずに終了する

これらをどのように考えたらいいだろうか．

Linuxカーネルが定義するのはシステムコールのABIであり，APIを提供するのはglibcの役割だ．よってPOSIXのexit()と_exit()を実現するための機能としてLinuxにはexit_groupやexitシステムコールがあり，glibcはexit_groupシステムコールを呼び出すことで，POSIXの_exit()を提供している，と考えられるだろう．_exit()はシステムコール・ラッパーとしてユーザに提供されるAPIなわけだ．

なおp.143でも説明したが，「exit」と表記した場合にはLinuxカーネルが持つexitシステムコールを指し，「exit()」と表記した場合にはglibcが提供する（POSIXの)exit()ライブラリ関数を指している，と考えるべきだろう．括弧の有無によって指すものがまったく異なるものになることに注意してほしい（またglibcの_exitのように，アセンブラ上で定義してあるシンボルを「_exit」のようにして括弧無しで表記する場合もある）．

|5.3.6| manのカテゴリを見てみる

CentOSでexit()と_exit()をmanコマンドで調べたときの，カテゴリはどうなっているだろうか．

ここで，manコマンドでのカテゴリ指定についてちょっと説明しておこう．

まずUNIXライクなOSでのmanコマンドによるオンラインマニュアルはカテゴリ分けされており，一般にカテゴリ1がコマンド，カテゴリ2がシステムコールのAPI，カテゴリ3がライブラリ関数に相当する．

exit()はatexit()によって登録された関数を呼び出してからプログラムを終了する，ライブラリ関数だ．ということはカテゴリ3にあるはずだ．そしてこれをexit(3)のように表記する．

しかし本書のVM環境でman exitを実行してみると，以下のように表示される．

```
BASH_BUILTINS(1)                                                BASH_BUILTINS(1)

NAME
       bash,  :,  .,  [, alias, bg, bind, break, builtin, caller, cd, command,
       compgen, complete, compopt,  continue,  declare,  dirs,  disown,  echo,
       enable,  eval,  exec, exit, export, false, fc, fg, getopts, hash, help,
       history, jobs, kill, let, local, logout, mapfile, popd, printf,  pushd,
       pwd,  read, readonly, return, set, shift, shopt, source, suspend, test,
       times, trap, true, type, typeset, ulimit, umask, unalias, unset, wait -
       bash built-in commands, see bash(1)
...
```

「BASH_BUILTINS(1)」となっており，シェルのビルトイン・コマンドであるexitがヒットしているようだ．このようにmanコマンドには，同じキーワードが別カテゴリに複数登録されていることがある．

そのような場合には，man 3 exitのようにしてカテゴリ指定で参照することができる．「exit(3)を調べるように」と言われたら，それはカテゴリ3のexit，つまりman 3 exitを見てみなさいという意味だ．以下はman 3 exitを実行したときの表示結果だ．

```
EXIT(3)                    Linux Programmer's Manual                    EXIT(3)

NAME
       exit - cause normal process termination

SYNOPSIS
       #include <stdlib.h>

       void exit(int status);

DESCRIPTION
       The  exit() function causes normal process termination and the value of
       status & 0377 is returned to the parent (see wait(2)).
...
```

先頭で「EXIT(3)」のように表示されているので，ライブラリ関数のexit(3)がヒットしている．ということは，exit()はやはりライブラリ関数の扱いだ．

_exit()はどうであろうか．man _exitを実行してみよう．

```
_EXIT(2)                    Linux Programmer's Manual                   _EXIT(2)

NAME
       _exit, _Exit - terminate the calling process

SYNOPSIS
       #include <unistd.h>

       void _exit(int status);
...
DESCRIPTION
       The function _exit() terminates the calling process "immediately".  Any
       open file descriptors belonging to the process are closed; any children
       of the process are inherited by process 1, init, and the process's par-
       ent is sent a SIGCHLD signal.
...
```

こちらは先頭で「_EXIT(2)」と表示されている．つまり_exit(2)なので，_exit()はシステムコールAPIの扱いになっていることになる．

|5.3.7| FreeBSDの場合

他のOSではどうであろうか．例えば，FreeBSDだ．

以下はFreeBSD上でman 3 exitによりオンラインマニュアルを見てみた結果だ．やはり「EXIT(3)」となっている点に注目してほしい．

```
EXIT(3)                 FreeBSD Library Functions Manual                 EXIT(3)

NAME
     exit, _Exit -- perform normal program termination

LIBRARY
     Standard C Library (libc, -lc)

SYNOPSIS
```

```
     #include <stdlib.h>

     void
     exit(int status);
...
```

さらに以下はFreeBSD上でman _exitを見てみた結果だ．こちらは「EXIT(2)」となっていて，システムコールAPIの扱いだ．

```
EXIT(2)                    FreeBSD System Calls Manual                    EXIT(2)

NAME
     _exit -- terminate the calling process

LIBRARY
     Standard C Library (libc, -lc)

SYNOPSIS
     #include <unistd.h>

     void
     _exit(int status);
...
```

つまりCentOSでもFreeBSDでも，exit()はカテゴリ3にありライブラリ関数の扱いだ．対して_exit()はカテゴリ2にありシステムコールAPIの扱いになっている．

そしてFreeBSDでも同様にしてGDBで調べると，exit()からはやはり_exit()が呼ばれ，_exit()の内部で番号1のシステムコールが呼ばれることでプログラムが終了することがわかる．

FreeBSDのカーネル内ではシステムコール名はusr/src/sys/kern/syscalls.cで定義されているが，以下のように，番号1は「exit」というシステムコールだ．

```
 9:const char *syscallnames[] = {
10:         "syscall",                         /* 0 = syscall */
11:         "exit",                    /* 1 = exit */
...
```

つまりFreeBSDでは_exit()はexitシステムコールを呼び出すためのシステムコール・ラッパーとなっている．

Linuxの_exit()もexit_groupが無い場合にはexitシステムコールが呼ばれるような実装になっていたので，これが元もとの形なのだろう.

ということは，どうやらLinuxのexit_groupはLinuxで新たに追加された，独自のシステムコールのようだ．そしてその差はglibcのシステムコール・ラッパーによって埋められているわけだ.

|5.3.8| exit()の処理を読む

exit()で行われている処理も見てみよう.

ソースコードはどこにあるだろうか．man 3 exitを参照すると，以下のようになっている.

```
EXIT(3)                  Linux Programmer's Manual                  EXIT(3)

NAME
       exit - cause normal process termination

SYNOPSIS
       #include <stdlib.h>

       void exit(int status);
...
```

#includeの部分を見てほしい．exit()はstdlib.hでプロトタイプ宣言がされているようだ.

そしてglibcのトップディレクトリを見ると，stdlibというディレクトリがある．ここにexit()の本体があるのではないだろうか.

```
[user@localhost ~]$ cd glibc-2.21
[user@localhost glibc-2.21]$ ls stdlib/*exit*
stdlib/at_quick_exit.c          stdlib/exit.h
stdlib/atexit.c                 stdlib/old_atexit.c
stdlib/cxa_at_quick_exit.c      stdlib/on_exit.c
stdlib/cxa_atexit.c             stdlib/quick_exit.c
stdlib/cxa_thread_atexit_impl.c stdlib/tst-tls-atexit-lib.c
stdlib/exit.c                   stdlib/tst-tls-atexit.c
[user@localhost glibc-2.21]$
```

exit.cというファイルがある．見てみると，exit()が以下のように定義されていた．

```
101:void
102:exit (int status)
103:{
104:  __run_exit_handlers (status, &__exit_funcs, true);
105:}
```

__run_exit_handlers()という関数が呼ばれるようだ．そして__run_exit_handlers()は同一ファイル内で以下のように定義されていた．

```
28:/* Call all functions registered with `atexit' and `on_exit',
29:   in the reverse of the order in which they were registered
30:   perform stdio cleanup, and terminate program execution with STATUS.  */
31:void
32:attribute_hidden
33:__run_exit_handlers (int status, struct exit_function_list **listp,
34:                     bool run_list_atexit)
35:{
...
42:  /* We do it this way to handle recursive calls to exit () made by
43:     the functions registered with `atexit' and `on_exit'. We call
44:     everyone on the list and use the status value in the last
45:     exit (). */
46:  while (*listp != NULL)
47:    {
48:      struct exit_function_list *cur = *listp;
49:
50:      while (cur->idx > 0)
51:        {
52:          const struct exit_function *const f =
53:            &cur->fns[--cur->idx];
54:          switch (f->flavor)
55:            {
56:              void (*atfct) (void);
57:              void (*onfct) (int status, void *arg);
58:              void (*cxafct) (void *arg, int status);
...
77:            case ef_cxa:
78:              cxafct = f->func.cxa.fn;
79:#ifdef PTR_DEMANGLE
```

```
80:                PTR_DEMANGLE (cxafct);
81:#endif
82:                cxafct (f->func.cxa.arg, status);
83:                break;
84:              }
...
97:  _exit (status);
98:}
```

最後に_exit()が呼ばれていることが確認できる．

またwhile()でループしているのは，おそらくatexit()の処理だろう．atexit()により登録された関数が，ここで順次呼ばれていくわけだ．

|5.3.9| atexit()の処理を読む

atexit()のソースコードも見ておこう．man atexitではstdlib.hをインクルードするように書いてあるので，stdlibというディレクトリに本体がありそうだ．

見てみるとstdlib/atexit.cというファイルがある．そしてその中でatexit()は以下のように定義されている．

```
43:/* Register FUNC to be executed by `exit'.  */
44:int
45:#ifndef atexit
46:attribute_hidden
47:#endif
48:atexit (void (*func) (void))
49:{
50:  return __cxa_atexit ((void (*) (void *)) func, NULL,
51:                       &__dso_handle == NULL ? NULL : __dso_handle);
52:}
```

__cxa_atexit()という関数を呼んでいるようだ．これはどこにあるだろうか．

```
[user@localhost glibc-2.21]$ grep __cxa_atexit */*
...
stdlib/cxa_atexit.c:__cxa_atexit (void (*func) (void *), void *arg, void *d)
...
```

stdlib/cxa_atexit.cを見ればいいようだ．

```
52:/* Register a function to be called by exit or when a shared library
53:   is unloaded.  This function is only called from code generated by
54:   the C++ compiler.  */
55:int
56:__cxa_atexit (void (*func) (void *), void *arg, void *d)
57:{
58:  return __internal_atexit (func, arg, d, &__exit_funcs);
59:}
```

今度は__internal_atexit()が呼ばれている．そして__internal_atexit()は同一ファイル内で，以下のように定義されている．

```
30:int
31:attribute_hidden
32:__internal_atexit (void (*func) (void *), void *arg, void *d,
33:                    struct exit_function_list **listp)
34:{
35:  struct exit_function *new = __new_exitfn (listp);
36:
37:  if (new == NULL)
38:    return -1;
39:
40:#ifdef PTR_MANGLE
41:  PTR_MANGLE (func);
42:#endif
43:  new->func.cxa.fn = (void (*) (void *, int)) func;
44:  new->func.cxa.arg = arg;
45:  new->func.cxa.dso_handle = d;
46:  atomic_write_barrier ();
47:  new->flavor = ef_cxa;
48:  return 0;
49:}
```

第4引数で渡されるlistpに対して新たなエントリとして，第1引数で渡される関数を登録するようだ．呼び出し元の__cxa_atexit()を見ると，これには&__exit_funcsというアドレスが渡されている．これがatexit()の関数のリストだ．

もう一度p.188のexit()を見直してみよう．

__exit_funcsを第2引数にして，__run_exit_handlers()を呼んでいる．これが__run_exit_handlers()に渡され，登録された関数を順次実行しているわけだ．

【5.4】Linuxカーネルの処理を見てみよう

ここまでは主にglibcが持つスタートアップと終了処理について見てきた.

しかしOSカーネルの中では，プログラムの起動時にはどのような処理が行われているのだろうか.

例えばプログラムの実行はエントリ・ポイントから開始される，という説明をした．ということはエントリ・ポイントをEIPに設定して実行を開始するような処理が，どこかで行われているはずだ.

次はLinuxカーネルでのプロセス起動処理を見てみよう.

|5.4.1| プログラムの実行はどのようにして行われるのか

そもそもプログラムの実行は，どのようにして行われるのであろうか.

UNIXライクなシステムでは，新しいプロセスはfork()により生成され，exec()系の関数により新たなプログラムに書きかわることで実行されるというのが基本形だ.「基本形」と言っているのはvfork()などの新たなシステムコールもあるからだが，とりあえずは気にしなくていいだろう.

また「exec()系」というのはプログラムを実行するためのライブラリ関数としてexeclp()やexecvp()などがあり，これらを総称して「exec()系」と俗に呼ばれる.最終的にはexecveシステムコールを発行するため，システムコールとしてはexecveに集約される.

つまりプログラムの起動はfork→execveという流れによって行われる.

execveシステムコールが発行されたら，あとはカーネルの仕事だ．そしてこのときに必要な作業は，以下のようなものだろうか.

- **実行ファイルを読み込み，仮想メモリ上にマッピングする**
- **argc/argv[]，BSSの初期化，環境変数の引き渡しなどを行う**
- **実行ファイル上のエントリ・ポイントから実行を開始する**

これらの処理をOSのカーネルが行っていることになる．そしてたとえばLinuxならば，そのソースコードを読めば，実際にどのような処理が行われるのかがわかるはずだ．

ここでは新たなプロセスを開始するための，カーネル内処理を見てみよう．

|5.4.2| execve()の処理

まずはexecveシステムコールの処理関数を探してみよう．

これはシステムコール・テーブルを見ればわかるだろうか．Linuxカーネル・ソースコードのarch/x86/kernel/syscall_table_32.Sを見てみると，以下のように登録されている．

```
 1:ENTRY(sys_call_table)
...
12:        .long sys_unlink        /* 10 */
13:        .long ptregs_execve
...
```

システムコール番号は11のようだ．さらにexecveで検索すると，kernel/entry_32.Sに以下のような定義があることに気がつく．

```
715:/*
716: * System calls that need a pt_regs pointer.
717: */
718:#define PTREGSCALL(name) \
719:        ALIGN; \
720:ptregs_##name: \
721:        leal 4(%esp),%eax; \
722:        jmp sys_##name;
...
728:PTREGSCALL(execve)
...
```

ptregs_execveというシンボルが定義され，そこからsys_execveが呼ばれる，ということになるようだ．つまりsys_execveを探せばいいことになる．

これはアーキテクチャ非依存部分にあるだろうから，トップ・ディレクトリ付近で検索すればいいだろう…と思ったのだが実際にやっても見つからない．気を取りなおして x86依存部で検索すると，kernel/process_32.cというファイルが見つかり，sys_execve()が以下のように定義されていた．

```
447:/*
448: * sys_execve() executes a new program.
449: */
450:int sys_execve(struct pt_regs *regs)
451:{
...
459:        error = do_execve(filename,
460:                        (char __user * __user *) regs->cx,
461:                        (char __user * __user *) regs->dx,
462:                        regs);
...
```

do_execve()が呼ばれるようだ．これを探してみると，今度こそアーキテクチャ非依存部のfs/exec.cに見つかり，以下のように定義されていた．

```
1357:/*
1358: * sys_execve() executes a new program.
1359: */
1360:int do_execve(char * filename,
1361:        char __user *__user *argv,
1362:        char __user *__user *envp,
1363:        struct pt_regs * regs)
1364:{
...
1426:        retval = copy_strings(bprm->argc, argv, bprm);
1427:        if (retval < 0)
1428:                goto out;
1429:
1430:        current->flags &= ~PF_KTHREAD;
1431:        retval = search_binary_handler(bprm,regs);
...
```

copy_strings()という関数によってargv[]の準備が行われているようだ．

5.4.3 ELFフォーマットのロード

手始めにdo_execve()の処理を見てみたが，別の目線からもexecve()の処理を見てみよう．

実行ファイルはELFフォーマットという形式になっているので，ELFフォーマットの解析処理を行っている箇所があるはずだ．そしてこれはアーキテクチャ非依存部にあるだろう．

ファイル名に「elf」を含むようなファイルは無いだろうか．

```
[user@localhost ~]$ cd linux-2.6.32.65
[user@localhost linux-2.6.32.65]$ ls */*elf*
fs/binfmt_elf.c                       lib/locking-selftest-softirq.h
fs/binfmt_elf_fdpic.c                 lib/locking-selftest-spin-hardirq.h
fs/compat_binfmt_elf.c                lib/locking-selftest-spin-softirq.h
lib/locking-selftest-hardirq.h        lib/locking-selftest-spin.h
lib/locking-selftest-mutex.h          lib/locking-selftest-wlock-hardirq.h
lib/locking-selftest-rlock-hardirq.h  lib/locking-selftest-wlock-softirq.h
lib/locking-selftest-rlock-softirq.h  lib/locking-selftest-wlock.h
lib/locking-selftest-rlock.h          lib/locking-selftest-wsem.h
lib/locking-selftest-rsem.h           lib/locking-selftest.c
[user@localhost linux-2.6.32.65]$
```

fs/binfmt_elf.cというファイルがそれらしく思える．

そしてbinfmt_elf.cの中身を見てみると，load_elf_binary()という関数がある．名前からして，まさにELFフォーマットの実行ファイルのロード処理のように思える．

p.163で説明したように，プログラムの実行はELFフォーマットに含まれているエントリ・ポイントから開始される．ということはこの中に，エントリ・ポイントを扱っている箇所があるのではないだろうか．

「entry」というキーワードで検索すると，以下のような箇所が見つかった．

```
563:static int load_elf_binary(struct linux_binprm *bprm, struct pt_regs *regs)
564:{
...
978:        start_thread(regs, elf_entry, bprm->p);
...
```

start_thread()という関数を呼び出している．さらにレジスタ関連らしき引数と，エントリ・ポイントのアドレスを渡しているようだ.

|5.4.4| レジスタの設定処理

start_thread()を探してみると, アーキテクチャ依存部のarch/x86/kernel/process_32.cで以下のように定義されていた.

```
296:void
297: start_thread(struct pt_regs *regs, unsigned long new_ip, unsigned long new_sp)
298: {
299:         set_user_gs(regs, 0);
300:         regs->fs            = 0;
301:         regs->ds            = __USER_DS;
302:         regs->es            = __USER_DS;
303:         regs->ss            = __USER_DS;
304:         regs->cs            = __USER_CS;
305:         regs->ip            = new_ip;
306:         regs->sp            = new_sp;
...
```

エントリ・ポイントのアドレスがnew_ipという引数で渡され, それをインストラクション・ポインタ(regs->ip)に設定しているようだ. スタックポインタなどの設定も, ここで行われていることになる.

では, load_elf_binary()はどのようにして呼ばれているのだろうか. load_elf_binaryが参照されている部分を探してみよう.

```
[user@localhost linux-2.6.32.65]$ grep load_elf_binary */*
fs/binfmt_elf.c:static int load_elf_binary(struct linux_binprm *bprm, struct pt_regs *
regs);
fs/binfmt_elf.c:                .load_binary    = load_elf_binary,
fs/binfmt_elf.c:static int load_elf_binary(struct linux_binprm *bprm, struct pt_regs *
regs)
[user@localhost linux-2.6.32.65]$
```

なんらかの構造体のload_binaryというメンバに, load_elf_binary()のアドレスが設定されているようだ. このメンバを経由して呼び出されているのだろう.

呼び出し元はどこであろうか.

```
[user@localhost linux-2.6.32.65]$ grep load_binary */*
fs/binfmt_aout.c:       .load_binary    = load_aout_binary,
fs/binfmt_elf.c:                .load_binary    = load_elf_binary,
fs/binfmt_elf_fdpic.c:  .load_binary    = load_elf_fdpic_binary,
fs/binfmt_em86.c:       .load_binary    = load_em86,
fs/binfmt_flat.c:       .load_binary    = load_flat_binary,
fs/binfmt_misc.c:       .load_binary = load_misc_binary,
fs/binfmt_script.c:     .load_binary    = load_script,
fs/binfmt_som.c:        .load_binary    = load_som_binary,
fs/exec.c:                      int (*fn)(struct linux_binprm *, struct pt_regs *) = f
mt->load_binary;
[user@localhost linux-2.6.32.65]$
```

fs/exec.cで，fnという変数に代入されているようだ．当該の箇所を見てみると，以下のような関数の中で呼び出されていた．

```
1279:/*
1280: * cycle the list of binary formats handler, until one recognizes the image
1281: */
1282:int search_binary_handler(struct linux_binprm *bprm,struct pt_regs *regs)
1283:{
...
1307:                   int (*fn)(struct linux_binprm *, struct pt_regs *) = fmt-
>load_binary;
...
1314:                   retval = fn(bprm, regs);
...
```

ここでもう一度，p.193を見返してほしい．

search_binary_handler()は，実はdo_execve()の中でargv[]の設定処理の後で呼び出されている．その先で各種レジスタの設定が行われている，ということになる．

|5.4.5| argv[]の準備

では，スタートアップに渡されるargvはどこで設定されているのだろうか．p.173によれば，argvは配列も配列のポインタが指す先の文字列の本体も，スタック上に置かれているということだった．

load_elf_binary()によるELFファイルのロード処理を見てみると，以下のような関数呼び出しがされている箇所がある.

```
...
934:        retval = create_elf_tables(bprm, &loc->elf_ex,
935:                          load_addr, interp_load_addr);
...
```

create_elf_tables()はfs/binfmt_elf.cで, 以下のように定義されている. これは第12章でも説明する.

```
136:static int
137:create_elf_tables(struct linux_binprm *bprm, struct elfhdr *exec,
138:                unsigned long load_addr, unsigned long interp_load_addr)
139:{
...
278:        /* Now, let's put argc (and argv, envp if appropriate) on the stack */
279:        if (__put_user(argc, sp++))
280:                return -EFAULT;
281:        argv = sp;
282:        envp = argv + argc + 1;
283:
284:        /* Populate argv and envp */
285:        p = current->mm->arg_end = current->mm->arg_start;
286:        while (argc-- > 0) {
287:                size_t len;
288:                if (__put_user((elf_addr_t)p, argv++))
289:                        return -EFAULT;
290:                len = strnlen_user((void __user *)p, MAX_ARG_STRLEN);
291:                if (!len || len > MAX_ARG_STRLEN)
292:                        return -EINVAL;
293:                p += len;
294:        }
295:        if (__put_user(0, argv))
296:                return -EFAULT;
...
```

コメントにあるように, スタック上にargcを積み, その直下にargv[]を作成しているようだ.

実際にはここではポインタの配列の実体をスタック上に作成している. よってアプリケーションのスタートアップには, 配列へのポインタが渡されるわけではない.

もう一度，glibcのsysdeps/i386/start.Sにあるスタートアップのソースコードを見てみよう．

```
 55:        .text
 56:        .globl _start
 57:        .type _start,@function
 58:_start:
...
 63:        /* Extract the arguments as encoded on the stack and set up
 64:           the arguments for `main': argc, argv.  envp will be determined
 65:           later in __libc_start_main.  */
 66:        popl %esi               /* Pop the argument count.  */
 67:        movl %esp, %ecx         /* argv starts just at the current stack top.*/
...
108:        pushl %ecx              /* Push second argument: argv.  */
109:        pushl %esi              /* Push first argument: argc.  */
110:
111:        pushl $main
112:
113:        /* Call the user's main function, and exit with its value.
114:           But let the libc call main.    */
115:        call __libc_start_main
...
```

p.197のおさらいになるが，スタックのトップにはargcが積まれている．これがまずpopl命令により，ESIレジスタに格納される．

さらにその直下にargv[]の実体があるわけだが，movl命令でESPをECXにコピーすることで，この先頭アドレスがECXに格納される．

そしてpushl命令でECX，ESIがスタックに積まれ，__libc_start_main()が呼ばれる．これにより__libc_start_main()には，argcとargv[]が引数として渡されることになる．

【5.5】この章のまとめ

main()関数の前には何があるのか，main()関数からリターンした先には何があるのか，疑問に思ったことのあるかたは多いのではないだろうか．

ふだん何気なく書いているmain()関数であるが，その前と後には実は様々な処理が働いていることがわかる．

C言語の実行はmain()関数から始まるとはよく聞く説明であるが，それは様々なものがその下で動いていることで実現されているわけだ．

そしてそこにはスタートアップなどのライブラリがあり，それを作成してくれたひとがいるために我々は楽をすることができている．筆者は様々なサンプルプログラムも含め今までにmain()を書いた回数はもはや数えることもできないが，そのような先人の成果に感謝しつつmain()を書くことができるようになりたいものだ．

第6章 標準入出力関数の実装を見る

printf()は指定したフォーマットに従って文字列出力を行うための標準ライブラリ関数だ．入門書では定番の関数であるため，利用したことがないという人は少ないことだろう．

しかしそのprintf()の中の処理を読んだことがあるか，となると話は変わってくるのではないだろうか．これほど多く利用されているprintf()だが，その実装はどのようになっているのだろうか？

ここではprintf()のソースコードを読むことで，標準入出力関数の動作の仕組みに迫ってみよう．

【6.1】printf()のソースコードを読む

まずはprintf()のソースコードのありかだ．

printf()はC言語の標準ライブラリ関数と呼ばれる．つまりC言語の開発環境において，標準で提供されるライブラリ関数だ．

p.126で説明したように，CentOSでは標準Cライブラリとしてglibcが採用されている．よってprintf()の本体は，glibcの中にあるはずだ．このため第4章と同様に，glibcのソースコードを探してみればいいだろう．

|6.1.1| printf()の本体を探す

まずはglibcのソースコードの中から，printf()に関連しそうなファイルを探してみよう．「printf」と名前のつくファイルはないだろうか．

```
[user@localhost ~]$ cd glibc-2.21
[user@localhost glibc-2.21]$ find . -name "*printf*"
./include/printf.h
./stdio-common/test-vfprintf.c
./stdio-common/tst-sprintf3.c
./stdio-common/bug-vfprintf-nargs.c
./stdio-common/reg-printf.c
./stdio-common/printf_size.c
./stdio-common/printf-parsewc.c
./stdio-common/tst-printf.sh
./stdio-common/vprintf.c
./stdio-common/tst-sprintf2.c
./stdio-common/printf_fp.c
./stdio-common/tst-wc-printf.c
./stdio-common/fxprintf.c
./stdio-common/printf.h
./stdio-common/printf.c
...
```

stdio-commonというディレクトリ以下に，printf()に関係しそうなファイルが大量にあるようだ．他にもsysdeps，libio，debugといったディレクトリのファイルもヒットするのだが，ディレクトリ名を見る限り，stdio-commonが本命のほうに思える．

```
[user@localhost glibc-2.21]$ cd stdio-common
[user@localhost stdio-common]$ ls *printf.c
asprintf.c  printf.c      test-vfprintf.c  tst-swprintf.c   vprintf.c
dprintf.c   reg-printf.c  tst-obprintf.c   tst-wc-printf.c
fprintf.c   snprintf.c    tst-printf.c     vfprintf.c
fxprintf.c  sprintf.c     tst-sprintf.c    vfwprintf.c
[user@localhost stdio-common]$
```

printf.cというファイルがあるようだ．その内容を見てみると，以下のような関数の定義があった．

```
24:/* Write formatted output to stdout from the format string FORMAT.  */
25:/* VARARGS1 */
26:int
27:__printf (const char *format, ...)
28:{
29:  va_list arg;
```

```
30:  int done;
31:
32:  va_start (arg, format);
33:  done = vfprintf (stdout, format, arg);
34:  va_end (arg);
35:
36:  return done;
37:}
38:
39:#undef _IO_printf
40:ldbl_strong_alias (__printf, printf);
41:/* This is for libg++.  */
42:ldbl_strong_alias (__printf, _IO_printf);
```

関数名が__printf()になっているが，これはldbl_strong_alias()というマクロによってprintf()というエイリアスが定義されるようだ．つまり上記__printf()が，printf()の本体と言える．

以下は，ldbl_strong_alias()のマクロの定義を追ったものだ．

●sysdeps/generic/math_ldbl_opt.h

```
...
12:#define ldbl_strong_alias(name, aliasname) strong_alias (name, aliasname)
...
```

●include/libc-symbols.h

```
114:/* Define ALIASNAME as a strong alias for NAME.  */
115:# define strong_alias(name, aliasname) _strong_alias(name, aliasname)
116:# define _strong_alias(name, aliasname) \
117:  extern __typeof (name) aliasname __attribute__ ((alias (#name)));
```

ここで図2.11をもう一度見直してほしい．

実行ファイルhelloをGDBで解析したとき，printf()の内部はvfprintf()を呼び出すだけの処理になっていた．そして上記__printf()のソースコードもそのようになっている．よって確かにこれが，printf()の本体のようだ．

printf()と__printf()が配置されているアドレスを調べてみよう．

```
[user@localhost hello]$ readelf -a hello | grep " printf"
   960: 08049360    35 FUNC    GLOBAL DEFAULT    6 printf
[user@localhost hello]$ readelf -a hello | grep __printf | grep -v printf_
```

```
  946: 08049360    35 FUNC    GLOBAL DEFAULT    6 __printf
[user@localhost hello]$
```

どちらも配置先は08049360であり一致している．やはり同一の関数のようだ．

|6.1.2| フォーマット文字列の処理を見る

ディレクトリstdio-commonにはvfprintf.cというファイルがある．vfprintf()の本体があるのはここだろうか．

vfprintf.cを見てみると，どうやら当たりのようだ．

```
219:/* The function itself.  */
220:int
221:vfprintf (FILE *s, const CHAR_T *format, va_list ap)
222:{
223:  /* The character used as thousands separator.  */
224:#ifdef COMPILE_WPRINTF
225:  wchar_t thousands_sep = L'\0';
226:#else
227:  const char *thousands_sep = NULL;
228:#endif
...
```

vfprintf()の内容は，定番の可変長引数の処理だ．

可変長引数を扱う関数を作る場合には，関数自体はprintf()のようにva_start()により可変長引数の処理の準備をして，vfprintf()のような実際の処理を呼び出すような構成になる．これは第11章で詳しく説明する．そして実際の処理はvfprintf()のように，頭に「v」を付加した関数名にするのが通例となっている．

vfprintf()の内部には，フォーマット文字列の処理がある．printf()の"%d"や"%s"などを解釈する処理だ．

しかし実際のソースコードはマクロの定義の山になっている．またジャンプテーブルを利用した状態遷移のような書き方になっており，残念ながら一筋縄ではいかなそうだ．

拾い読みしてみると，マクロの中ではva_arg()によって引数を得ているようだ．例えば以下は，整数値の処理と思われる部分だ．p.386で説明するが，可変長で与えられた引数はva_arg()によって順に取得することができる．

```
550:    LABEL (form_integer):                                              \
```

```
551:      /* Signed decimal integer.  */                                    \
552:      base = 10;                                                        \
553:                                                                        \
554:      if (is_longlong)                                                  \
555:        {                                                               \
...
567:        }                                                               \
568:      else                                                              \
569:        {                                                               \
570:          long int signed_number;                                       \
571:                                                                        \
572:          if (fspec == NULL)                                            \
573:            {                                                           \
574:              if (is_long_num)                                          \
575:                signed_number = va_arg (ap, long int);                  \
576:              else if (is_char)                                         \
577:                signed_number = (signed char) va_arg (ap, unsigned int);     \
578:              else if (!is_short)                                       \
579:                signed_number = va_arg (ap, int);                       \
580:              else                                                      \
581:                signed_number = (short int) va_arg (ap, unsigned int);  \
582:            }                                                           \
...
```

そして文字列の出力はoutchar()/outstring()というマクロで行っているように思える．

例えば"%%"による「%」の出力は，以下のように定義されているようだ．

```
542:#define process_arg(fspec)                                                \
543:      /* Start real work.  We know about all flags and modifiers and    \
544:         now process the wanted format specifier.  */                   \
545:    LABEL (form_percent):                                               \
546:      /* Write a literal "%".  */                                       \
547:      outchar (L_('%'));                                                \
548:      break;                                                            \
```

6.1.3 文字の出力を見る

文字出力の先を追いかけてみよう．

文字出力を行うoutchar()は，vfprintf.cの中で以下のように定義されている．

```
147:#define outchar(Ch)                                                \
148:  do                                                              \
149:    {                                                             \
150:      const INT_T outc = (Ch);                                    \
151:      if (PUTC (outc, s) == EOF || done == INT_MAX)               \
152:        {                                                         \
153:          done = -1;                                              \
154:          goto all_done;                                          \
155:        }                                                         \
156:      ++done;                                                     \
157:    }                                                             \
158:  while (0)
```

PUTC()で文字出力されているように思える．そしてPUTC()はやはりvfprintf.cで，以下のように定義されている．

```
...
102:# define PUTC(C, F)     _IO_putc_unlocked (C, F)
...
```

さらに追いかけて探ってみよう．_IO_putc_unlockedという文字列を検索してみる．

```
[user@localhost glibc-2.21]$ grep _IO_putc_unlocked */*
...
libio/libio.h:#define _IO_putc_unlocked(_ch, _fp) \
...
```

libio/libio.hで#defineによって定義されているマクロのようだ．実際に見てみると，_IO_putc_unlocked()は以下のように定義されていた．

```
412:#define _IO_putc_unlocked(_ch, _fp) \
413:   (_IO_BE ((_fp)->_IO_write_ptr >= (_fp)->_IO_write_end, 0) \
414:    ? __overflow (_fp, (unsigned char) (_ch)) \
415:    : (unsigned char) (*(_fp)->_IO_write_ptr++ = (_ch)))
```

つまりファイルポインタの指す先の，_IO_write_ptrというポインタの先に文字を格納しているようだ．格納できない場合には__overflow()が呼ばれているので，これはバッファあふれの際の対処だろう．

ファイルポインタの_IO_write_ptrというメンバはバッファの現在値を指すポインタだろう．つまり文字はバッファリングされて出力されるということがわかる．

6.1.4 ファイルポインタの構造

バッファリングされた文字列が，実際に出力されるのはいつだろうか．

バッファはファイルポインタの先にあるので，ファイルポインタの構造を知る必要がある．ファイルポインタというのはいわゆるFILE型の構造体を指すポインタのことだ．例えばfopen()する際に，以下のように書くだろう．

```
FILE *fp;
fp = fopen("/tmp/sample.txt", "w");
```

このときのfpがファイルポインタで，FILE型の構造体を指している．

FILE型の定義を探してみよう．ファイルポインタを利用する際にインクルードするのはstdio.hだ．ということはglibcの中に，ユーザ・プログラマに提供するためのstdio.hがあるはずだ．

```
[user@localhost glibc-2.21]$ find . -name stdio.h
./include/stdio.h
./libio/stdio.h
./libio/bits/stdio.h
[user@localhost glibc-2.21]$
```

3つあるようだ．これらをひとつひとつ見てみると，libio/stdio.hに以下のような定義が見つかった．

```
47:/* The opaque type of streams.  This is the definition used elsewhere.  */
48:typedef struct _IO_FILE FILE;
```

同じファイルには以下のようにstdin/stdout/stderrの宣言もある．どうやら_IO_FILEがFILEで間違いないようだ．

```
167:/* Standard streams.  */
168:extern struct _IO_FILE *stdin;          /* Standard input stream.  */
```

```
169:extern struct _IO_FILE *stdout;          /* Standard output stream.  */
170:extern struct _IO_FILE *stderr;          /* Standard error output stream.  */
```

struct _IO_FILEの構造体の定義はどこでされているだろうか.

```
[user@localhost glibc-2.21]$ find . -name "*.h" | xargs grep _IO_FILE
...
./libio/libio.h:struct _IO_FILE {
...
```

どうやらlibio/libio.hで定義されているようだ. 実際の定義部分を見てみよう.

```
245:struct _IO_FILE {
246:  int _flags;           /* High-order word is _IO_MAGIC; rest is flags. */
247:#define _IO_file_flags _flags
248:
249:  /* The following pointers correspond to the C++ streambuf protocol. */
250:  /* Note:  Tk uses the _IO_read_ptr and _IO_read_end fields directly. */
251:  char* _IO_read_ptr;   /* Current read pointer */
252:  char* _IO_read_end;   /* End of get area. */
253:  char* _IO_read_base;  /* Start of putback+get area. */
254:  char* _IO_write_base; /* Start of put area. */
255:  char* _IO_write_ptr;  /* Current put pointer. */
256:  char* _IO_write_end;  /* End of put area. */
257:  char* _IO_buf_base;   /* Start of reserve area. */
258:  char* _IO_buf_end;    /* End of reserve area. */
...
268:  int _fileno;
...
```

メンバとして_IO_write_ptrが定義されていることが確認できるので, 確かにこれがFILE型の構造体の本体だろう.

またバッファの実体は, ファイルポインタの指す先にあるということが確認できる.

|6.1.5| ファイル構造体のバッファリング処理

struct _IO_FILEの定義を見ると, 以下の3つのメンバを持っている.

```
...
254:  char* _IO_write_base; /* Start of put area. */
255:  char* _IO_write_ptr;  /* Current put pointer. */
256:  char* _IO_write_end;  /* End of put area. */
...
```

これらがファイル出力のためのバッファのように思える．_IO_write_baseがバッファの先頭アドレス，_IO_write_ptrがバッファの使用中の位置，_IO_write_endがバッファの終端アドレスだろうか．

標準入出力関数では，出力はバッファリングされる．このため実際の出力処理は_IO_write_baseというバッファに対して行われるはずだ．

libioの中で_IO_write_baseに触れているような処理を検索してみよう．すると，以下のようなものがヒットする．

```
libio/fileops.c:    return _IO_do_write (f, f->_IO_write_base,
libio/fileops.c:    if (_IO_do_write (f, f->_IO_write_base,
```

つまり_IO_do_write()という関数が呼ばれているようだ．名前からして，出力を行う関数だろうか．

ヒットした箇所を見てみよう．

```
793:int
794:_IO_new_file_overflow (_IO_FILE *f, int ch)
795:{
...
838:  if (ch == EOF)
839:    return _IO_do_write (f, f->_IO_write_base,
840:                         f->_IO_write_ptr - f->_IO_write_base);
841:  if (f->_IO_write_ptr == f->_IO_buf_end ) /* Buffer is really full */
842:    if (_IO_do_flush (f) == EOF)
843:      return EOF;
844:  *f->_IO_write_ptr++ = ch;
845:  if ((f->_flags & _IO_UNBUFFERED)
846:      || ((f->_flags & _IO_LINE_BUF) && ch == '\n'))
847:    if (_IO_do_write (f, f->_IO_write_base,
848:                      f->_IO_write_ptr - f->_IO_write_base) == EOF)
849:      return EOF;
850:  return (unsigned char) ch;
851:}
```

```
852:libc_hidden_ver (_IO_new_file_overflow, _IO_file_overflow)
```

_IO_new_file_overflow()という関数の内部のようだ．これはp.75でのGDBによる解析時に，write()の前段階で呼ばれていた関数だ．やはりここで出力が行われているように思える．

処理の内容を読んでみよう．_IO_do_write()の呼び出しは2箇所にあるが，ひとつはEOFに達したときに呼ばれるようだ．

そしてもうひとつの箇所で_IO_do_write()が呼ばれる条件は，_IO_UNBUFFEREDのフラグが立っているときか，もしくは_IO_LINE_BUFのフラグが立ち改行コードが来たときのようだ．

そしてそれらの場合に_IO_do_write()が呼ばれ，実際の出力が行われることになるようだ．

_IO_LINE_BUFというフラグが立つのはどのようなときだろうか．フラグを立てている箇所を探すと，以下の2つの部分があった．

ひとつはlibio/iosetvbuf.cの，以下の部分だ．

```
33:int
34:_IO_setvbuf (fp, buf, mode, size)
35:      _IO_FILE *fp;
36:      char *buf;
37:      int mode;
38:      _IO_size_t size;
39:{
...
75:    case _IOLBF:
76:      fp->_IO_file_flags &= ~_IO_UNBUFFERED;
77:      fp->_IO_file_flags |= _IO_LINE_BUF;
...
```

これはsetvbuf()で_IOLBFを指定したときのようだ．

もうひとつはlibio/filedoalloc.cの以下の箇所だ．

```
 93:int
 94:_IO_file_doallocate (fp)
 95:      _IO_FILE *fp;
 96:{
...
116:          if (
```

```
117:#ifdef DEV_TTY_P
118:                DEV_TTY_P (&st) ||
119:#endif
120:                local_isatty (fp->_fileno))
121:              fp->_flags |= _IO_LINE_BUF;
...
```

つまり出力先がTTYのときに，行単位の出力になるようだ．

> p.81でwtraceという独自トレーサを使ったときに，helloの挙動が変化したことを思い出してほしい．つまり「./hello」のように実行する場合と，「./hello | cat」のようにパイプで別プログラムに流し込む場合では，ライブラリの動作は変わってくるということだ．

|6.1.6| write()の呼び出し

_IO_new_file_overflow()のソースコードを見る限りでは，出力処理として_IO_do_write()が呼ばれていた．しかし第2章のGDBでの解析では，_IO_new_file_overflow()の中からは_IO_new_do_write()が呼ばれていた．

ということは_IO_new_do_write()が，どこかで_IO_do_write()にリネームされているのだろうか．

配置されているアドレスを比較してみよう．

```
[user@localhost hello]$ readelf -a hello | grep _do_write
   366: 08067280   273 FUNC    LOCAL  DEFAULT    6 new_do_write
  1408: 08068110   274 FUNC    GLOBAL DEFAULT    6 _IO_new_do_write
  1811: 08068110   274 FUNC    WEAK   DEFAULT    6 _IO_do_write
[user@localhost hello]$
```

_IO_new_do_write()と_IO_do_write()の配置先アドレスはともに08068110で一致している．つまりこれらは同一の関数だ．

_IO_new_do_write()を探してみると，libio/fileops.cで以下のように定義されていた．

```
478:int
479:_IO_new_do_write (_IO_FILE *fp, const char *data, _IO_size_t to_do)
```

```
480:{
481:  return (to_do == 0
482:          || (_IO_size_t) new_do_write (fp, data, to_do) == to_do) ? 0 : EOF;
483:}
484:libc_hidden_ver (_IO_new_do_write, _IO_do_write)
```

内部ではnew_do_write()が呼ばれている．

これは実は，独自ビルドしたglibcでのバックトレースの結果（p.157）と一致している．そしてさらにバックトレースを見ると，new_do_write()の中からは_IO_new_file_write()が呼ばれているようだ．

new_do_write()はどのように実装されているのだろうか．探してみると，_IO_new_do_write()の直後で以下のようにして定義されていた．

```
486:static
487:_IO_size_t
488:new_do_write (_IO_FILE *fp, const char *data, _IO_size_t to_do)
489:{
...
506:  count = _IO_SYSWRITE (fp, data, to_do);
...
```

独自ビルドしたglibcをリンクした実行ファイルで見てみたところ，この_IO_SYSWRITE()が呼ばれているようだ．

_IO_SYSWRITE()の先は複雑なマクロになっており追跡が難しいのだが，GDBでの解析によれば，その先には_IO_new_file_write()がある．

そして_IO_new_file_write()は，libio/fileops.cで以下のように定義されている．

```
1242:_IO_ssize_t
1243:_IO_new_file_write (_IO_FILE *f, const void *data, _IO_ssize_t n)
1244:{
1245:  _IO_ssize_t to_do = n;
1246:  while (to_do > 0)
1247:    {
1248:      _IO_ssize_t count = (__builtin_expect (f->_flags2
1249:                                             & _IO_FLAGS2_NOTCANCEL, 0)
1250:                           ? write_not_cancel (f->_fileno, data, to_do)
1251:                           : write (f->_fileno, data, to_do));
...
```

write()の呼び出しがある．最終的にはここでwrite()が呼ばれ，メッセージが出力されることになるようだ．

> この過程は，独自ビルドしたglibcを用いてリンクしたhelloをGDBで解析するとソースコードと実際の関数呼び出し手順を見比べることができる．GDBで「up」「down」といったコマンドで関数呼び出しを遡ったり戻ったりすることができるので，比較してみると参考になるだろう．

【6.2】FreeBSDでの実装を見る

printf()の構造は可変長引数の処理方法を理解してしまうとそれほど難しいものではなく，様々な実装がある．

代表的なものはFreeBSDのlibc（標準Cライブラリ）だ．ここでは参考として，FreeBSDでのprintf()の実装を見てみよう．

FreeBSDはUNIXがAT&Tのベル研で開発され，BSDとSystem Vに分派した後のBSD系の後継だ．つまりUNIXの正統な流れを汲んでいると言える．そしてC言語はUNIXというOSカーネルのコーディングのために開発されたプログラミング言語だ．

つまりFreeBSDのlibcのソースコードを読むことは，歴史的に正統なprintf()の実装を読むことであるということもできるだろうか．

|6.2.1| FreeBSDのソースコードを見る

FreeBSDのソースコードは，p.19で以下に展開してある．

```
[user@localhost ~]$ cd FreeBSD-9.3
[user@localhost FreeBSD-9.3]$ ls
usr
[user@localhost FreeBSD-9.3]$
```

さらにusr/srcに入っていこう．ここにソースコードがある．

```
[user@localhost FreeBSD-9.3]$ cd usr/src
[user@localhost src]$ ls
COPYRIGHT      Makefile.mips      cddl     gnu        release  sys
LOCKS          ObsoleteFiles.inc  contrib  include    rescue   tools
MAINTAINERS    README             crypto   kerberos5  sbin     usr.bin
Makefile       UPDATING           etc      lib        secure   usr.sbin
Makefile.inc1  bin                games    libexec    share
[user@localhost src]$
```

binにあるのは/binにインストールされるコマンドのソースコードだ．同様にusr.binにあるのは/usr/binにインストールされるコマンドのソースコードになる．例えばlsコマンドのソースコードは以下にある．

```
[user@localhost src]$ ls bin/ls
Makefile  cmp.c  extern.h  ls.1  ls.c  ls.h  print.c  util.c
[user@localhost src]$
```

さらにsysにあるのがカーネルのソースコード，libはユーザに提供されるライブラリ（つまり/libや/usr/libにインストールされるライブラリ）のソースコードだ．

このようにFreeBSDでは，カーネルのソースコードも標準Cライブラリのソースコードも基本コマンドのソースコードも，一括して配布されている．これには以下の理由がある．

もともとBSDというのは，AT&TのUNIXカーネルに対して追加の各種ツール類やカーネルへのパッチを配布していたものが，AT&T依存部を独自実装で置き換えることで独自発展していったものだ．

このためBSDはOSのシステムを構成する一通りのものがすべて提供されているという経緯があり，FreeBSDでは，カーネルだけでなくシステムを構成する基本アプリケーションもFreeBSDプロジェクトで開発され一括して提供されている．そしてそれには，標準Cライブラリも含まれる．

つまりLinuxカーネルとglibcのように別々のところからダウンロードする必要はなく，一ヵ所からまとめて取得できるわけだ．

|6.2.2| FreeBSDの標準Cライブラリ

ライブラリのソースコードはlib以下にある．見てみよう．

```
[user@localhost src]$ ls lib
Makefile          libcompat         libipsec    libpmc          libthread_db
...
libc              libgeom           libnetgraph libstand        ncurses
...
```

libcというディレクトリがあるので，ここがlibcのソースコードだろう．

```
[user@localhost src]$ cd lib/libc
[user@localhost libc]$ ls
Makefile      db     ia64     locale   posix1e    resolv    stdlib  xdr
Versions.def  gdtoa  iconv    mips     powerpc    rpc       stdtime yp
amd64         gen    include  nameser  powerpc64  softfloat string
arm           gmon   inet     net      quad       sparc64   sys
compat-43     i386   isc      nls      regex      stdio     uuid
[user@localhost libc]$
```

stdioというディレクトリがあるようだ．printf()はここにあるのではないだろうか．

```
[user@localhost libc]$ cd stdio
[user@localhost stdio]$ ls *printf*
asprintf.c    printf_l.3      vdprintf.c   vwprintf.c         xprintf_int.c
dprintf.c     printfcommon.h  vfprintf.c   wprintf.3          xprintf_quote.c
fprintf.c     printflocal.h   vfwprintf.c  wprintf.c          xprintf_str.c
fwprintf.c    snprintf.c      vprintf.c    xprintf.c          xprintf_time.c
printf-pos.c  sprintf.c       vsnprintf.c  xprintf_errno.c    xprintf_vis.c
printf.3      swprintf.c      vsprintf.c   xprintf_float.c
printf.c      vasprintf.c     vswprintf.c  xprintf_hexdump.c
[user@localhost stdio]$
```

printf.cというファイルがある．

|6.2.3| printf()の先を見る

printf.cの中身を見てみよう．すると以下のようなprintf()の定義があった．

```
48:int
49:printf(char const * __restrict fmt, ...)
```

```
50:{
51:         int ret;
52:         va_list ap;
53:
54:         va_start(ap, fmt);
55:         ret = vfprintf(stdout, fmt, ap);
56:         va_end(ap);
57:         return (ret);
58:}
```

p.202で説明したglibcでの実装と同様に，可変長引数の処理をした後にvfprintf()を呼び出すという実装のようだ．

```
[user@localhost stdio]$ ls *vfprintf*
vfprintf.c
[user@localhost stdio]$
```

vfprintf.cというファイルがあるので，vfprintf()はそこにあるのではないだろうか．見てみると以下のようにvfprintf()が定義されていた．

```
269:int
270:vfprintf_l(FILE * __restrict fp, locale_t locale, const char * __restrict fmt0,
271:                va_list ap)
272:{
...
277:        /* optimise fprintf(stderr) (and other unbuffered Unix files) */
278:        if ((fp->_flags & (__SNBF|__SWR|__SRW)) == (__SNBF|__SWR) &&
279:            fp->_file >= 0)
280:                ret = __sbprintf(fp, locale, fmt0, ap);
281:        else
282:                ret = __vfprintf(fp, locale, fmt0, ap);
283:        FUNLOCKFILE(fp);
284:        return (ret);
285:}
286:int
287:vfprintf(FILE * __restrict fp, const char * __restrict fmt0, va_list ap)
288:{
289:        return vfprintf_l(fp, __get_locale(), fmt0, ap);
290:}
```

vfprintf_l()を経由して，__vfprintf()が呼ばれるようだ．

|6.2.4| GDBで関数呼び出しを確認する

この呼び出し手順は本当だろうか．それを確認するには，FreeBSDのシステム上でGDBで動作を追ってみるといいだろう．

まずサンプル・プログラムをFreeBSDのシステム上でビルドしよう．

ここではFreeBSD-9.3の32ビット版を利用してビルドした．ビルド済みのアーカイブはサポートページ上で配布している（hello-freebsd.tgz）．

ただしGDBでの解析は32ビット版の上で行うとなぜかバックトレースを正常に見ることができないので，64ビット版の上で32ビット版のモジュールを対象に行っている．

```
user@freebsd:~>% unzip hello.zip
Archive:  hello.zip
d hello
 extracting: hello/hello-strip
 extracting: hello/hello
...
 extracting: hello/hello.c
user@freebsd:~>% cd hello
user@freebsd:~/hello>% make clean
rm -f hello hello-* simple
user@freebsd:~/hello>% make
rm -f hello hello-* simple
gcc hello.c -o hello         -Wall -g -O0 -static
gcc hello.c -o hello-normal  -Wall -g -O0
...
user@freebsd:~/hello>%
```

GDBでprintf()の呼び出しを解析してみよう．やりかたは，第2章でCentOS上で行った場合と同様だ．

```
user@freebsd:~/hello>% gdb -q hello
(gdb) break write
Breakpoint 1 at 0x41fd40
(gdb) run
Starting program: /home/hiroaki/hello/hello

Breakpoint 1, 0x000000000041fd40 in write ()
```

```
(gdb) where
#0  0x000000000041fd40 in write ()
#1  0x000000000041f840 in __swrite ()
#2  0x000000000041f78b in _swrite ()
#3  0x000000000041f26d in __sflush ()
#4  0x000000000041ea2c in __sfvwrite ()
#5  0x00000000004138ab in __sprint ()
#6  0x0000000000414d12 in __vfprintf ()
#7  0x00000000004170c3 in vfprintf_l ()
#8  0x000000000040d505 in printf ()
#9  0x0000000000400318 in main (argc=1, argv=0x7fffffffe9f8) at hello.c:5
(gdb)
```

printf()→vfprintf_l()→__vfprintf()のように呼ばれていることが確認できる.

vfprintf()の呼び出しが削られているようだが，これはvfprintf()からのvfprintf_l()の呼び出しが関数末尾で行われているために，関数コールを単なるジャンプ命令に置き換えるという最適化が行われており，スタックフレームが共用になるためのようだ.

以下は逆アセンブル結果だが，関数末尾でジャンプ命令によりvfprintf_l()が呼び出されていることがわかる.

```
0000000000417130 <vfprintf>:
...
  417160:       48 85 f6                test   %rsi,%rsi
  417163:       48 0f 44 f0             cmove  %rax,%rsi
  417167:       4c 89 c2                mov    %r8,%rdx
  41716a:       e9 f1 fe ff ff          jmpq   417060 <vfprintf_l>
  41716f:       90                      nop
```

|6.2.5| フォーマット文字列の処理を見る

__vfprintf()は，vfprintf.cの中で以下のように定義されている.

```
306:int
307:__vfprintf(FILE *fp, locale_t locale, const char *fmt0, va_list ap)
308:{
...
474:        /*
```

```
475:          * Scan the format for conversions (`%' character).
476:          */
477:         for (;;) {
478:                 for (cp = fmt; (ch = *fmt) != '\0' && ch != '%'; fmt++)
479:                         /* void */;
...
501:reswitch:       switch (ch) {
...
590:                 case 'l':
591:                         if (flags & LONGINT) {
592:                                 flags &= ~LONGINT;
593:                                 flags |= LLONGINT;
594:                         } else
595:                                 flags |= LONGINT;
596:                         goto rflag;
...
632:                 case 'd':
633:                 case 'i':
634:                         if (flags & INTMAX_SIZE) {
635:                                 ujval = SJARG();
636:                                 if ((intmax_t)ujval < 0) {
637:                                         ujval = -ujval;
638:                                         sign = '-';
639:                                 }
640:                         } else {
641:                                 ulval = SARG();
642:                                 if ((long)ulval < 0) {
643:                                         ulval = -ulval;
644:                                         sign = '-';
645:                                 }
646:                         }
647:                         base = 10;
648:                         goto number;
...
```

見てみると，エスケープ文字である「%」を検索し，後続のフォーマット文字に応じてswitch～caseで処理を分岐しているようだ．

例えば上は「%d」の場合の処理だが，「%ld」のように「l」が付加された場合には「LONGINT」というフラグが立つことになる．さらに「%lld」のようになっていた場合には，「LLONGINT」というフラグが立つことになる．また「%i」は「%d」と同等に動作するようだ．

また値の取得にはSARG()というマクロが利用されているようだが，これは同じファイルの中で以下のように定義されている．

```
388:        /*
389:         * Get the argument indexed by nextarg.   If the argument table is
390:         * built, use it to get the argument.  If its not, get the next
391:         * argument (and arguments must be gotten sequentially).
392:         */
393:#define GETARG(type) \
394:        ((argtable != NULL) ? *((type*)(&argtable[nextarg++])) : \
395:            (nextarg++, va_arg(ap, type)))
396:
397:        /*
398:         * To extend shorts properly, we need both signed and unsigned
399:         * argument extraction methods.
400:         */
401:#define SARG() \
402:        (flags&LONGINT ? GETARG(long) : \
403:            flags&SHORTINT ? (long)(short)GETARG(int) : \
404:            flags&CHARINT ? (long)(signed char)GETARG(int) : \
405:            (long)GETARG(int))
...
```

SARG()はGETARG()になり，GETARG()はva_arg()によって可変長引数のリストから引数を取り出すことになる．これにより，可変長で渡された引数がフォーマット文字列の指定に応じてひとつひとつ処理されることになる．

そして%ldによってLONGINTのフラグが立っている場合には，値はlong値として取得されることになる．

【6.3】Newlibでの実装を見る

標準Cライブラリの実装にはいくつかのものがあるが，もうひとつの実装として，Newlibのprintf()も見てみよう．

Newlibは組込みシステムをターゲットとした標準Cライブラリで，現在はRed Hatによって開発されている．

|6.3.1| Newlibのソースコードを見る

Newlibのソースコードは，p.18で以下に展開してある．

```
[user@localhost ~]$ cd newlib-2.2.0
[user@localhost newlib-2.2.0]$ ls
COPYING            README                     etc             missing
COPYING.LIB        README-maintainer-mode     install-sh      mkdep
COPYING.LIBGLOSS   compile                    libgloss        mkinstalldirs
COPYING.NEWLIB     config                     libtool.m4      move-if-change
COPYING3           config-ml.in               ltgcc.m4        newlib
COPYING3.LIB       config.guess               ltmain.sh       setup.com
ChangeLog          config.rpath               ltoptions.m4    src-release
MAINTAINERS        config.sub                 ltsugar.m4      symlink-tree
Makefile.def       configure                  ltversion.m4    texinfo
Makefile.in        configure.ac               lt~obsolete.m4  ylwrap
Makefile.tpl       depcomp                    makefile.vms
[user@localhost newlib-2.2.0]$
```

いろいろファイルがあるようだが，いままでglibcもFreeBSDのlibcも，vfprintf.cやprintf.cというファイルが存在していた．

Newlibでも同様のファイルは無いだろうか．探してみよう．

```
[user@localhost newlib-2.2.0]$ find . -name "*printf.c"
...
./newlib/libc/stdio/printf.c
./newlib/libc/stdio/swprintf.c
./newlib/libc/stdio/vfprintf.c
...
```

printf.cもvfprintf.cも存在しているようだ．ディレクトリもlibc/stdioというところにあるようなので，これが本命だろう．

|6.3.2| printf()の実装を見る

newlib/libc/stdio/printf.cの内容を見てみよう．すると，printf()が以下のようにして実装されていた．

```
48:int
49:_DEFUN(printf, (fmt),
50:        const char *__restrict fmt _DOTS)
51:{
52:   int ret;
53:   va_list ap;
54:   struct _reent *ptr = _REENT;
55:
56:   _REENT_SMALL_CHECK_INIT (ptr);
57:   va_start (ap, fmt);
58:   ret = _vfprintf_r (ptr, _stdout_r (ptr), fmt, ap);
59:   va_end (ap);
60:   return ret;
61:}
```

va_start()とva_end()による可変長引数の処理の準備は，glibcやFreeBSDのlibcと同様だ．さらに_vfprintf_r()という関数が呼ばれていることになる．

_vfprintf_r()を探してみよう．

```
[user@localhost stdio]$ grep _vfprintf_r *.c
fprintf.c:  ret = _vfprintf_r (ptr, fp, fmt, ap);
fprintf.c:  ret = _vfprintf_r (_REENT, fp, fmt, ap);
nano-vfprintf.c:        _vfprintf_r
nano-vfprintf.c:        int _vfprintf_r(struct _reent *<[reent]>, FILE *<[fp]>,
nano-vfprintf.c:<<_vprintf_r>>, <<_vfprintf_r>>, <<_vasprintf_r>>, <<_vsprintf_r>>,
nano-vfprintf.c:# define _VFPRINTF_R _vfprintf_r
nano-vfprintf.c:       _ATTRIBUTE ((__alias__("_vfprintf_r")));
printf.c:  ret = _vfprintf_r (ptr, _stdout_r (ptr), fmt, ap);
printf.c:  ret = _vfprintf_r (ptr, _stdout_r (ptr), fmt, ap);
vfprintf.c:  _vfprintf_r
vfprintf.c:  int _vfprintf_r(struct _reent *<[reent]>, FILE *<[fp]>,
vfprintf.c:<<_vprintf_r>>, <<_vfprintf_r>>, <<_vasprintf_r>>, <<_vsprintf_r>>,
vfprintf.c:#   define _VFPRINTF_R _vfprintf_r
vprintf.c:  return _vfprintf_r (reent, _stdout_r (reent), fmt, ap);
vprintf.c:  return _vfprintf_r (ptr, _stdout_r (ptr), fmt, ap);
[user@localhost stdio]$
```

nano-vfprintf.cとvfprintf.cに#defineがあること以外は関数呼び出しのようなので，無視してよさそうだ．ファイル名からして，vfprintf.cのほうが本命だろう．

vfprintf.cを見ると，まず以下のような定義がある．

```
139:#   define _VFPRINTF_R _vfprintf_r
```

「_VFPRINTF_R」で検索してみると，以下のような関数の定義らしきものがあった．これが_vfprintf_r()の本体だろう．

```
662:int
663:_DEFUN(_VFPRINTF_R, (data, fp, fmt0, ap),
664:        struct _reent *data _AND
665:        FILE * fp           _AND
666:        _CONST char *fmt0   _AND
667:        va_list ap)
668:{
...
```

|6.3.3| FreeBSDでの実装に似ている

_vfprintf_r()の関数の内部を見てみると，以下のようにしてフォーマット文字列をswitch〜caseで処理している．

```
 907:        /*
 908:         * Scan the format for conversions (`%' character).
 909:         */
 910:        for (;;) {
 911:                cp = fmt;
...
 925:                while (*fmt != '\0' && *fmt != '%')
 926:                    fmt += 1;
...
1120:                case 'l':
1121:#if defined _WANT_IO_C99_FORMATS || !defined _NO_LONGLONG
1122:                        if (*fmt == 'l') {
1123:                                fmt++;
1124:                                flags |= QUADINT;
1125:                        } else
1126:#endif
1127:                                flags |= LONGINT;
1128:                        goto rflag;
```

```
...
1197:                case 'd':
1198:                case 'i':
1199:                        _uquad = SARG ();
1200:#ifndef _NO_LONGLONG
1201:                        if ((quad_t)_uquad < 0)
1202:#else
1203:                        if ((long) _uquad < 0)
1204:#endif
1205:                        {
1206:
1207:                                _uquad = -_uquad;
1208:                                sign = '-';
1209:                        }
1210:                        base = DEC;
1211:                        goto number;
...
```

これはFreeBSDのlibcと似ている．というよりも，そっくりだ．マクロSARG()などの定義も，実によく似ている．

vfprintf.cのファイル先頭のライセンス表記を確認すると以下のようになっており，どうやらやはりBSD由来のコードのようだ．

```
1:/*
2: * Copyright (c) 1990 The Regents of the University of California.
3: * All rights reserved.
4: *
5: * This code is derived from software contributed to Berkeley by
6: * Chris Torek.
...
```

組込みソフトウェアでは，ソースコードの公開の義務が無いBSDライセンスのソフトウェアが好まれる場合が多い．Newlibは組込み向けの標準Cライブラリなので，BSDの実装をベースにしているのであろうか．

|6.3.4| ミニマムな実装が別にある

vfprintf.cの同一ディレクトリにはnano-vfprintf.cというファイルもあり，_vfprintf_r()はこちらでも定義されている．こちらは機能を限定したミニマムな実装になっており，スペックの貧弱な組込み機器ではより有効だろう．

```
[user@localhost stdio]$ wc -l vfprintf.c nano-vfprintf.c
 2353 vfprintf.c
  665 nano-vfprintf.c
 3018 total
[user@localhost stdio]$
```

行数を比較すると，約30%程度だ．これは小さい．

しかしnano-vfprintf.cを有効にするには，どのようにすればいいのだろうか．

nano-vfprintf.cが利用されている箇所をgrepで探すと，Makefile.amやMakefile.inにそのような部分がある．そしてそれらを見てみると，どうやらNEWLIB_NANO_FORMATTED_IOというフラグが関係している．

newlib/libc/configureの以下の部分を見ると，configureの際に--enable-newlib_nano_formatted_ioというオプションを付加することで有効になるようだ．

```
2235:# Check whether --enable-newlib_nano_formatted_io was given.
2236:if test "${enable_newlib_nano_formatted_io+set}" = set; then :
2237:  enableval=$enable_newlib_nano_formatted_io; case "${enableval}" in
2238:   yes) newlib_nano_formatted_io=yes ;;
2239:   no)  newlib_nano formatted_io=no ;;
2240:   *) as_fn_error $? "bad value ${enableval} for newlib-nano-formatted-io" "$LINE
NO" 5 ;;
2241: esac
2242:else
2243:  newlib_nano_formatted_io=no
2244:fi
2245:
2246: if test x$newlib_nano_formatted_io = xyes; then
2247:  NEWLIB_NANO_FORMATTED_IO_TRUE=
2248:  NEWLIB_NANO_FORMATTED_IO_FALSE='#'
2249:else
2250:  NEWLIB_NANO_FORMATTED_IO_TRUE='#'
2251:  NEWLIB_NANO_FORMATTED_IO_FALSE=
2252:fi
```

ミニマムな実装はサイズ削減の利点が大きいが，無駄なものを省くことで確実にビルドできるようにするというメリットもある．

例えばprintf()は，フルセットの機能だと"%f"による浮動小数の扱いも含まれる．しかし組込みソフトウェアでは，浮動小数は不要なものとして利用できない場合も多い．この場合，フルセットのprintf()をビルドすると，どこかでエラーになるだろう(環境によって，コンパイル時，リンク時，実行時のすべてがあり得る)．

このようなエラー対応をするのは面倒だが，ミニマムな実装で要求される機能が十分に満たされるならば，フルセットの実装を避けることで無駄な対応をせずに済ませられるわけだ．

【6.4】この章のまとめ

標準入出力関数であるprintf()と，その前後の処理の実装を見てみた．

printf()は入門書でも多く扱われているため馴染みの深いものであるが，関数呼び出しの段数は深く，フォーマット処理やバッファリングなど内部では様々な処理が行われていることがわかる．そう考えると，次から標準入出力関数を使うときの思い入れも変わってくるのではないだろうか．

また内部処理を知ることで，実際の出力処理がどのようなタイミングで行われるのかといった細かい動作もわかることになる．これは細かいチューニングをしたい場合の助けになることだろう．

さらにFreeBSDやNewlibのprintf()の実装は，glibcに比べてシンプルで直感的にわかりやすい．これらはシンプルなprintf()を独自実装するような場合の参考にするにはいいだろう．

第7章 コンパイル時に起きていること

ここまで，hello.cというソースコードをコンパイルし実行ファイルを作成するためにgccというコマンドを使ってきた．

しかしこの「gcc」というコマンドは一体何なのか，裏で何をやっているのか，疑問に思うこともあるのではないだろうか．プログラムについて議論するとき，プログラム自体や実行結果だけでなく，コンパイルという作業も重要なテーマだといえる．

本章では実行ファイル生成のための環境と仕組みについて探ってみたい．

【7.1】コンパイルの流れ

ところでここまで「コンパイル」と一言で言ってしまってきているが，この言葉に違和感を覚える読者のかたもいるかもしれない．

「コンパイル」という言葉には，複数の意味がある．

本来はC言語などのプログラミング言語のソースコードを変換して，アセンブラ（アセンブリ言語）のリストを出力する作業がコンパイルだ．

さらにそのアセンブラから「オブジェクト・ファイル」と呼ばれる中間ファイルを生成する作業はアセンブルと呼ばれる．

オブジェクト・ファイルは機械語コードから成っている．しかしこの段階では，他ファイルに存在する変数の参照や関数の呼び出し箇所のアドレスを解決できていない．

そこで複数のオブジェクト・ファイルを他ライブラリ類と結合してアドレスを決定し，最終的な実行ファイルを生成するのが「リンク」と呼ばれる作業になる．

さらに，それぞれの作業を行うツールがコンパイラ，アセンブラ，リンカということになる．

そしてここでは言語としての「アセンブラ」とツールとしての「アセンブラ」という，2つの意味で「アセンブラ」という言葉を利用している．p.35で説明したように前者は本来は「アセンブリ言語」と言うべきであるが，アセンブラと言ってしまう場合も多く，本書でもそのような表現をしている．

さらにC言語のソースファイルはいきなりコンパイルされるわけではなく，「#include」や「#define」に対しての文字列操作が行われる．これは「前処理」(プリプロセス) などと呼ばれる．前処理を行うツールは「プリプロセッサ」だ．

7.1.1 コンパイルの広義と狭義の意味

このようにコンパイルは本来は非常に狭い意味なのだが，しかしこれら一連の作業をまとめて，実行ファイルが生成されるまでを「コンパイル」と言ってしまう場合も多い．

狭義のコンパイルに対して，広義のコンパイルと言うことができるだろうか．明確に区別したい場合には，一連の作業のことは「コンパイル・リンク」などと呼んだりもする．また敢えて「ビルド」のような別の言いかたをしたりもする．

もう一度，実行ファイルhelloを生成したときの実行コマンドを見てみよう．

```
$ gcc hello.c -o hello -Wall -g -O0 -static
```

ここで実際に行っているのは「コンパイル・リンク」だ．しかし一般には「コンパイル」と呼んでしまう場合も多く，状況によって区別が必要になるため，注意してほしい．

さらに狭義の「コンパイル」の場合は，前処理を含めるか含めないかも微妙なところだ．通常は前処理も含めて「コンパイル」と呼んでいることが多いように思うが，コンパイラとプリプロセッサは本来は別のツールであるし，処理の内容も異なるものなので，別の処理と考えたほうがいいようにも思う．このあたりは文脈で判断することにもなるだろう．

これらを図示すると図7.1のようになる．

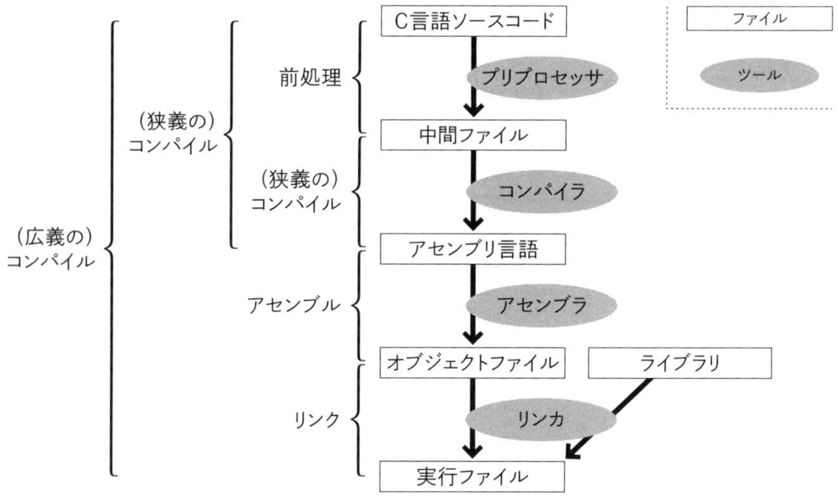

C言語ソースコード
前処理
プリプロセッサ
中間ファイル
(狭義の)コンパイル
コンパイラ
アセンブリ言語
アセンブル
アセンブラ
オブジェクトファイル
ライブラリ
リンク
リンカ
実行ファイル
(狭義の)コンパイル
(広義の)コンパイル
ファイル
ツール

図7.1: 実行ファイル生成の過程

と，ここまでは入門書などでも説明される内容になる．

しかしこの過程で，実際にどのような作業が行われているのかはあまり説明されることはない．

サンプル・プログラムを題材にして，その工程を詳しく追いかけてみよう．

7.1.2 実行ファイルが生成されるまで

本書では実行ファイルを生成するのに，以下のようなコマンドを発行している．

```
[user@localhost hello]$ gcc hello.c -o hello -Wall -g -O0 -static
```

これでC言語のソースコードである「hello.c」から実行ファイルである「hello」が生成されるわけなので，これによって行われているのは「広義のコンパイル」だ．

これでは実行ファイルを生成するまでを一気に行ってしまうので，中間状態を見ることができない．しかし以下のように-cというオプションで実行すると，コンパイルとアセンブルを行い，オブジェクトファイルを生成するまでを行ってくれる．つまりリンクの手前で止めてくれる，ということだ．

```
[user@localhost hello]$ gcc -c hello.c -o hello.o
```

-oは出力ファイルのファイル名を指定するためのオプションだ．これだとhello.oというオブジェクトファイルが生成されることになる．

この例ではC言語のソースコードからオブジェクトファイルを生成するまでを行うため，狭義のコンパイルとアセンブルの過程を一気に行っている．しかし以下のようにすれば，アセンブルの手前で止めてアセンブラのファイルを出力するまでを行うことができる．

```
[user@localhost hello]$ gcc -S hello.c -o hello.s
```

これでhello.sというアセンブラのファイルが生成される．そしてhello.sは，以下のようにすることでアセンブルしてオブジェクトファイルを生成することができる．

```
[user@localhost hello]$ gcc -c hello.s -o hello.o
```

これらの手順を実行ファイルを生成するまでにまとめると，以下のような作業になる．狭義のコンパイルによってアセンブラ（hello.s）を生成し，アセンブルによってオブジェクトファイル（hello.o）を生成し，リンクによって実行ファイル（hello）を生成している，という手順になる．

```
[user@localhost hello]$ gcc -S hello.c -o hello.s
[user@localhost hello]$ gcc -c hello.s -o hello.o
[user@localhost hello]$ gcc hello.o -o hello
```

本来はこのように各作業を順に行うわけだが，gccは指定したファイルから適切な処理を選んで実行ファイルを生成するまでを行ってくれる．C言語ソースコードを指定すればコンパイルをするし，アセンブラを指定されればアセンブルをする，というわけだ．

よって以下のようにするだけで上の作業が自動的に行われ，実行ファイルが生成されるわけだ．

```
[user@localhost hello]$ gcc hello.c -o hello
```

このように実行ファイルが生成されるまでの過程で，実際には様々な中間ファイルが作成されている．gccを「-save-temps」というオプションを付加して起動することで，中間ファイルを削除せずにそのまま残すことができる．

|7.1.3| gccが行っている処理

では実際にはgccはどのような作業を行っているのだろうか.

「指定されたファイルに応じて適切な処理を行う」とは書いたが, 正確には「適切なツールを選択し, そのツールを起動する」ということが行われる. つまり(狭義の)コンパイラやアセンブラは別にツールがあり, それが適宜起動されるというわけだ.

この過程はgccに-vというオプションを付加して実行することで, ログ出力することができる. やってみよう.

```
[user@localhost hello]$ gcc hello.c -o hello -Wall -g -O0 -static -v
Using built-in specs.
Target: i686-redhat-linux
Configured with: ../configure --prefix=/usr --mandir=/usr/share/man --infodir=/usr/sha
re/info --with-bugurl=http://bugzilla.redhat.com/bugzilla --enable-bootstrap --enable-
shared --enable-threads=posix --enable-checking=release --with-system-zlib --enable-__
cxa_atexit --disable-libunwind-exceptions --enable-gnu-unique-object --enable-language
s=c,c++,objc,obj-c++,java,fortran,ada --enable-java-awt=gtk --disable-dssi --with-java
-home=/usr/lib/jvm/java-1.5.0-gcj-1.5.0.0/jre --enable-libgcj-multifile --enable-java-
maintainer-mode --with-ecj-jar=/usr/share/java/eclipse-ecj.jar --disable-libjava-multi
lib --with-ppl --with-cloog --with-tune=generic --with-arch=i686 --build=i686-redhat-l
inux
Thread model: posix
gcc version 4.4.7 20120313 (Red Hat 4.4.7-11) (GCC)
COLLECT_GCC_OPTIONS='-o' 'hello' '-Wall' '-g' '-O0' '-static' '-v' '-mtune=generic' '-
march=i686'
 /usr/libexec/gcc/i686-redhat-linux/4.4.7/cc1 -quiet -v hello.c -quiet -dumpbase hello
.c -mtune=generic -march=i686 -auxbase hello -g -O0 -Wall -version -o /tmp/ccoG7Cpi.s
ignoring nonexistent directory "/usr/lib/gcc/i686-redhat-linux/4.4.7/include-fixed"
ignoring nonexistent directory "/usr/lib/gcc/i686-redhat-linux/4.4.7/../../../../i686-
redhat-linux/include"
#include "..." search starts here:
#include <...> search starts here:
 /usr/local/include
 /usr/lib/gcc/i686-redhat-linux/4.4.7/include
 /usr/include
End of search list.
GNU C (GCC) version 4.4.7 20120313 (Red Hat 4.4.7-11) (i686-redhat-linux)
        compiled by GNU C version 4.4.7 20120313 (Red Hat 4.4.7-11), GMP version 4.3.1,
MPFR version 2.4.1.
GGC heuristics: --param ggc-min-expand=46 --param ggc-min-heapsize=31106
Compiler executable checksum: c25e414dcfbfa629fac729a7fbabc904
```

```
COLLECT_GCC_OPTIONS='-o' 'hello' '-Wall' '-g' '-O0' '-static' '-v' '-mtune=generic' '-
march=i686'
 as -V -Qy -o /tmp/ccRdeczL.o /tmp/ccoG7Cpi.s
GNU assembler version 2.20.51.0.2 (i686-redhat-linux) using BFD version version 2.20.51
.0.2-5.42.el6 20100205
COMPILER_PATH=/usr/libexec/gcc/i686-redhat-linux/4.4.7/:/usr/libexec/gcc/i686-redhat-l
inux/4.4.7/:/usr/libexec/gcc/i686-redhat-linux/:/usr/lib/gcc/i686-redhat-linux/4.4.7/:
/usr/lib/gcc/i686-redhat-linux/:/usr/libexec/gcc/i686-redhat-linux/4.4.7/:/usr/libexec
/gcc/i686-redhat-linux/:/usr/lib/gcc/i686-redhat-linux/4.4.7/:/usr/lib/gcc/i686-redhat
-linux/
LIBRARY_PATH=/usr/lib/gcc/i686-redhat-linux/4.4.7/:/usr/lib/gcc/i686-redhat-linux/4.4.
7/:/usr/lib/gcc/i686-redhat-linux/4.4.7/../../../:/lib/:/usr/lib/
COLLECT_GCC_OPTIONS='-o' 'hello' '-Wall' '-g' '-O0' '-static' '-v' '-mtune=generic' '-
march=i686'
 /usr/libexec/gcc/i686-redhat-linux/4.4.7/collect2 --build-id -m elf_i386 --hash-style
=gnu -static -o hello /usr/lib/gcc/i686-redhat-linux/4.4.7/../../../crt1.o /usr/lib/gc
c/i686-redhat-linux/4.4.7/../../../crti.o /usr/lib/gcc/i686-redhat-linux/4.4.7/crtbegi
nT.o -L/usr/lib/gcc/i686-redhat-linux/4.4.7 -L/usr/lib/gcc/i686-redhat-linux/4.4.7 -L/
usr
/lib/gcc/i686-redhat-linux/4.4.7/../../.. /tmp/ccRdeczL.o --start-group -lgcc -lgcc_eh
-lc --end-group /usr/lib/gcc/i686-redhat-linux/4.4.7/crtend.o /usr/lib/gcc/i686-redhat
-linux/4.4.7/../../../crtn.o
[user@localhost hello]$
```

見ると「cc1」「as」「collect2」というコマンドが順に発行されているようだ．「cc1」は狭義のコンパイラ，「as」はアセンブラ，「collect2」はリンカになる．

つまり「gcc」というコマンドは実は厳密な意味での「コンパイラ」ではなく，指定されたファイルの種別に応じて，これらのコマンドを適切に組み合わせて適切な引数で呼び出してくれる「ドライバ」であるということができる．

> プリプロセッサらしきコマンドは明示的に呼び出されていないので，プリプロセスの過程は狭義のコンパイルに統合されてしまっているようだ．なおプリプロセスは「cpp」というコマンドで，明示的に行うことができる．

そしてその過程では，様々なヘッダファイルやライブラリが関与している．それらのファイルがいったいどこにあり，そしてなぜそこにあるのかを知るためにはOSというものに対する理解が必要なのだが，その前にコンパイルの作業を最後まで追ってみよう．

【7.2】リンクの処理

コンパイルの最終段階ではリンク処理により，各種ライブラリと結合されると入門書では説明される．しかしここで言う「各種ライブラリ」とは何で，どこにあるものなのだろうか．

例えばhello.cではprintf()という関数を利用している．これは標準ライブラリ関数と呼ばれるものだ．そして多くのGNU/Linuxディストリビューションでは，標準Cライブラリにはglibcが採用されている．

しかしglibcがリンクされて動作するためには，その実体がどこかにあるはずだ．いったいどこに，どのような形で存在しているのだろうか．

|7.2.1| ライブラリの場所

システム上で利用されるライブラリは，/libか/usr/libにインストールされる．標準Cライブラリであるglibcの実体を見てみよう．

```
[user@localhost ~]$ ls -l /lib/libc.* /usr/lib/libc.*
lrwxrwxrwx. 1 root root      12 May  4 14:04 /lib/libc.so.6 -> libc-2.12.so
-rw-r--r--. 1 root root 3546306 Apr 21 21:35 /usr/lib/libc.a
-rw-r--r--. 1 root root     238 Apr 21 21:02 /usr/lib/libc.so
[user@localhost ~]$
```

libc.aは3.5MB程度のサイズがあるが，これは静的ライブラリの本体だ．-staticによる静的リンクのために，以下を実行することでインストールされたものだ．詳しくはp.6を参照してほしい．

```
# yum install glibc-static
```

そして*.soは共有ライブラリになる．「so」は「Shared Object」の略だ．

/lib/libc.so.6はlibc-2.12.soへのシンボリックリンクになっているようだ．リンク先を見てみよう．

```
[user@localhost ~]$ ls -l /lib/libc-2.12.so
-rwxr-xr-x. 1 root root 1906308 Apr 21 21:35 /lib/libc-2.12.so
[user@localhost ~]$
```

サイズが1.9MBほどあるので，これが共有ライブラリの本体だろう．

ところでp.230でgccを-vオプションつきで実行した際には，以下のようにしてcollect2というリンカが起動されていた．

```
 /usr/libexec/gcc/i686-redhat-linux/4.4.7/collect2 --build-id -m elf_i386 --hash-style
=gnu -static -o hello /usr/lib/gcc/i686-redhat-linux/4.4.7/../../../crt1.o /usr/lib/gc
c/i686-redhat-linux/4.4.7/../../../crti.o /usr/lib/gcc/i686-redhat-linux/4.4.7/crtbegi
nT.o -L/usr/lib/gcc/i686-redhat-linux/4.4.7 -L/usr/lib/gcc/i686-redhat-linux/4.4.7 -L/
usr/lib/gcc/i686-redhat-linux/4.4.7/../../.. /tmp/ccRdeczL.o --start-group -lgcc -lgcc
_eh -lc --end-group /usr/lib/gcc/i686-redhat-linux/4.4.7/crtend.o /usr/lib/gcc/i686-re
dhat-linux/4.4.7/../../../crtn.o
```

よく見ると「-static」と「-lc」というオプションが付加されている点に注目してほしい．

「-lXXX」はlibXXX.a（共有ライブラリを利用する場合はlibXXX.so）というファイルをリンクする，という意味だ．ここでは「-lc」により，libc.aがリンクされているというわけだ．

|7.2.2| glibcの実体

共有ライブラリのファイルが持つ情報を見たことがあるという人は少ないかもしれないが，実はこれらもELFフォーマットになっているため，readelfで情報を見ることができる．

静的ライブラリはライブラリアーカイバによりオブジェクトファイルがまとめられた形になっているのだが，readelfはそれを認識してファイルごとに解釈してくれるようで，やはりreadelfで情報を見ることができる．

やってみよう．まずは静的ライブラリからだ．

```
[user@localhost ~]$ readelf -a /usr/lib/libc.a | head

File: /usr/lib/libc.a(init-first.o)
ELF Header:
  Magic:   7f 45 4c 46 01 01 01 00 00 00 00 00 00 00 00 00
```

```
  Class:                             ELF32
  Data:                              2's complement, little endian
  Version:                           1 (current)
  OS/ABI:                            UNIX - System V
  ABI Version:                       0
  Type:                              REL (Relocatable file)
[user@localhost ~]$
```

「File:」として/usr/lib/libc.aの中にアーカイブされている「init-first.o」というオブジェクトファイルが解析されているようだ．

他にもオブジェクトファイルがあるのだろうか．

```
[user@localhost ~]$ readelf -a /usr/lib/libc.a | grep File: | head
File: /usr/lib/libc.a(init-first.o)
File: /usr/lib/libc.a(libc-start.o)
File: /usr/lib/libc.a(sysdep.o)
File: /usr/lib/libc.a(version.o)
File: /usr/lib/libc.a(check_fds.o)
File: /usr/lib/libc.a(libc-tls.o)
File: /usr/lib/libc.a(elf-init.o)
File: /usr/lib/libc.a(dso_handle.o)
File: /usr/lib/libc.a(errno.o)
File: /usr/lib/libc.a(init-arch.o)
[user@localhost ~]$ readelf -a /usr/lib/libc.a | grep File: | wc -l
1511
[user@localhost ~]$
```

なんと1511個ものファイルが格納されていることがわかる．

しかしこの中にprintf()の本体もあるはずだ．探してみよう．

```
[user@localhost ~]$ readelf -a /usr/lib/libc.a | grep printf | grep -v "[a-z_]printf"
File: /usr/lib/libc.a(printf_fp.o)
File: /usr/lib/libc.a(reg-printf.o)
File: /usr/lib/libc.a(printf-prs.o)
File: /usr/lib/libc.a(printf_fphex.o)
File: /usr/lib/libc.a(printf_size.o)
    12: 00000000    43 FUNC    GLOBAL DEFAULT    1 printf_size_info
    26: 00000030  2527 FUNC    GLOBAL DEFAULT    1 printf_size
File: /usr/lib/libc.a(printf.o)
    10: 00000000    35 FUNC    GLOBAL DEFAULT    1 printf
```

```
File: /usr/lib/libc.a(printf-parsemb.o)
File: /usr/lib/libc.a(printf-parsewc.o)
File: /usr/lib/libc.a(printf_chk.o)
[user@localhost ~]$
```

確かにprintfの実体があるようだ．readelfの出力をlessに入力して当該の箇所を探すと，どうやら以下のファイル上でprintf()が定義されているようだ．

```
File: /usr/lib/libc.a(printf.o)
...
     7: 00000000    35 FUNC    GLOBAL DEFAULT    1 __printf
     8: 00000000     0 NOTYPE  GLOBAL DEFAULT  UND stdout
     9: 00000000     0 NOTYPE  GLOBAL DEFAULT  UND vfprintf
    10: 00000000    35 FUNC    GLOBAL DEFAULT    1 printf
    11: 00000000    35 FUNC    GLOBAL DEFAULT    1 _IO_printf
...
```

ここでp.52を思い出してほしい．printf()の他には，__printf()と_IO_printf()がエイリアスとしてシンボル登録されている．

そしてここで注目したいのは，「printf.o」というオブジェクトファイルのファイル名だ．

オブジェクトファイルのファイル名が「printf.o」になっているということは，元のソースコードは「printf.c」である可能性が高いということだ．実際にp.201では，printf.cというファイルの中にprintf()の本体を見つけている．このようにして，ある関数がライブラリのソースコード中のどのファイルにあるのかを，ライブラリの実体から推測することができるということだ．これはソースコード調査の際に役に立つだろう．

|7.2.3| ライブラリを逆アセンブルする

さらに，ライブラリを逆アセンブルすることもできる．

```
[user@localhost ~]$ objdump -d /usr/lib/libc.a | less
```

printf()の実体を検索してみよう．「printf」で検索すると他の色々なものがヒットしてしまうので，「printf.o」というオブジェクトファイルのファイル名でまずは検索してみる．

すると，以下のような部分が見つかった．

```

printf.o:     file format elf32-i386


Disassembly of section .text:

00000000 <_IO_printf>:
   0:   55                      push   %ebp
   1:   89 e5                   mov    %esp,%ebp
   3:   83 ec 0c                sub    $0xc,%esp
   6:   8d 45 0c                lea    0xc(%ebp),%eax
   9:   89 44 24 08             mov    %eax,0x8(%esp)
   d:   8b 45 08                mov    0x8(%ebp),%eax
  10:   89 44 24 04             mov    %eax,0x4(%esp)
  14:   a1 00 00 00 00          mov    0x0,%eax
  19:   89 04 24                mov    %eax,(%esp)
  1c:   e8 fc ff ff ff          call   1d <_IO_printf+0x1d>
  21:   c9                      leave
  22:   c3                      ret
```

関数名が_IO_printf()になっているが，これは先述したエイリアスのためだ．

よってこれが，静的ライブラリ中のprintf()の実体だ．実際には可変長引数の準備をして別の関数を呼び出すだけの短い処理になっている．これについては第11章で説明する．

【7.3】プリプロセッサの処理

ライブラリの実体についてはわかってきたが，コンパイルには他にも必要なものがある．たとえば定番のstdio.hや，ほかにもstdlib.hというものがある．いわゆる「標準ヘッダファイル」だ．

これらのインクルード処理はプリプロセス，つまり前処理の段階で行われる．次はプリプロセッサが行う前処理について，考えてみよう．

7.3.1 プリプロセッサの役割

hello.cのソースコードには，以下のような記述が見られる．C言語で定番の出だしだ．「#include」に似た記述法として，「#define」による定数の定義や，「#ifdef」による条件コンパイルなどがある．

```
#include <stdio.h>
```

これらは以下の点で，C言語の文法（変数定義やfor，if文など）とは明らかに異なるものだ．

- **行頭が「#」で始まる**
- **改行が意味を持つ**

つまりこれらはC言語の文法処理とはまた異なる文字列変換処理であって，コンパイル前の「前処理」（プリプロセス）と呼ばれる過程で処理される．「#include」ならば指定されたファイルをそこに挿入する．「#define」ならば指定された文字列を別の文字列に置き換える，といった具合だ．

つまりプリプロセッサの役割は，そうした文字列置換を行うことにある．

7.3.2 cppを使ってみる

プリプロセスには「cpp」というツールが利用できる．これがいわゆる「プリプロセッサ」だ．

cppを使った文字列変換を試してみよう．

```
[user@localhost ~]$ echo "A B C" | cpp -DA=B
# 1 "<stdin>"
# 1 "<built-in>"
# 1 "<command-line>"
# 1 "<stdin>"
B B C
[user@localhost ~]$
```

これは「A B C」という文字列に対して，以下のような#defineを適用することと等価の処理になる．

```
#define A B
```

つまり「A」という文字列を，「B」という文字列に置換しているわけだ．結果として「A B C」が「B B C」になっている．

プリプロセッサの機能は他にも#ifdefによる条件切替えなどがあるが，こうした機能はC言語に限らず，ちょっとした文書整形などにも便利なものだ．事実，筆者はホームページのHTMLの管理やドキュメントの執筆などに，自作のプリプロセッサもどきを作って活用している．

7.3.3 ヘッダファイルの場所

C言語のソースファイルは何らかのヘッダファイルのインクルードから始まるのが通例だ．これはプリプロセッサによりヘッダファイルを取り入れ，関数のプロトタイプ宣言などを読み込むことが目的だ．

言いかたを変えると，C言語でのライブラリのインポート作業は，#includeによるヘッダファイルの取り込みで行われるのが通例になっている．ヘッダファイルはライブラリの仕様書ということだ．

では，それらの「ヘッダファイル」はいったいどこに置かれているのだろうか？　ヘッダファイルの実体を見てみよう．

7.3.4 2種類のインクルード方法

まずヘッダファイルには，大きく分けて2種類がある．システムに標準でインストールされているものと，プログラム中で定義されているローカルなものだ．

まずシステム標準のヘッダファイルは，以下のように「#include <>」によってインクルードされる．

```
#include <stdio.h>
```

この場合stdio.hは，システム標準のヘッダファイルの置き場所から検索される．

それに対してローカルなヘッダファイルは，以下のように「#include ""」によってインクルードされる．

```
#include "local.h"
```

この場合local.hは，まずは#includeが記述されているファイルが置いてあるディレクトリから検索される．そして見つからなかったときには，システム標準のヘッダファイルの置き場所から検索される．

ではすべて「""」でくくっておけばいいかというと，そういうわけでもない．ヘッダファイルのインクルードを「""」で括るか「<>」で括るかによって，それがローカルなものなのか，標準ヘッダファイルなのかの意志表示になるからだ．

7.3.5 標準ヘッダファイル

システムに標準的にインストールされているヘッダファイルは「標準ヘッダファイル」と呼ばれる．

標準ヘッダファイルは/usr/includeというディレクトリに置かれている．見てみよう．

```
[user@localhost ~]$ ls /usr/include
GL           errno.h      locale.h     poll.h       tar.h
X11          error.h      malloc.h     printf.h     term.h
_G_config.h  eti.h        math.h       protocols    term_entry.h
a.out.h      etip.h       mcheck.h     pthread.h    termcap.h
aio.h        execinfo.h   memory.h     pty.h        termio.h
...
endian.h     limits.h     obstack.h    syscall.h
envz.h       link.h       panel.h      sysexits.h
err.h        linux        paths.h      syslog.h
[user@localhost ~]$
```

「*.h」という名前のファイルが多く見られる．これらがシステムの標準ヘッダファイルだ．

stdio.hもあるのだろうか．見てみよう．

```
[user@localhost ~]$ ls /usr/include/std*
/usr/include/stdint.h  /usr/include/stdio_ext.h
/usr/include/stdio.h   /usr/include/stdlib.h
[user@localhost ~]$
```

確かにあるようだ．

7.3.6 標準ヘッダファイルの開発元

では標準ヘッダファイルは誰によって用意されるものだろうか？

それにはヘッダファイルの先頭のライセンス表記を見てみるといい．stdio.hの先頭を見てみよう．

```
[user@localhost ~]$ head -n 18 /usr/include/stdio.h
/* Define ISO C stdio on top of C++ iostreams.
   Copyright (C) 1991, 1994-2008, 2009, 2010 Free Software Foundation, Inc.
   This file is part of the GNU C Library.

   The GNU C Library is free software; you can redistribute it and/or
   modify it under the terms of the GNU Lesser General Public
   License as published by the Free Software Foundation; either
   version 2.1 of the License, or (at your option) any later version.

   The GNU C Library is distributed in the hope that it will be useful,
   but WITHOUT ANY WARRANTY; without even the implied warranty of
   MERCHANTABILITY or FITNESS FOR A PARTICULAR PURPOSE.  See the GNU
   Lesser General Public License for more details.

   You should have received a copy of the GNU Lesser General Public
   License along with the GNU C Library; if not, write to the Free
   Software Foundation, Inc., 59 Temple Place, Suite 330, Boston, MA
   02111-1307 USA.  */
[user@localhost ~]$
```

「The GNU C Library」と書かれている．どうやらstdio.hはglibcによって提供されるようだ．

ということはglibcのソースコード中にstdio.hがあるということだろうか．

```
[user@localhost ~]$ find glibc-2.21 -name stdio.h
glibc-2.21/include/stdio.h
glibc-2.21/libio/stdio.h
glibc-2.21/libio/bits/stdio.h
[user@localhost ~]$
```

3つのファイルがあるようだ．

```
[user@localhost ~]$ diff /usr/include/stdio.h glibc-2.21/include/stdio.h | wc -l
1125
[user@localhost ~]$ diff /usr/include/stdio.h glibc-2.21/libio/stdio.h | wc -l
409
[user@localhost ~]$ diff /usr/include/stdio.h glibc-2.21/libio/bits/stdio.h | wc -l
1099
[user@localhost ~]$
```

内容が最も近いのは，libio/stdio.hのようだ．実際にdiffによる差分を見てみると，細かい違いはあるが内容はだいたい一致しているようだ．もっともglibcのバージョンが異なるため，相違があってもなんら不思議ではないのだが，どうやらCentOSでは，glibcのlibio/stdio.hが/usr/includeにインストールされている，と考えることができるだろう．

このようにファイル先頭のライセンス表記を見たり，実際のソースコードを比較することで，配布元を判断することができる．

7.3.7 標準ヘッダファイルの置き場所

標準ヘッダファイルはシステムによって，ユーザに提供されるものだ．

たとえばCentOSならばそのディストリビュータが，CentOS上でC言語のプログラミングを行う（もしくはコンパイルする）ユーザに対して，必要なヘッダファイルを集めて/usr/includeに置いている，ということだ．

それらの多くは標準Cライブラリであるglibcから提供されていると思うが，それだけではない．

例えばLinuxカーネルから持ってくるものや，他ライブラリから持ってくるものも多数ある．

Linuxカーネルから持ってくるヘッダファイルとは，どのようなものだろうか？

その前にまず，/usr/include以下のディレクトリ構成を簡単に説明しておこう．/usr/includeにはその直下に置かれているヘッダファイルの他に，/usr/include/sysや/usr/include/netといったサブディレクトリの中に置かれているヘッダファイルもある．これらには，一般的にはだいたい以下のようなルールがあるようだ．

- **/usr/include/*.h …………ユーザ向けライブラリ．標準Cライブラリなどから提供される**
- **/usr/include/sys/*.h ……OSカーネルから提供されるもの**
- **/usr/include/net/*.h ……ネットワーク関連のもの**

これがわかりやすいのは，FreeBSDだ．たとえばFreeBSDのシステム上で，sys以下のファイルを比較してみよう．

```
user@freebsd:~ % diff /usr/include/sys/time.h /usr/src/sys/sys/time.h
user@freebsd:~ %
```

/usr/src/sys/sysにあるのはFreeBSDカーネルのソースコードが持つヘッダファイルだが，これらが完全一致している．これに対して/usr/include/time.hという同名のヘッダファイルもあるが，こちらは一致していないようだ．

/usr/include/net以下のファイルも比較してみよう．

```
user@freebsd:~ % diff /usr/include/net/if.h /usr/src/sys/net/if.h
user@freebsd:~ %
```

こちらも完全一致している．

OSカーネルが提供するヘッダファイルとは，どのようなものだろうか？

OSカーネルがシステムコール等によってサービスを提供する場合には，カーネル内で利用しているヘッダファイルをアプリケーション側にも提供することで，アプリケーション側のプログラム上でのパラメータの利用を可能にするのが通例だ．

そのようなヘッダファイルは，OSカーネルも参照するし，アプリケーションも参照することになる．これにより，サービスのパラメータは共通化されるわけだ．

7.3.8 GNU/Linuxディストリビューションではどうなのか

しかしGNU/Linuxディストリビューションではどうなのだろうか．例としてCentOSで調べてみると，どうもそうではないようだ．

CentOSでは/usr/includeのファイルの先頭のライセンス表記を見ると，多くがglibcになっている．つまりglibcから提供されているファイルのようだ．これは標準Cライブラリとしてglibcを採用しているため，納得できることだ．

しかし/usr/include/sys以下や/usr/include/net以下のファイルを見ても，ライセンス表記は多くがglibcになっている．つまり本来はOSカーネルから提供されるようなヘッダファイルも，CentOSではglibcから提供されているようなのだ．そして同名のLinuxカーネル・ソースコード上のファイルと内容を比較しても，確かに異なるファイルのように思える.

p.120で説明したシステムコール・ラッパーの作業もそうであるが，GNU/Linuxディストリビューションでは，かなりの部分をglibcが補うことでUNIXライクなシステムを実現していると言うことができそうだ.

ではLinuxカーネルから提供されるヘッダファイルは，どこに置かれているのだろうか.

CentOSで/usr/includeの下を見ると，/usr/include/linuxというディレクトリがある．これはもちろんLinuxをベースとしたシステム独自のディレクトリだろうが，ここにLinuxカーネル・ソースコード由来のヘッダファイルが格納されるのではないだろうか.

/usr/include/linuxを見てみると，time.hというヘッダファイルがある．そして/usr/include/linux/time.hと，Linuxカーネル・ソースコード上にあるinclude/linux/time.hというファイルを比較すると，かなりの部分が一致している．やはりLinuxカーネルが持つヘッダファイルが元になっているのだろうと想像がつく.

しかしこれには，ちょっとした違和感を感じる.

例えばstat()によるファイル情報の取得のために用いられるstruct statについて考えてみよう．これはstat()によりシステムコールとしてOSカーネルからファイル情報を取得するための構造体だ.

struct statはOSカーネルが持つヘッダファイルで定義される必要がある．これは情報の格納のために，構造体の情報が必要だからだ.

そしてstruct statは，アプリケーション側でも参照が必要になる．アプリケーションはstat()により渡された情報を参照する必要があるからだ.

このためOSカーネル内ではstruct statをstat.hのようなヘッダファイル上で定義し，さらにstat.hを/usr/include/sysに配置してアプリケーション側にも提供する，というのが通常のやりかただ．これによりOSカーネル内で参照するstruct statと，アプリケーション側で参照するstruct statの一致性が保証される．以下はFreeBSDで確認した例だ.

```
user@freebsd:~ % diff /usr/include/sys/stat.h /usr/src/sys/sys/stat.h
user@freebsd:~ %
```

完全一致している．つまりOSカーネルとアプリケーションが参照するstruct statは同一だ．このようにOSカーネル側のヘッダファイルをアプリケーションに提供する場として，/usr/include/sysというディレクトリが存在しているわけだ.

しかしこれがCentOSでは異なることになる．CentOSで/usr/include/sys/stat.hを見ると以下のようになっており，やはりglibcによって提供されていることがわかる．

```
1:/* Copyright (C) 1991, 1992, 1995-2004, 2005, 2006, 2007, 2009, 2010
2:   Free Software Foundation, Inc.
3:   This file is part of the GNU C Library.
4:
5:   The GNU C Library is free software; you can redistribute it and/or
6:   modify it under the terms of the GNU Lesser General Public
7:   License as published by the Free Software Foundation; either
8:   version 2.1 of the License, or (at your option) any later version.
...
```

つまりCentOSでは/usr/include/sys/stat.hはLinuxカーネルではなく，glibcが用意しているものだということだ．

これは，以下のようなインクルードが行われているプログラムがコンパイルできるようにするためだ．

```
#include <sys/stat.h>
```

つまりglibcによって，他OSとの互換がとられているわけだ．

CentOSではsys/stat.hはアプリケーションのためにカーネルによって提供されるものではなく，単に互換をとるためだけに用意されているものだということだ．

ということはLinuxカーネル内とアプリケーションが参照しているstruct statは同一箇所で定義されているものではなく，提供元も異なっていることになる．これは気を付けないとへんな食い違いなどが発生して，不毛なバグに悩まされる原因になりそうだ．glibc側ではLinuxカーネルのstruct statに合わせて定義しておかないとならないわけだ．

このあたりも，GNU/Linuxディストリビューションはかなり多くの部分がglibcのラッピングによりUNIXライクなシステムとして確立していると言えるところではある．

【7.4】 OSとは何なのか

コンパイルの際にはプログラマによって書かれたソースコードだけでなく，ヘッダファイルやライブラリなど，その他にも多くのファイルが利用される．

しかしそれらの本体は，いったいどこにあるのだろうか．そもそも誰によって用意されたものなのか，知りたくはないだろうか．

それを知るためには「OS」というものについて，理解する必要がある．そもそもOSとはいったい何なのだろうか？

|7.4.1| OSの定義について考える

筆者は趣味で「組込みOS自作」という活動を行っており，展示会などに出展することもある．そして展示会で多く受ける質問に，「それはOSと言えるのか？」というものがある．

しかしここで考えてみたい．そもそもOS（Operating System）とはいったい何なのか，どのような条件を満たしていればOSと言えるのだろうか．つまりOSの定義とは何か，ということだ．

OSには明確な定義があるわけではないように思う．OSとは何かという質問に対しては，以下のようなことが言われることが多いようだ．

- **資源管理をするもの**
- **資源を抽象化するもの**
- **ソフトウェアを階層化したときに，一番下にくるもの**
- **アプリケーションを利用するためのベースとなる環境**
- **アプリケーションに対して共通のAPIを提供するもの**

展示会などでさまざまな人と話して思うことだが，OSの条件は，人によって千差万別だ．

そしてこのような様々な条件が言われてしまうことの原因のひとつは，カーネルなのか，システムなのかの話が混在しているということだ．このあたりがOSというものの理解を難しくしている原因のようにも感じる．

またもうひとつの原因は，それがOS一般に当てはまる条件なのか，あくまで汎用OS

に必要な条件であり，組込みOSには当てはまらないものなのか，UNIXライクなOSに必要な条件なのか，曖昧な状態で議論されている点にあるように思う.「OSはかくあるべし」ということは多く語られるのだが，その「OSはかくあるべし」が他のOSには当てはまらない，ということは多い．これは「汎用OSはかくあるべし」や「UNIXはかくあるべし」というべき内容が，「OSはかくあるべし」と言われてしまったりしているためだ.

本節では，これらの曖昧な点をひとつひとつ明確にすることで，OSとは何なのかを，(組込みOSやPOSIX準拠でないものも含めた）さまざまなOSを俯瞰した位置から考えてみたい.

ただ，万人にしっくりとくる定義がひとつある．それは，「自身がメインテーマとしている分野に対して，その下層にあってその先は知らなくてもいいとしている部分」のことをOSと呼んでいる，ということだ.

|7.4.2| 汎用システムと組込みシステム

まずは汎用システムと組込みシステムの違いというものについて説明しておきたい.

というのは，OSに対する議論は実は汎用OSに対する議論が多く，組込みシステムや組込みOSにはまったく当てはまらない，ということが多いからだ．それが誤解のもとになるわけだ.

汎用システムというのはPCやサーバなどが当てはまる．WindowsやMac OS X，CentOS，FreeBSDなどがOSとして利用されていることになる.

組込みシステムというのは，カーナビやAV機器，家電製品などのことだ．CPUを搭載したソフトウェア制御になっていて，内部では何らかのソフトウェアが動いているが，OSは組込みシステム向けの特殊なものが動作している場合もあるし，OS無しという場合もある．最近では組込み制御向けにチューニングされたLinuxが入っている，という場合も多い.

汎用システムと組込みシステムの決定的な違いは，汎用システムはユーザによるアプリケーションの開発や，他者が開発したアプリケーションの動作を許す，ということだ.汎用システムの「汎用」というのは，ユーザがアプリケーションを自由にインストールすることで，汎用的に利用することができる，という意味だ．汎用OSはユーザにとってはあくまでメーラやブラウザなどのアプリケーションを実行するための枠組であり，主役はアプリケーションだ.

これに対しての組込みシステムでの主役は，組込み機器の製品だ．家電などの組込み機器は，決められた動作だけを行うものだ．このため一般ユーザにとっては，ネイティブなアプリケーションを自前で開発したりインストールしたりしたいという要望は無い.「汎用システム」という言葉に対して，組込みシステムは「専用システム」である，と言うことができる．

まずはコンピュータの応用には「汎用システム」と「組込みシステム」の大きく2つがあり，「ユーザ・アプリケーションのインストールを許すかどうか」という大きな考えの違いがある，ということを意識してほしい．OSをめぐる議論の混乱の多くは，それがどのシステムに対する議論なのか，それぞれのシステムの要件は何か，ということを考えることで解決できる場合が多い．

|7.4.3| カーネルとしての「OS」

さらに「OS」という言葉を使うとき，それが「カーネル」を指しているのか，「システム」を指しているのかの2通りの意味がある．狭義の意味と広義の意味があるということだ．

カーネル（kernel）とはOSの中核となっている基盤プログラムのことで，アプリケーション・プログラムからの依頼を受けて適切なサービスを行うものだ．OS開発者が言うOSは多くの場合，カーネルのことを指している．これは狭義のOSであるといえる．OSのカーネルであるということを明示したいときには，「OSカーネル」のように呼ぶ場合もある．

カーネルの上で動作するソフトウェアが，アプリケーション（application）と呼ばれるものだ．OSはOperating Systemの略であり，システム・ソフトウェアなどとも呼ばれる．それに対してその上で動作する，アプリケーション・ソフトウェアがある．ここでいうOSは，カーネルのことを指している．日本語訳だと「基本ソフトウェア」「応用ソフトウェア」などとも言われるが，まあ「カーネル」「アプリケーション」と言ったほうが通じは良い．

アプリケーションはカーネルに対してサービス要求を発行し，カーネルはそれに応じたサービスを行う．ソフトウェアをサービスの提供側と利用側に分離し階層化したものが，カーネルとアプリケーションの関係だ．

このサービス要求は一般には「システムコール」と呼ばれるが，システムコールと呼ぶとCPUのシステムコール命令（か，同等の例外発生命令）を利用してソフトウェア割込みを発生させ，その延長でカーネルが動作してサービス処理を行う，という意味あいが強い．しかしOSに対するサービス要求はそうした方法に限られるわけではなく，OSによっては「サービスコール」「API」など別の呼びかたをする場合もある．まあ本書では「システムコール」と言ってしまっている．

そしてアプリケーションには，ユーザインタフェースとしてのシェルやファイル操作用のファイラ，テキストファイルの編集用のテキストエディタなどのように，システムに標準でインストールされているようなものもあれば，ブラウザやメーラのように，ユーザが任意に追加インストールするものもある.

前者は汎用システムを利用する上で必要不可欠のものだ(組込みシステムでは必須ではない．あくまで「汎用システムでは」だ). よって多くの汎用システムでは, こうしたアプリケーションが標準でインストールされている. これらのアプリケーションを, ここでは「システム・アプリケーション」と呼ぶことにしよう.

7.4.4 システムとしての「OS」

カーネルは存在するがシステム・アプリケーションが一切無い状態, というものを考えてみよう.

この場合, 機器の電源を入れてOSが起動しても, 起動するアプリケーションが無いために何も起こらない, ということになる. 必要なアプリケーションを追加インストールしようとしても, ユーザからの指示を受けてインストーラを起動するためのアプリケーションが無いし, インストーラ自体がそもそも無い. よって不可能ということになる.

このため汎用システムのユーザにとっては, システム・アプリケーションは必須のものだ. そしてカーネルとシステム・アプリケーションを合わせた, コンピュータを利用するためのユーザ向けシステム全体のことを「OS」と呼んでいる場合も多い. こちらは広義の意味でのOS, ということになる.

つまりシステム・アプリケーションとは別の, ユーザが使うための追加のアプリケーションを, インストールして動作させるためのベース環境のことをOSと呼んでいるわけだ. そのためにはカーネルだけでなくインストーラをファイルシステム上に取り込むためのファイラ, インストーラを起動させるためのアプリケーション・ランチャーなども必要になる. ユーザからすればそうした諸々のシステム・アプリケーションが必要なわけであり, それらも含めたものがOSである, というわけだ.

そのように考えると, シェルはOSに含むのだろうか, という疑問がある. 狭義の意味ではOSには含まないが, 広義の意味では含む, ということになるだろう.

一般的には「OS」というと広義の意味を指す場合が多いようには思う. 「コンパイル」だけではなく「OS」にも, 狭義の意味と広義の意味があるということだ. 明確に区別するために, 「狭義のOS」は「カーネル」と呼び, 「広義のOS」は「システム」などのように呼んでいる場合も多いように思う.

7.4.5 資源の管理と抽象化のためのOS

OSの役割は資源管理である, と言われることは多い.

ソフトウェアを開発することを考えたとき, 資源管理までをすべて行うのは面倒だ.

よって資源を管理しサービスとして提供してくれる，資源管理層がほしくなる．

またソフトウェアを他の機器の上でも動作させることを考えるならば，機器依存になる部分を分離し，資源を抽象化した形で提供してくれる抽象化層，つまり共通APIがほしくなるだろう．

そうした資源管理や抽象化を行うのがOS，という考え方もある．ただし抽象化に関しては，移植のことを必ずしも考えなくてもいい組込みシステムでは絶対に必要な条件ではないということもできる．

筆者は「OSの定義」という話になったときは，「OSの役割は資源管理である」という立場をとっている．OSの役割は資源管理であり，コンピュータの3大要素としてCPU，メモリ，I/Oがあるため，それら3つが管理できていればそれはOSと言える，というものだ．

ただしそのような意味ではこれは「OSの役割」というよりも，正確には「カーネルの役割」と言うべきかもしれない．

7.4.6 ソフトウェア動作のベース環境としてのOS

「カーネル」と「アプリケーション」の関係を考えたとき，アプリケーションを動作させるための基盤を（狭義の）「OS」と呼ぶならば，例えばWebアプリケーションでは，それを動作させるための基盤であるブラウザがOSである，と言うことができるだろう．他にもJavaならばJava VMがOSだし，高級言語の上で動作させるスクリプトなどは，インタプリタなどの言語の処理系がOSである，と言うことができる．

OSというものを「ソフトウェアが動作するためのベース環境をOSと呼ぶ」という視点で考えるならば，これらはまったくもって正しい意見のように思う．

そしてこれらはソフトウェアの開発者目線の考えだと言うことができるだろう．開発の対象によって，どこをOSと呼ぶかが変わってくるわけだ．

ただし本書でいうアプリケーション・ソフトウェアとは，そのアーキテクチャのCPUがネイティブに直接実行するソフトウェア，つまり「ネイティブ・アプリケーション」を指している．

その考えでは，ブラウザの上で動作するWebアプリケーションは，それを動作させるブラウザも含めて「アプリケーション」という扱いになる．Java VMなどのVM環境や高級言語の上で動作させるスクリプトなどは，その処理系も含めて「アプリケーション」だ．要は視点の違いというだけの話であり，どちらが正しいかという議論にはあまり意味は無い．

そのような意味では，ソフトウェアを階層化したときに一番下にあるものがOSである，と言うこともできるだろう．これはなかなかにすっきりとした説明かもしれない．

7.4.7 汎用OSと組込みOS

次に，汎用OSと組込みOSというものについて考えてみたい．

汎用OSは，汎用システムで利用されるOSのカーネルか，もしくはシステム・アプリケーションも含めたシステム全体（つまり，広義の意味）を指す．ただし「汎用OS」というと，後者の意味で言われていることが多いように思う．

組込みOSは，組込みシステムで利用されるOSのことだが，カーネルのみを指して言う場合が多いように思う．組込みシステムに組み込まれ，その制御ソフトウェア（組込みソフトウェア）の動作のベースとなっているOSカーネルだ．

汎用OSのカーネルに，必須の機能は何だろうか．

まずは共通APIの提供だ．主役となるアプリケーションをインストールして使うためには，そのアプリケーションを別の機器（PCなど）に持っていっても動作する必要がある．よってカーネルのサービスは共通APIとして提供され，アプリケーションはその共通APIに準じてプログラミングされる必要がある．

資源の抽象化も必要だ．資源環境はユーザによってまちまちだ．おなじストレージデバイスでも，ハードディスクだったりSSDだったりするかもしれない．それらを「ストレージ」として抽象化して共通APIとして提供する必要がある．キーボードやマウスもそうだ．

また資源の保護や適切な配分も必要だろう．ユーザがインストールもしくはコンパイルして動作させるユーザ・アプリケーションには，例えばメモリを無限に獲得しつづけたり，無限ループでCPU資源をひたすら食い続けたりするようなものもあるかもしれない．このようなわがままなアプリケーションが動作してしまったとしても，適切に資源配分されて独壇上にさせない必要がある．汎用システムの多くは，CPU資源に関してはTSS（Time Sharing System）によるプロセスのスケジューリングによって，CPU資源が特定のアプリケーションに独占されないようになっている．

メモリに関しては，仮想メモリ機構が必要に思う．仮想メモリは不特定多数のアプリケーションを起動させるときに，メモリ資源がぶつからないようにアドレスをプロセスごとに独立したものとして，仮想空間で動作させるというものだ．

対して組込みOSには，共通APIはいらない．ユーザがアプリケーションを作成したり，他者が作成したアプリケーションをインストールして使うようなことはないからだ．もちろんあったほうが移植性には優れるだろうが，絶対に必要とされるようなものではない．

TSSによるCPU資源の独占回避も必要ではない．資源を独占的に利用するようなアプリケーションは，基本的には無いはずだからだ．仮想メモリ機構によるアプリケーションに独立したメモリ空間の提供なども必須ではないだろう．

つまり「共通API」「資源の独占回避」「仮想メモリシステム」といったものは，いずれも「OS全般」でなく（組込みOSを除いた）「汎用OS」に必須のもの，ということができるかと思う．

|7.4.8| 組込みOSの条件

汎用OSと組込みOSの違いは，ユーザがアプリケーションを自由にインストールし動かすことを許すかどうかという点に尽きる．

逆に言えばそのために必要な機能は，それは汎用OSに必要な機能であり，組込みOSに必要な機能ではない．

では組込みOSに必要な機能とは，いったい何であろうか？

組込みOSの主目的は，複数のデバイスを制御したい場合に，制御プログラムをタスク化してマルチタスク動作させ，単一のCPUで制御可能にしてコスト削減させるという点にある．

メモリに関しては複数のタスクに対して振り分けるように管理すればいいだけであり，保護などは必要無い．

I/O制御に関しては，デバイスドライバを作るための基本的な枠組（タスク間通信でデバイスドライバのタスクに依頼できる）と，割込みの管理機能があればよい．

つまりそれだけの機能があれば，コンピュータの3大要素である「CPU」「メモリ」「I/O」の管理はできるわけであり，制御用のOSとしての最低限の要件は満たすため「組込みOS」と呼んでもいいかと思う．

|7.4.9| UNIXというOS

最後にUNIXというOSについて考えてみよう．

まず言葉として「UNIX系」「UNIXライク」「UNIX互換」などというものがある．UNIXはそもそもはAT&Tのベル研で1970年代に開発された汎用OSだが，これが発展し，さまざまな派生や亜流が生まれている．

ベル研で生まれたUNIXは，その後BSD系とSystemV系に分派する．BSDはもともとはUNIXに対する（viエディタなどの）追加アプリケーションや（仮想メモリなどの）パッチ類を配布し提供していたが，徐々に本家UNIX由来のソースコードを独自開発して置き換えていき，ライセンス的に本家AT&Tから独立して別になったものだ．対してSystemVはUNIXの正式なライセンス提供を受けてベンダで開発されたOSのことだ．

これらはいずれも本家UNIXの血統を受け継いでいるという点で，「正統のUNIX」

と呼ぶことはできるかと思う.

これに対して「UNIX系」「UNIXライク」「UNIX互換」という言葉を使ったときには，意味合いは異なってくる.

7.4.10 「UNIXライク」とはどういう意味か

UNIXのシステムコールのAPIは「POSIX」という規格で定義されている. open()やwrite()といったものがそうだ. そしてOSがこのPOSIXに準じていれば，UNIX向けに書かれたプログラムをそのシステム上でコンパイルしなおして利用することができることになる.

このため正統なUNIXではないが，そうしたPOSIXインターフェースを持っているOSは，「UNIXライク」「UNIX互換」と呼ぶことはできるかと思う. また「UNIX系」などと呼ばれることもある. 後述するLinuxカーネルはそうだ.

> ただしp.122で説明したように，正確にはPOSIXインターフェースのAPIを提供するのはカーネルではなくシステムコール・ラッパーなので，正しくは「POSIXインターフェースを実現するための機能をカーネルが持っている」と言うべきだろう.「インターフェース互換」という意味ではなく「機能互換」と考えるべきかもしれない. もしくはシステムコール・ラッパーも含めて「OS」と考えるべきかとも思う.

そして狭義と広義のOSという観点から見ると，「UNIXライク」と言ったときにもうひとつのニュアンスもあることになる. シェルをベースとしたCUIによるインターフェースで操作するOSのことを「UNIXライク」と呼んでいる場合だ.「UNIX」と言ったときにopen()やwrite()などのPOSIXインターフェースを連想するか，シェルやviエディタなどのシステム・アプリケーションを連想するかの違いだ.

さてここで，UNIXライクなOSカーネルの特徴について考えてみよう.

UNIXライクなOSカーネルの特徴(というより，設計思想)は，ファイルシステムベースであることと，パイプによるアプリケーションの連携にあるかと思う.

UNIXの思想として，すべてのものをファイルに(なるべく)見せる，というものがある.

例えばUNIXでは，I/Oデバイスはデバイスファイルにマッピングされる. これは/devに置かれているデバイスファイルに相当する. デバイスファイルの読み書き(read()とwrite())が，そのデバイスからのデータの受信と送信になるというわけだ. よってデバイスごとに操作用のインターフェースが必要になるようなことは無く，(ioctl()というものがあったりはするのだが）システムコールが簡略化されている．このような仕組みはUNIXの思想が強い．以下はCentOS上でls /devを行った結果だ．様々なデバイスファイルが配置されていることがわかるだろう．

```
[user@localhost ~]$ ls /dev
MAKEDEV         loop3               ram2     tty1   tty37  tty7
block           loop4               ram3     tty10  tty38  tty8
bsg             loop5               ram4     tty11  tty39  tty9
btrfs-control   loop6               ram5     tty12  tty4   ttyS0
bus             loop7               ram6     tty13  tty40  ttyS1
cdrom           lp0                 ram7     tty14  tty41  ttyS2
char            lp1                 ram8     tty15  tty42  ttyS3
console         lp2                 ram9     tty16  tty43  uinput
...
[user@localhost ~]$
```

ほかにもAF_UNIXなど，/tmpがあることを前提としているサービスもある．ファイルシステムの実体がメモリ上であったりネットワークの先であったりすることはあるかもしれないが，そもそもファイルシステムという存在が無いと，UNIXというOSは成り立たない．

もうひとつのUNIXの思想として，単純なものを組み合わせて複雑な目的を達成する，というものがある．

UNIXではパイプというプロセス間通信機能により，あるプロセスの出力を別のプロセスの入力に与えるようなことが簡単にできる．またその入出力の組合せを，親プロセスが自由に選んで子プロセスを生成することができる（ここで言う親プロセスは多くの場合，シェルだ）．

このためひとつのプログラムに様々な機能を持たせるのではなく，入出力はテキストという標準的なフォーマットを基本として，複数のアプリケーションをパイプで接続して順に処理する，という思想になっている．

しかしこれらの特徴は，他の汎用OSには必ずしも当てはまるとは限らない話だ．

たとえばパイプなどは持たずに，別のプロセス間通信の仕組みを持っているというOSも考えられるだろう．

またデバイスの操作が（/devのような）ファイルシステム以外で提供されているため，ファイルシステムは持っていたとしても，設計がファイルシステムありきというわけではない，という汎用OSも考えられる．

つまり「パイプ」「ファイルシステムベースである」というものに関しては，OS共通の特徴ではない．また汎用OSの特徴とも言えないと思う．UNIXというOSの特有の特徴，というわけだ．UNIXライクなOSには必須の機能ではあるが，それはUNIXの特徴だからであって，汎用OS全般にいえる特徴ではない．そうした点をきちんと区別して考えたい．

1 2 3 4 5 6 7 8 9 10 11 12

【7.5】GNU/Linuxディストリビューションとは何なのか

ここまででOSのカーネルとシステム，汎用OSと組込みOSの違い，UNIXライクといったものについて考えてきた．

しかし本書で主に対象としているOSは「Linux」と呼ばれるものだ．

そしてそれとは別に「CentOS」という言葉もたびたび出てきている．

これらは一体何なのだろうか？　ここまで説明したOSの視点から考えていきたい．

|7.5.1| Linuxとは何なのか

「Linuxはカーネルだけのものだ」とはよく聞くことだろう．しかしだからそれが何なのかピンと来ない，というかたも多いのではないだろうか．

まずはそれを実感してみよう．ここまででLinuxカーネルのソースコードを読んできたが，これはLinuxカーネルのソースコードが配布されているサイトを見るとより実感がわく．URLは以下だ．

```
https://www.kernel.org/
```

この中にはシェルやテキストエディタなどは含まれていない．カーネルのソースコードが，単独で配布されていることがわかるだろう．

CentOS環境で/bootを見ると，カーネルのバイナリモジュールがある．これをビルドするためのソースコードがLinuxのソースコードだ．

つまりLinuxは狭義のOSであり，広義のOSではない．よって「Linuxカーネル」と呼ぶのが正しい．「Linux OS」のような言葉を見かけることがあるが，OSと言ったときには広義の意味で言うことが多く，この言葉はあまり適切でないように思う．

そして「Linux」は，UNIX互換のOSカーネルだ．ここでUNIX互換と言っているのは，正統なUNIXではない，ということだ．

もともとLinuxはLinus Torvalds氏によって作られた，PC向けのUNIX互換カーネルだ．当時はUNIXがミニコンなどの高価なシステム向けの高嶺の花のOSであったものが，安価なPC用にUNIXっぽい互換のカーネルが独自に開発されることで普及した，というものだ．UNIXの血統を継いでいるわけではなく，あくまで「UNIX互換のPOSIXインターフェースを実現できる機能を持つ，UNIXっぽい独自OS」なわけだ．

いまでこそPC向けやその他様々な分野を席巻しているが，歴史的にはUNIXの亜流と言える．

7.5.2 CentOSとは何なのか

CentOSはOSカーネルにLinuxを採用している．ではCentOS環境ではシェルやviエディタなどは，どこから提供されているのだろうか．これらのコマンドの実体はCentOSでは/binや/usr/binにあるが，そこにある様々なアプリケーションは，誰によって提供されているのだろうか．

まず，CentOSというものについて考えてみよう．

CentOSはディストリビューションの一種だ．

OSは，カーネルだけでは実用にならない．電源を入れてカーネルが起動しても，起動するアプリケーションが無ければ，何もできない．DVDが入っていないDVDプレイヤーのようなものだ．

そしてアプリケーションをインストールしようにも，インストールするためのアプリケーションが無い．これはp.248で説明したとおりだ．

つまり実用のためには，カーネルに対してシェルやテキストエディタなどのシステム・アプリケーションが必要だ．

これらのアプリケーションには，「GNU」というプロジェクトが作成しているGNUアプリケーション群というものがある．LinuxカーネルとGNUアプリケーション群を組み合わせることで，ようやくシステムとしての「広義のOS」を構築することができる．

この場合の大きな特徴は，OSのカーネルとは別にユーザ環境が開発されていることだ．たとえばC言語でプログラムを開発する際に必要なコンパイラ・標準Cライブラリ・デバッガには，CentOSではそれぞれGCC，glibc，GDBが採用されている．これらはGNUプロジェクトの成果物であり，Linuxカーネルとは別に開発されている．その他にもシェルやviエディタなどのシステム・アプリケーションも必要だが，そうしたものもLinuxカーネルとは別に開発されている．Linuxとして開発されているものは，カーネルのみだ．

例えば以下は，lsコマンドのバージョン情報を見てみたものだ．

```
[user@localhost ~]$ ls --version
ls (GNU coreutils) 8.4
Copyright (C) 2010 Free Software Foundation, Inc.
License GPLv3+: GNU GPL version 3 or later <http://gnu.org/licenses/gpl.html>.
This is free software: you are free to change and redistribute it.
There is NO WARRANTY, to the extent permitted by law.

Written by Richard M. Stallman and David MacKenzie.
[user@localhost ~]$
```

GNU coreutilsというツール群の中のひとつのようだ．

catコマンドはどうであろうか．

```
[user@localhost ~]$ cat --version
cat (GNU coreutils) 8.4
Copyright (C) 2010 Free Software Foundation, Inc.
License GPLv3+: GNU GPL version 3 or later <http://gnu.org/licenses/gpl.html>.
This is free software: you are free to change and redistribute it.
There is NO WARRANTY, to the extent permitted by law.

Written by Torbjorn Granlund and Richard M. Stallman.
[user@localhost ~]$
```

こちらも同様に，GNU coreutilsというツール群の中のひとつだ．このように様々な箇所でGNUアプリケーション群が利用されているわけだ．

つまり本来ならばLinuxベースのシステムをPC上に構築する場合には，それらの様々なアプリケーションやライブラリ類を集めて組み合わせる必要がある．

ただしこの「組み合わせる」という作業は，すべて手作業でやろうとすると非常に手間がかかる．ハードディスクのパーティションを設定してLinuxカーネルをビルド・インストールし，ブートローダを置き，GNUアプリケーション群をビルドしハードディスク上のファイルシステムにコピーして，といったことをすべて手作業で行わなければならない．

そこでLinuxカーネルに対してGNUアプリケーション群をバンドルし，インストーラからインストールすればそれらがユーザ向けシステムとしてハードディスク上に構築され，PCの電源を入れれば起動してすぐに使えるようにしてあるものが「ディストリビューション」と呼ばれるものだ．ディストリビューションの構築者は「ディストリビュータ」と呼ばれる．

「CentOS」や「Ubuntu」は，ディストリビューションの一種だ．Linuxは狭義のOS,

CentOSやUbuntuは広義のOSと呼ぶことができる．Linuxカーネルとシステム・アプリケーションの組み合わせは本来は自由だが，多くはGNUアプリケーション群が利用される（ほかのシステム・アプリケーション群としては，たとえばBSDのそれがあるだろう）．

|7.5.3| GNU/Linuxディストリビューション

「ディストリビューション」は「Linuxディストリビューション」とも呼ばれる．

しかし実質はGNUアプリケーション群にも大きく依存しているため「GNU/Linuxディストリビューション」と呼ぶべきである，という意見もある．広義のOSを指すという意味では，「GNU/Linuxシステム」という呼びかたも個人的にはすんなりと受け入れられるように思う．

これは確かに技術的に見てもそのように思えるし，素晴らしいツール群を開発して公開しているGNUプロジェクトには敬意を払いたい．よって本書では「GNU/Linuxディストリビューション」という記述を使っている．

ただそういう意図が通じにくいような場では「Linuxディストリビューション」と言ってしまうこともあるが，「『いわゆる』Linuxディストリビューション」などのように「いわゆる」などを付けて言って，お茶を濁すということもある．

個人的な考えとしては，広義のOSとしてのシステムを指す場合にはやはり「Linux」ではなく「GNU/Linux」と呼ぶべきと思う．これは純粋に，技術的な意味でそう思う．

プログラムに関する議論をしているときに，それが「Linux」に関する議論なのか，「（GCCなどの）GNU環境」に関する議論なのかは，明確に区別しないと誤解の原因になる．

Linuxの独自システムコールを使っているプログラムのことを「このプログラムはLinux用です」と言うことは，正しい．しかしGCCの独自拡張を使っているプログラムに対して「このプログラムはLinux用です」と言ってしまったら，それはおかしいだろう．「このプログラムはGCC用です」と言うべきだ．なぜなら，同様にGCCを採用しているFreeBSDでもコンパイルできるはずだからだ．そしてそれは移植の可否の理由に誤解を生み，判断を誤らせる原因になるだろう．

ただしLinuxカーネルに対するアプリケーション類の組み合わせは本来は自由であるが，実際にはLinuxカーネルとGNUアプリケーション群（とくにglibc）は密接に関連していて，お互いがお互いを前提としているような部分も大きい．

システムを知れば知るほど，GNU/LinuxディストリビューションはGNUアプリケーション群に強く依存していることがわかってくるし，それを「Linux」とだけ呼ぶことに違和感を覚えるようになる．GCCによるプログラミング環境やbashによるシェル環境のことを「Linux環境」と言ったり，CentOSやUbuntuのことをGNUの名前には触れずに「Linux OS」「Linuxシステム」「Linuxディストリビューション」などのように言ってしまうことは，明らかに（技術的な意味で）おかしいと思う．個人的にはモーターとエンジンの両方で動いているハイブリッド自動車を「電気自動車」と言ってしまうくらいの違和感があるし，誤解を生む原因になっているかと思う．

7.5.4 「LinuxはUNIX互換」の2つの意味

Linuxは「UNIX互換」と言われるのだが，この言葉は2つの意味で使われているように思う．

ひとつはシステムコールのAPIがPOSIX互換なので，APIレベルでの移植性があるという意味だ．ただしp.122で説明したように，これは正確には「LinuxカーネルはPOSIX互換のAPIを提供するための十分な機能を持っている」ということになる．POSIXのAPIを提供するのは，多くはglibcのシステムコール・ラッパーの役割だからだ．

もうひとつは，CentOSなどのGNU/Linuxディストリビューションが標準的なユーザ・インターフェースとしてシェルによるCUIを提供している，という点が「UNIX互換」と呼ばれる場合だ．

ただしこれはやはり言葉がおかしくて，実際にはUNIXのシェルに似たインターフェースを提供しているのは，GNUによるbashというシェル互換のアプリケーションだ．つまり正確には，シェルが互換という意味での「UNIX互換」というのはbashを標準のシェルとして採用しているCentOSの特徴であって，Linuxの特徴ではない．

以下はbashのバージョン情報を見てみたものだ．「GNU bash」となっていることがわかるだろうか．つまりこれはGNUアプリケーション群のうちのひとつであることがわかる．

```
[user@localhost ~]$ bash --version
GNU bash, version 4.1.2(1)-release (i386-redhat-linux-gnu)
Copyright (C) 2009 Free Software Foundation, Inc.
License GPLv3+: GNU GPL version 3 or later <http://gnu.org/licenses/gpl.html>

This is free software; you are free to change and redistribute it.
There is NO WARRANTY, to the extent permitted by law.
[user@localhost ~]$
```

そう考えると，LinuxがUNIX互換という言葉には疑問が生まれてくる．POSIXのAPIはglibcによって提供され，ユーザ・インタフェースはbashなどのGNUアプリケーション群によって提供されるからだ．

Linux はUNIX互換のシステムを作り上げるためのベースとして，UNIXに備わっている機能を提供するカーネル，と考えることができるだろう．

|7.5.5| 標準Cライブラリ「glibc」

広義のOSには，システム・アプリケーションだけでなく各種の基本ライブラリ類も含まれる．その中でもとくに重要なのは標準Cライブラリ，いわゆるlibcだ．

GNUプロジェクトによって提供されている成果物はアプリケーション・プログラムだけでなく，各種ライブラリもある．その中でもおそらく最も多く利用されているのが標準Cライブラリである「glibc」だろう．

ベル研でUNIXが開発された当初，C言語が開発され，そのための標準Cライブラリとして「libc」が開発されている．「glibc」はこの「libc」と互換の仕様で，GNUプロジェクトによって新たに開発された標準Cライブラリだ．

多くのGNU/Linuxディストリビューションでは，標準Cライブラリにはglibcが採用されている．この理由は，技術的にもライセンス的にもLinuxカーネルと相性が良いためと，他のGNUアプリケーション群とも相性が良いためだろうか．

つまりCentOSなどのGNU/Linuxディストリビューションでは，`printf()`はglibcによって提供されていることになる．また第4章や第5章で説明したように，システムコール・ラッパーやスタートアップといった重要部分も，glibcによって提供されている．

|7.5.6| FreeBSDではどうなのか

ここまではGNU/Linuxディストリビューションについて説明したが，他のOS，たとえばFreeBSDではどうなのだろうか．

FreeBSDではシステム・アプリケーションやライブラリ類も，プロジェクト内で開発され統一的に管理されている．つまりLinuxに対するGNUアプリケーション群に相当するものも，自前で開発しているということだ．カーネルのみでなくシステムとしてのOS全体を開発している，ということができる（まあ実際にはプロジェクト内で分業されているとは思うが）．

よってそのソースコードは，FreeBSDプロジェクトから一貫してダウンロードできる．GNU/Linuxディストリビューションのように，Linuxカーネルはあっち，GNUアプリケーション群はこっち，というようなことは無い．

これにはFreeBSDがUNIXの遺伝上の子孫であるという歴史的な経緯が影響している．

7.5.7 FreeBSDのソースコードを見る

FreeBSDのソースコードを見てみよう.

本書のVM環境のCentOS上では，p.19でFreeBSD-9.3/usr/srcというディレクトリにFreeBSD-9.3のソースコードを展開している.

```
[user@localhost ~]$ ls FreeBSD-9.3/usr/src
COPYRIGHT       Makefile.mips       cddl     gnu         release  sys
LOCKS           ObsoleteFiles.inc   contrib  include     rescue   tools
MAINTAINERS     README              crypto   kerberos5   sbin     usr.bin
Makefile        UPDATING            etc      lib         secure   usr.sbin
Makefile.inc1   bin                 games    libexec     share
[user@localhost ~]$
```

トップ・ディレクトリにはいくつかのディレクトリがあるが，「sys」がカーネルのソースコードになる.

また「bin」には，/binにインストールされるシステム・アプリケーションのソースコードがある．たとえばlsコマンドやpsコマンドといったものだ．他にも「usr.bin」は/usr/bin，「sbin」は/sbin，「usr.sbin」は/usr/sbinにインストールされるコマンドのソースコードになる.

binの中を見てみよう.

```
[user@localhost ~]$ ls FreeBSD-9.3/usr/src/bin
Makefile      chmod  df          getfacl   ls     ps        rm       sleep
Makefile.inc  cp     domainname  hostname  mkdir  pwait     rmail    stty
cat           csh    echo        kenv      mv     pwd       rmdir    sync
chflags       date   ed          kill      pax    rcp       setfacl  test
chio          dd     expr        ln        pkill  realpath  sh       uuidgen
[user@localhost ~]$
```

lsというディレクトリがある．中を見てみよう.

```
[user@localhost ~]$ ls FreeBSD-9.3/usr/src/bin/ls
Makefile  cmp.c  extern.h  ls.1  ls.c  ls.h  print.c  util.c
[user@localhost ~]$
```

これがlsコマンドのソースコードになる.

さらにソースコードのトップ・ディレクトリには，「lib」がある．これはライブラリ類になる．中を見てみよう．

```
[user@localhost ~]$ ls FreeBSD-9.3/usr/src/lib
Makefile            libcompat          libipsec     libpmc          libthread_db
Makefile.inc        libcompiler_rt     libipx       libproc         libucl
bind                libcrypt           libjail      libprocstat     libufs
clang               libcxxrt           libkiconv    libradius       libugidfw
csu                 libdevinfo         libkse       librpcsec_gss   libulog
...
libc                libgeom            libnetgraph  libstand        ncurses
...
```

気になるのは「csu」と「libc」というディレクトリがあることだろう．前者はスタートアップ，後者は標準Cライブラリのソースコードのように思える．

libcの中を見てみよう．

```
[user@localhost ~]$ ls FreeBSD-9.3/usr/src/lib/libc
Makefile       db     ia64     locale   posixle     resolv     stdlib   xdr
Versions.def   gdtoa  iconv    mips     powerpc     rpc        stdtime  yp
amd64          gen    include  nameser  powerpc64   softfloat  string
arm            gmon   inet     net      quad        sparc64    sys
compat-43      i386   isc      nls      regex       stdio      uuid
[user@localhost ~]$
```

stdioやstdlibといったディレクトリがあるので，printf()やexit()の本体はおそらくこれらの中にあるのだろう．

|7.5.8| viのソースコードを見る

他にも紹介しておきたいのは，viエディタのソースコードだ．

まず，FreeBSDでのviエディタのインストール先を見てみよう．これはFreeBSDのシステム上で，whichコマンドで知ることができる．

```
user@freebsd:~ % which vi
/usr/bin/vi
user@freebsd:~ %
```

/usr/binにある．ということはソースコードの場所はusr.binだ．

```
[user@localhost ~]$ ls FreeBSD-9.3/usr/src/usr.bin/vi
Makefile  config.h  pathnames.h  port.h
[user@localhost ~]$
```

しかし，思いのほかファイルが少ないようだ．どういうことだろうか．

Makefileを見てみると，以下のような行がある．

```
5:SRCDIR=         ${.CURDIR}/../../contrib/nvi
```

contribの下にソースコードの本体があるようだ．そちらを見てみよう．

```
[user@localhost ~]$ ls FreeBSD-9.3/usr/src/contrib/nvi
FAQ      README   cl      docs     ip       perl_scripts  tk
LAYOUT   build    clib    ex       ip_cl    tcl_api       vi
LICENSE  catalog  common  include  perl_api tcl_scripts
[user@localhost ~]$
```

こちらが本当のソースコードのようだ．contribにあるということは，寄贈ソフトウェア扱いということか．

さて，なぜこのようなことになっているのだろうか．

もともとBSDは，UNIXに対する追加アプリケーションや追加パッチの集合として配布されていた．それが徐々にUNIX依存のソースコードを独自開発したもので置き換えていき，ライセンス的にフリーにしていったものだ．

その経緯でオリジナルのviエディタは，nviという新たに開発された互換アプリケーションで置き換えられた．オリジナルのviエディタがBill Joy氏によって開発されたのは有名だが，nviを開発したのは誰であろうか．

ソースコードのライセンス表記を見てみよう．FreeBSD-9.3/usr/src/contrib/nvi/vi/vi.cの冒頭は，以下のようになっていた．

```
1:/*-
2: * Copyright (c) 1992, 1993, 1994
3: *       The Regents of the University of California.  All rights reserved.
4: * Copyright (c) 1992, 1993, 1994, 1995, 1996
5: *       Keith Bostic.  All rights reserved.
6: *
```

```
7: * See the LICENSE file for redistribution information.
8: */
```

どうやらKeith Bostic氏のようだ．

ライセンス表記を見ることで，それが誰（もしくはどのプロジェクト）によって開発されたものかがファイル単位でわかることが多い．

そして開発者のことを知るということは，ソースコードを読む上で意外に有用な情報になったりする．様々な開発元のファイルが入り乱れているような場合（例えば/usr/includeにインストールされるヘッダファイルなど）に，そのファイルの参照先を知ることができるためだ．覚えておくといいだろう．

【7.6】この章のまとめ

ふだん意識せずに利用しているヘッダファイルやライブラリであるが，何もせずに自然にできたということはなく，そこらに落ちているというものでもない．それを開発した人は必ずいる．

そしてファイルのライセンス表記を見ることで提供元を考えてみると，歴史や経緯がわかったりすることも多い．そうした技術とは一見して関係なさそうな知識は，解析の際に意外に役に立ったりするものだ．そしてGNU/Linuxのシステムが，どのように構築されているのかを知るための良い手がかりになることだろう．

第8章 実行ファイルを解析してみる

コンパイル作業によって，C言語のソースコードから実行ファイルが生成される．実行ファイルはある意味，C言語のソースコードよりも触れる機会が多い，馴染み深いものかもしれない．

しかしその実行ファイルの中身については，実はあまりよく理解されてはいないように思う．それはC言語のソースコードはテキストファイルだが，実行ファイルはバイナリファイルであるためだろうか．実行ファイルをcatで誤って出力して，ターミナルを文字化けさせてしまったことがある人は多いことだろう．

しかしそのバイナリファイルにももちろん様々な情報が詰め込まれており，それらはツールを使ったり，もしくは目視で見ることもできる．

本章では実行ファイルを解析し，そこから得られる様々な情報を見てみよう．

【8.1】実行ファイルを見てみる

バイナリファイルを解析するためには様々なツールがある．もちろん一番手っ取り早いのは，そのファイルのフォーマットに応じた解析ツールを利用することだ．

しかし，バイナリファイルをただバイナリデータとして見てみるということでも，得られるものは意外に多いものだ．

実行ファイルに触れてみるための手始めとして，「とりあえず，バイナリエディタで開いてみる」ということをやってみよう．

|8.1.1| バイナリエディタで実行ファイルを見る

バイナリファイルをバイナリエディタで開いて見てみても，16進数の羅列でまったくわからない，と諦めるのは尚早だ．このようなものはわからずとも，なんとなく眺めてみることでわかってくることが多くある．

第2章ではバイナリエディタで実行ファイルhelloを開いてみたが，そのときは特定の機械語コードを検索し，nopで書き換えるだけだった．ここではもう一度helloをバイナリエディタで開き，その内容を読んでみよう．

まずバイナリエディタでhelloを開いてみる．ここでは第2章と同様に，hexeditを利用することにしよう．

```
[user@localhost ~]$ cd hello
[user@localhost hello]$ hexedit hello
```

```
kterm
00000000>  7F 45 4C 46  01 01 01 03  00 00 00 00  00 00 00 00  .ELF............
00000010   02 00 03 00  01 00 00 00  C0 81 04 08  34 00 00 00  ............4...
00000020   E4 E4 08 00  00 00 00 00  34 00 20 00  05 00 28 00  ........4. ...(.
00000030   29 00 26 00  01 00 00 00  00 00 00 00  00 80 04 08  ).&.............
00000040   00 80 04 08  3F D6 08 00  3F D6 08 00  05 00 00 00  ....?...?.......
00000050   00 10 00 00  01 00 00 00  40 D6 08 00  40 66 0D 08  ........@...@f..
00000060   40 66 0D 08  00 08 00 00  B8 23 00 00  06 00 00 00  @f.......#......
00000070   00 10 00 00  04 00 00 00  D4 00 00 00  D4 80 04 08  ................
00000080   D4 80 04 08  44 00 00 00  44 00 00 00  04 00 00 00  ....D...D.......
00000090   04 00 00 00  07 00 00 00  40 D6 08 00  40 66 0D 08  ........@...@f..
000000A0   40 66 0D 08  10 00 00 00  28 00 00 00  04 00 00 00  @f......(.......
000000B0   04 00 00 00  51 E5 74 64  00 00 00 00  00 00 00 00  ....Q.td........
000000C0   00 00 00 00  00 00 00 00  00 00 00 00  06 00 00 00  ................
000000D0   04 00 00 00  04 00 00 00  10 00 00 00  01 00 00 00  ................
000000E0   47 4E 55 00  00 00 00 00  02 00 00 00  06 00 00 00  GNU.............
000000F0   12 00 00 00  04 00 00 00  14 00 00 00  03 00 00 00  ................
00000100   47 4E 55 00  0C C3 BA D7  85 6E D9 A4  92 9A 49 86  GNU......n....I.
00000110   32 F9 2C 6B  7A D7 B3 6D  B4 66 0D 08  2A 00 00 00  2.,kz..m.f..*...
00000120   B8 66 0D 08  2A 00 00 00  BC 66 0D 08  2A 00 00 00  .f..*....f..*...
00000130   C0 66 0D 08  2A 00 00 00  C4 66 0D 08  2A 00 00 00  .f..*....f..*...
00000140   55 89 E5 53  83 EC 04 E8  00 00 00 00  5B 81 C3 5C  U..S........[..\
00000150   E5 08 00 8B  93 FC FF FF  FF 85 D2 74  05 E8 9E 7E  ...........t...~
00000160   FB F7 E8 F9  00 00 00 E8  74 9B 06 00  58 5B C9 C3  ........t...X[..
00000170   FF 25 B4 66  0D 08 68 00  00 00 00 E9  00 00 00 00  .%.f..h.........
---  hello       --0x0/0x9D761--127--01111111----------------------------------
```

●図8.1: hexeditで実行ファイルを開く

図8.1を見ると，右側のアスキー表示の先頭に「ELF」という文字列が読み取れる．

また16進数の数値の羅列は「00」が占めている割合が非常に多く，それ以外の値はよく見ると4バイト単位で区切られているように思える．これは32ビット·アーキテクチャのため数値が4バイト単位で管理されることが多いためだろう．

さらにその4バイトの中で，「00」以外の意味のある数値が左側に寄っているようにも見てとれる．これはx86がリトルエンディアンのアーキテクチャであるためだろう．たとえば「1」という値は32ビット・リトルエンディアンによる表記では，「01 00 00 00」のようになる．このため数値が左側に寄っているように見えるようになるということだ．

逆に言うと，なんとなくバイナリファイルを見るだけでも，32ビット・アーキテクチャであったり，リトルエンディアンであったりすることがなんとなく推測できるということだ．はじめから読めないものとして諦めずに，このように「とりあえず見てみて，肌で感じてみる」ということが非常に重要に思う．

8.1.2 実行ファイルを書き換える

次に実行ファイルを書き換える実験をしてみよう．

まずhelloをhello-changeのようにコピーして，バイナリエディタで開く．

```
[user@localhost hello]$ cp hello hello-change
[user@localhost hello]$ hexedit hello-change
```

この実行ファイルは「Hello World!」という文字列を表示するものだ．ということは，「Hello World!」という文字列をどこかに含んでいるのではないだろうか．

検索してみよう．hexeditではTabキーを押してカーソルをアスキー表示のほうに移動させられる．さらに「/」を押すと図8.2のようになり，文字列検索をすることができる．

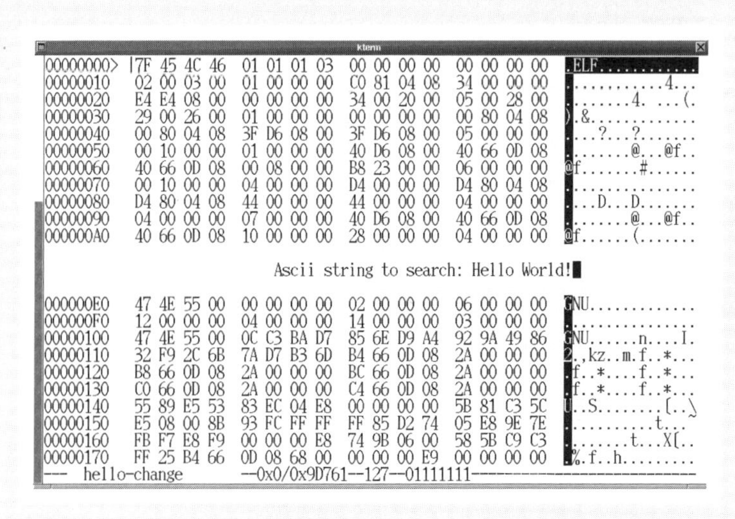

図8.2:「Hello World!」を検索する

「Hello World!」と入力し検索を実行すると，図8.3のような箇所が見つかった．

```
ktenn
0006B540   35 8B 53 04  8B 0A 85 C9  74 1D 8B 72  0C 31 C0 85  5.S.....t..r.1..
0006B550   F6 74 0D EB  21 0F 1F 00  8B 74 C2 0C  85 F6 75 16  .t..!....t....u.
0006B560   83 C0 01 39  C1 77 F1 89  14 24 E8 51  B2 F9 FF C7  ...9.w...$.Q....
0006B570   43 04 00 00  00 00 A1 44  88 0D 08 C7  05 44 88 0D  C......D.....D..
0006B580   08 00 00 00  00 89 04 24  E8 33 B2 F9  FF 83 C4 10  .......$.3......
0006B590   5B 5E 5D C3  8B 53 FC 8B  4A 04 3B 0D  08 88 0D 08  [^]..S..J.;.....
0006B5A0   0F 85 78 FF  FF FF 8B 0D  04 88 0D 08  8B 02 C7 03  ..x.............
0006B5B0   00 00 00 00  89 0A 89 04  24 E8 02 B2  F9 FF A1 40  ........$......@
0006B5C0   88 0D 08 E9  56 FF FF FF  55 89 E5 53  83 EC 04 E8  ....V...U..S....
0006B5D0   00 00 00 00  5B 81 C3 D4  30 02 00 E8  10 4C F9 FF  ....[...0....L..
0006B5E0   59 5B C9 C3  00 00 00 00  00 00 00 00  00 00 00 00  Y[..............
0006B5F0   00 00 00 00  00 00 00 00  00 00 00 00  00 00 00 00  ................
0006B600>  03 00 00 00  01 00 02 00  00 00 00 00 |48 65 6C 6C  ............Hell
0006B610   6F 20 57 6F  72 6C 64 21  20 25 64 20  25 73 0A 00  o World! %d %s..
0006B620   46 41 54 41  4C 3A 20 6B  65 72 6E 65  6C 20 74 6F  FATAL: kernel to
0006B630   6F 20 6F 6C  64 0A 00 00  46 41 54 41  4C 3A 20 63  o old...FATAL: c
0006B640   61 6E 6E 6F  74 20 64 65  74 65 72 6D  69 6E 65 20  annot determine
0006B650   6B 65 72 6E  65 6C 20 76  65 72 73 69  6F 6E 0A 00  kernel version..
0006B660   2F 64 65 76  2F 66 75 6C  6C 00 2F 64  65 76 2F 6E  /dev/full./dev/n
0006B670   75 6C 6C 00  73 65 74 5F  74 68 72 65  61 64 5F 61  ull.set_thread_a
0006B680   72 65 61 20  66 61 69 6C  65 64 20 77  68 65 6E 20  rea failed when
0006B690   73 65 74 74  69 6E 67 20  75 70 20 74  68 72 65 61  setting up threa
0006B6A0   64 2D 6C 6F  63 61 6C 20  73 74 6F 72  61 67 65 0A  d-local storage.
0006B6B0   00 00 00 00  75 6E 65 78  70 65 63 74  65 64 20 72  ....unexpected r
---  hello-change       --0x6B60C/0x9D761-- 72--01001000--------------------
```

図8.3: 検索を実行する

ここで,「Hello World!」の文字列を上書きしてみよう. hexeditではカーソルがアスキー表示の位置にある場合, 文字を入力するとデータがその文字でそのまま上書きされる. 図8.4のようにして「HELLO WORLD!」に書き換えてみた.

```
ktenn
0006B540   35 8B 53 04  8B 0A 85 C9  74 1D 8B 72  0C 31 C0 85  5.S.....t..r.1..
0006B550   F6 74 0D EB  21 0F 1F 00  8B 74 C2 0C  85 F6 75 16  .t..!....t....u.
0006B560   83 C0 01 39  C1 77 F1 89  14 24 E8 51  B2 F9 FF C7  ...9.w...$.Q....
0006B570   43 04 00 00  00 00 A1 44  88 0D 08 C7  05 44 88 0D  C......D.....D..
0006B580   08 00 00 00  00 89 04 24  E8 33 B2 F9  FF 83 C4 10  .......$.3......
0006B590   5B 5E 5D C3  8B 53 FC 8B  4A 04 3B 0D  08 88 0D 08  [^]..S..J.;.....
0006B5A0   0F 85 78 FF  FF FF 8B 0D  04 88 0D 08  8B 02 C7 03  ..x.............
0006B5B0   00 00 00 00  89 0A 89 04  24 E8 02 B2  F9 FF A1 40  ........$......@
0006B5C0   88 0D 08 E9  56 FF FF FF  55 89 E5 53  83 EC 04 E8  ....V...U..S....
0006B5D0   00 00 00 00  5B 81 C3 D4  30 02 00 E8  10 4C F9 FF  ....[...0....L..
0006B5E0   59 5B C9 C3  00 00 00 00  00 00 00 00  00 00 00 00  Y[..............
0006B5F0   00 00 00 00  00 00 00 00  00 00 00 00  00 00 00 00  ................
0006B600   03 00 00 00  01 00 02 00  00 00 00 00  48 45 4C 4C  ............HELL
0006B610>  4F 20 57 4F  52 4C 44|21  20 25 64 20  25 73 0A 00  O WORLD! %d %s..
0006B620   46 41 54 41  4C 3A 20 6B  65 72 6E 65  6C 20 74 6F  FATAL: kernel to
0006B630   6F 20 6F 6C  64 0A 00 00  46 41 54 41  4C 3A 20 63  o old...FATAL: c
0006B640   61 6E 6E 6F  74 20 64 65  74 65 72 6D  69 6E 65 20  annot determine
0006B650   6B 65 72 6E  65 6C 20 76  65 72 73 69  6F 6E 0A 00  kernel version..
0006B660   2F 64 65 76  2F 66 75 6C  6C 00 2F 64  65 76 2F 6E  /dev/full./dev/n
0006B670   75 6C 6C 00  73 65 74 5F  74 68 72 65  61 64 5F 61  ull.set_thread_a
0006B680   72 65 61 20  66 61 69 6C  65 64 20 77  68 65 6E 20  rea failed when
0006B690   73 65 74 74  69 6E 67 20  75 70 20 74  68 72 65 61  setting up threa
0006B6A0   64 2D 6C 6F  63 61 6C 20  73 74 6F 72  61 67 65 0A  d-local storage.
0006B6B0   00 00 00 00  75 6E 65 78  70 65 63 74  65 64 20 72  ....unexpected r
-**  hello-change       --0x6B617/0x9D761-- 33--00100001--------------------
```

図8.4:「HELLO WORLD!」に書き換える

Ctrl + Xで実行ファイルを上書き保存してhexeditを終了したら, 実行してみよう.

```
[user@localhost hello]$ ./hello-change
HELLO WORLD! 1 ./hello-change
```

```
[user@localhost hello]$
```

文字列を上書きしたことで，表示される文字列が書き変わっている．

当り前といえば当り前なのであるが，これはバイナリパッチを当てたということでもある．そう考えると，新鮮な体験だというこどもできるだろう．

【8.2】ELFフォーマット

Linuxの実行ファイルの標準フォーマットは「ELFフォーマット」と呼ばれるものだ．しかしここで「Linux標準の」と言っているのには，以下の2種類の意味がある．

- **多くのGNU/Linuxディストリビューションが標準のコンパイラとして採用している「GCC」は，ELFフォーマットの実行ファイルを出力することができる．**
- **Linuxカーネルは，ELFフォーマットの実行ファイルをexecve()によりプロセスとして起動することができる．**

つまり正確な意味での「Linuxが対応している」というのはLinuxカーネルのexecveシステムコールが対応している，という意味であり，それに対してGCCがELFフォーマットの実行ファイルを生成するように合わせてGNU/Linuxディストリビューションにインストールされている，ということになる．

|8.2.1| readelfとobjdump

GCCが扱う標準的な実行ファイルのフォーマットもELFフォーマットであるわけだが，GCCはbinutilsというツール群と併せて使われることが多く，binutilsにはreadelfというELFフォーマットの解析ツールが付属している．

論より証拠，実行ファイル「hello」をreadelfで解析してみよう．

まずはreadelfのオプションを見てみよう．以下はman readelfの出力内容だ．

```
SYNOPSIS
       readelf [-a|--all]
               [-h|--file-header]
```

```
            [-l|--program-headers|--segments]
            [-S|--section-headers|--sections]
...
```

-aオプションですべての情報が出力されるとのことなので，以下のようにコマンドを実行してみよう．出力は長くなるので，適宜lessなどを利用してほしい

```
[user@localhost hello]$ readelf -a hello | head
ELF Header:
  Magic:   7f 45 4c 46 01 01 01 03 00 00 00 00 00 00 00 00
  Class:                             ELF32
  Data:                              2's complement, little endian
  Version:                           1 (current)
  OS/ABI:                            UNIX - Linux
  ABI Version:                       0
  Type:                              EXEC (Executable file)
  Machine:                           Intel 80386
  Version:                           0x1
[user@localhost hello]$
```

また実行ファイルの汎用的な解析ツールとして，binutilsにはobjdumpというツールが付属している．参考までにobjdumpの出力も見てみよう．

```
[user@localhost hello]$ objdump -x hello | head

hello:     file format elf32-i386
hello
architecture: i386, flags 0x00000112:
EXEC_P, HAS_SYMS, D_PAGED
start address 0x080481c0

Program Header:
    LOAD off    0x00000000 vaddr 0x08048000 paddr 0x08048000 align 2**12
         filesz 0x0008d63f memsz 0x0008d63f flags r-x
[user@localhost hello]$
```

この結果からはわかりにくいのだが，objdumpは汎用的なツールになっているためELFフォーマット以外のフォーマットにも対応している．反面，ELFフォーマット固有のパラメータなどは出力されないものもある．

しかしELFフォーマットを解析することを考えると，やはりELF専用であるreadelfの方に軍配が上がるだろう．ということで本章ではreadelfを利用して解析することにする．

8.2.2 ELFヘッダを見てみる

ELFフォーマットはまず先頭にELFヘッダがあり，内部はセクションとセグメントという2種類の単位で管理されている．セクションはリンクの単位，セグメントは実行時のロードの単位になる．

readelfでELFヘッダの情報を見てみよう．これはreadelfの-hオプションで可能だ．

```
[user@localhost hello]$ readelf -h hello
ELF Header:
  Magic:   7f 45 4c 46 01 01 01 03 00 00 00 00 00 00 00 00
  Class:                             ELF32
  Data:                              2's complement, little endian
  Version:                           1 (current)
  OS/ABI:                            UNIX - Linux
  ABI Version:                       0
  Type:                              EXEC (Executable file)
  Machine:                           Intel 80386
  Version:                           0x1
  Entry point address:               0x80481c0
  Start of program headers:          52 (bytes into file)
  Start of section headers:          582884 (bytes into file)
  Flags:                             0x0
  Size of this header:               52 (bytes)
  Size of program headers:           32 (bytes)
  Number of program headers:         5
  Size of section headers:           40 (bytes)
  Number of section headers:         41
  Section header string table index: 38
[user@localhost hello]$
```

見るとELFヘッダの情報として，以下のようなものが出力されている．

- **32ビット形式**
- **エンディアン情報（リトルエンディアン）**

・OS情報（Linux）
・ファイル種別（実行ファイル）
・アーキテクチャ（x86）
・エントリポイント（0x80481c0）

ということはこれらの情報が，実行ファイル中には何らかの形で格納されているということだ．

それは，どこにどのようにして格納されているのだろうか．

8.2.3 ELFヘッダの構造を知る

ELFヘッダは特定のフォーマットで情報が配置されているわけだが，その構造を知ることはできるだろうか．

Linuxカーネルはexecveシステムコールの発行時に，何らかの方法でこの構造を解読しているわけだ．ということはLinuxカーネルのソースコード中のどこかに，その情報は必ずあるはずだ．

Linuxカーネルのソースコード上で，ファイル名に「elf」が入っているものを探してみよう．重要なものはたいていトップ下のディレクトリにあるので，ここでは全ファイルでなく*/*elf*として探してみる．

```
[user@localhost ~]$ cd linux-2.6.32.65
[user@localhost linux-2.6.32.65]$ ls */*elf*
fs/binfmt_elf.c                      lib/locking-selftest-softirq.h
fs/binfmt_elf_fdpic.c                lib/locking-selftest-spin-hardirq.h
fs/compat_binfmt_elf.c               lib/locking-selftest-spin-softirq.h
lib/locking-selftest-hardirq.h       lib/locking-selftest-spin.h
lib/locking-selftest-mutex.h         lib/locking-selftest-wlock-hardirq.h
lib/locking-selftest-rlock-hardirq.h lib/locking-selftest-wlock-softirq.h
lib/locking-selftest-rlock-softirq.h lib/locking-selftest-wlock.h
lib/locking-selftest-rlock.h         lib/locking-selftest-wsem.h
lib/locking-selftest-rsem.h          lib/locking-selftest.c
[user@localhost linux-2.6.32.65]$
```

lib以下にあるのは「self」がヒットしているだけなので関係が無い．fs/binfmt_elf.cというのが，ファイル名からしてそれらしく思える．

binfmt_elf.cの内容を見てみると，以下のような関数があった．

```
563:static int load_elf_binary(struct linux_binprm *bprm, struct pt_regs *regs)
564:{
...
595:        /* First of all, some simple consistency checks */
596:        if (memcmp(loc->elf_ex.e_ident, ELFMAG, SELFMAG) != 0)
597:                goto out;
598:
599:        if (loc->elf_ex.e_type != ET_EXEC && loc->elf_ex.e_type != ET_DYN)
600:                goto out;
601:        if (!elf_check_arch(&loc->elf_ex))
602:                goto out;
603:        if (!bprm->file->f_op||!bprm->file->f_op->mmap)
604:                goto out;
...
```

これはp.194で説明した，ELFバイナリをロードするための関数だ．

ということはこのファイルは，ELFフォーマットを解析するためのヘッダファイルをインクルードしているのではないだろうか．binfmt_elf.cの先頭付近を見ると，以下のような2つのヘッダファイルをインクルードしている．

```
...
24:#include <linux/elfcore.h>
...
32:#include <linux/elf.h>
...
```

これらのファイルを探してみよう．

```
[user@localhost linux-2.6.32.65]$ find . -name elfcore.h
./include/linux/elfcore.h
[user@localhost linux-2.6.32.65]$ find . -name elf.h
./arch/frv/include/asm/elf.h
./arch/avr32/include/asm/elf.h
...
./arch/ia64/include/asm/elf.h
./include/linux/elf.h
[user@localhost linux-2.6.32.65]$
```

elf.hはいくつかヒットするのだが，elfcore.hはinclude/linux以下にひとつあるだけだ．またelf.hはアーキテクチャ依存のディレクトリにあるようだが，include/linuxにもあるようだ．

ELFフォーマットは各種アーキテクチャを扱える共通フォーマットであるため，include/linuxにあるelfcore.hかelf.hが目的のファイルだろうか．これらのファイルの内容を見てみると，include/linux/elf.hに以下のような構造体の定義があった．

```
193:typedef struct elf32_hdr{
194:  unsigned char e_ident[EI_NIDENT];
195:  Elf32_Half    e_type;
196:  Elf32_Half    e_machine;
197:  Elf32_Word    e_version;
198:  Elf32_Addr    e_entry;  /* Entry point */
199:  Elf32_Off     e_phoff;
200:  Elf32_Off     e_shoff;
201:  Elf32_Word    e_flags;
202:  Elf32_Half    e_ehsize;
203:  Elf32_Half    e_phentsize;
204:  Elf32_Half    e_phnum;
205:  Elf32_Half    e_shentsize;
206:  Elf32_Half    e_shnum;
207:  Elf32_Half    e_shstrndx;
208:} Elf32_Ehdr;
```

C言語で特定のフォーマットを読み書きする場合には，このようにフォーマットを構造体化して，構造体のポインタとメンバを通してアクセスするのが一般的だ．これはELFフォーマットに限らず，IPヘッダやその他フォーマットのヘッダにも当てはまる．

Linuxカーネルは ELFフォーマットの実行ファイルをexecveシステムコールでロードして実行するわけなので，ELFフォーマットを解析するための構造体が必ずどこかで定義されていると考えられる．これがおそらく，それだろう．

8.2.4 いくつものヘッダファイル

そしてCentOSの/usr/includeを見ると，以下のようなファイルがあることに気がつく．

```
[user@localhost ~]$ find /usr/include -name "*elf*"
/usr/include/linux/elf-fdpic.h
```

```
/usr/include/linux/elfcore.h
/usr/include/linux/elf.h
/usr/include/linux/elf-em.h
/usr/include/elf.h
/usr/include/bits/elfclass.h
/usr/include/sys/elf.h
[user@localhost ~]$
```

これらはいずれもELFフォーマットの解析のためにシステムによって提供されているヘッダファイルということになる.

そしてelf.hというファイルは，以下の3種類があるようだ.

```
[user@localhost ~]$ find /usr/include -name elf.h
/usr/include/linux/elf.h
/usr/include/elf.h
/usr/include/sys/elf.h
[user@localhost ~]$
```

これらの違いは何であろうか.

まず/usr/include/linux/elf.hについて考えてみよう．これはlinuxというディレクトリ名から推測するに，ユーザーランドのプログラムに対してLinuxカーネルから提供されるヘッダファイルではないだろうか．つまりLinuxカーネルのinclude/linux以下にあるヘッダファイルが，/usr/include/linuxとして提供されているように思われる．このあたりはp.242～p.243で説明した内容を思い出してほしい.

diffで比較してみよう.

```
[user@localhost linux-2.6.32.65]$ diff -u include/linux/elf.h /usr/include/linux/elf.h
...
@@ -3,9 +3,6 @@

 #include <linux/types.h>
 #include <linux/elf-em.h>
-#ifdef __KERNEL__
-#include <asm/elf.h>
-#endif

...
```

細かい差異はあるのだが，大まかには似たファイルのようだ．差分はバージョンの違いによるものだろうか．また#ifdef __KERNEL__でくくられている部分はカーネルが利用するためのものでアプリケーション側には必要無いため，削られているようにも思える．

では/usr/include/elf.hは，どのようなものであろうか？　実際に内容を見てみると，/usr/include/linux/elf.hと似た構造体が定義してあることがわかる．

●/usr/include/linux/elf.hでのELFヘッダの定義

```
212:typedef struct elf32_hdr{
213:  unsigned char e_ident[EI_NIDENT];
214:  Elf32_Half    e_type;
215:  Elf32_Half    e_machine;
216:  Elf32_Word    e_version;
217:  Elf32_Addr    e_entry;  /* Entry point */
...
227:} Elf32_Ehdr;
```

●/usr/include/elf.hでのELFヘッダの定義

```
69:typedef struct
70:{
71:  unsigned char e_ident[EI_NIDENT];     /* Magic number and other info */
72:  Elf32_Half    e_type;                 /* Object file type */
73:  Elf32_Half    e_machine;              /* Architecture */
74:  Elf32_Word    e_version;              /* Object file version */
75:  Elf32_Addr    e_entry;                /* Entry point virtual address */
...
85:} Elf32_Ehdr;
```

ヘッダファイルの提供元が知りたい場合には，先頭にあるライセンス表記を見るといい．そして/usr/include/elf.hの先頭には，以下のような記述がある．

```
[user@localhost ~]$ cat /usr/include/elf.h | head
/* This file defines standard ELF types, structures, and macros.
   Copyright (C) 1995-2003,2004,2005,2006,2007,2008,2009,2010
        Free Software Foundation, Inc.
   This file is part of the GNU C Library.

   The GNU C Library is free software; you can redistribute it and/or
   modify it under the terms of the GNU Lesser General Public
   License as published by the Free Software Foundation; either
   version 2.1 of the License, or (at your option) any later version.
```

```
[user@localhost ~]$
```

GNU C libraryの一部であると言っているので，これはglibcによって標準ヘッダファイルとして提供されているもののようだ．つまりLinuxカーネルとglibcという，異なる2つの提供元から提供されたファイルが用意されているわけだ．

これらはどちらを利用しても，プログラムを書くことはできる．しかし他システムへの移植性を考えるならば，/usr/include/elf.hを利用するべきだろう．反面，ELFフォーマットに対するLinux特有のなんらかの定義などがもしもあってそれを利用したいという状況ならば，それは/usr/include/linux/elf.hの中で定義されているはずなので，そちらをインクルードして利用するべきだろう．

では/usr/include/sys/elf.hは何なのだろうか．p.241～p.242で説明したように，/usr/include/sysは本来はカーネルが持つヘッダファイルが，システム・プログラミングのためにアプリケーション側に提供されるための場所だ．

しかしCentOSの/usr/include/sys/elf.hの内容を見てみると，以下のようにワーニング出力が配置されていた．

```
22:#warning "This header is obsolete; use <sys/procfs.h> instead."
23:
24:#include <sys/procfs.h>
```

#warningはワーニングを出すためのプリプロセッサへの指示であり，このファイルをインクルードすると，コンパイル時に「すでに過去のものなので使わずに，sys/procfs.hを使うように」のようなワーニングが出力されることになる．

何らかの過去互換のためだろうか．実は互換のファイルはFreeBSDにもあり，そちらを見てみると以下のようなコメントがあった．

```
29:/*
30: * This is a Solaris compatibility header
31: */
```

つまりSolarisの互換のために用意されているヘッダファイルとのことだ．なので積極的に利用する必要は無いだろう．

> ELFフォーマットに限らず，多くのフォーマットは解析用のヘッダファイルがこのように/usr/include以下にインストールされている場合が多い．あるフォーマットの仕様が知りたいとき，インターネットで検索をして探す前に/usr/includeを探すようになったら，ハッカーへの第一歩を踏み出していると言えるかもしれない．

8.2.5 ELFヘッダのバイナリを読む

ELFフォーマットの構造はヘッダファイルによって構造体として提供されると説明したが，これが本当か確かめてみたい．

これはひとつの方法だけでなく，バイナリダンプ，構造体の定義，readelfでの解析結果の3つを照らし合わせて見てみることでより確実に確認できるだろう．

実行ファイルの先頭付近をバイナリエディタでもう一度見てみよう．hexeditで実行ファイルhelloを開くと，図8.5のようになる．

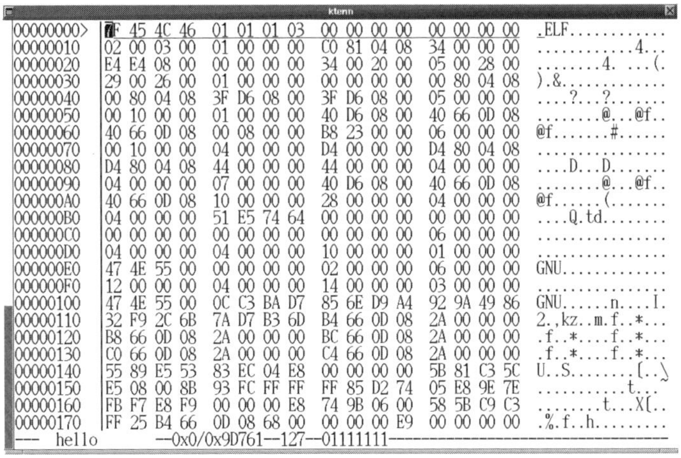

```
ktenn
00000000> 7F 45 4C 46  01 01 01 03  00 00 00 00  00 00 00 00  .ELF............
00000010  02 00 03 00  01 00 00 00  C0 81 04 08  34 00 00 00  ............4...
00000020  E4 E4 08 00  00 00 00 00  34 00 20 00  05 00 28 00  ........4. ...(.
00000030  29 00 26 00  01 00 00 00  00 00 00 00  00 80 04 08  ).&.............
00000040  00 80 04 08  3F D6 08 00  3F D6 08 00  05 00 00 00  ....?...?.......
00000050  00 10 00 00  01 00 00 00  40 D6 08 00  40 66 0D 08  ........@...@f..
00000060  40 66 0D 08  00 08 00 00  B8 23 00 00  06 00 00 00  @f.......#......
00000070  00 10 00 00  04 00 00 00  D4 00 00 00  D4 80 04 08  ................
00000080  D4 80 04 08  44 00 00 00  44 00 00 00  04 00 00 00  ....D...D.......
00000090  04 00 00 00  07 00 00 00  40 D6 08 00  40 66 0D 08  ........@...@f..
000000A0  40 66 0D 08  10 00 00 00  28 00 00 00  04 00 00 00  @f......(.......
000000B0  04 00 00 00  51 E5 74 64  00 00 00 00  00 00 00 00  ....Q.td........
000000C0  00 00 00 00  00 00 00 00  00 00 00 00  06 00 00 00  ................
000000D0  04 00 00 00  04 00 00 00  10 00 00 00  01 00 00 00  ................
000000E0  47 4E 55 00  00 00 00 00  02 00 00 00  06 00 00 00  GNU.............
000000F0  12 00 00 00  04 00 00 00  14 00 00 00  03 00 00 00  ................
00000100  47 4E 55 00  0C C3 BA D7  85 6E D9 A4  92 9A 49 86  GNU......n....I.
00000110  32 F9 2C 6B  7A D7 B3 6D  B4 66 0D 08  2A 00 00 00  2.,kz..m.f..*...
00000120  B8 66 0D 08  2A 00 00 00  BC 66 0D 08  2A 00 00 00  .f..*....f..*...
00000130  C0 66 0D 08  2A 00 00 00  C4 66 0D 08  2A 00 00 00  .f..*....f..*...
00000140  55 89 E5 53  83 EC 04 E8  00 00 00 00  5B 81 C3 5C  U..S........[..\
00000150  E5 08 00 8B  93 FC FF FF  FF 85 D2 74  05 E8 9E 7E  ............t..~
00000160  FB F7 E8 F9  00 00 00 E8  74 9B 06 00  58 5B C9 C3  ........t...X[..
00000170  FF 25 B4 66  0D 08 68 00  00 00 00 E9  00 00 00 00  .%.f..h.........
---  hello       --0x0/0x9D761--127--01111111--------------------------------
```

図8.5: hexeditで実行ファイルを開く

次にLinuxカーネルのinclude/linux/elf.hにある構造体の定義をもう一度見てみる．

```
191:#define EI_NIDENT       16
192:
193:typedef struct elf32_hdr{
194:  unsigned char e_ident[EI_NIDENT];
```

```
195:  Elf32_Half    e_type;
196:  Elf32_Half    e_machine;
197:  Elf32_Word    e_version;
198:  Elf32_Addr    e_entry;  /* Entry point */
199:  Elf32_Off     e_phoff;
200:  Elf32_Off     e_shoff;
201:  Elf32_Word    e_flags;
202:  Elf32_Half    e_ehsize;
203:  Elf32_Half    e_phentsize;
204:  Elf32_Half    e_phnum;
205:  Elf32_Half    e_shentsize;
206:  Elf32_Half    e_shnum;
207:  Elf32_Half    e_shstrndx;
208:} Elf32_Ehdr;
```

さらにreadelfによる解析結果も，もう一度見てみよう．

```
[user@localhost hello]$ readelf -a hello | head
ELF Header:
  Magic:   7f 45 4c 46 01 01 01 03 00 00 00 00 00 00 00 00
  Class:                             ELF32
  Data:                              2's complement, little endian
  Version:                           1 (current)
  OS/ABI:                            UNIX - Linux
  ABI Version:                       0
  Type:                              EXEC (Executable file)
  Machine:                           Intel 80386
  Version:                           0x1
[user@localhost hello]$
```

これらを比較してみよう．

まず構造体の先頭16バイトは，構造体中ではe_ident[]という配列になっているようだ．図8.5のバイナリダンプでは，先頭1行目がこれに相当する．先頭には"\x7fELF"という部分があり，これがELFヘッダのマジックナンバーだ．readelfの解析結果を見ると以下の部分があるが，これらがこの16バイト中に含まれている．

```
  Class:                             ELF32
  Data:                              2's complement, little endian
  Version:                           1 (current)
  OS/ABI:                            UNIX - Linux
```

```
ABI Version:                       0
```

次に構造体中のe_typeとe_machineという部分だが，これはバイナリダンプでは2行目の「02 00」と「03 00」という値が相当する．ゼロが右側にあるので，リトルエンディアンのようだ．つまりe_typeには2，e_machineには3という値が格納されているのだと思われる．

readelfの解析結果で見ると，これらの値の意味は以下のようになっているようだ．

```
Type:                              EXEC (Executable file)
Machine:                           Intel 80386
```

Typeの部分はファイル種別であり，elf.hで定義されている以下の値が相当するのだろう．

```
...
56:#define ET_EXEC    2
...
```

さらにMachineの部分は対象アーキテクチャで，include/linux/elf-em.hで定義されている以下の値が相当するように思える．

```
...
8:#define EM_386           3
...
```

続けて見てみよう．構造体中のe_versionには「01 00 00 00」，e_entryには「C0 81 04 08」という値が格納されている．リトルエンディアンの4バイト値として考えて，e_versionには1という値が，e_entryはエントリポイントで0x080481C0という値が格納されているようだ．

そしてこれはreadelfによる解析結果の，以下の部分に相当する．

```
Version:                           0x1
Entry point address:               0x80481c0
```

このように図8.5ではELFヘッダにリトルエンディアンで2バイトもしくは4バイトの値が格納されているため，図8.5の上半分は，全体的に4バイト単位で区切られていて，

4バイト単位で見たときに値が左に寄っていることが多いように見える．リトルエンディアンでは1や2のような小さな値の場合，左側に値が現れ，右側はゼロで埋められるためだ．

readelfの解析結果だけでは，情報がどのように格納されているのかを実感しにくい．そしてバイナリダンプだけをいきなり見ても，なかなか解析できるものではない．

しかしここに構造体の定義を含め，3者を照らし合わせて見てみることで，実際にさまざまな情報が格納されていることを実感しながら理解することができるだろう．興味があれば，さらに深く値を探ってみてほしい．

【8.3】セクションの情報を見る

ここまでELFヘッダの内容を見てきたが，これはファイルのメタ情報を見ただけであり，ファイル中に格納されているデータの本体を見ているわけではない．

ELFフォーマットはファイルの内部をセクションという単位で分割して管理している．機械語コードやプログラム中の文字列データなどが格納されているのは，それらセクションの中だ．

次はセクションについて見てみよう．

8.3.1 セクション・ヘッダの情報を見てみる

まずは「セクション情報」を見てみよう．readelfは-Sを付加して実行することで，セクション情報を出力させることができる．

```
[user@localhost hello]$ readelf -S hello | head -n 15
There are 41 section headers, starting at offset 0x8e4e4:

Section Headers:
  [Nr] Name              Type            Addr     Off    Size   ES Flg Lk Inf Al
  [ 0]                   NULL            00000000 000000 000000 00      0   0  0
  [ 1] .note.ABI-tag     NOTE            080480d4 0000d4 000020 00   A  0   0  4
  [ 2] .note.gnu.build-i NOTE            080480f4 0000f4 000024 00   A  0   0  4
  [ 3] .rel.plt          REL             08048118 000118 000028 08   A  0   5  4
  [ 4] .init             PROGBITS        08048140 000140 000030 00  AX  0   0  4
```

```
  [ 5] .plt              PROGBITS        08048170 000170 000050 00  AX  0   0  4
  [ 6] .text             PROGBITS        080481c0 0001c0 069b4c 00  AX  0   0 16
  [ 7] __libc_thread_fre PROGBITS        080b1d10 069d10 000079 00  AX  0   0 16
  [ 8] __libc_freeres_fn PROGBITS        080b1d90 069d90 001838 00  AX  0   0 16
  [ 9] .fini             PROGBITS        080b35c8 06b5c8 00001c 00  AX  0   0  4
  [10] .rodata           PROGBITS        080b3600 06b600 0154bb 00   A  0   0 32
[user@localhost hello]$
```

「.text」「.rodata」のような文字列が見られる．これらがセクションと呼ばれるものだ．

.textセクションに関する部分を抜き出して見てみよう．

```
  [Nr] Name              Type            Addr     Off    Size   ES Flg Lk Inf Al
  [ 6] .text             PROGBITS        080481c0 0001c0 069b4c 00  AX  0   0 16
```

まず「Addr」という項目が080481c0のような値になっているが，これはセクションが配置されるアドレスだ．

また「Off」という項目が0001c0になっている．これはファイル中でのセクションの位置のオフセット値だ．

さらに「Size」は069b4cになっている．これはセクションのサイズだ．

これらを噛み砕いて説明すると，以下のようになる．

- **helloというファイルの先頭0001c0の位置からサイズ069b4cだけの領域を.textというセクションとして扱う．**
- **この領域は実行時には080481c0というアドレスに展開されて動くことを前提としている．**

同じことが.rodataなど，他のセクションにも当てはまる．

.textは主に機械語コードが格納されるセクションだ．そして.rodataは文字列リテラル等の変更されないデータが格納されるセクションになる．

8.3.2 機械語コードを見てみる

.textセクションには機械語コードが格納されていると説明したが，実際にそれを見てみよう．

.textセクションのオフセット値は0001c0のようになっている．つまりhelloの先頭0001c0の位置から見ればいいことになる．

位置がわかったら次はバイナリエディタの出番だ．hexeditでhelloを開く．オフセット0001c0の位置に進めると，図8.6のようになる．カーソルの上下で移動してもいいが，hexeditではEnterを押すことで，希望の位置に移動することができる．

```
ktenn
00000100  47 4E 55 00  0C C3 BA D7  85 6E D9 A4  92 9A 49 86  GNU......n....I.
00000110  32 F9 2C 6B  7A D7 B3 6D  B4 66 0D 08  2A 00 00 00  2.,kz..m.f..*...
00000120  B8 66 0D 08  2A 00 00 00  BC 66 0D 08  2A 00 00 00  .f..*....f..*...
00000130  C0 66 0D 08  2A 00 00 00  C4 66 0D 08  2A 00 00 00  .f..*....f..*...
00000140  55 89 E5 53  83 EC 04 E8  00 00 00 00  5B 81 C3 5C  U..S........[..\
00000150  E5 08 00 8B  93 FC FF FF  FF 85 D2 74  05 E8 9E 7E  ...........t...~
00000160  FB F7 E8 F9  00 00 00 E8  74 9B 06 00  58 5B C9 C3  ........t...X[..
00000170  FF 25 B4 66  0D 08 68 00  00 00 00 E9  00 00 00 00  .%.f..h.........
00000180  FF 25 B8 66  0D 08 68 00  00 00 00 E9  00 00 00 00  .%.f..h.........
00000190  FF 25 BC 66  0D 08 68 00  00 00 00 E9  00 00 00 00  .%.f..h.........
000001A0  FF 25 C0 66  0D 08 68 00  00 00 00 E9  00 00 00 00  .%.f..h.........
000001B0  FF 25 C4 66  0D 08 68 00  00 00 00 E9  00 00 00 00  .%.f..h.........
000001C0> 31 ED 5E 89  E1 83 E4 F0  50 54 52 68  E0 8B 04 08  1.^.....PTRh....
000001D0  68 20 8C 04  08 51 56 68  BC 82 04 08  E8 0F 01 00  h ...QVh........
000001E0  00 F4 90 90  90 90 90 90  90 90 90 90  90 90 90 90  ................
000001F0  55 89 E5 53  8D 64 24 EC  80 3D 40 6E  0D 08 00 75  U..S.d$..=@n...u
00000200  53 BB 64 66  0D 08 A1 44  6E 0D 08 81  EB 5C 66 0D  S.df...Dn....\f.
00000210  08 C1 FB 02  83 EB 01 39  D8 73 1D 90  8D 74 26 00  .......9.s...t&.
00000220  83 C0 01 A3  44 6E 0D 08  FF 14 85 5C  66 0D 08 A1  ....Dn.....\f...
00000230  44 6E 0D 08  39 D8 72 E8  B8 70 10 0B  08 85 C0 74  Dn..9.r..p.....t
00000240  0C C7 04 24  F8 8A 0C 08  E8 23 8E 06  00 C6 05 40  ...$.....#.....@
00000250  6E 0D 08 01  8D 64 24 14  5B 5D C3 90  8D 74 26 00  n....d$.[]...t&.
00000260  55 B8 70 F6  0A 08 89 E5  8D 64 24 E8  E8 00 00 00  U.p......d$.....
00000270  00 5A 81 C2  37 E4 08 00  85 C0 74 20  89 54 24 0C  .Z..7.....t .T$.
---  hello        --0x1C0/0x9D761-- 49--00110001------------------------------
```

●図8.6: .textセクションの先頭

図8.6を見ると，カーソル位置を境にして，データの雰囲気が変化していることに気がつくだろうか．カーソル位置以前は4バイトのリトルエンディアンのデータが格納されているように思えるが，それ以降は雑然とした値になっている．

ここでx86の機械語コードを見るときのポイントを軽く説明しておこう．注目すべきは以下の4種類の1バイトコードだ．

- 0x55　push ebp
- 0x90　nop
- 0xc9　leave
- 0xc3　ret

0x55はpush　ebpに相当する．これは関数の先頭で呼ばれることが多い．そして0xc9はleave，0xc3はretに相当する．これらは関数の末尾で呼ばれることが多い．「c9　c3」のように連続して呼ばれるか，もしくは「c3」のように単独で呼ばれるかだ．

そして0x90はnopだ．これは関数と関数の間のスキマを埋めるために利用されたりすることがある．p.38で説明したアラインメント調整のためだ．つまり関数と関数のあいだに，次の関数の先頭の位置を合わせるように連続して置かれている場合が多い．

このコードが実行されることはおそらく無いが，逆アセンブルされるときのことを考慮すると，適当な値ではなくnopなどの命令で埋めておくべきだ．

全体的にこれらのバイトコードが多ければ，x86の機械語コード「っぽい」と判断できる．図8.6のようなものを意味不明なバイトデータ，人間が読むものではないという先入観を持って片付けず，このような視点で見ることで，いろいろと伝わるものもあるということを知ることは有用だ．

まず図8.6を見ると，1E0の行に0x90が連続している．これはnopを指す命令になる．

また1F0と260の位置に0x55というバイトコードが見られる．さらに25Aの位置には0xC3というバイトコードがある．つまりこれらは関数の先頭と末尾で，関数の切れ目を表しているようだ．

readelfの結果では.textセクションはファイル中のオフセットが0001c0で，配置先のアドレスが080481c0になる．ということはオフセット1F0の機械語コードは080481f0というアドレスに配置されることになる．逆アセンブル結果からこのアドレスの位置を探してみると以下のような部分があり，ここに相当するようだ．

```
080481f0 <__do_global_dtors_aux>:
 80481f0:       55                      push   %ebp
...
 804825a:       c3                      ret
 804825b:       90                      nop
 804825c:       8d 74 26 00             lea    0x0(%esi,%eiz,1),%esi

08048260 <frame_dummy>:
 8048260:       55                      push   %ebp
```

さらにx86の機械語コード中には，「FF FF FF」のような0xFFの連続が現れやすいという特徴がある．これは相対アドレス指定の際に，前方を指す場合にFFFFFF..という値になりやすいためだ．しかし残念ながら，この特徴は図8.6からは見てとれないようだ．

また機械語コード中に「40 6E 0D 08」のようにして，「0D 08」という2バイトのデータ列が頻出している点に注目してほしい．「0D 08」は.dataや.bssというセクションが配置されているアドレスの上位2バイトの値のリトルエンディアン表記になる．つまりそれらのセクションにアクセスするような機械語コードがあるようだ．そしてそれらの4バイト値が4バイトアラインメントされた位置ではなく，奇数位置なども含めた様々な位置に出現していることがポイントだ．これは奇数長も含めた可変長命令を持つ，x86の機械語コードならではの特徴だ．

このあたりから，どうやらx86の機械語コードらしいと当たりをつけることができる．

8.3.3 メッセージの配置先アドレスを知る

helloは「Hello World!」というメッセージを出力する実行ファイルだ．ということは「Hello World!」という文字列自体も，helloの中に格納されているはずだ．

そしてその文字列を実行ファイル中から検索して書き換えるということはp.267ですでにやってみているが，これをさらに詳しく考えてみよう．

まずバイナリファイル中に含まれる文字列は，stringsというコマンドで知ることができる．以下を実行してみよう．

```
[user@localhost hello]$ strings hello | grep Hello
Hello World! %d %s
[user@localhost hello]$
```

このようにして「Hello World! %d %s」という文字列がhelloというバイナリファイルの中のどこかに格納されている，ということを簡単に知ることができる．

次はp.266で行ったように，バイナリエディタで検索してみよう．hexeditを起動してTabでアスキー表示のほうにカーソルを移動し，「/」で文字列を検索することができる．結果はp.267の図8.3でやってみたとおりで，0x6B60Cというオフセット位置にHello World!の文字列が格納されていることがわかる．

この文字列が配置されているアドレスを調べてみよう．まずreadelfのセクション情報の出力には，以下のような行がある．

```
  [10] .rodata           PROGBITS        080b3600 06b600 0154bb 00   A  0   0 32
```

オフセット値が06b600，サイズが0154bbとなっている．Hello World!の文字列は0x6B60Cというオフセット位置にあるため，このセクションの中に置かれていることになる．

さらに.rodataセクションのアドレスとオフセット値を見てみよう．アドレスは080b3600，オフセットは06b600だ．ということはHello World!の文字列が配置されるアドレスは，以下のような計算で求めることができる．

```
(文字列のアドレス)
=(文字列のオフセット位置)-(.rodataセクションの先頭オフセット)
                    +(.rodataセクションの先頭アドレス)
= 0x6B60C-06b600+080b3600
= 0xC+080b3600
= 080b360c
```

よってHello World!のメッセージの文字列は，0x080b360cというアドレスに配置されていることがわかる．

さらに実行ファイルhelloはこの文字列を出力するものであるため，その機械語コード中には，このアドレスに対してアクセスしている部分があるはずだ．

逆アセンブル結果から「080b360c」という文字列を検索して見てみると，以下のような箇所があることがわかる．

```
080482bc <main>:
...
 80482ca:       b8 0c 36 0b 08          mov    $0x80b360c,%eax
...
 80482da:       89 04 24                mov    %eax,(%esp)
...
 80482dd:       e8 7e 10 00 00          call   8049360 <_IO_printf>
...
```

つまりmain()の内部で，printf()の引数として利用されているようだ．

8.3.4 メッセージの配置先アドレスを書き換える

ということは，このアドレスを変化させれば，出力する文字列を変化させることができるのではないだろうか．

試してみよう．上記で0x80b360cという値を扱っている命令のアドレスは80482caだ．そして.textセクションの情報は以下のようになっていた．

```
  [ 6] .text             PROGBITS        080481c0 0001c0 069b4c 00  AX  0   0 16
```

当該の命令が配置されているアドレスを計算してみよう．

```
(命令のオフセット位置)
=(命令のアドレス)-(.textセクションの先頭アドレス)+(.textセクションの先頭オフセット)
=80482ca-080481c0+0001c0
=80482ca-(080481c0-0001c0)
=80482ca-08048000
=2ca
```

オフセット0x2caの位置のようだ.

helloをhello-worldという名前にコピーしてhexeditで開く.

```
[user@localhost hello]$ cp hello hello-world
[user@localhost hello]$ hexedit hello-world
```

オフセット0x2caに移動すると図8.7のようになっている.

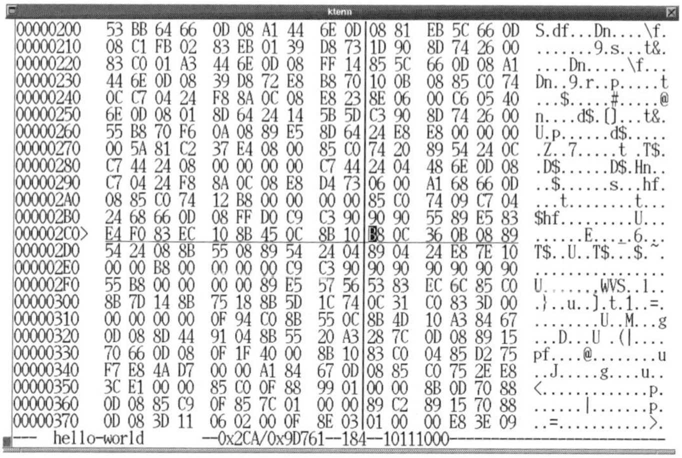

```
ktenn
00000200   53 BB 64 66  0D 08 A1 44  6E 0D 08 81  EB 5C 66 0D   S.df...Dn....\f.
00000210   08 C1 FB 02  83 EB 01 39  D8 73 1D 90  8D 74 26 00   .......9.s...t&.
00000220   83 C0 01 A3  44 6E 0D 08  FF 14 85 5C  66 0D 08 A1   ....Dn.....\f...
00000230   44 6E 0D 08  39 D8 72 E8  B8 70 10 0B  08 85 C0 74   Dn..9.r..p.....t
00000240   0C C7 04 24  F8 8A 0C 08  E8 23 8E 06  00 C6 05 40   ...$.....#.....@
00000250   6E 0D 08 01  8D 64 24 14  5B 5D C3 90  8D 74 26 00   n....d$.[]...t&.
00000260   55 B8 70 F6  0A 08 89 E5  8D 64 24 E8  E8 00 00 00   U.p......d$.....
00000270   00 5A 81 C2  37 E4 08 00  85 C0 74 20  89 54 24 0C   .Z..7.....t .T$.
00000280   C7 44 24 08  00 00 00 00  C7 44 24 04  48 6E 0D 08   .D$......D$.Hn..
00000290   C7 04 24 F8  8A 0C 08 E8  D4 73 06 00  A1 68 66 0D   ..$......s...hf.
000002A0   08 85 C0 74  12 B8 00 00  00 00 85 C0  74 09 C7 04   ...t.........t...
000002B0   24 68 66 0D  08 FF D0 C9  C3 90 90 90  55 89 E5 83   $hf.........U...
000002C0>  E4 F0 83 EC  10 8B 45 0C  8B 10 B8 0C  36 0B 08 89   .......E.....6..
000002D0   54 24 08 8B  55 08 89 54  24 04 89 04  24 E8 7E 10   T$..U..T$...$.~.
000002E0   00 00 B8 00  00 00 00 C9  C3 90 90 90  90 90 90 90   ................
000002F0   55 B8 00 00  00 00 89 E5  57 56 53 83  EC 6C 85 C0   U.......WVS..l..
00000300   8B 7D 14 8B  75 18 8B 5D  1C 74 0C 31  C0 83 3D 00   .}..u..].t.1..=.
00000310   00 00 00 00  0F 94 C0 8B  55 0C 8B 4D  10 A3 84 67   ........U..M...g
00000320   0D 08 8D 44  91 04 8B 55  20 A3 28 7C  0D 08 89 15   ...D...U .(|....
00000330   70 66 0D 08  0F 1F 40 00  8B 10 83 C0  04 85 D2 75   pf....@........u
00000340   F7 E8 4A D7  00 00 A1 84  67 0D 08 85  C0 75 2E E8   ..J.....g....u..
00000350   3C E1 00 00  85 C0 0F 88  99 01 00 00  8B 0D 70 88   <.............p.
00000360   0D 08 85 C9  0F 85 7C 01  00 00 89 C2  89 15 70 88   ......|.......p.
00000370   0D 08 3D 11  06 02 00 0F  8E 03 01 00  00 E8 3E 09   ..=...........>.
---  hello-world       --0x2CA/0x9D761--184--10111000----------------------------
```

●図8.7: 文字列の利用位置

カーソル位置は「B8 0C 36 0B 08」というバイト列になっていて, 確かにこれは逆アセンブル結果の機械語コードに一致している.

この「0C 36 0B 08」という部分を, 6だけ加算して「12 36 0B 08」にしてみよう. 図8.8のような感じだ. なお値はやはりリトルエンディアンであるため, 左右が反転していることに注意してほしい.

```
kterm
00000200   53 BB 64 66  0D 08 A1 44  6E 0D 08|81  EB 5C 66 0D  S.df...Dn....\f.
00000210   08 C1 FB 02  83 EB 01 39  D8 73 1D|90  8D 74 26 00  .......9.s...t&.
00000220   83 C0 01 A3  44 6E 0D 08  FF 14 85|5C  66 0D 08 A1  ....Dn.....\f...
00000230   44 6E 0D 08  39 D8 72 E8  B8 70 10|0B  08 85 C0 74  Dn..9.r..p.....t
00000240   0C C7 04 24  F8 8A 0C 08  E8 23 8E|06  00 C6 05 40  ...$.....#.....@
00000250   6E 0D 08 01  8D 64 24 14  5B 5D C3|90  8D 74 26 00  n....d$.[]...t&.
00000260   55 B8 70 F6  0A 08 89 E5  8D 64 24|E8  E8 00 00 00  U.p.......d$....
00000270   00 5A 81 C2  37 E4 08 00  85 C0 74|20  89 54 24 0C  .Z..7.....t .T$.
00000280   C7 44 24 08  00 00 00 00  C7 44 24|04  48 6E 0D 08  .D$......D$.Hn..
00000290   C7 04 24 F8  8A 0C 08 E8  D4 73 06|00  A1 68 66 0D  ..$......s...hf.
000002A0   08 85 C0 74  12 B8 00 00  00 00 85|C0  74 09 C7 04  ...t.........t...
000002B0   24 68 66 0D  08 FF D0 C9  C3 90 90|90  55 89 E5 83  $hf.........U...
000002C0>  E4 F0 83 EC  10 8B 45 0C  8B 10 B8|12  36 0B 08 89  .......E.....6..
000002D0   54 24 08 8B  55 08 89 54  24 04 89|04  24 E8 7E 10  T$..U..T$...$.~.
000002E0   00 00 B8 00  00 00 00 C9  C3 90 90|90  90 90 90 90  ................
000002F0   55 B8 00 00  00 00 89 E5  57 56 53|83  EC 6C 85 C0  U.......WVS..l..
00000300   8B 7D 14 8B  75 18 8B 5D  1C 74 0C|31  C0 83 3D 00  .}..u..].t.1..=.
00000310   00 00 00 00  0F 94 C0 8B  55 0C 8B|4D  10 A3 84 67  .........U..M...g
00000320   0D 08 8D 44  91 04 8B 55  20 A3 28|7C  0D 08 89 15  ...D...U .(|....
00000330   70 66 0D 08  0F 1F 40 00  8B 10 83|C0  04 85 D2 75  pf....@........u
00000340   F7 E8 4A D7  00 00 A1 84  67 0D 08|85  C0 75 2E E8  ..J.....g....u..
00000350   3C E1 00 00  85 C0 0F 88  99 01 00|00  8B 0D 70 88  <..............p.
00000360   0D 08 85 C9  0F 85 7C 01  00 00 89|C2  89 15 70 88  ......|.......p.
00000370   0D 08 3D 11  06 02 00 0F  8E 03 01|00  00 E8 3E 09  ..=...........>.
-**  hello-world       --0x2CB/0x9D761-- 18--00010010------------------------
```

図8.8: 文字列のアドレスの書き換え

hello-worldを保存して実行してみよう.

```
[user@localhost hello]$ ./hello-world
World! 1 ./hello-world
[user@localhost hello]$
```

出力される文字列が，単なる「World!」になった．出力文字列のアドレスが+6されたことで，先頭6文字が無視されている．

そしてセキュリティ的な意味では，文字列を「%08x%08x%08x...」のように書き換えることができれば，スタックの内容をダンプできてしまうという危険性があるよなあ…ということをついつい考えてしまう．これを発展させたprintf()フォーマットストリング攻撃というものがあり，本書の範囲では無くなってしまうためにここでは割愛するが，興味のあるかたは調べてみてほしい．

【8.4】セグメント情報を見てみる

ここまでは実行ファイルを「セクション」という単位で見てきた.

しかし実はELFフォーマットにはもうひとつの内部領域の管理単位がある. セグメントと呼ばれるものだ.

ここではセグメント情報についても見てみよう.

|8.4.1| 領域管理の単位が2つある

man readelfの出力をもう一度確認しよう.

```
SYNOPSIS
       readelf [-a|--all]
               [-h|--file-header]
               [-l|--program-headers|--segments]
               [-S|--section-headers|--sections]
...
```

--segmentsというオプションでセグメント情報が出力されるようだ. そしてこれは--program-headersというオプションでも等価なようだ. セグメントはプログラム・ヘッダというヘッダによって管理されているためだ.

実際にオプションをためしてみよう.

```
[user@localhost hello]$ readelf --segments hello

Elf file type is EXEC (Executable file)
Entry point 0x80481c0
There are 5 program headers, starting at offset 52

Program Headers:
  Type           Offset   VirtAddr   PhysAddr   FileSiz MemSiz  Flg Align
  LOAD           0x000000 0x08048000 0x08048000 0x8d63f 0x8d63f R E 0x1000
  LOAD           0x08d640 0x080d6640 0x080d6640 0x00800 0x023b8 RW  0x1000
  NOTE           0x0000d4 0x080480d4 0x080480d4 0x00044 0x00044 R   0x4
```

```
  TLS            0x08d640 0x080d6640 0x080d6640 0x00010 0x00028 R   0x4
  GNU_STACK      0x000000 0x00000000 0x00000000 0x00000 0x00000 RW  0x4

 Section to Segment mapping:
  Segment Sections...
   00     .note.ABI-tag .note.gnu.build-id .rel.plt .init .plt .text __libc_thread_fre
eres_fn __libc_freeres_fn .fini .rodata __libc_thread_subfreeres __libc_subfreeres __l
ibc_atexit .stapsdt.base .eh_frame .gcc_except_table
   01     .tdata .ctors .dtors .jcr .data.rel.ro .got .got.plt .data .bss __libc_freer
es_ptrs
   02     .note.ABI-tag .note.gnu.build-id
   03     .tdata .tbss
   04
[user@localhost hello]$
```

プログラム・ヘッダは5つが存在している．さらに各セグメントに格納されているセクションが出力されていて，例えば`.text`や`.rodata`セクションは00番のセグメントに，`.data`や`.bss`セクションは01番目のセグメントに含まれていることがわかる．

|8.4.2| Linuxカーネルでの扱いを見る

Linuxカーネルではどのようになっているだろうか．`fs/binfmt_elf.c`を見ると`load_elf_binary()`という関数があり，これがELFフォーマットのローダになる．

そして`load_elf_binary()`には，以下のような部分がある．

```
563:static int load_elf_binary(struct linux_binprm *bprm, struct pt_regs *regs)
564:{
...
570:        struct elf_phdr *elf_ppnt, *elf_phdata;
...
595:        /* First of all, some simple consistency checks */
596:        if (memcmp(loc->elf_ex.e_ident, ELFMAG, SELFMAG) != 0)
597:                goto out;
598:
599:        if (loc->elf_ex.e_type != ET_EXEC && loc->elf_ex.e_type != ET_DYN)
600:                goto out;
601:        if (!elf_check_arch(&loc->elf_ex))
602:                goto out;
...
747:        /* Now we do a little grungy work by mmaping the ELF image into
```

```
748:          the correct location in memory. */
749:        for(i = 0, elf_ppnt = elf_phdata;
750:            i < loc->elf_ex.e_phnum; i++, elf_ppnt++) {
751:                int elf_prot = 0, elf_flags;
752:                unsigned long k, vaddr;
753:
754:                if (elf_ppnt->p_type != PT_LOAD)
755:                        continue;
...
809:                error = elf_map(bprm->file, load_bias + vaddr, elf_ppnt,
810:                                elf_prot, elf_flags, 0);
...
```

struct elf_phdrという構造体に注目してほしい．これはLinuxカーネルのinclude/linux/elf.hで定義されている構造体で，プログラム・ヘッダの構造を表している．

つまりLinuxのELFローダは，プログラム・ヘッダを見て処理をしているようだ．よってセグメント情報を見て実行ファイルをロードしているということがわかる．

8.4.3 セクションとセグメントの存在意義

なぜ「セクション」と「セグメント」という2つの管理単位があるのだろうか．ここでセグメントの存在意義について説明しておこう．

一言で言うならば，セクションはリンカのためにあり，セグメントはローダのためにある．

リンカが複数のオブジェクトファイルを結合して実行ファイルを生成する際には，同じ名前のセクションがひとつのセクションにまとめられる．たとえばAというファイルとBというファイルをリンクする場合，Aの.textセクションとBの.textセクションは，新たな実行ファイルの.textセクションにまとめられる．これは.dataセクションについても同様だ．

このまとめかたは，リンカ・スクリプトという設定ファイルによって記述されている．gccが実行ファイルを生成する際に通常使われる標準のリンカ・スクリプトは，リンカであるldを-verboseオプションを付加して実行することで出力させることができる．

```
[user@localhost ~]$ ld -verbose
```

見てみると以下のような部分がある．リンカ・スクリプトの書式に関してはここでは説明しないが，これはリンクするファイル上にある「.text.unlikely」や「.text.*_unlikely」や「.text」のようなセクションをすべてまとめて.textセクションに詰め込む，という意味だ（「*」はワイルドカードである）．つまりセクションは，リンクの単位になる．

```
.text           :
{
  *(.text.unlikely .text.*_unlikely)
  *(.text .stub .text.* .gnu.linkonce.t.*)
  /* .gnu.warning sections are handled specially by elf32.em.  */
  *(.gnu.warning)
} =0x90909090
```

対してセグメントはどうであろうか．load_elf_binary()を見ればわかるように，プログラムの実行時にメモリ上にロードする作業は，セグメントの情報を元にして行われる．

> 似たような情報はセクションにもあるためセクションを見てロードしてもよさそうなものと思うかもしれない．しかしセグメントには，リンク時のアドレスとロード先のアドレスを別々に管理したり，実行ファイル中のサイズとメモリ上に展開したときのサイズを異なるものとして別々に値を保持したり（これはBSS領域の実現のために必要だ）するような，ロードのために必要な情報を持つことができるようになっている．つまりセグメントは，ロードの単位になる．

これはそれぞれのヘッダの位置にも影響を与えている．

セクションを管理するのはセクション・ヘッダと呼ばれるテーブルだが，これは実は，ファイルの終端にある．なぜだろうか．

実行ファイル中のセクション情報は，実行のことだけを考えるならば実は不要だ．実際にはデバッグのためにデバッグ情報などがセクションに格納されているためまったく不要なわけではないが，実行するだけならば，セクション情報がなくても実行はできる．

このため実行ファイルのサイズ削減のためにセクション・ヘッダを取り除く，ということが考えられる．しかしそのような操作をする際に，セクション・ヘッダがファイルの先頭付近にあると，その後の領域のオフセット位置が変わってしまう．

よってファイル終端に置いて，削除しやすいようにしてあるのではないだろうか．多くのバイナリフォーマットでは，エントリを削除したり追加したりしたいようなテーブルは，同様の理由でファイルの終端に置かれている場合が多い．

またコンパイルやリンクの際に，新たに出現したセクションをその都度追加していくような処理にも向いている．

ではセグメント情報はどうだろうか．

セグメントを管理するのはプログラム・ヘッダと呼ばれるテーブルだが，これはELFファイルの先頭付近にある．

組込み機器などでは，シリアルケーブル経由などで実行ファイルをシーケンシャルにダウンロードする場合がある．このようなとき，実行ファイルをロードするための情報が格納されているプログラム・ヘッダが終端のほうにあっては，いちどファイル全体をワーク領域に格納してから，改めてプログラム・ヘッダを見てメモリ上にコピーしなおすような処理が必要になってしまう．

プログラム・ヘッダがファイルの先頭付近にあれば，まずセグメント情報を参照し，それに合わせてロード先のメモリ上に直接ロードしていくようなことができて，ワーク領域は不要になるわけだ．

【8.5】仮想メモリ機構の必要性

さて，これでELFフォーマットの基本的な部分は理解できたが，それを実行することを考えると，話はまだ終わらない．

ここで扱っている実行ファイルは，実行アドレスが固定になっている．そしてそのような実行ファイルの実行のためには，仮想メモリの機構がほぼ必須になる．ここでは実際の実行ファイルを見ることで，仮想メモリ機構について考えてみよう．

8.5.1 アドレスの衝突

まずELFヘッダの情報を，もう一度見てみよう．p.279のreadelfによる解析では以下のような情報が得られていて，エントリポイントは0x80481c0というアドレスだということがわかっている．

```
Version:                              0x1
Entry point address:                  0x80481c0
```

またp.288によればセグメント情報は以下のようになっており，Linuxカーネルはこれらのアドレス情報を見て実行ファイルのロード先を決定することがわかっている.

```
[user@localhost hello]$ readelf --segments hello

Elf file type is EXEC (Executable file)
Entry point 0x80481c0
There are 5 program headers, starting at offset 52

Program Headers:
  Type           Offset   VirtAddr   PhysAddr   FileSiz MemSiz  Flg Align
  LOAD           0x000000 0x08048000 0x08048000 0x8d63f 0x8d63f R E 0x1000
  LOAD           0x08d640 0x080d6640 0x080d6640 0x00800 0x023b8 RW  0x1000
  NOTE           0x0000d4 0x080480d4 0x080480d4 0x00044 0x00044 R   0x4
  TLS            0x08d640 0x080d6640 0x080d6640 0x00010 0x00028 R   0x4
  GNU_STACK      0x000000 0x00000000 0x00000000 0x00000 0x00000 RW  0x4

 Section to Segment mapping:
  Segment Sections...
   00     .note.ABI-tag .note.gnu.build-id .rel.plt .init .plt .text __libc_thread_fre
eres_fn __libc_freeres_fn .fini .rodata __libc_thread_subfreeres __libc_subfreeres __l
ibc_atexit .stapsdt.base .eh_frame .gcc_except_table
   01     .tdata .ctors .dtors .jcr .data.rel.ro .got .got.plt .data .bss __libc_freer
es_ptrs
   02     .note.ABI-tag .note.gnu.build-id
   03     .tdata .tbss
   04
[user@localhost hello]$
```

これらを見たとき，疑問は無いだろうか？

エントリポイントのアドレスは0x80481c0で固定だ．セグメント情報から得られるロード先のアドレスも0x08048000や0x080d6640となっていて固定になっている．ということはこの実行ファイルを同時に複数動作させたとき，それらは同じアドレスで動作するということになる．メモリ上で衝突するようなことは無いのだろうか？

ハロー・ワールドのような一瞬で終わるようなプログラムだと実感が湧きづらいが，例えばテキストエディタやバイナリエディタのような，一定時間動き続けるようなプログラムだとどうだろうか？　データを格納しているアドレスが同じなら，データが衝突して片方で編集しているファイルがもう片方で見えてしまう，などといったようなことが起きないのだろうか？

8.5.2 別のアドレスでは動かない

ロード先が実は別のアドレスになっていて，複数動作する際には別々のアドレスにロードされているということはないだろうか．

実行される機械語コードも確認してみよう．p.285では以下のような箇所が見えていた．

```
080482bc <main>:
...
 80482ca:       b8 0c 36 0b 08          mov    $0x80b360c,%eax
...
 80482da:       89 04 24                mov    %eax,(%esp)
...
 80482dd:       e8 7e 10 00 00          call   8049360 <_IO_printf>
...
```

「mov $0x80b360c,%eax」という命令は「0x80b360cという値をEAXレジスタに格納する」という意味だが，この「0x80b360c」という値は，「Hello World!」のメッセージの文字列が格納されているアドレスだ(p.285)．つまりここでは文字列のアドレスをEAXレジスタに代入していることになる．

そしてその機械語コードは「b8 0c 36 0b 08」になっている．ここで注目すべきは機械語コードの後ろ4バイトで，それは「0c 36 0b 08」となっており，「0x80b360c」という値をリトルエンディアンで記述したものになっている．

つまり，扱うアドレスの値がそのまま機械語コード中に埋め込まれているということだ．

ということはこの実行ファイルは，このアドレスにロードされないと正常に動作することはできない．つまり「実は別のアドレスにロードされている，というようなことは無い」ということになる．

これは不思議だ．なぜ衝突しないのだろう？

8.5.3 アドレス衝突の回避方法

そもそもリンカが実行ファイルを作成するとき，実行ファイルのロード先となるアドレスは，リンカスクリプトというファイルで固定で決定されることになる．だからロード先のアドレスは，様々な実行ファイルで共通となっている．

このためこの衝突の問題は，単一の実行ファイルを複数起動したときのみの話ではなく，複数の実行ファイルをそれぞれ起動したときにも当てはまる話だ．

このアドレスの衝突問題を回避する方法はいくつかある．

1. すべてのアプリケーションを，アドレスをずらして調整してリンクする．

2. そうしたアドレス調整を，アプリケーションの起動時に動的に行う．

3. 実行ファイルがどのアドレスにロードされても動作するようにして，別々のアドレスにロードする．

4. 仮想メモリ機構を搭載して，アドレス変換を行う．

まず1の方法は，動作するアプリケーションが限定される組込みシステムではあり得る方法だ．しかし汎用システムではアプリケーションをユーザが任意に追加して動作させることが前提となり，その都度他の既存のアプリケーションとアドレス調整してリンクして実行ファイルを生成しなおすということは現実的ではないだろう．またそれでもアドレスが衝突してしまった場合，アプリケーションの組み合わせによってはうまく実行できないといったような，アプリケーションの相性問題となってしまう．

2の方法はそれを動的にやるということで，その実現のためにはいくつかの方法が考えられるが，いずれにしても起動時にそうしたコストもかかることになるし，アプリケーション側にもそうした対応が必要となり，複雑なものとなるだろう．

3の方法はリロケータブルな実行ファイルなどと呼ばれるもので，機械語コード中では絶対アドレスは用いずに，相対アドレスのみ使うというものだ（リンカでもリロケータブルという用語はあるが，それはオブジェクトファイルが再配置可能という意味であり，ここで言うリロケータブルとは意味が異なる）．これも不可能な方法ではないが，絶対アドレスは利用できないということになり，実行ファイル中で用いることができる機械語コードは限定される．

4の方法はより先進的なもので，アドレス変換によって論理アドレスと物理アドレスを分離し，メモリ空間をアプリケーションごとのものにするというものだ．アドレス変換はMMU（Memory Management Unit）と呼ばれるハードウェアで行う前提のため，そもそもCPUがそうしたハードウェアを搭載している必要があるが，アドレス衝突の問題を根本的に解決できて，アドレス保護や共有が可能になるといったような様々なメリットもある．このため様々なアプリケーションをユーザが起動する汎用システムには，広く採用されている方法だ．

8.5.4 仮想メモリ機構とは

仮想メモリ機構は理解が難しいと聞くことがあるが，その理由は動作方式のみが説明されてしまい，本質的な目的の説明が少ないことにあると思う．

そして仮想メモリ機構は，利用していない領域をストレージに自動退避したり復旧したりすることで，搭載量よりも多くのメモリを使えるようにするもの，と説明されることがあるが，それはあくまで仮想メモリ機構の副次的産物であり，本質ではない．

仮想メモリ機構の本質は，アドレス変換をすることでアプリケーションが動作する論理アドレスと実際の物理メモリを表す物理アドレスを分離し，アドレス空間をアプリケーションごとに独立したものにすることで，アプリケーションごとのアドレス衝突の問題を根本解決するという点にある．

イメージとしては図8.9のようなものだ．アプリケーションAとBは同時に動作しており，そして動作しているアドレスも0x8048000付近で一致している．こちらはアプリケーションごとのアドレスであり，仮想アドレス（Virtual Address）や論理アドレス（Logical Address）と呼ばれる．VAやLAなどと略される場合もある．

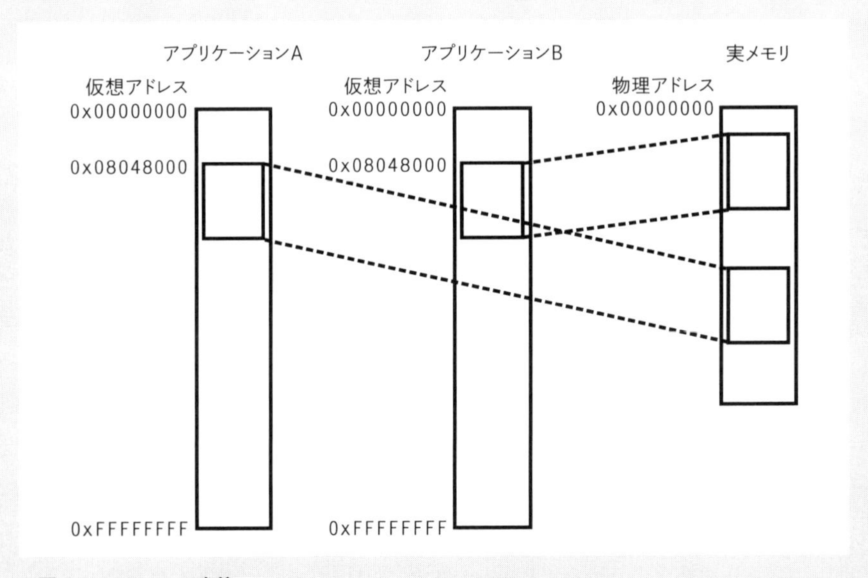

●図8.9: アドレスの変換

しかしそれらは実際にはアドレス変換されながら動作しており，その実体は実メモリ上に別々にある．こちらは実メモリのアドレスであり，物理アドレス（Physical Address）と呼ばれる．PAなどと略される場合もある．

が，AとBのアドレス空間はそれぞれ独立しており，それぞれのアプリケーションは0x0000000〜0xFFFFFFFFまでのメモリを占有しているように動作できる．

このためAとBのデータは，衝突することは無い．そもそもAとBは，双方のメモリの内容を読み書きすることは原理的にできない．AはAで，BはBで，他には使われていない独立したメモリ上で動作していると思い込んで動いているのだ．

これにより，実行ファイルのリンク時には他のアプリケーションとの衝突は気にせずに，0x08048000のような固定のアドレスにプログラムやデータを配置していいことになる．リンク時のアドレス決定作業はずっとシンプルになるし，アプリケーションの相性問題なども発生しないことになる．先述した他の方法と比べてより先進的と説明した意味が，理解していただけるのではないかと思う．

|8.5.5| アドレス変換の実際

ここでアドレス変換の方法について考えてみる．代表的なものは以下の2つだろう．

- **セグメント方式：仮想アドレスに決まったオフセット値を加算することで物理アドレスとする**
- **ページング方式：アドレスの変換テーブルを持ち，ページ単位で変換する**

現在多く用いられている方式は，より融通が効くページング方式だ．実際に仮想メモリと言えばページング方式を指している場合も多く仮想メモリ機構の代名詞ともなっている．よってここではページング方式について説明しよう．

ページングという意味だが，まず論理アドレスを一定のサイズで区切る．この区切りをページと呼び，ページのサイズがページサイズだ．

アドレスの変換はページごとに行う．ページは複数あるわけだから，このアドレスはこのアドレスに変換するという変換情報も複数必要で，変換テーブルが必要ということになる．このように変換テーブルによってページごとに変換することで，セグメント方式のように一律で変換するのでなく，領域ごとに変換できるというメリットがある．これは，特定の領域を保護したり共有したりということにも応用できる．

問題はその変換テーブルだが，例えば32ビットCPUで，アドレス値も32ビットだとしよう．この場合，0xFFFFFFFFまでの4GBのアドレス空間を扱えることになる．そしてそれを，例えば4KB単位で区切って変換テーブルを作るとしよう．

4GBのアドレス空間を4KBのページサイズで区切ろうとしたら，変換テーブルには100万個の変換エントリが必要だ．1エントリが4バイトだとしても4MBの変換テーブルが必要ということになる．アプリケーションは数KBのこともあるだろうからアプリケーションごとに4MBの領域を獲得するとしたらバランスは悪いし，4GBのアドレス空間を全て利用しているわけではないので，そもそもそのエントリのほとんどは未使用で無駄だ．そして100個のアプリケーションを立ち上げたらほとんど未使用の変換テーブルだけで400MBにもなってしまう．今どきの64ビットCPUならそれくらい問題ないのではと思いたいところだが，64ビットCPUでアドレス空間も64ビットになったとしたらさらに巨大なものになる．ページサイズを増やせばエントリ数は減るが，今度はメモリ管理の粒度が粗くなり，それはそれでメモリの無駄が増える．

そこで，変換エントリでいきなり変換するのではなく，まず1段目の変換テーブルでおおまかに変換し，それをさらに2段目の変換テーブルで変換する，という2段階構成が多く採用されている．

この場合，まず4MBくらいの大きな単位で変換する．そしてその先を，今度は4KBくらいの細かい単位で変換する．ただし1段目の変換によって，その4MBの領域が一切利用されていないならば，その先の2段目の変換テーブルは不要となるため，必要な変換テーブルの数を抑えられる．1段目の変換テーブルだけなら，変換エントリは1024個だから変換テーブルのサイズは4KBで現実的だ．

これを図示すると図8.10のようになる．これはアドレス値の上位10ビットでまず4MB単位で1段目の変換をして，次の10ビットで4KB単位で2段目の変換をするというものだ．この変換は通常は変換ハードウェアであるMMUがメモリアクセスに対してリアルタイムで行うわけだが，変換テーブルを配列としてアクセスするだけのため，ハードウェアで実現しやすい方法でもある．要するにエントリ数の節約のために「まず大まかに，次に細かく」ということがしたいわけだが，それをハードウェアでやりやすい形にしたのが，これということだ．

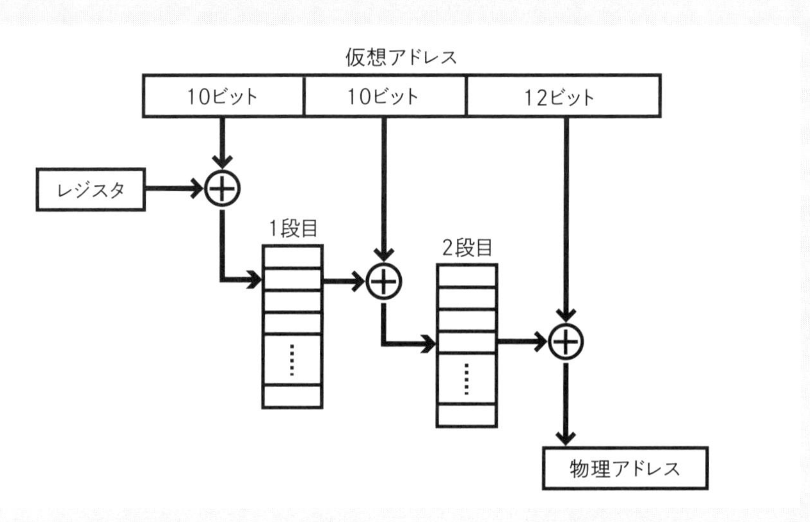

●図8.10: ページング方式によるアドレスの変換

|8.5.6| 変換テーブルのキャッシュ化

問題は変換テーブルをどこに置くかと，それを誰が管理するのかと，リアルタイムな変換をどのように実現するかだ．

変換テーブルは動的に獲得される必要があるため，メモリ上に置かれる必要がある．これはカーネルが行うのが適切だ．アプリケーション（プロセス）がどこかのアドレスにアクセスしたとき，最初は変換エントリが存在しないためアドレス変換ができない．このときCPUには例外が発行され，カーネルに処理が渡る．カーネルは実行されていたプロセスがどのようなものであるか，アクセスしようとしたアドレスは妥当かどうかを判断し，妥当ならば実メモリに領域を獲得し（空きが無ければ既存の領域をスワップ領域に退避することで空きを作る），そこへの変換エントリを作成し，例外が発生した命令を再度実行するようにプロセスの実行を復帰する．するとそのプロセスは例外が発生した命令を再度実行するわけだが，今度は変換エントリが存在するため正常にアドレス変換ができて，実行は継続する．つまりプロセスとしては何も無かったように実行が進むわけだが，実は途中でカーネルが適切に実メモリの獲得と変換エントリの作成をしているわけだ．

ただし変換テーブルはメモリ上に置かれるため，メモリアクセスのためにメモリアクセスが必要ということになる．DRAMの速度はCPUに比べて一般に（極度に）遅いため，これをそのまま行うことはメモリアクセス命令の実行速度が極度に遅くなるということであり，やはり現実的ではない．

ということで，変換テーブルはメモリ上に置かれるがMMUの内部にキャッシュを持ち，キャッシュにヒットすればそのまま変換する，というキャッシュ構造が必要になる．このキャッシュは一般にTLB（Translation Lookaside Buffer）と呼ばれる．

TLBに十分なサイズが無くキャッシュのミスヒットが多発すれば，アドレス変換のためにメモリの参照が必要となり，これは実行速度が格段に低下するということだ．そこでTLBを大きくしたいわけだが，これはそれほど簡単なことではない．TLBはメモリアクセスのたびに全エントリをチェックする必要がある．そしてメモリアクセスを1クロックで行うためには，そのチェックは1クロックで行われる必要がある．このためにはフルアソシアティブ方式という，全エントリを1クロックで一気にチェックできる仕組みで実装する必要が出てきてしまう．キャッシュには他にダイレクトマップ方式と，それらの折衷案であるセットアソシアティブ方式というものがあるが，それらでは不十分なのだ．

しかしフルアソシアティブ方式は，すべてのエントリに対して比較器が必要となるため，エントリ数が増えれば回路規模も増大する．

もっともTLBにヒットしなければメモリへのアクセスが発生するために，いずれにしても遅くなる．それならばいっそMMUはTLBのみの実装として，TLBにヒットしない場合の処理はソフトウェアで行う，というやりかたもある．これはどうせ遅くなるものはソフトウェアで行うものとしてCPUの回路規模を極力抑え，そのぶんをキャッシュに割り当てることで「1クロックでの実行」を最大限可能にするという，RISCアーキテクチャ的な考えだ．RISCアーキテクチャの本質は「1クロックでの実行をいかに止めないか」にあり，RISCの様々な特徴はすべてそのためのものだ．

実際にはカーネルがその処理を行う．TLBにヒットしなければ例外が発生し，カーネルは変換テーブルを参照してアドレス変換のための変換情報をTLBに登録してプロセスを復帰させる，というものだ．プロセスは実行復帰したら次はTLBにヒットするので，動作継続することになる．

【8.6】共有ライブラリの仕組み

ELFフォーマットが理解できれば，実行ファイルを解析することで実行時にどのような処理が行われるのかを知ることができるはずだ．

しかし実際には，実行される機械語コードが実行ファイル中にすべて含まれているというわけではない．共有ライブラリの動的リンクがあるからだ．

共有ライブラリは，どのように利用されているのだろうか．

|8.6.1| printf()は共有ライブラリ上にある

実行ファイルhelloは，以下のようにして実行ファイルを生成している．

```
$ gcc hello.c -o hello -Wall -g -O0 -static
```

-staticオプションを付加しているため，標準Cライブラリは静的にリンクされている．このためprintf()の本体を実行ファイル中に内蔵していることになる．

さらに以下のようにして生成した，hello-normalという実行ファイルが別にある．

```
$ gcc hello.c -o hello-normal -Wall -g -O0
```

この場合，標準Cライブラリは共有ライブラリとして動的にリンクされることになる．

readelfでシンボルを確認してみよう．

```
[user@localhost hello]$ readelf -a hello | grep " printf"
   960: 08049360    35 FUNC    GLOBAL DEFAULT    6 printf
[user@localhost hello]$ readelf -a hello-normal | grep printf
0804966c  00000307 R_386_JUMP_SLOT   00000000   printf
     3: 00000000     0 FUNC    GLOBAL DEFAULT  UND printf@GLIBC_2.0 (2)
    66: 00000000     0 FUNC    GLOBAL DEFAULT  UND printf@@GLIBC_2.0
[user@localhost hello]$
```

つまりhello-normalではprintf()の本体を含んではいないわけだが，通常はこちらのほうが一般的だ．とくにオプション指定しなければ，標準Cライブラリは標準では動的リンクされ，共有ライブラリ版が利用されることになる．

8.6.2 動的リンクと共有ライブラリ

共有ライブラリについて考える前に，用語を整理しておこう．

まず「動的リンク」という言葉だが，これは英語の「Dynamic Link」を訳したものだ．動的リンクの意味は，実行時にライブラリをリンクするというものだ．

次に「共有ライブラリ」という言葉だが，これは英語の「Shared Object」に相当する．直訳すると「共有オブジェクト」であるが，共有ライブラリと呼ぶのが一般的だろう．

なおそれらを入れ換えた「動的ライブラリ」や「共有リンク」という言葉は，あまり使われないように思う（ダイナミックリンク・ライブラリという言葉はあるが）．リンクは動的に行われ，ライブラリは仮想メモリ上で共有されるものなので，言葉の意味としても「共有ライブラリ」「動的リンク」が正しく，一般的でもある．

共有ライブラリの意味は，仮想メモリ機構を用いてライブラリをメモリ上で共有することだ．つまり共有ライブラリは仮想メモリで動作していることが前提の，汎用OS向けの機能だと言える．

つまり動的リンクはハードディスクの容量節約に貢献するが，共有ライブラリはメモリの使用量の節約に貢献する．

そして共有ライブラリはその実装上，動的リンクを必要とする場合が一般的だ．つまり共有ライブラリであれば必然的に動的リンクであり，そして仮想メモリを前提としていることになる．

しかし動的リンクだからといって，その動作に共有ライブラリが用いられているとは限らない．単に実行時に動的にライブラリをリンクしているだけで，メモリ上では別々の資源となって動作しているかもしれないからだ．

現在のほとんどの汎用OSでは，仮想メモリがほぼ標準の機能として搭載されている．このため「共有ライブラリ」と「動的リンク」がほぼ同じ意味，というイメージがある．

しかし組込みの世界ではそのようなことは無い．動的リンクだが共有ライブラリでない，という実装も十分にあり得るだろう．

8.6.3 共有ライブラリを調べる

hello-normalは標準Cライブラリを共有ライブラリとしてリンクしているため，hello-normalを解析することで共有ライブラリの仕組みに触れることができそうだ．

まずはリンクされている共有ライブラリを調べてみよう．これはlddというコマンドで見ることができる．

```
[user@localhost hello]$ ldd hello-normal
        linux-gate.so.1 =>  (0x0029c000)
        libc.so.6 => /lib/libc.so.6 (0x00992000)
        /lib/ld-linux.so.2 (0x0096c000)
[user@localhost hello]$
```

/libにあるlibc.so.6という共有ライブラリがリンクされている．これはreadelfで解析することができる．

```
[user@localhost hello]$ readelf -a /lib/libc.so.6 | head
ELF Header:
  Magic:   7f 45 4c 46 01 01 01 03 00 00 00 00 00 00 00 00
  Class:                             ELF32
  Data:                              2's complement, little endian
  Version:                           1 (current)
  OS/ABI:                            UNIX - Linux
  ABI Version:                       0
  Type:                              DYN (Shared object file)
  Machine:                           Intel 80386
  Version:                           0x1
[user@localhost hello]$
```

TypeがDYNとなっていることに注目してほしい．「Shared object file」とあるようにこれが共有ライブラリという意味なのだが，DYNは Dynamicの略だろうから，ここでも動的リンクと共有ライブラリという言葉がごっちゃになっているようにも思う．

共有ライブラリは，objdumpで逆アセンブルすることもできる．

```
[user@localhost hello]$ objdump -d /lib/libc.so.6
...
009dd1e0 <_IO_printf>:
  9dd1e0:       55                      push   %ebp
  9dd1e1:       89 e5                   mov    %esp,%ebp
  9dd1e3:       53                      push   %ebx
  9dd1e4:       e8 86 b9 fc ff          call   9a8b6f <__i686.get_pc_thunk.bx>
  9dd1e9:       81 c3 0b 7e 14 00       add    $0x147e0b,%ebx
  9dd1ef:       83 ec 0c                sub    $0xc,%esp
  9dd1f2:       8d 45 0c                lea    0xc(%ebp),%eax
  9dd1f5:       89 44 24 08             mov    %eax,0x8(%esp)
  9dd1f9:       8b 45 08                mov    0x8(%ebp),%eax
  9dd1fc:       89 44 24 04             mov    %eax,0x4(%esp)
  9dd200:       8b 83 34 ff ff ff       mov    -0xcc(%ebx),%eax
  9dd206:       8b 00                   mov    (%eax),%eax
  9dd208:       89 04 24                mov    %eax,(%esp)
  9dd20b:       e8 c0 55 ff ff          call   9d27d0 <_IO_vfprintf>
  9dd210:       83 c4 0c                add    $0xc,%esp
  9dd213:       5b                      pop    %ebx
  9dd214:       5d                      pop    %ebp
  9dd215:       c3                      ret
...
```

_IO_printf()という関数がある．これがprintf()の本体だろうか．

```
[user@localhost hello]$ readelf -a /lib/libc.so.6 | grep printf | less
...
   348: 009dd1e0    54 FUNC    GLOBAL DEFAULT   12 _IO_printf@@GLIBC_2.0
...
   628: 009dd1e0    54 FUNC    GLOBAL DEFAULT   12 printf@@GLIBC_2.0
...
```

配置されているアドレスがprintf()と一致しているので，やはり_IO_printf()がprintf()の本体のようだ．

8.6.4 共有ライブラリの実装を見る

hello.cではmain()からprintf()を呼んでいるわけだが，このprintf()は共有ライブラリ上にある．この仕組みはどのようになっているのだろうか．

hello-normalを逆アセンブルした結果から，main()関数の中でprintf()を呼び出している部分を見てみよう．

```
[user@localhost hello]$ objdump -d hello-normal
...
080483c4 <main>:
...
 80483e5:       e8 0a ff ff ff          call   80482f4 <printf@plt>
...
```

main()関数からは，80482f4というアドレスにある関数が呼ばれているようだ．そしてシンボルは「printf@plt」のように表記されている．これがprintf()の呼び出しということになる．

ということはprintf()は，80482f4というアドレスにあるはずだ．逆アセンブル結果からこれを探してみると，以下のようになっている．

```
080482f4 <printf@plt>:
 80482f4:       ff 25 6c 96 04 08       jmp    *0x804966c
 80482fa:       68 10 00 00 00          push   $0x10
 80482ff:       e9 c0 ff ff ff          jmp    80482c4 <_init+0x30>
```

先頭にはjmp命令があり，0x804966cというアドレスに格納されているアドレスの先にジャンプするようだ．

ではその0x804966cというアドレスには，何が格納されているのだろうか．readelfの解析結果をアドレスで検索すると，以下の部分がヒットする．

```
[user@localhost hello]$ readelf -a hello-normal
...
Relocation section '.rel.plt' at offset 0x27c contains 3 entries:
 Offset     Info    Type            Sym.Value  Sym. Name
08049664  00000107 R_386_JUMP_SLOT   00000000   __gmon_start__
08049668  00000207 R_386_JUMP_SLOT   00000000   __libc_start_main
0804966c  00000307 R_386_JUMP_SLOT   00000000   printf
```

.rel.pltというセクションに「ジャンプスロット」というものがあるようだ.

そして0x804966cというアドレスは，以下のセクションに含まれている.

```
[user@localhost hello]$ readelf -a hello-normal
...
  [23] .got.plt          PROGBITS        08049658 000658 000018 04  WA  0   0  4
...
```

このセクション内にジャンプ先のアドレスが登録されており，printf@pltからはそのポインタの値が取得され，そこにジャンプする，というコードになっているわけだ.

|8.6.5| GOTとPLT

なぜこのような2段階ジャンプの構造になっているのだろうか．これは共有ライブラリの，位置独立コードという目的がある.

共有ライブラリは仮想メモリの仕組みを利用して，ライブラリの実行コードがプロセス間で共有されることでメモリを節約する.

この場合，共有ライブラリはどのアドレスにロードされても動作する必要がある．理由は共有ライブラリは，他の共有ライブラリと衝突しないようなアドレスに自動的にロードされるためだ．実体はひとつだが，プロセスによってマッピングされるアドレスが異なるわけだ.

ということはライブラリ中の関数呼び出しでは，絶対アドレスで呼び出し先を指定することはできないということになる．これは変数についても同様だ.

この解決方法として，関数呼び出しをする際には呼び出し先の関数のポインタを別のところに保持しておき，ポインタ経由で関数呼び出しを行うようにする．ポインタはデータ領域に置かれるため，プロセス間で共有はされずにプロセスごとに独立する．これにより，プロセスごとに異なるアドレスにロードされても実行コードはそのまま共有できる.

このような関数へのポインタの配列の領域をGOT（Global Offset Table）と呼ぶ．またGOTを参照して関数呼び出しを行うような処理の集まりをPLT（Procedure Linkage Table）と呼ぶ．またこのようなコードをPIC（Position Independent Code:位置独立コード）と呼ぶ．gccでは-fpicオプションを付加することで，位置独立コードが生成される.

問題はポインタの値をいつ設定するかだが，これは起動時にまとめて行うのではなく，関数呼び出しが最初に行われたときに正式に設定される．起動時にはGOTには，アドレス解決を行うための処理のアドレスが格納されている．関数呼び出しが行われるとアドレス解決の処理が呼ばれ，GOTに正しいアドレスが設定される．2回目以降の呼び出しからは，本来の関数に直接ジャンプするようになるわけだ．

このような仕組みは遅延リンクと呼ばれる．プログラム中に膨大な数の関数が存在していたとしてもその多くはエラー処理などのためのもので，実際にはほとんど呼ばれることはないということも多い．遅延リンクは起動時にアドレス解決することを避け，起動を高速にする利点がある．

8.6.6 GOTの初期値

ではGOTには，具体的にはどのような値が格納されているのだろうか．

これは実行ファイルの.got.pltセクションを直接見てみるのがいいだろう．

printf@pltの逆アセンブル結果を見ると，0x804966cに格納されているアドレスの先にジャンプしているから，これがprintf()のGOTの位置だ．そしてreadelfの結果をもう一度見てみると，以下のようになっていた．

```
[user@localhost hello]$ readelf -a hello-normal
...
  [23] .got.plt          PROGBITS        08049658 000658 000018 04  WA  0   0  4
...
```

GOTが格納されている.got.pltセクションの先頭アドレスは08049658で，実行ファイル中のオフセットは000658だ．ということは，以下のような計算でprintf()のGOTの実行ファイル中のオフセット位置を知ることができる．実は後ろ2項の下3桁が一致しているため，計算自体は簡単だ．

```
(GOTのオフセット位置)
=(GOTのアドレス)-(.got.pltセクションの先頭アドレス)
             +(.got.pltセクションのオフセット)
=0x804966c-0x8049658+0x658
=0x804966c-(0x8049658-0x658)
=0x804966c-0x8049000
=0x66c
```

実行ファイルのオフセット0x66cの位置を見てみよう．すると，以下のようになっていた．

```
...
00000650  |00 00 00 00  00 00 00 00  8C 95 04 08  00 00 00 00  ................
00000660  |00 00 00 00  DA 82 04 08  EA 82 04 08  FA 82 04 08  ................
00000670  |00 00 00 00  47 43 43 3A  20 28 47 4E  55 29 20 34  ....GCC: (GNU) 4
...
```

リトルエンディアンであることに注意して値を読むと，0x66cには0x080482FAという値が格納されている．これがprintf()のGOTの初期値だ．

|8.6.7| PLTの全体像

さて，この値は何を指しているのだろうか．逆アセンブル結果から検索すると，これはprintf@pltの中の命令を指しているのだが，ここで逆アセンブル結果から，.pltセクションの全体をピックアップしてみよう．

```
Disassembly of section .plt:

080482c4 <__gmon_start__@plt-0x10>:
 80482c4:       ff 35 5c 96 04 08       pushl  0x804965c
 80482ca:       ff 25 60 96 04 08       jmp    *0x8049660
 80482d0:       00 00                   add    %al,(%eax)
        ...

080482d4 <__gmon_start__@plt>:
 80482d4:       ff 25 64 96 04 08       jmp    *0x8049664
 80482da:       68 00 00 00 00          push   $0x0
 80482df:       e9 e0 ff ff ff          jmp    80482c4 <_init+0x30>

080482e4 <__libc_start_main@plt>:
 80482e4:       ff 25 68 96 04 08       jmp    *0x8049668
 80482ea:       68 08 00 00 00          push   $0x8
 80482ef:       e9 d0 ff ff ff          jmp    80482c4 <_init+0x30>

080482f4 <printf@plt>:
 80482f4:       ff 25 6c 96 04 08       jmp    *0x804966c
 80482fa:       68 10 00 00 00          push   $0x10
 80482ff:       e9 c0 ff ff ff          jmp    80482c4 <_init+0x30>
```

0x080482FAにあるのはprintf@plt内の，GOTへのジャンプコードの次の命令だ．内容は0x10をpushして0x80482c4という位置にジャンプしている．

そしてジャンプする先は，.pltセクションの先頭になる．そこには0x8049660に格納されている値を見てそこにジャンプするようなコードがある．その先におそらく，シンボル解決のコードがあるのだろう．

見てみると__libc_start_main@pltといった他の関数も，同様の動作をしているようだ．では，シンボル解決先では，何を見てシンボル解決するGOTを特定するのだろうか？

PLTの先頭へのジャンプの前には，特定の値をpushしている．例えばprintf@pltでは0x10をpushしている．これにより，シンボル解決すべきGOTの位置を引数として渡しているのではないだろうか（おそらく.rel.pltセクション上のエントリのオフセット位置だと思われる）．

【8.7】この章のまとめ

実行ファイルは身近な割にはあまり知られていないファイルの代表格だろう．

しかし実行ファイルには機械語コードや文字列データ，その他にもデバッグ情報や様々なコメントなどが格納されており，ヘッダも様々なものを持っていて，技術的知見の宝庫になっている．解析のしがいのあるファイルだと言えるだろう．

また機械語コードの解析の際には，実行ファイルに含まれた情報が欠かせず，objdumpによる逆アセンブル結果とreadelfによる解析結果を並べて見ることも少なくない．

ELFは汎用的に利用されるフォーマットでもあるので，その構造を理解しておいて損は無いだろう．

第9章 最適化では何が行われているのか

ここまではhello.cをコンパイルする際には，以下のようにコマンドを実行していた．

```
[user@localhost hello]$ gcc hello.c -o hello -Wall -g -O0 -static
```

ここで注目してほしいのは，「-O0」というオプションだ．「-O」は最適化レベルの指定で，ここではゼロを指定している．これは「最適化をしない」という意味だ．説明用のサンプルなので，とりあえず最適化無しとしている．

これを「-O1」「-O2」などのようにすることで，最適化のレベルを上げていくことができる．

コンパイラが出力するアセンブラは，最適化の度合によって大きく異なるものになる．このためアセンブラについて言及するときに，どのような最適化がかけられているのかを言及することは重要だ．

本章ではコンパイラが行う最適化について，見てみよう．

【9.1】最適化オプション

gccのオプションの意味を知るためには，オンラインドキュメントを見てみるのがいい．

まずはman gccで，最適化オプションの説明を見てみよう．

|9.1.1|「-O0」の説明を見てみる

オンラインドキュメントを読むには，以下のコマンドを実行する．

```
[user@localhost ~]$ man gcc
```

manコマンドについてはここまでにも何度か利用してきたが，これで図9.1のような画面になる．

```
GCC(1)                          GNU                          GCC(1)

NAME
       gcc - GNU project C and C++ compiler

SYNOPSIS
       gcc [-c|-S|-E] [-std=standard]
           [-g] [-pg] [-Olevel]
           [-Wwarn...] [-pedantic]
           [-Idir...] [-Ldir...]
           [-Dmacro[=defn]...] [-Umacro]
           [-foption...] [-mmachine-option...]
           [-o outfile] [@file] infile...

       Only the most useful options are listed here; see below for the
       remainder.  g++ accepts mostly the same options as gcc.

DESCRIPTION
       When you invoke GCC, it normally does preprocessing, compilation,
       assembly and linking.  The "overall options" allow you to stop this
       process at an intermediate stage.  For example, the -c option says not
       to run the linker.  Then the output consists of object files output by
       the assembler.

:
```

図9.1: man gcc の結果

「-O0」で検索してみよう．「/」を押すことで検索ができる．-O0の説明は，以下のようになっているようだ．

```
-O0 Reduce compilation time and make debugging produce the expected
    results.  This is the default.
```

要約すると，「コンパイル時間を短縮し，（デバッガでの）デバッグ結果を期待通りにする．これがデフォルトである」となっている．明記はされていないようだが，-O0は最適化をしない（最適化レベルをゼロにする），ということになる．

|9.1.2| 最適化の副作用

「デバッグ結果を期待通りにする」というのは，どういう意味であろうか．

最適化は多くの場合，機械語コードとC言語のソースコードがうまく対応されないものにする．

例えば以下のようなコードを考えてみよう．

```
if (i == 0) {
  /* 処理A */
  /* 処理C */
} else {
  /* 処理B */
  /* 処理C */
}
```

処理Aと処理Bの後には，共通の処理Cがある．このようなとき，もしかしたらコンパイラが最適化によってそれらの処理を1箇所にまとめてしまうかもしれない．つまり，以下のような処理に勝手に変更してしまうということだ．

```
if (i == 0) {
  /* 処理A */
} else {
  /* 処理B */
}
/* 処理C */
```

これは最適化として考えると適切な変更だが，デバッガによるデバッグのことを考えると都合が悪い．

不正メモリアクセスなどのバグのため処理Cの位置でブレークした場合，処理Cが共通処理になっていると，if文の中にいるのか，elseの中にいるのかがプログラムカウンタを見るだけではデバッガは判断できない．

この手の問題は，変数の値の参照などについても当てはまる．2つの自動変数が同時に利用されることが無いようなロジックの場合，それらが割り当てられるレジスタが最適化によって共通化されることは考えられる．これは変数が別の変数で上書きされた後に，その値を参照できないことになる．

このように最適化は一般に，デバッガによるデバッグと排他な関係にある．冗長な部分が最適化によって削減されたり変更されたりした場合に，機械語コードがオリジナルのソースコードに一対一に対応しなくなってしまうからだ．

このため最適化オプションとデバッグオプションは同時に指定できないというコンパイラもあるようだ．gccはどちらも同時に指定できるが，このような副作用が発生する可能性もあるので，理解した上で使ってくれ，というポリシーのようだ．

9.1.3 「-O1」の説明を見てみる

次に「-O1」の説明を読んでみよう. man gccの記述を探すと以下のような部分があった.

```
-O
-O1 Optimize.  Optimizing compilation takes somewhat more time, and a
    lot more memory for a large function.

    With -O, the compiler tries to reduce code size and execution time,
    without performing any optimizations that take a great deal of
    compilation time.

    -O turns on the following optimization flags:

    -fauto-inc-dec -fcprop-registers -fdce -fdefer-pop -fdelayed-branch
    -fdse -fguess-branch-probability -fif-conversion2 -fif-conversion
    -finline-small-functions -fipa-pure-const -fipa-reference
    -fmerge-constants -fsplit-wide-types -ftree-builtin-call-dce
    -ftree-ccp -ftree-ch -ftree-copyrename -ftree-dce
    -ftree-dominator-opts -ftree-dse -ftree-fre -ftree-sra -ftree-ter
    -funit-at-a-time

    -O also turns on -fomit-frame-pointer on machines where doing so
    does not interfere with debugging.
```

まず「-O」と「-O1」は同義であり, 最適化をするがコンパイルに時間とメモリを必要とする, と言っているようだ.

「-O turns on the following optimization flags」と書いてあり, その下にある最適化オプションが有効になることがわかる. つまり最適化手法には様々なものがあり, 「-O1」はそれらをまとめて有効化する, というオプションであることがわかる.

また「-fomit-frame-pointer」というオプションを, 「そのアーキテクチャで, デバッグに差し支えが無いならば」有効化するようだ. これは-fomit-frame-pointerがフレームポインタの利用を抑制し, スタックフレームの検索に影響を与える場合があるためだ.

|9.1.4|「-O2」の説明を見てみる

続けて-O2の説明を読んでみる.

```
-O2 Optimize even more.  GCC performs nearly all supported
    optimizations that do not involve a space-speed tradeoff.  As
    compared to -O, this option increases both compilation time and the
    performance of the generated code.

    -O2 turns on all optimization flags specified by -O.  It also turns
    on the following optimization flags: -fthread-jumps
    -falign-functions  -falign-jumps -falign-loops  -falign-labels
    -fcaller-saves -fcrossjumping -fcse-follow-jumps  -fcse-skip-blocks
    -fdelete-null-pointer-checks -fexpensive-optimizations -fgcse
    -fgcse-lm -findirect-inlining -foptimize-sibling-calls -fpeephole2
    -fregmove -freorder-blocks  -freorder-functions
    -frerun-cse-after-loop -fsched-interblock  -fsched-spec
    -fschedule-insns  -fschedule-insns2 -fstrict-aliasing
    -fstrict-overflow -ftree-switch-conversion -ftree-pre -ftree-vrp

    Please note the warning under -fgcse about invoking -O2 on programs
    that use computed gotos.
```

「-O2 turns on all optimization flags specified by -O.」とあり, -O1に加えてさらに多くの最適化オプションが有効化されるようだ.

|9.1.5|「-Os」の説明を見てみる

最適化は一般的には実行速度を向上させるものだが, 実行コードのサイズを削減するというものもある. 資源に制約のある組込みソフトウェアでは有用なオプションだ.

gccでは-Osで, サイズ削減のための最適化を指定できる.

man gccの説明は, 以下のようになっている.

```
-Os Optimize for size.  -Os enables all -O2 optimizations that do not
    typically increase code size.  It also performs further
    optimizations designed to reduce code size.

    -Os disables the following optimization flags: -falign-functions
    -falign-jumps  -falign-loops -falign-labels  -freorder-blocks
```

```
-freorder-blocks-and-partition -fprefetch-loop-arrays
-ftree-vect-loop-version

If you use multiple -O options, with or without level numbers, the
last such option is the one that is effective.
```

-O2を有効化し，実行コードのサイズが増加しなかったものを採用する，というオプションのようだ．

実行速度向上のための最適化は，実行コードのサイズを削減するものもあれば増加させるものもある．一般的には実行コードのサイズが小さいほうが実行速度も速いのだが，そうではない場合も多くあるということだ．-Osオプションは，その中でサイズが削減するもののみ適用されるわけだ．

【9.2】最適化の効果を見てみる

最適化オプションの説明を読んでみたが，これらの効果を見るにはどうしたらいいだろうか．

最適化にはサイズ削減や実行時間短縮など，様々な効果がある．それらは実際のサイズや実行時間を測定することで評価できる．ここでは最適化の効果について見てみよう．

もっとも，実は本書のサンプル・プログラムでは，最適化の恩恵は受けづらい．ハロー・ワールドのサンプルはせいぜい数行のプログラムなので，標準Cライブラリに対してのプログラムの割合が少なく，またプログラム自体もそもそも短いために，最適化の影響度が低くなってしまうためだ．

ここではあくまで「試しに見てみる」という範囲にとどめて，見ていこう．

|9.2.1| 実行ファイルのサイズを見る

まずは最適化によるサイズ削減効果を見てみよう．

本書のサンプル・プログラムであるhello.zipには，-O0，-O1，-O2，-Osを付加してコンパイルした実行ファイルも添付してある．表9.1はオプションと実行ファイルの対応に，実行ファイルのサイズ情報も追加したものだ．

●表9.1: 最適化オプションと実行ファイル

最適化オプション	実行ファイル	実行ファイルのサイズ
-O0	hello-normal	5877
-O1	hello-opt	7201
-O2	hello-opt2	7217
-Os	hello-opts	5877

-O1最適化を行った段階で，かなりサイズが増加している．これはどういうことだろうか．

readelfで各セクションのサイズを見てみると，.textセクションのサイズに大きな変化は無いようだ．以下では「00018c」→「00017c」のように変化している．

```
[user@localhost hello]$ readelf -a hello-normal hello-opt | grep text | grep PROG
  [13] .text             PROGBITS        08048310 000310 00018c 00  AX  0   0 16
  [13] .text             PROGBITS        08048310 000310 00017c 00  AX  0   0 16
[user@localhost hello]$
```

しかしセクションのサイズ変化を比べていくと，どうやら「.debug_info」「.debug_str」の2つのセクションのサイズが増加しているということがわかる．以下では.debug_infoセクションは「0000b7」→「000317」，.debug_strセクションは「0000a0」→「000226」のように，大きくサイズ増加している．

```
[user@localhost hello]$ readelf -a hello-normal hello-opt | grep debug_info
  [29] .debug_info       PROGBITS        00000000 0006dc 0000b7 00      0   0  1
  [29] .debug_info       PROGBITS        00000000 0006cc 000317 00      0   0  1
[user@localhost hello]$ readelf -a hello-normal hello-opt | grep debug_str
  [33] .debug_str        PROGBITS        00000000 00085c 0000a0 01  MS  0   0  1
  [33] .debug_str        PROGBITS        00000000 000ba4 000226 01  MS  0   0  1
[user@localhost hello]$
```

これらは名前からして，デバッグ情報を格納しているセクションのように思える．デバッグ情報が増加しているのだろうか．

|9.2.2| デバッグ情報が増加している

デバッグ情報はreadelfの--debug-dumpオプションで見ることができる．

```
[user@localhost hello]$ readelf --debug-dump=info hello-normal | less
```

実際に実行すると，図9.2のようなデバッグ情報が得られる．

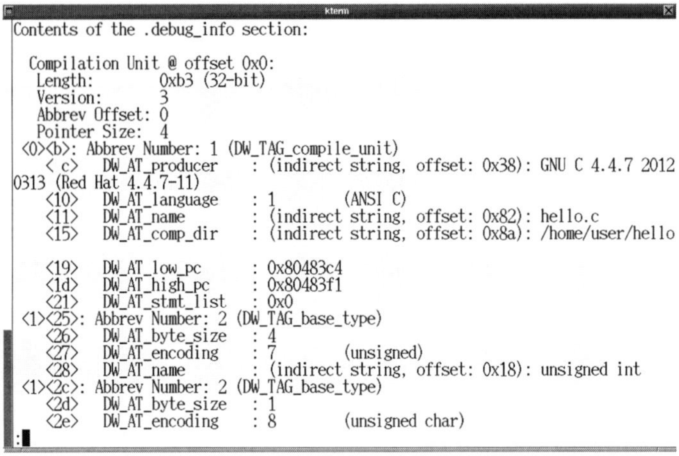

```
Contents of the .debug_info section:

  Compilation Unit @ offset 0x0:
   Length:        0xb3 (32-bit)
   Version:       3
   Abbrev Offset: 0
   Pointer Size:  4
 <0><b>: Abbrev Number: 1 (DW_TAG_compile_unit)
    < c>   DW_AT_producer    : (indirect string, offset: 0x38): GNU C 4.4.7 2012
0313 (Red Hat 4.4.7-11)
    <10>   DW_AT_language    : 1        (ANSI C)
    <11>   DW_AT_name        : (indirect string, offset: 0x82): hello.c
    <15>   DW_AT_comp_dir    : (indirect string, offset: 0x8a): /home/user/hello

    <19>   DW_AT_low_pc      : 0x80483c4
    <1d>   DW_AT_high_pc     : 0x80483f1
    <21>   DW_AT_stmt_list   : 0x0
 <1><25>: Abbrev Number: 2 (DW_TAG_base_type)
    <26>   DW_AT_byte_size   : 4
    <27>   DW_AT_encoding    : 7        (unsigned)
    <28>   DW_AT_name        : (indirect string, offset: 0x18): unsigned int
 <1><2c>: Abbrev Number: 2 (DW_TAG_base_type)
    <2d>   DW_AT_byte_size   : 1
    <2e>   DW_AT_encoding    : 8        (unsigned char)
:
```

●図9.2: 実行ファイル中のデバッグ情報

出力されるデバッグ情報を比較してみると，-O1，-O2オプションで最適化をしている場合には，以下のような情報が追加されていることがわかる．

```
...
 <1><a6>: Abbrev Number: 7 (DW_TAG_structure_type)
     DW_AT_name         : (indirect string, offset: 0xb8): _IO_FILE
     DW_AT_byte_size    : 148
     DW_AT_decl_file    : 4
     DW_AT_decl_line    : 271
     DW_AT_sibling      : <23a>
 <2><b3>: Abbrev Number: 8 (DW_TAG_member)
     DW_AT_name         : (indirect string, offset: 0x4d): _flags
     DW_AT_decl_file    : 4
     DW_AT_decl_line    : 272
     DW_AT_type         : <5a>
     DW_AT_data_member_location: 0
 <2><c0>: Abbrev Number: 8 (DW_TAG_member)
     DW_AT_name         : (indirect string, offset: 0x118): _IO_read_ptr
     DW_AT_decl_file    : 4
     DW_AT_decl_line    : 277
     DW_AT_type         : <99>
     DW_AT_data_member_location: 4
...
```

これらはp.207で説明したファイル構造体のメンバ情報のようだ．さらに末尾のほうには以下のようにして，stdinやstdoutの情報も追加されている．

```
...
 <1><2e2>: Abbrev Number: 16 (DW_TAG_variable)
     DW_AT_name         : (indirect string, offset: 0x19d): stdin
     DW_AT_decl_file    : 5
     DW_AT_decl_line    : 165
     DW_AT_type         : <278>
     DW_AT_external     : 1
     DW_AT_declaration  : 1
 <1><2ef>: Abbrev Number: 16 (DW_TAG_variable)
     DW_AT_name         : (indirect string, offset: 0x214): stdout
     DW_AT_decl_file    : 5
     DW_AT_decl_line    : 166
     DW_AT_type         : <278>
     DW_AT_external     : 1
     DW_AT_declaration  : 1
...
```

つまり-O1，-O2最適化をおこなったときには，デバッグ情報にstdin/stdoutとその型の情報が追加されているようだ．

readelfでシンボル情報などを確認しても差異は無いのだが，なぜこのような違いが出てくるのかは残念ながら不明だ．

これを知るには，-O1で有効になるオプションをひとつひとつ試していき，.debug_infoのサイズが増加するオプションを探ればいいだろうか．以下はman gccで説明されている，-O1で有効になるオプションの一覧だ．

```
-O turns on the following optimization flags:

-fauto-inc-dec -fcprop-registers -fdce -fdefer-pop -fdelayed-branch
-fdse -fguess-branch-probability -fif-conversion2 -fif-conversion
-finline-small-functions -fipa-pure-const -fipa-reference
-fmerge-constants -fsplit-wide-types -ftree-builtin-call-dce
-ftree-ccp -ftree-ch -ftree-copyrename -ftree-dce
-ftree-dominator-opts -ftree-dse -ftree-fre -ftree-sra -ftree-ter
-funit-at-a-time

-O also turns on -fomit-frame-pointer on machines where doing so
does not interfere with debugging.
```

ところがこれを実際にやってみても，実行ファイルのサイズはすべて5877バイトのままで変化は無かった（-tree-terオプションのみ，サイズが5861バイトになり減少した）．

-O1オプションにより，何が行われているのだろうか．たいへんに疑問が残るところだ．

9.2.3 実行時間を見る

次に実行ファイルの実行時間を見てみよう．とはいってもこれは本当に目安程度だろう．

実行時間はtimeコマンドで調べることができる．例えば，以下のような具合だ．

```
[user@localhost hello]$ time ./hello
Hello World! 1 ./hello

real	0m0.207s
user	0m0.007s
sys	0m0.086s
[user@localhost hello]$
```

realは起動から終了までにかかった実時間，userはプロセスが消費した時間，sysはシステムコールなどのカーネル処理に消費した時間だ．

しかし実際にやってみると値にバラツキが大きく出るので，あまり意味がなさそうだ．

9.2.4 実行命令数をカウントする

そこで実行命令数をカウントしてみよう．p.81で紹介したptrace()を使ったトレーサを改造して，実行した命令数をカウントして表示するようなトレーサ（steptrace.c）を作成してみた．

```
1: #include <stdio.h>
2: #include <stdlib.h>
3: #include <unistd.h>
4: #include <signal.h>
5: #include <sys/ptrace.h>
6: #include <sys/wait.h>
7:
8: int main(int argc, char *argv[], char *envp[])
9: {
```

```
10:   int pid, status, count = 0;
11:
12:   pid = fork();
13:   if (!pid) { /* child process */
14:     ptrace(PTRACE_TRACEME, 0, NULL, NULL);
15:     execve(argv[1], argv + 1, envp); /* execute program */
16:   }
17:
18:   while (1) { /* main loop */
19:     waitpid(pid, &status, 0);
20:     if (WIFEXITED(status))
21:       break;
22:     ptrace(PTRACE_SINGLESTEP, pid, NULL, NULL);
23:     count++;
24:   }
25:
26:   fprintf(stderr, "COUNT: %d\n", count);
27:
28:   exit(0);
29: }
```

コンパイルと実行は以下のようにして行う.

```
[user@localhost ~]$ cd steptrace
[user@localhost steptrace]$ gcc steptrace.c -o steptrace -Wall
[user@localhost steptrace]$ ./steptrace ../hello/hello
Hello World! 1 ../hello/hello
COUNT: 13272
[user@localhost steptrace]$ ./steptrace ../hello/hello
Hello World! 1 ../hello/hello
COUNT: 13272
[user@localhost steptrace]$ ./steptrace ../hello/hello
Hello World! 1 ../hello/hello
COUNT: 13272
[user@localhost steptrace]$
```

まずは複数回実行しても，毎回おなじ値が出力されていることが確認できる.
最適化した実行ファイルについて，実行命令数を調べてみよう.

```
[user@localhost steptrace]$ ./steptrace ../hello/hello-normal
Hello World! 1 ../hello/hello-normal
```

```
COUNT: 102870
[user@localhost steptrace]$ ./steptrace ../hello/hello-opt
Hello World! 1 ../hello/hello-opt
COUNT: 102929
[user@localhost steptrace]$ ./steptrace ../hello/hello-opt2
Hello World! 1 ../hello/hello-opt2
COUNT: 102920
[user@localhost steptrace]$ ./steptrace ../hello/hello-opts
Hello World! 1 ../hello/hello-opts
COUNT: 102929
[user@localhost steptrace]$
```

興味深いのは，静的リンクのときよりも格段に実行コード数が増加しているという点だ．共有ライブラリのリンク処理のせいだろうか．

そして命令数自体は，-O1最適化と-Os最適化の場合がもっとも多くなっている．実は一番少ないのは最適化無しの場合だ．これにも疑問は残る．さらに命令数の差は，この後に説明するアセンブラ解析の結果とも辻褄が合わないものになっている．

最適化には，まだ知り得ていない様々な要素があるということだろう．興味は尽きないものだ．

【9.3】アセンブラの変化を見る

最適化の影響を見るとき，やはり確実なのは，生成されるアセンブラコードを実際に目で見て確認することだ．実際のアセンブラを見ることで，確かにこれは速そうだと納得できることもしばしばあるだろう．

ここでは実行ファイルのアセンブラを比較することで，最適化の効果を見てみよう．

|9.3.1| -O0のアセンブラを見る

まずは-O0でコンパイルされているhello-normalを見てみよう．

```
080483c4 <main>:
 80483c4:       55                      push   %ebp
 80483c5:       89 e5                   mov    %esp,%ebp
```

```
 80483c7:       83 e4 f0                and    $0xfffffff0,%esp
 80483ca:       83 ec 10                sub    $0x10,%esp
 80483cd:       8b 45 0c                mov    0xc(%ebp),%eax
 80483d0:       8b 10                   mov    (%eax),%edx
 80483d2:       b8 c4 84 04 08          mov    $0x80484c4,%eax
 80483d7:       89 54 24 08             mov    %edx,0x8(%esp)
 80483db:       8b 55 08                mov    0x8(%ebp),%edx
 80483de:       89 54 24 04             mov    %edx,0x4(%esp)
 80483e2:       89 04 24                mov    %eax,(%esp)
 80483e5:       e8 0a ff ff ff          call   80482f4 <_init+0x60>
 80483ea:       b8 00 00 00 00          mov    $0x0,%eax
 80483ef:       c9                      leave
 80483f0:       c3                      ret
```

これは最適化無しの場合として，他のアセンブラと比較するベースになる．

しかしこの例ではわずか15命令になっており，最適化の効果を堪能するには少なすぎる．そして逆アセンブル結果のmain()以外の部分はglibcからコンパイル済みの状態で提供されているため，ファイルごとの違いは無いはずだ．

残念ながら本書のハロー・ワールドではmain()が短く，この程度のコードしか検証することはできないが，逆に最適化の結果を見るという体験のためには，ちょうどいいサイズかとも思う．

9.3.2 -O1のアセンブラを見る

では-O1でコンパイルされているhello-optを見て，最適化無しの場合と比較してみよう．

```
080483c4 <main>:
 80483c4:       55                      push   %ebp
 80483c5:       89 e5                   mov    %esp,%ebp
 80483c7:       83 e4 f0                and    $0xfffffff0,%esp
 80483ca:       83 ec 10                sub    $0x10,%esp
 80483cd:       8b 45 0c                mov    0xc(%ebp),%eax
 80483d0:       8b 00                   mov    (%eax),%eax
 80483d2:       89 44 24 08             mov    %eax,0x8(%esp)
 80483d6:       8b 45 08                mov    0x8(%ebp),%eax
 80483d9:       89 44 24 04             mov    %eax,0x4(%esp)
 80483dd:       c7 04 24 b4 84 04 08    movl   $0x80484b4,(%esp)
 80483e4:       e8 0b ff ff ff          call   80482f4 <_init+0x60>
```

```
80483e9:        b8 00 00 00 00          mov    $0x0,%eax
80483ee:        c9                      leave
80483ef:        c3                      ret
```

違いのある部分を探すと，どうもsub命令とcall命令の間のmov命令の列に差異があり，それ以外は等価のようだ．

sub命令は，スタックポインタを減算することでスタックフレームを獲得するためのものだ．さらにcall命令はprintf()の呼び出しだろう．

つまりこのmov命令の列は，printf()呼び出し前の引数の準備処理だと見当がつく．printf()では第1引数にフォーマット文字列，第2引数にargc，第3引数にargv[0]を渡している．よってそれらをスタックポインタの+0，+4，+8の位置にそれぞれ格納しているはずだ．

またmain()の先頭ではEBPレジスタをスタックに保存した後，スタックポインタをEBPレジスタにコピーして退避している．よってEBPの指す先はスタックフレームの獲得前のスタックであり，先頭にはEBPのもとの値，EBP+4の位置にはmain()からの戻り先アドレスが置かれている．main()では第1引数にargc，第2引数にargvがスタック経由で渡されてくるが，それらの値は続けてEBP+8，EBP+12の位置に置かれていることになる．

そうした目線で見て，ブロックごとに処理を切り出すと，以下のようになる．

⦿第3引数の準備（argv[]をスタックポインタ+8の位置にコピーする）

●最適化無し

```
80483cd:        8b 45 0c                mov    0xc(%ebp),%eax
80483d0:        8b 10                   mov    (%eax),%edx
...
80483d7:        89 54 24 08             mov    %edx,0x8(%esp)
```

●-O1最適化

```
80483cd:        8b 45 0c                mov    0xc(%ebp),%eax
80483d0:        8b 00                   mov    (%eax),%eax
80483d2:        89 44 24 08             mov    %eax,0x8(%esp)
```

◉第2引数の準備(argcをスタックポインタ+4の位置にコピーする)

●最適化無し

```
80483db:    8b 55 08              mov    0x8(%ebp),%edx
80483de:    89 54 24 04           mov    %edx,0x4(%esp)
```

●-O1最適化

```
80483d6:    8b 45 08              mov    0x8(%ebp),%eax
80483d9:    89 44 24 04           mov    %eax,0x4(%esp)
```

◉第1引数の準備(フォーマット文字列のアドレスをスタックポインタの位置にコピーする)

●最適化無し

```
80483d2:    b8 c4 84 04 08        mov    $0x80484c4,%eax
...
80483e2:    89 04 24              mov    %eax,(%esp)
```

●-O1最適化

```
80483dd:    c7 04 24 b4 84 04 08  movl   $0x80484b4,(%esp)
```

比較してみるとわかるのだが，第3引数と第2引数を準備するコードには大きな差は無い．

第1引数の準備に関しては，最適化することでEAXレジスタを経由せずに，movl命令でアドレス値を直接スタック上に書き込むような命令になっているようだ．これは機械語コードも8バイトから7バイトに削減できている．

|9.3.3| -O2のアセンブラを見る

次に-O2でコンパイルされているhello-opt2を見てみよう．

```
080483d0 <main>:
 80483d0:       55                      push   %ebp
 80483d1:       89 e5                   mov    %esp,%ebp
 80483d3:       83 e4 f0                and    $0xfffffff0,%esp
 80483d6:       83 ec 10                sub    $0x10,%esp
 80483d9:       8b 45 0c                mov    0xc(%ebp),%eax
 80483dc:       8b 00                   mov    (%eax),%eax
 80483de:       c7 04 24 c4 84 04 08    movl   $0x80484c4,(%esp)
 80483e5:       89 44 24 08             mov    %eax,0x8(%esp)
 80483e9:       8b 45 08                mov    0x8(%ebp),%eax
 80483ec:       89 44 24 04             mov    %eax,0x4(%esp)
 80483f0:       e8 ff fe ff ff          call   80482f4 <_init+0x60>
 80483f5:       31 c0                   xor    %eax,%eax
 80483f7:       c9                      leave
 80483f8:       c3                      ret
```

全体的には-O1による最適化を行った場合と大きな差は無いようだ．sub命令とcall命令の間にある引数の準備は，第1引数の準備をするコードが上に移動しているが，論理的には-O1と等価になっている．

しかしcall命令の後にある以下の命令に，違いが出ている．

●-O1最適化

```
80483e9:       b8 00 00 00 00          mov    $0x0,%eax
```

●-O2最適化

```
80483f5:       31 c0                   xor    %eax,%eax
```

これはret命令による関数からのリターンの直前にあるので，おそらくmain()関数からの戻り値の準備だろう．main()関数の終端はreturn 0になっているので，EAXレジスタにゼロを設定している部分だ．

レジスタへのゼロの設定は，-O1最適化の場合はmov命令によってシンプルにゼロという値をEAXレジスタに代入している．しかし-O2最適化の場合は，xor命令を利用して以下のような演算を行っている．

```
EAX ^ EAX → EAX
```

同じ値どうしをXOR演算すると，ゼロになるという性質がある．よってEAXレジスタどうしをXOR演算することで，ゼロという値を生成しているわけだ．

これはx86特有のゼロ代入の方法で，機械語コードのサイズを削減する効果がある．上の例では機械語コードは，5バイトから2バイトに削減できていることがわかるだろう．

9.3.4 -Osのアセンブラを見る

最後に-Osでコンパイルされているhello-optsを見てみよう．

```
080483c4 <main>:
 80483c4:       8d 4c 24 04             lea    0x4(%esp),%ecx
 80483c8:       83 e4 f0                and    $0xfffffff0,%esp
 80483cb:       ff 71 fc                pushl  0xfffffffc(%ecx)
 80483ce:       55                      push   %ebp
 80483cf:       89 e5                   mov    %esp,%ebp
 80483d1:       51                      push   %ecx
 80483d2:       83 ec 08                sub    $0x8,%esp
 80483d5:       8b 41 04                mov    0x4(%ecx),%eax
 80483d8:       ff 30                   pushl  (%eax)
 80483da:       ff 31                   pushl  (%ecx)
 80483dc:       68 b4 84 04 08          push   $0x80484b4
 80483e1:       e8 0e ff ff ff          call   80482f4 <_init+0x60>
 80483e6:       8b 4d fc                mov    0xfffffffc(%ebp),%ecx
 80483e9:       31 c0                   xor    %eax,%eax
 80483eb:       c9                      leave
 80483ec:       8d 61 fc                lea    0xfffffffc(%ecx),%esp
 80483ef:       c3                      ret
```

これはここまでで見たどれとも似ていないアセンブラになっている．

まず特徴的なのは，printf()呼び出しのための引数の準備だ．先頭のlea命令によりECXレジスタにはESP＋4の値が格納されるが，これによりECXレジスタはmain()の第1引数であるargcの位置を指すことになる．

さらにECX＋4の位置のスタック上の値がEAXレジスタに格納されることで，EAXレジスタにはargvの値が格納される．

あとは2つのpushl命令により，引数が準備される．まずひとつ目のpushl命令でEAXレジスタの指す先の値がスタックに積まれるが，これはargv[0]になる．さらに2つ目のpushl命令でECXレジスタの指す先の値をスタックに積むことで，argcが積まれることになる.

さて，ここまでの結果からmain()の内部の機械語コードのサイズを数えてみると，表9.2のようになった.

表9.2: main()のサイズ

最適化オプション	サイズ
-O0	45バイト
-O1	44バイト
-O2	41バイト
-Os	44バイト

-Osによってむしろサイズは増加している．考えてみるとman gccによれば-Osは-O2の最適化オプションをすべて有効にし，サイズが削減されたもののみ採用するとあったはずだ.

しかし実際には-O2とはまったく異なるアセンブラが生成されており，疑問が残るところだ.

【9.4】シンプルなハロー・ワールドの場合

最後に，本書のコンパイル済み実行ファイルのアーカイブであるhello.zipに含まれている,「simple」という実行ファイルを見てみよう.

|9.4.1| printf()のputs()への変換

simpleは以下のようなシンプルなハロー・ワールドをコンパイルしたものだ.

```
#include <stdio.h>

int main()
{
  printf("Hello World!\n");
  return 0;
}
```

特徴としてはmain()が引数を受け取らず，またprintf()は文字列を出力するだけのものになっている．

本書で扱うhello.cは様々なテーマを扱うために，あえてmain()でargcとargvを受け取ったりprintf()に引数を持たせたりしている．しかし通常はC言語でのハロー・ワールドと言えば，このようなプログラムを指すことが多いだろう．

なおコンパイルは以下のようにして実施している．

```
$ gcc simple.c -o simple -Wall -g -O0
```

これで実行ファイルsimpleが出力される．さらにsimpleの逆アセンブル結果は，以下のようになる．

```
080483b4 <main>:
 80483b4:       55                      push   %ebp
 80483b5:       89 e5                   mov    %esp,%ebp
 80483b7:       83 e4 f0                and    $0xfffffff0,%esp
 80483ba:       83 ec 10                sub    $0x10,%esp
 80483bd:       c7 04 24 94 84 04 08    movl   $0x8048494,(%esp)
 80483c4:       e8 27 ff ff ff          call   80482f0 <puts@plt>
 80483c9:       b8 00 00 00 00          mov    $0x0,%eax
 80483ce:       c9                      leave
 80483cf:       c3                      ret
```

call文の呼び出し先に注目してほしい．見てみると，「<puts@plt>」の文字列が見てとれる．どうやらprintf()ではなくputs()が呼ばれているようだ．

実行ファイル中のシンボルを見ても，printf()は無くputs()があるようだ．

```
[user@localhost hello]$ readelf -a simple | grep printf
[user@localhost hello]$ readelf -a simple | grep puts
08049638  00000307 R_386_JUMP_SLOT   00000000   puts
     3: 00000000     0 FUNC    GLOBAL DEFAULT  UND puts@GLIBC_2.0 (2)
    68: 00000000     0 FUNC    GLOBAL DEFAULT  UND puts@@GLIBC_2.0
[user@localhost hello]$
```

これはコンパイラの最適化によるものだろう．

printf()はフォーマット文字列の解析処理が必要になるため，速度的にもサイズ的にも無駄になる．

しかしここではprintf()で出力する文字列は単なる文字列であるため，フォーマット文字列の処理は必要無い．よって最適化によって，puts()の呼び出しに置き換えられているのだと思われる．

9.4.2 改行コードの除去を確認する

ここで気になることがひとつある．puts()は文字列の出力後に，改行コードを付加するのではなかっただろうか．

man putsで確認してみよう

```
SYNOPSIS
...
       int puts(const char *s);
...
DESCRIPTION
...
       puts() writes the string s and a trailing newline to stdout.
...
```

続けて改行を出力するとある．やはり改行コードが付加されるようだ．

ということは最適化によりputs()への置き換えを行う場合，実行ファイル中の文字列は，改行を削除したものを保持していなければならない．

確認してみよう．実行ファイルsimpleをバイナリエディタで開き，「Hello」の文字列を検索すると，以下のようになっていた．これが格納されている出力文字列だろう．たしかに改行は除去されて文字列が格納されているようだ．

```
00000490   00 00 00 00  48 65 6C 6C  6F 20 57 6F  72 6C 64 21   ....Hello World!
000004A0   00 00 00 00  01 1B 03 3B  20 00 00 00  03 00 00 00   .......; .......
```

ということは，これが末尾に改行コードを含まないような文字列の場合には，puts()に置き換えることはできないはずだ．

出力メッセージから改行コードを削ったものでコンパイルを試してみると，main()は以下のように変化して，printf()の呼び出しが現れてきた．

```
080483c4 <main>:
 80483c4:       55                              push   %ebp
```

```
80483c5:        89 e5                   mov    %esp,%ebp
80483c7:        83 e4 f0                and    $0xfffffff0,%esp
80483ca:        83 ec 10                sub    $0x10,%esp
80483cd:        b8 b4 84 04 08          mov    $0x80484b4,%eax
80483d2:        89 04 24                mov    %eax,(%esp)
80483d5:        e8 1a ff ff ff          call   80482f4 <printf@plt>
80483da:        b8 00 00 00 00          mov    $0x0,%eax
80483df:        c9                      leave
80483e0:        c3                      ret
```

つまりこれは，場合によってはプログラム中に書かれた文字列自体を変更するような最適化も行われ得るということだ．これについてどう思われるだろうか．

こうしたものは解析の際に検索などをおこなうときに要注意だろう．プログラムに書いた通りの文字列で実行ファイル内を検索しても，ヒットしない可能性があるということになるからだ．

【9.5】この章のまとめ

最適化についていろいろと見てみたが，ハロー・ワールド程度の短いプログラムでは，最適化の効果を検証することは難しい．しかし最適化の効果を見るための足掛かりを作ることはできたのではないだろうか．

現在はコンパイラによる最適化が高度に進化しており，最適化を行わないことは一部のデバッグ用途などを除けば，非常に少ないだろう．そして高速化のためにアセンブラを学ぶ意味は無いと言われる．しかし本当にそうだろうか？

アセンブラの知識があれば，本章で実施したようにコンパイラが出力したアセンブラを読んで最適化の効果を調べることができる．そしてそれは最適化オプションを適切にチューニングするために役に立つだろう．逆にアセンブラの知識が無ければ，必要な最適化オプションを適切に選択してチューニングすることができるとは思えない．

最適化オプションを付加することは簡単であるが，それは誰でもやっていることだ．高度なチューニングのためには，アセンブラの知識は必須になるものと思う．

第10章 様々な環境とアーキテクチャを知る

本書では実験のためのOSカーネルとして，Linux/x86を想定している．またOS環境はLinuxカーネル上にGNUアプリケーションをベースとしたシステムを対象としている．

つまりPC上でのいわゆるGNU/Linuxディストリビューション環境で，glibcやGCCを扱っているわけだ．

しかし世の中はx86やGNU/Linuxがすべてではない．本章では，それら以外のシステム上でのハロー・ワールドを考えてみよう．

【10.1】FreeBSDでのハロー・ワールド

筆者は普段のPC環境にはFreeBSDを愛用しており，本書の原稿もFreeBSD上で書いている．

FreeBSDはPC上で利用できる，CentOSなどのいわゆるGNU/Linuxディストリビューションと非常によく似た環境だ．いや実はGNUアプリケーションやLinuxカーネルがUNIXを模して開発されてきたことを考えるとこれは逆であって，FreeBSDの祖先であるUNIXにCentOSなどのGNU/Linuxディストリビューションが似せて作られた，というのが順番としては正しいだろう．

またFreeBSD上でも多くのGNUアプリケーションが利用されている．例えば多くのGNU/Linuxディストリビューションで標準のシェルとなっているbashはFreeBSD上でも利用できるし，GCCもGDBもFreeBSD上で利用できる．同じものを動かすことができるわけだから，使い勝手が似てくるのも当然のことといえるだろう．

しかしここで「似ている」というのは，あくまでも利用者目線でのユーザ環境の話だ．OSの開発者の目線で見ると，これらはまったく異なるシステムになっている．

なお本書では，執筆時点で安定版の最新バージョンである，FreeBSD-9.3の32ビット版を対象にしている．

|10.1.1| FreeBSDのソースコードの場所

FreeBSDではインストール時にソースコードのインストールも選択すると，/usr/srcに各種のソースコードがインストールされる．

p.213で説明したように，FreeBSDはカーネルだけでなくシステム・アプリケーションや基本ライブラリ類も一緒に開発され配布されているという特徴がある．それらのソースコードが/usr/srcにディレクトリ分けされて置かれていることになる．

各種アプリケーションは，/binにインストールされるものは/usr/src/binに，/usr/binにインストールされるものは/usr/src/usr.binのようにソースコードが置かれている．

また各種ライブラリは/usr/src/libにある．とくに標準Cライブラリは，/usr/src/lib/libcにある．

FreeBSDの環境で，/usr/srcにインストールされているソースコードの一覧を見てみよう．

```
user@freebsd:~ % ls /usr/src
COPYRIGHT           cddl            release
LOCKS               contrib         rescue
MAINTAINERS         crypto          sbin
Makefile            etc             secure
Makefile.inc1       games           share
Makefile.mips       gnu             sys
ObsoleteFiles.inc   include         tools
README              kerberos5       usr.bin
UPDATING            lib             usr.sbin
bin                 libexec
user@freebsd:~ %
```

ただし実際にはFreeBSDプロジェクト以外の成果物を利用している場合もある．そのようなソースコードは/usr/src/contribにあり，/usr/src/usr.binからはcontribのソースコードが参照されるような仕組みになっている．p.261で説明したviや，tcshなどがいい例だろう．またGNUプロジェクトの成果物はgnuというディレクトリに配置されている．

ためしにlsコマンドをビルドしてみよう．これは単にmakeを実行することで可能だ．

```
user@freebsd:~ % cp -R /usr/src/bin/ls .
user@freebsd:~ % cd ls
user@freebsd:~/ls % make
Warning: Object directory not changed from original /usr/home/user/ls
cc -O2 -pipe  -DCOLORLS -std=gnu99  -fstack-protector  -c cmp.c
cc -O2 -pipe  -DCOLORLS -std=gnu99  -fstack-protector  -c ls.c
cc -O2 -pipe  -DCOLORLS -std=gnu99  -fstack-protector  -c print.c
cc -O2 -pipe  -DCOLORLS -std=gnu99  -fstack-protector  -c util.c
cc -O2 -pipe  -DCOLORLS -std=gnu99  -fstack-protector   -o ls cmp.o ls.o print.o util.
o -lutil -ltermcap
gzip -cn ls.1 > ls.1.gz
user@freebsd:~/ls %
```

生成したlsコマンドを実行してみよう.

```
user@freebsd:~/ls % ./ls
Makefile        extern.h        ls.1.gz         ls.o            util.c
cmp.c           ls              ls.c            print.c         util.o
cmp.o           ls.1            ls.h            print.o
user@freebsd:~/ls %
```

ちゃんとlsコマンドとして機能しているようだ.

そしてカーネルのソースコードは/usr/src/sysにインストールされている. 見てみよう.

```
user@freebsd:~/ls % ls /usr/src/sys
Makefile        dev             modules         netsmb          sparc64
amd64           fs              net             nfs             sys
arm             gdb             net80211        nfsclient       teken
boot            geom            netatalk        nfsserver       tools
bsm             gnu             netgraph        nlm             ufs
cam             i386            netinet         ofed            vm
cddl            ia64            netinet6        opencrypto      x86
compat          isa             netipsec        pc98            xdr
conf            kern            netipx          pci             xen
contrib         kgssapi         netnatm         powerpc
crypto          libkern         netncp          rpc
ddb             mips            netpfil         security
user@freebsd:~/ls %
```

10.1.2 Linux向けの実行ファイルをFreeBSD上で実行できるのか？

本書で扱うハロー・ワールドは，FreeBSD上でも実行可能だ．

ここで「実行可能」というのは2種類の意味がある．

まずハロー・ワールドのソースコードであるhello.cをFreeBSD上でコンパイルしなおせば，FreeBSD上で動作する実行ファイルを生成することができるということだ．これはhello.cが，POSIXというAPI仕様に準拠して書かれているためだ．POSIXではopen()やwrite()のようなシステムコールのAPIだけではなく，printf()のようなライブラリ関数も定義されている．もっともその実体である標準Cライブラリは CentOSとFreeBSDでは全然別物なわけであるが，ライブラリ関数の仕様は一致しているということだ．

もうひとつはFreeBSDはLinuxのエミュレーション機能を持っているため，Linux用の実行ファイルをネイティブに実行することができるということだ．

では，もしもFreeBSDがLinuxエミュレーション機能を持っていなかったとしたら，CentOS上でコンパイルされたLinux向けの実行ファイルを，FreeBSDで実行することはできるのだろうか？

これは一般的には「できない」ということになる．もっとも，だからこそFreeBSDにLinuxエミュレーション機能というものがあるわけだが．

しかしどちらもPC上の環境だと想定した場合，コンパイラによって生成される機械語コードはLinux向けの実行ファイルでもFreeBSD向けの実行ファイルでも，x86の機械語コードになっているはずではないだろうか．同じアーキテクチャ向けの機械語コードで，同じx86アーキテクチャ上の環境なのに，なぜエミュレーション無しで相互に動作できないのだろうか？

それはwriteシステムコールのABIの違いがあるためだ．実際にはシステムが持っている共有ライブラリの違いやOSのELFヘッダのチェックに引っかかる，といった事情もあるだろうが，本質的な違いはシステムコールのABIにある．

10.1.3 FreeBSDでのハロー・ワールド

まずはhello.cをFreeBSD上でコンパイルして実行ファイルを作成してみよう．

なおFreeBSD上でビルド済みの実行ファイルは本書のサポートページでも配布されている（hello-freebsd.tgz）．

FreeBSDのシステム上で，hello.zipを展開する．

```
user@freebsd:~ % unzip hello.zip
Archive:  hello.zip
d hello
 extracting: hello/hello-strip
 extracting: hello/hello
...
 extracting: hello/hello.c
user@freebsd:~ %
```

さらにmakeしなおすことで，FreeBSD向けの実行ファイルを作成することができる．

```
user@freebsd:~ % cd hello
user@freebsd:~/hello % make clean
rm -f hello hello-* simple
user@freebsd:~/hello % make
rm -f hello hello-* simple
gcc hello.c -o hello         -Wall -g -O0 -static
gcc hello.c -o hello-normal  -Wall -g -O0
...
user@freebsd:~/hello %
```

実行してみよう．

```
user@freebsd:~/hello % ./hello
Hello World! 1 ./hello
user@freebsd:~/hello %
```

CentOS上で試したときと同様に実行できている．

|10.1.4| GDBで動作を追う

第2章で行ったように，GDBを利用して実行ファイルの動作を追ってみよう．

```
user@freebsd:~/hello % gdb -q hello
(gdb)
```

writeにブレークポイントを張ることができるだろうか．

```
(gdb) break write
Breakpoint 1 at 0x80673e0
(gdb) run
Starting program: /usr/home/user/hello/hello

Breakpoint 1, 0x080673e0 in write ()
(gdb)
```

layout asmを実行して，アセンブリを見てみよう．

```
(gdb) layout asm
```

すると図10.1のようになった．write()の先頭でブレークしているようだ．

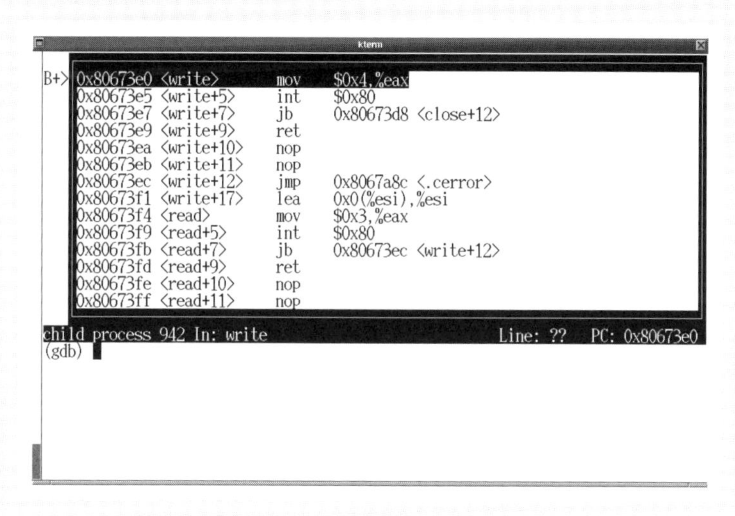

●図10.1: write()の実体

|10.1.5| FreeBSDのwrite()の処理

Linuxはint　$0x80によりシステムコールを呼び出すことができた．FreeBSDではどうであろうか．

図10.1を見ると，FreeBSDのwrite()はEAXレジスタに4を代入してあとはint $0x80を呼び出すだけになっている．

Linuxではシステムコールの引数はレジスタで渡されていたが，FreeBSDではどうだろうか．このときのレジスタの値を確認しておこう．

```
(gdb) info register
eax            0x1      1
ecx            0x0      0
edx            0x0      0
ebx            0x2a     42
...
```

見たところwriteシステムコールの引数らしき値は設定されていないようだ.

【10.2】FreeBSDカーネルの処理を見る

FreeBSDではシステムコールの引数は，どのようにして渡されるのだろうか．FreeBSDのカーネルの処理を見てみよう.

FreeBSDカーネルのソースコードはFreeBSDのシステム上で/usr/src/sysを参照してもいいし，本書のVM環境のCentOS上に展開したものを参照してもいい.

ここでは後者をベースにして見ていこう.

|10.2.1| FreeBSDのカーネル・ソースコード

まずはカーネルのソースコードのトップを見てみる.

```
[user@localhost ~]$ cd FreeBSD-9.3/usr/src/sys
[user@localhost sys]$ ls
Makefile  compat   gdb   kgssapi   netgraph   netpfil    opencrypto  sys    xen
amd64     conf     geom  libkern   netinet    netsmb     pc98        teken
arm       contrib  gnu   mips      netinet6   nfs        pci         tools
boot      crypto   i386  modules   netipsec   nfsclient  powerpc     ufs
bsm       ddb      ia64  net       netipx     nfsserver  rpc         vm
cam       dev      isa   net80211  netnatm    nlm        security    x86
cddl      fs       kern  netatalk  netncp     ofed       sparc64     xdr
[user@localhost sys]$
```

見たいのはシステムコールの処理だ．これは第3章でLinuxカーネルについて調べたが，割込みの入口はアーキテクチャ依存の処理になる.

見るとi386とx86というディレクトリがあるようだが，これはi386というディレクトリのほうに，x86向けの処理がある．見てみよう．

```
[user@localhost sys]$ cd i386
[user@localhost i386]$ ls
Makefile  bios     conf  ibcs2    isa    pci   xbox
acpica    compile  i386  include  linux  svr4  xen
[user@localhost i386]$
```

p.97で調べたときと同じように，システムコールの割込み処理を探してみよう．

```
[user@localhost i386]$ find . -name "*.[sS]" | xargs grep SystemCall
[user@localhost i386]$ find . -name "*.[sS]" | xargs grep systemcall
[user@localhost i386]$ find . -name "*.[sS]" | xargs grep syscall
...
./i386/exception.s:      * All traps except ones for syscalls jump to alltraps.  If
./i386/exception.s:      * int0x80_syscall is a trap gate.  Interrupt gates are used by
./i386/exception.s: * Call gate entry for syscalls (lcall 7,0).
./i386/exception.s:IDTVEC(lcall_syscall)
./i386/exception.s:     call    syscall
./i386/exception.s: * Trap gate entry for syscalls (int 0x80).
./i386/exception.s: * a normal syscall.
./i386/exception.s:IDTVEC(int0x80_syscall)
./i386/exception.s:     call    syscall
./i386/exception.s:     /* cut from syscall */
./i386/exception.s: * Handle return from interrupts, traps and syscalls.
...
```

exception.sというファイルにそれらしい箇所があるようだ．見てみよう．

```
[user@localhost i386]$ cd i386
[user@localhost i386]$ less exception.s
```

i386の下にさらにi386というディレクトリがありややこしいのだが，exception.sを実際に見てみると，以下のようなコメントがあることに気がつく．

```
147:        /*
148:         * All traps except ones for syscalls jump to alltraps.  If
149:         * interrupts were enabled when the trap occurred, then interrupts
```

```
150:         * are enabled now if the trap was through a trap gate, else
151:         * disabled if the trap was through an interrupt gate.  Note that
152:         * int0x80_syscall is a trap gate.   Interrupt gates are used by
153:         * page faults, non-maskable interrupts, debug and breakpoint
154:         * exceptions.
155:         */
```

int0x80_syscallという処理があるようだ．これはexception.sの中で，以下のように定義されている．

```
249:/*
250: * Trap gate entry for syscalls (int 0x80).
251: * This is used by FreeBSD ELF executables, "new" NetBSD executables, and all
252: * Linux executables.
253: *
254: * Even though the name says 'int0x80', this is actually a trap gate, not an
255: * interrupt gate.  Thus interrupts are enabled on entry just as they are for
256: * a normal syscall.
257: */
258:        SUPERALIGN_TEXT
259:IDTVEC(int0x80_syscall)
260:        pushl   $2                        /* sizeof "int 0x80" */
261:        subl    $4,%esp                   /* skip over tf_trapno */
262:        pushal
263:        pushl   %ds
264:        pushl   %es
265:        pushl   %fs
266:        SET_KERNEL_SREGS
267:        cld
268:        FAKE_MCOUNT(TF_EIP(%esp))
269:        pushl   %esp
270:        call    syscall
271:        add     $4, %esp
272:        MEXITCOUNT
273:        jmp     doreti
```

これがFreeBSDでの，システムコール処理の入口のようだ．

|10.2.2| C言語によるシステムコール処理

int0x80_syscallの処理からは，syscallという処理がcall命令によって呼ばれている．これは探すとtrap.cというファイルで以下のように定義されていた．ここから先はC言語によるコードになるようだ．

```
1128:/*
1129: * syscall - system call request C handler.  A system call is
1130: * essentially treated as a trap by reusing the frame layout.
1131: */
1132:void
1133:syscall(struct trapframe *frame)
1134:{
...
1136:         struct syscall_args sa;
...
1152:         error = syscallenter(td, &sa);
...
1173:         syscallret(td, error, &sa);
1174:}
```

syscall_argsという構造体が，名前からしてシステムコールの引数を保持するもののように思える．そしてsyscallenter()という関数に渡しているので，syscallenter()の中で引数の設定が行われているようだ．

しかしsyscallenter()の本体を探してみても，このディレクトリ内には定義が見つからない．カーネル・ソースコードのトップ・ディレクトリで検索してみよう．

```
[user@localhost i386]$ cd ../..
[user@localhost sys]$ grep -r syscallenter .
./sparc64/sparc64/trap.c:       error = syscallenter(td, &sa);
./i386/i386/trap.c:     error = syscallenter(td, &sa);
./mips/mips/trap.c:                     error = syscallenter(td, &sa);
./kern/subr_syscall.c:syscallenter(struct thread *td, struct syscall_args *sa)
./arm/arm/trap.c:       error = syscallenter(td, &sa);
./powerpc/aim/trap.c:   error = syscallenter(td, &sa);
./powerpc/booke/trap.c: error = syscallenter(td, &sa);
./amd64/ia32/ia32_syscall.c:    error = syscallenter(td, &sa);
./amd64/amd64/trap.c:   error = syscallenter(td, &sa);
./ia64/ia32/ia32_trap.c:        error = syscallenter(td, &sa);
./ia64/ia64/trap.c:     error = syscallenter(td, &sa);
```

```
[user@localhost sys]$
```

kern/subr_syscall.cで定義されているようだ．見てみよう．

```
 55:static inline int
 56:syscallenter(struct thread *td, struct syscall_args *sa)
 57:{
...
 75:        error = (p->p_sysent->sv_fetch_syscall_args)(td, sa);
...
 86:        if (error == 0) {
...
135:                error = (sa->callp->sy_call)(td, sa->args);
...
155:        }
...
162:        (p->p_sysent->sv_set_syscall_retval)(td, error);
163:        return (error);
164:}
```

sv_fetch_syscall_args, sy_call, sv_set_syscall_retvalという3つのポインタを経由しての関数呼び出しが行われている．名前から推測するに，それぞれシステムコール引数の準備，システムコール処理，戻り値の設定だろうか．

|10.2.3| copyin()による引数の準備

これらのポインタには，どのような関数が設定されているのだろうか．設定箇所を探してみよう．

システムコールの引数の渡しかたはABI依存だ．つまりアーキテクチャに左右されるため，アーキテクチャ依存のディレクトリの中にあるのだと思われる．よってx86依存部のディレクトリに戻ってそこで検索する．

```
[user@localhost sys]$ cd i386
[user@localhost i386]$ grep -r sv_fetch_syscall_args .
./ibcs2/ibcs2_sysvec.c: .sv_fetch_syscall_args = cpu_fetch_syscall_args,
./linux/linux_sysvec.c: .sv_fetch_syscall_args = linux_fetch_syscall_args,
./linux/linux_sysvec.c: .sv_fetch_syscall_args = linux_fetch_syscall_args,
./i386/elf_machdep.c:   .sv_fetch_syscall_args = cpu_fetch_syscall_args,
```

```
[user@localhost i386]$
```

ファイル名を見たところ関係しそうなのはi386/i386/elf_machdep.cというファイルであり，そこでcpu_fetch_syscall_argsという関数が設定されているようだ．

関数の本体はどこにあるのだろうか．

```
[user@localhost i386]$ grep -r cpu_fetch_syscall_args .
./ibcs2/ibcs2_sysvec.c: .sv_fetch_syscall_args = cpu_fetch_syscall_args,
./i386/trap.c:cpu_fetch_syscall_args(struct thread *td, struct syscall_args *sa)
./i386/elf_machdep.c:   .sv_fetch_syscall_args = cpu_fetch_syscall_args,
[user@localhost i386]$
```

i386/i386/trap.cにあるようだ．見てみよう．

```
1072:int
1073:cpu_fetch_syscall_args(struct thread *td, struct syscall_args *sa)
1074:{
1075:        struct proc *p;
1076:        struct trapframe *frame;
1077:        caddr_t params;
1078:        int error;
1079:
1080:        p = td->td_proc;
1081:        frame = td->td_frame;
1082:
1083:        params = (caddr_t)frame->tf_esp + sizeof(int);
1084:        sa->code = frame->tf_eax;
...
1109:                sa->callp = &p->p_sysent->sv_table[sa->code];
...
1112:        if (params != NULL && sa->narg != 0)
1113:                error = copyin(params, (caddr_t)sa->args,
1114:                    (u_int)(sa->narg * sizeof(int)));
...
```

関数の第2引数として渡されたポインタがシステムコールの引数の領域を指しているのだと思われるが，そのポインタの構造体メンバに対してcopyin()という関数が呼ばれている．

copyin()というのはFreeBSDカーネル内のサービス関数で，アプリケーション・プログラムの仮想メモリ空間からデータをコピーする．見たところcopyin()によってアプリケーションのスタックからデータをコピーし，それをシステムコールの引数として利用しているようだ．

ということはFreeBSDでは，システムコールの引数はスタック経由で渡されるということになる．

10.2.4 システムコール番号

システムコール番号はどのようにして渡されるのだろうか．cpu_fetch_syscall_args()には，以下のような部分がある．

```
1084:         sa->code = frame->tf_eax;
...
1109:                 sa->callp = &p->p_sysent->sv_table[sa->code];
```

またシステムコールの処理関数は，p.340で見たsyscallenter()の以下の部分で呼び出されていた．

```
135:                 error = (sa->callp->sy_call)(td, sa->args);
```

つまりcpu_fetch_syscall_args()でsv_table[]という配列を通してシステムコールごとの情報が設定され，その先にある処理関数が呼び出されているように思える．配列のインデックスにはsa->codeが利用されているが，これにはEAXレジスタの値がコピーされているようだ．

ということはsv_table[]がシステムコール処理のテーブルであり，システムコール番号はEAXレジスタで渡されるということだろう．図10.1ではint $0x80の呼び出しの前にEAXレジスタの設定を行っているので，これは納得できる．writeシステムコールの番号は，Linuxと同様に「4」のようだ．

sv_table[]には何が設定されているのだろうか．

```
[user@localhost i386]$ grep -r sv_table .
./ibcs2/ibcs2_sysvec.c:        .sv_table        = ibcs2_sysent,
./linux/linux_sysvec.c:         sa->callp = &p->p_sysent->sv_table[0];
./linux/linux_sysvec.c:                 sa->callp = &p->p_sysent->sv_table[sa->code];
./linux/linux_sysvec.c: .sv_table       = linux_sysent,
```

```
./linux/linux_sysvec.c: .sv_table       = linux_sysent,
./i386/trap.c:          sa->callp = &p->p_sysent->sv_table[0];
./i386/trap.c:          sa->callp = &p->p_sysent->sv_table[sa->code];
./i386/db_trace.c:                f = p->p_sysent->sv_table[number].sy_call;
./i386/elf_machdep.c:   .sv_table       = sysent,
[user@localhost i386]$
```

ファイル名を見る限り，i386/elf_machdep.cで設定されているsysentが本命のように思える．

sysentの定義を探してみると，kern/init_sysent.cで以下のようにして定義されていた．

```
35:/* The casts are bogus but will do for now. */
36:struct sysent sysent[] = {
37:         { 0, (sy_call_t *)nosys, AUE_NULL, NULL, 0, 0, 0, SY_THR_STATIC },
/* 0 = syscall */
38:         { AS(sys_exit_args), (sy_call_t *)sys_sys_exit, AUE_EXIT, NULL, 0, 0, SYF_C
APENABLED, SY_THR_STATIC },  /* 1 = exit */
39:         { 0, (sy_call_t *)sys_fork, AUE_FORK, NULL, 0, 0, SYF_CAPENABLED, SY_THR_ST
ATIC },      /* 2 = fork */
40:         { AS(read_args), (sy_call_t *)sys_read, AUE_NULL, NULL, 0, 0, SYF_CAPENABLE
D, SY_THR_STATIC },  /* 3 = read */
41:         { AS(write_args), (sy_call_t *)sys_write, AUE_NULL, NULL, 0, 0, SYF_CAPENAB
LED, SY_THR_STATIC },        /* 4 = write */
42:         { AS(open_args), (sy_call_t *)sys_open, AUE_OPEN_RWTC, NULL, 0, 0, SYF_CAPE
NABLED, SY_THR_STATIC },     /* 5 = open */
...
```

sysent[4]にはwriteシステムコールが設定されているようだ．つまりFreeBSDもLinuxと同様，writeシステムコールのシステムコール番号は4になっているようだ（ただし他のシステムコールに関しては，番号が必ずしも一致しているわけではない）．

|10.2.5| FreeBSDのシステムコール・ラッパー

FreeBSDではシステムコールの引数はスタック経由で渡される．これはFreeBSDのカーネルのABI仕様だ．

さらにx86では，関数呼び出しの際には引数はスタックで渡される．これはx86アーキテクチャでの，関数呼び出しのABI仕様だ．FreeBSDではそれに合わせて，システムコールの引数もスタックで渡されるようになっているのだろう．OSカーネルのシステムコールのABIが，x86アーキテクチャの関数呼び出しのABIに合わせて設計されているわけだ．

このためFreeBSDでのシステムコール・ラッパーは，GDBの解析で見たように，単にint $0x80を呼び出せばいいことになる．極端な話，errnoの処理を無視するならば，以下のようにC言語とインラインアセンブラで書くこともできるわけだ．

```
/*
 * 関数の戻り値はEAXレジスタで返されるので，この関数を呼び出すことで
 * EAXレジスタにシステムコール番号が設定される．
 */
__attribute__((noinline)) int set_write_number()
{
        return 4;
}

void write()
{
        set_write_number();
        asm volatile ("int $0x80");
}
```

対してLinuxではシステムコールの引数はレジスタによって渡されるため，p.112で説明したように関数呼び出し時にはスタック上にある引数をレジスタにコピーしてからint $0x80を呼び出す，という手順になっている．

これは一見するとFreeBSDのほうがシンプルな作りのように思える．しかしカーネル内処理という点で見ると，そうとも言い切れない．

FreeBSDではシステムコール引数がアプリケーションのスタック上にあるためcopyin()によるプロセス空間からのコピーが必要であり，これは処理が重そうだ．対してLinuxではレジスタ経由で引数を渡すため，カーネル内処理はレジスタの値をそのまま引数とするだけでよく，これは軽そうだ．ユーザ・アプリケーションに優しくカーネルが頑張るのがFreeBSD，カーネル内処理は軽いがユーザ・アプリケーションに面倒をお願いするのがLinuxと言うことができるだろうか．

またLinuxにはp.120で説明したように，システムコールの引数の数に制限があるという欠点がある．しかしそのような制限は，スタック経由で引数を渡すFreeBSDには，原理的に存在しないことになる．

10.2.6 エラー処理を見る

エラーの返しかたも見てみよう.

p.340で説明した3つのポインタを思い出してほしい. 引数の設定を行う関数へのポインタはsv_fetch_syscall_argsだった. そして戻り値の設定を行う関数は, sv_set_syscall_retvalというポインタが指しているのだと思われる.

このポインタの設定箇所は, 引数の設定と同様に調べることができる. やはりアーキテクチャ依存部で検索してみよう.

```
[user@localhost i386]$ grep -r sv_set_syscall_retval .
./ibcs2/ibcs2_sysvec.c: .sv_set_syscall_retval = cpu_set_syscall_retval,
./linux/linux_sysvec.c: .sv_set_syscall_retval = cpu_set_syscall_retval,
./linux/linux_sysvec.c: .sv_set_syscall_retval = cpu_set_syscall_retval,
./i386/elf_machdep.c:   .sv_set_syscall_retval = cpu_set_syscall_retval,
[user@localhost i386]$
```

i386/i386/elf_machdep.cでcpu_set_syscall_retval()という関数が設定されているようだ.

関数の本体を探してみよう.

```
[user@localhost i386]$ grep -r cpu_set_syscall_retval .
./ibcs2/ibcs2_sysvec.c: .sv_set_syscall_retval = cpu_set_syscall_retval,
./linux/linux_sysvec.c: .sv_set_syscall_retval = cpu_set_syscall_retval,
./linux/linux_sysvec.c: .sv_set_syscall_retval = cpu_set_syscall_retval,
./i386/vm_machdep.c:cpu_set_syscall_retval(struct thread *td, int error)
./i386/elf_machdep.c:   .sv_set_syscall_retval = cpu_set_syscall_retval,
[user@localhost i386]$
```

vm_machdep.cというファイルにあるようだ. 中身を見ると, 以下のようにcpu_set_syscall_retval()が定義されていた.

```
391:void
392:cpu_set_syscall_retval(struct thread *td, int error)
393:{
394:
395:        switch (error) {
396:        case 0:
397:                td->td_frame->tf_eax = td->td_retval[0];
```

```
398:                td->td_frame->tf_edx = td->td_retval[1];
399:                td->td_frame->tf_eflags &= ~PSL_C;
400:                break;
...
413:        default:
414:                if (td->td_proc->p_sysent->sv_errsize) {
415:                        if (error >= td->td_proc->p_sysent->sv_errsize)
416:                                error = -1;     /* XXX */
417:                        else
418:                                error = td->td_proc->p_sysent->sv_errtbl[error];
419:                }
420:                td->td_frame->tf_eax = error;
421:                td->td_frame->tf_eflags |= PSL_C;
422:                break;
423:        }
424:}
```

正常終了のときはおそらくerror == 0となり，switch文のcase 0:に入ることでEAXレジスタに戻り値が格納されるようだ．

そしてエラーのときはdefault:の処理に入るのだと思われる．このときはEAXレジスタにエラー番号が（Linuxのように負の値にはされず，そのままに）格納され，さらにフラグレジスタのPSL_Cというビットが立てられる．これはキャリフラグを立てていることになる．

つまりFreeBSDでは，エラーの発生はフラグレジスタのキャリフラグによって通知されることになる．これもLinuxと処理が異なる部分ではある．よってシステムコール・ラッパーは，以下のように記述すればいいわけだ．

```
int ret = int0x80();
if (EFLAGS & C) {
        errno = ret;
        ret = -1;
}
return ret;
```

ということはFreeBSDでは，システムコールの戻り値として負の値を返しても，エラーと区別することができるということになる．p.122で説明したLinuxの欠点は，FreeBSDには存在しないわけだ．

10.2.7 他のアーキテクチャではどうなのか

FreeBSDはシステムコールの引数はスタック経由で渡し，エラーはフラグレジスタ上のフラグで返す．Linuxはシステムコールの引数はレジスタ経由で渡し，エラーは負の値の戻り値として返す．

このためLinuxではシステムコールの引数の数に上限があったり，システムコールの正常な戻り値として負の値を返すことができないという問題があるわけだが，これはx86アーキテクチャの場合のみの話であろうか．

それぞれのMIPS向けとARM向けの実装を見て，比較してみよう．

⦿FreeBSD/MIPSの場合

まずはFreeBSD/MIPSの処理を見てみる．

```
[user@localhost i386]$ cd ../mips
[user@localhost mips]$ grep -r sv_fetch_syscall_args .
./mips/elf64_machdep.c: .sv_fetch_syscall_args = cpu_fetch_syscall_args,
./mips/elf_machdep.c:   .sv_fetch_syscall_args = cpu_fetch_syscall_args,
./mips/elf_machdep.c:   .sv_fetch_syscall_args = cpu_fetch_syscall_args,
[user@localhost mips]$ grep -r cpu_fetch_syscall_args .
./mips/trap.c:cpu_fetch_syscall_args(struct thread *td, struct syscall_args *sa)
./mips/elf64_machdep.c: .sv_fetch_syscall_args = cpu_fetch_syscall_args,
./mips/elf_machdep.c:   .sv_fetch_syscall_args = cpu_fetch_syscall_args,
./mips/elf_machdep.c:   .sv_fetch_syscall_args = cpu_fetch_syscall_args,
[user@localhost mips]$
```

mips/mips/trap.cにcpu_fetch_syscall_args()があるようだ．見てみると以下のようになっていた．

```
264:int
265:cpu_fetch_syscall_args(struct thread *td, struct syscall_args *sa)
266:{
...
279:        sa->code = locr0->v0;
280:
281:        switch (sa->code) {
...
327:        default:
328:                sa->args[0] = locr0->a0;
```

```
329:                sa->args[1] = locr0->a1;
330:                sa->args[2] = locr0->a2;
331:                sa->args[3] = locr0->a3;
332:                nsaved = 4;
...
358:        if (sa->narg > nsaved) {
...
369:                error = copyin((caddr_t)(intptr_t)(locr0->sp +
370:                    4 * sizeof(register_t)), (caddr_t)&sa->args[nsaved],
371:                   (u_int)(sa->narg - nsaved) * sizeof(register_t));
...
```

引数はA0～A3レジスタで渡され，4つを越えた場合にはスタックから受け取るようになっている．

次にMIPSでの戻り値の返しかただ．

```
[user@localhost mips]$ grep -r sv_set_syscall_retval .
./mips/elf64_machdep.c: .sv_set_syscall_retval = cpu_set_syscall_retval,
./mips/elf_machdep.c:   .sv_set_syscall_retval = cpu_set_syscall_retval,
./mips/elf_machdep.c:   .sv_set_syscall_retval = cpu_set_syscall_retval,
[user@localhost mips]$ grep -r cpu_set_syscall_retval .
./mips/elf64_machdep.c: .sv_set_syscall_retval = cpu_set_syscall_retval,
./mips/vm_machdep.c:cpu_set_syscall_retval(struct thread *td, int error)
./mips/elf_machdep.c:   .sv_set_syscall_retval = cpu_set_syscall_retval,
./mips/elf_machdep.c:   .sv_set_syscall_retval = cpu_set_syscall_retval,
[user@localhost mips]$
```

mips/mips/vm_machdep.cにcpu_set_syscall_retval()があるようだ．見ると，以下のようになっている．

```
250:void
251:cpu_set_syscall_retval(struct thread *td, int error)
252:{
...
273:        switch (error) {
274:        case 0:
...
287:                        locr0->v0 = td->td_retval[0];
288:                        locr0->v1 = td->td_retval[1];
```

```
289:                    locr0->a3 = 0;
...
300:        default:
...
307:                    locr0->v0 = error;
308:                    locr0->a3 = 1;
...
```

戻り値はV0レジスタによって返されるが，エラーの場合にはA3レジスタで1を返すという動作になっている．

MIPSの関数呼び出しのABIでは，引数は4個まではA0〜A3レジスタによって渡し，それを越えたぶんはスタックで渡すことになっている．また戻り値はV0レジスタで返すことになっている．

つまりMIPSの場合も，FreeBSDのシステムコールABIは関数呼び出しのABIに合わせて設計されているようだ．またエラーの発生は，戻り値を返すレジスタとは別のレジスタで通知している．MIPSはフラグレジスタを持たないため，このような仕様になっているようだ．

⦿FreeBSD/ARMの場合

次にFreeBSD/ARMの処理を見てみよう．

```
[user@localhost mips]$ cd ../arm
[user@localhost arm]$ grep -r sv_fetch_syscall_args .
./arm/elf_machdep.c:    .sv_fetch_syscall_args = cpu_fetch_syscall_args,
[user@localhost arm]$ grep -r cpu_fetch_syscall_args .
./arm/trap.c:cpu_fetch_syscall_args(struct thread *td, struct syscall_args *sa)
./arm/elf_machdep.c:    .sv_fetch_syscall_args = cpu_fetch_syscall_args,
[user@localhost arm]$
```

arm/arm/trap.cにcpu_fetch_syscall_args()がある．見ると，以下のようになっている．

```
862:int
863:cpu_fetch_syscall_args(struct thread *td, struct syscall_args *sa)
864:{
...
869:        sa->code = sa->insn & 0x000fffff;
870:        ap = &td->td_frame->tf_r0;
```

```
...
888:        memcpy(sa->args, ap, sa->nap * sizeof(register_t));
889:        if (sa->narg > sa->nap) {
890:                error = copyin((void *)td->td_frame->tf_usr_sp, sa->args +
891:                    sa->nap, (sa->narg - sa->nap) * sizeof(register_t));
892:        }
...
```

システムコールの引数はMIPSと同様に，一定数まではレジスタによって受け取るが，それを越えたぶんはスタックから受け取っている．

次は戻り値の処理だ．

```
[user@localhost arm]$ grep -r sv_set_syscall_retval .
./arm/elf_machdep.c:    .sv_set_syscall_retval = cpu_set_syscall_retval,
[user@localhost arm]$ grep -r cpu_set_syscall_retval .
./arm/vm_machdep.c:cpu_set_syscall_retval(struct thread *td, int error)
./arm/elf_machdep.c:    .sv_set_syscall_retval = cpu_set_syscall_retval,
[user@localhost arm]$
```

arm/arm/vm_machdep.cにcpu_set_syscall_retval()がある．見てみると，以下のようになっていた．

```
269:void
270:cpu_set_syscall_retval(struct thread *td, int error)
271:{
...
293:        switch (error) {
294:        case 0:
295:                if (fixup) {
296:                        frame->tf_r0 = 0;
297:                        frame->tf_r1 = td->td_retval[0];
298:                } else {
299:                        frame->tf_r0 = td->td_retval[0];
300:                        frame->tf_r1 = td->td_retval[1];
301:                }
302:                frame->tf_spsr &= ~PSR_C_bit;   /* carry bit */
...
313:        default:
314:                frame->tf_r0 = error;
315:                frame->tf_spsr |= PSR_C_bit;    /* carry bit */
```

```
...
```

戻り値はR0レジスタによって返されるが，エラーの場合にはキャリフラグが立てられるようになっているようだ．

ARMの関数呼び出しのABIでは，引数は4つまでならR0～R3レジスタで渡され，それ以降はスタックによって渡される．そして戻り値はR0レジスタで返される．

見たところFreeBSD/ARMのシステムコールABIも，やはり関数呼び出しのABIに合わせて作られている．またエラーの発生は，戻り値とは別のフラグによって通知される．

そしてMIPSもARMも，このあたりの処理はp.341で見たx86での処理とほぼ同じ感じになっていてソースコードには統一感がある．さらにアーキテクチャ依存の処理関数は，関数へのポインタを登録するような枠組に沿って実装されており，共通部分ときれいに分離されている．このためアーキテクチャ依存の処理といえど，ずいぶんすっきりしている印象を受ける．

⦿Linux/MIPSの場合

次にLinuxについて見てみよう．

まずはLinux/MIPSの処理だ．

LinuxカーネルのMIPS依存部は`arch/mips`にある．そしてLinuxではシステムコール・テーブルは`sys_call_table[]`という配列になっているので，それを参照している部分を探してみる．

```
[user@localhost ~]$ cd linux-2.6.32.65/arch/mips
[user@localhost mips]$ grep -r sys_call_table .
./kernel/scall32-o32.S: la      t1, sys_call_table
./kernel/scall32-o32.S: lw      t2, sys_call_table(t1)          # syscall routine
...
```

`arch/mips/kernel/scall32-o32.S`というファイル中に，`sys_call_table`を参照している箇所がある．ここにシステムコールの処理関数の呼び出しがあるのだと思われる．見てみよう．

```
 28:NESTED(handle_sys, PT_SIZE, sp)
...
 35:        lw      t1, PT_EPC(sp)          # skip syscall on return
 36:
```

```
 37:        subu   v0, v0, __NR_O32_Linux  # check syscall number
 38:        sltiu  t0, v0, __NR_O32_Linux_syscalls + 1
 39:        addiu  t1, 4                   # skip to next instruction
 40:        sw     t1, PT_EPC(sp)
 41:        beqz   t0, illegal_syscall
 42:
 43:        sll    t0, v0, 3
 44:        la     t1, sys_call_table
 45:        addu   t1, t0
 46:        lw     t2, (t1)                # syscall routine
 47:        lw     t3, 4(t1)               # >= 0 if we need stack arguments
 48:        beqz   t2, illegal_syscall
 49:
 50:        sw     a3, PT_R26(sp)          # save a3 for syscall restarting
 51:        bgez   t3, stackargs
 52:
 53:stack_done:
 54:        lw     t0, TI_FLAGS($28)       # syscall tracing enabled?
 55:        li     t1, _TIF_WORK_SYSCALL_ENTRY
 56:        and    t0, t1
 57:        bnez   t0, syscall_trace_entry # -> yes
 58:
 59:        jalr   t2                      # Do The Real Thing (TM)
 60:
 61:        li     t0, -EMAXERRNO - 1      # error?
 62:        sltu   t0, t0, v0
 63:        sw     t0, PT_R7(sp)           # set error flag
 64:        beqz   t0, 1f
...
597:        .type  sys_call_table,@object
598:EXPORT(sys_call_table)
599:        syscalltable
600:        .size  sys_call_table, . - sys_call_table
```

システムコールの処理関数へのポインタがT2レジスタに設定され，jalr命令によって関数呼び出しされるようだ．

MIPSでは関数呼び出しの引数はA0～A3で渡されるが，それらのレジスタを操作しているような部分はjalr命令の前には見あたらない．しかしMIPSの場合はsys_call_table[]に引数の個数がシステムコールごとに登録されており（「(t1)」の位置に処理関数があり，＋4した「4(t1)」の位置に引数の個数がある），その数がゼロ以外（つまり引数を持つ）ならばstackargsという処理が呼ばれるようになっている．

以下はarch/mips/kernel/scall32-o32.Sに登録されているシステムコール・テーブルだ．システムコールの処理関数と，さらに引数の個数が登録されていることがわかる．x86のシステムコール・テーブルは処理関数が登録されているだけだったので，Linuxではシステムコール・テーブルの構造がそもそもアーキテクチャ依存になっているようだ．

```
239:        .macro  syscalltable
240:        sys     sys_syscall             8       /* 4000 */
241:        sys     sys_exit                1
242:        sys     sys_fork                0
243:        sys     sys_read                3
244:        sys     sys_write               3
...
```

そしてstackargsはscall32-o32.Sにあり，どうも5つ目以降の引数を，アプリケーションのスタックからカーネル内のスタックにコピーしているようだ．これはカーネル内でシステムコールの処理関数を呼ぶ際に，5つ目以降の引数をスタック経由で渡すためのもののようだ．以下，コメント中の「usp」はUser Stack Pointer，「ksp」はKernel Stack Pointerのことだろう．

```
116:        /*
117:         * More than four arguments.  Try to deal with it by copying the
118:         * stack arguments from the user stack to the kernel stack.
119:         * This Sucks (TM).
120:         */
121:stackargs:
...
133:        /* Ok, copy the args from the luser stack to the kernel stack.
134:         * t3 is the precomputed number of instruction bytes needed to
135:         * load or store arguments 6-8.
136:         */
...
140:1:      lw      t5, 16(t0)              # argument #5 from usp
...
147:2:      lw      t8, 28(t0)              # argument #8 from usp
148:3:      lw      t7, 24(t0)              # argument #7 from usp
149:4:      lw      t6, 20(t0)              # argument #6 from usp
...
151:         sw     t5, 16(sp)              # argument #5 to ksp
152:
```

```
153:        sw      t8, 28(sp)              # argument #8 to ksp
154:        sw      t7, 24(sp)              # argument #7 to ksp
155:        sw      t6, 20(sp)              # argument #6 to ksp
...
```

さらにエラーの場合には，scall32-o32.Sのjalr命令によるシステムコールの処理関数の呼び出し後，以下の部分でA3レジスタに1が設定される．

```
...
 61:        li      t0, -EMAXERRNO - 1      # error?
 62:        sltu    t0, t0, v0
 63:        sw      t0, PT_R7(sp)           # set error flag
...
```

「sltu t0, t0, v0」という命令があるが，これはC言語風に書くと「t0 = (t0 < v0) ? 1 : 0」という意味になる．つまりシステムコール処理の戻り値をエラー番号の最大値（の，負の数）と比較して，エラーが返っているならばT0レジスタが1になる．そしてそれをR7レジスタに設定して返すわけだが，MIPSではR7レジスタはA3レジスタに相当する．つまりエラーの発生がA3レジスタで通知されるわけであり，これはFreeBSDと同じ仕様だ．

これらが本当かどうかは，glibcのMIPS向けのシステムコール・ラッパーを見れば確認できるはずだ．x86向けのシステムコール・ラッパーはglibcのsysdeps/unix/sysv/linux/i386にあったので，MIPS向けのものはその隣のsysdeps/unix/sysv/linux/mipsにあるのではないだろうか．MIPSはシステムコール命令として「syscall」という命令を持っているが，それを呼び出している部分を探してみるとsysdep-cancel.hに以下のような定義があった．

```
45:  99: PSEUDO_ERRJMP                                                  \
...
58:  ENTRY (name)                                                       \
59:    .set noreorder;                                                  \
60:    PSEUDO_CPLOAD                                                    \
61:    .set reorder;                                                    \
62:    SINGLE_THREAD_P(v1);                                             \
63:    bne zero, v1, L(pseudo_cancel);                                  \
64:    .set noreorder;                                                  \
65:    li v0, SYS_ify(syscall_name);                                    \
66:    syscall;                                                         \
```

```
67:    .set reorder;                                                    \
68:    bne a3, zero, 99b;                                               \
69:    ret;                                                             \
```

とくにレジスタ操作をすること無くsyscall命令が呼び出されている．つまり関数呼び出しのABIが，そのままOSのシステムコールのABIになっているようだ．さらにsyscall命令の終了後はA3レジスタの値を確認してエラー処理にジャンプしているので，エラーの発生をA3レジスタで知らせるというのも思った通りのようだ．

つまりカーネル側との辻褄は合っていて，Linux/MIPSのシステムコール体系は関数呼び出しのABIに合わせてあり，FreeBSDと同様の仕様になっている．

⦿Linux/ARMの場合

最後にLinux/ARMの処理を見てみよう．

LinuxカーネルのARM依存部はarch/armにある．システムコール・テーブルを探してみよう．

```
[user@localhost mips]$ cd ../arm
[user@localhost arm]$ grep -r sys_call_table .
./kernel/entry-common.S:        adr     tbl, sys_call_table             @ load syscall
table pointer
./kernel/entry-common.S:        .type   sys_call_table, #object
./kernel/entry-common.S:ENTRY(sys_call_table)
[user@localhost arm]$
```

arm/kernel/entry-common.Sでsys_call_tableが参照されている．見てみると，以下のような処理になっていた．

```
187:ENTRY(vector_swi)
...
259:        adr     tbl, sys_call_table             @ load syscall table pointer
260:        ldr     ip, [tsk, #TI_FLAGS]            @ check for syscall tracing
...
277:        stmdb   sp!, {r4, r5}                   @ push fifth and sixth args
...
283:        ldrcc   pc, [tbl, scno, lsl #2]         @ call sys_* routine
...
```

ARMでのシステムコール命令は「swi」というものだ．先頭の「vector_swi」は，swi命令によるソフトウェア割込み発生時の割込みベクタ，という意味だろう．

そしてldrcc命令の箇所が，システムコールの処理関数の呼び出しだろう．その前にはR0〜R3レジスタを操作しているような部分は無いため，R0〜R3レジスタによって渡されたシステムコールの引数が，そのまま処理関数の呼び出し時の引数として渡されるようだ．

しかしR4，R5レジスタをスタックに保存している処理があり，どうもシステムコールで4個を越える引数はR4，R5レジスタによって渡されるようだ．それらをスタックに積むことで，以降のシステムコールの処理関数の呼び出しで第5，第6引数として渡している．

これは本当だろうか．glibcのARM向けのシステムコール・ラッパーを見てみよう．

glibcのsysdeps/unix/sysv/linux/armでswi命令を呼び出している箇所を探すといくつか見つかるのだが，sysdep.hというファイルに以下のようなコメントがあった．

```
185:/* Linux takes system call args in registers:
186:        arg 1           r0
187:        arg 2           r1
188:        arg 3           r2
189:        arg 4           r3
190:        arg 5           r4      (this is different from the APCS convention)
191:        arg 6           r5
192:        arg 7           r6
193:
194:   The compiler is going to form a call by coming here, through PSEUDO, with
195:   arguments
196:        syscall number  in the DO_CALL macro
197:        arg 1           r0
198:        arg 2           r1
199:        arg 3           r2
200:        arg 4           r3
201:        arg 5           [sp]
202:        arg 6           [sp+4]
203:        arg 7           [sp+8]
204:
205:   We need to shuffle values between R4..R6 and the stack so that the
206:   caller's v1..v3 and stack frame are not corrupted, and the kernel
207:   sees the right arguments.
208:
209:*/
```

Linuxのカーネルはシステムコールの引数をR0～R6レジスタで受け取るが，関数呼び出しはR0～R3レジスタとスタックを経由して渡され，このためR4～R6レジスタとスタックの間で値を移しかえる必要がある，と言っているようだ．やはり本当のようだ．

さて，ここまで見たところどうだっただろうか．

まずFreeBSDでは，システムコールのABIはそのアーキテクチャでの関数呼び出しのABIに合わせてあり，さらにエラーは戻り値とは異なるレジスタ（フラグレジスタがある場合にはフラグレジスタのキャリフラグ）によって通知するというアーキテクチャ間での共通ポリシーがあるようだ．

> このFreeBSDの仕様は，どうもその起源にあるUNIXでの実装が引き継がれているように思える．PDP-11向けのUNIXのソースコードでも，同様にフラグで返すような実装になっているためだ．

そしてFreeBSDではシステムコールの処理は共通化できる部分は共通化され，極力C言語によって記述されている．アーキテクチャ依存部においても関数名やその中の処理は合わせられているし，アーキテクチャ依存の処理を登録しておくような枠組になっている．

しかしLinuxは，処理の内容はアーキテクチャごとにバラバラの実装になっていて，システムコール・テーブルの構造すら（！）アーキテクチャ依存になっている．そしてアセンブラで記述されている部分も多いようだ．

またシステムコールのABIは関数呼び出しのABIに合わせてあるものもあればそうでないものもあり，さらにエラー通知の方法も様々だ．結果としてglibcのシステムコール・ラッパー側も，アーキテクチャごとに異なる処理をせざるを得ないように思える．

これらの問題のため，p.122で説明したようにLinuxカーネルのシステムコールABIとPOSIXのAPIは，引数や戻り値などの仕様が必ずしも一対一に対応していない．しかしこれはシステムコール・ラッパーが頑張ればいいことであり，過去互換を確保することを優先するという方針のようだ．またこれはその祖先にUNIXを持つ*BSDと，あくまでUNIX互換の独自カーネルであるLinuxとの歴史的な違いであると言うこともできるだろうか．

【10.3】 FreeBSDの Linuxエミュレーション機能

次にFreeBSDの，Linuxエミュレーション機能について考えてみよう．

FreeBSDとLinuxでは，システムコールの引数の渡しかたや，エラーの返しかたが異なる．つまりシステムコールのABIが異なるということだ．

逆に言えばFreeBSD側でLinuxのシステムコールのABIを模してやれば，Linux用の実行ファイルを動作させることができるはずだ．そのようなことを行っているのが，FreeBSDのLinuxエミュレーション機能だ．

ではLinuxエミュレーションのためには，FreeBSDカーネルは具体的にはどのようなことを行っているのだろうか．

10.3.1 システムコール・テーブルの置き換え

実はここまでの調査結果の中で，Linux関連のものと思われる箇所がいくつかヒットしている．例えばp.342でsv_table[]の設定箇所を検索したときには，以下のようなものもヒットしていた．

```
[user@localhost i386]$ grep -r sv_table .
...
./linux/linux_sysvec.c:        sa->callp = &p->p_sysent->sv_table[0];
./linux/linux_sysvec.c:                sa->callp = &p->p_sysent->sv_table[sa->code];
./linux/linux_sysvec.c: .sv_table       = linux_sysent,
./linux/linux_sysvec.c: .sv_table       = linux_sysent,
...
./i386/elf_machdep.c:   .sv_table       = sysent,
[user@localhost i386]$
```

システムコール処理のテーブルとしてsysent[]があるが，それとは別にlinux_sysent[]というテーブルが存在しているらしい．

そしてlinux_sysent[]にシステムコールの処理を，Linuxでのシステムコール番号の順で登録しておけば，システムコール番号はLinux互換になるわけだ．writeシステムコールはFreeBSDとLinuxでのシステムコール番号は一致していたが，たとえシステムコール番号が食い違っていても，このテーブルを通すことでその違いは吸収されることになる．

linux_sysent[]はi386/linux/linux_sysent.cで以下のように定義されている．

```
18:/* The casts are bogus but will do for now. */
19:struct sysent linux_sysent[] = {
20:#define nosys   linux_nosys
21:        { 0, (sy_call_t *)nosys, AUE_NULL, NULL, 0, 0, 0, SY_THR_ABSENT },
/* 0 = setup */
22:        { AS(sys_exit_args), (sy_call_t *)sys_sys_exit, AUE_EXIT, NULL, 0, 0, 0, SY
_THR_STATIC },        /* 1 = exit */
23:        { 0, (sy_call_t *)linux_fork, AUE_FORK, NULL, 0, 0, 0, SY_THR_STATIC }, /*
2 = linux_fork */
24:        { AS(read_args), (sy_call_t *)sys_read, AUE_NULL, NULL, 0, 0, 0, SY_THR_STA
TIC },       /* 3 = read */
25:        { AS(write_args), (sy_call_t *)sys_write, AUE_NULL, NULL, 0, 0, 0, SY_THR_S
TATIC },     /* 4 = write */
26:        { AS(linux_open_args), (sy_call_t *)linux_open, AUE_OPEN_RWTC, NULL, 0, 0,
0, SY_THR_STATIC },  /* 5 = linux_open */
...
```

linux_sysent[]がi386ディレクトリ以下にあるということは，これはx86アーキテクチャ特有の定義だということだ．そして同様の定義はamd64のディレクトリには見られるが，armなど他アーキテクチャのディレクトリ以下には見られない．つまりFreeBSDのLinuxエミュレーション機能が利用できるのはx86アーキテクチャだけであり，例えばLinux/ARMの実行ファイルをFreeBSD/ARMで実行できるわけではなさそうだ．

linux_sysent[]を，p.343のsysent[]と比較してみよう．writeシステムコールに関しては，どちらも処理関数にsys_write()が設定されているので，実際の処理は等価になることがわかる．しかしopenシステムコールでは，Linuxの場合はlinux_open()が設定されている．つまりシステムコールの処理関数が，異なる場合もあるらしい．

|10.3.2| システムコールごとの対応

FreeBSDでのopenシステムコールとLinuxでのopenシステムコールに，どのような違いがあるのだろうか．

linux_open()を見てみよう．これはcompat/linux/linux_file.cで以下のように定義してあった．なおディレクトリ名の「compat」は「compatibile」(互換) の意味だ．

```
 94:static int
 95:linux_common_open(struct thread *td, int dirfd, char *path, int l_flags, int mode)
 96:{
...
102:	bsd_flags = 0;
103:	switch (l_flags & LINUX_O_ACCMODE) {
104:	case LINUX_O_WRONLY:
105:		bsd_flags |= O_WRONLY;
106:		break;
107:	case LINUX_O_RDWR:
108:		bsd_flags |= O_RDWR;
109:		break;
110:	default:
111:		bsd_flags |= O_RDONLY;
112:	}
113:	if (l_flags & LINUX_O_NDELAY)
114:		bsd_flags |= O_NONBLOCK;
115:	if (l_flags & LINUX_O_APPEND)
116:		bsd_flags |= O_APPEND;
117:	if (l_flags & LINUX_O_SYNC)
118:		bsd_flags |= O_FSYNC;
...
139:	error = kern_openat(td, dirfd, path, UIO_SYSSPACE, bsd_flags, mode);
...
177:	return (error);
178:}
...
199:int
200:linux_open(struct thread *td, struct linux_open_args *args)
201:{
...
215:		return (linux_common_open(td, AT_FDCWD, path, args->flags, args->mode));
216:}
```

open()の第2引数で渡されたフラグの変換をしている．ということはO_RDWRやO_APPENDなどのフラグの値は，FreeBSDとLinuxとで食い違っているということだろうか．

比較してみよう．まず以下は，FreeBSDの/usr/include/fcntl.hでの定義だ．よく利用されるのはO_RDWR，O_APPEND，O_CREAT，O_TRUNCあたりであろうから，その付近をピックアップしてみた．

```
 72:/* open-only flags */
 73:#define O_RDONLY        0x0000          /* open for reading only */
 74:#define O_WRONLY        0x0001          /* open for writing only */
 75:#define O_RDWR          0x0002          /* open for reading and writing */
 76:#define O_ACCMODE       0x0003          /* mask for above modes */
...
 91:#define O_APPEND        0x0008          /* set append mode */
...
102:#define O_CREAT         0x0200          /* create if nonexistent */
103:#define O_TRUNC         0x0400          /* truncate to zero length */
...
```

そして以下はCentOSの/usr/include/fcntl.hだ．

```
32:/* Get the definitions of O_*, F_*, FD_*: all the
33:   numbers and flag bits for `open', `fcntl', et al.  */
34:#include <bits/fcntl.h>
```

O_*のようなフラグは/usr/include/bits/fcntl.hで定義されているらしいので，そちらを見てみよう．

```
31:/* open/fcntl - O_SYNC is only implemented on blocks devices and on files
32:   located on a few file systems.  */
33:#define O_ACCMODE         0003
34:#define O_RDONLY            00
35:#define O_WRONLY            01
36:#define O_RDWR              02
37:#define O_CREAT           0100 /* not fcntl */
...
40:#define O_TRUNC          01000 /* not fcntl */
41:#define O_APPEND         02000
...
```

8進数で記述されているのでわかりにくいのだが，16進数に変換するとO_CREATは0x40，O_TRUNCは0x200，O_APPENDは0x400になる．

FreeBSDでのフラグ定義と比較してみると，O_RDONLY，O_WRONLY，O_RDWRは一致しているが，O_CREAT，O_TRUNC，O_APPENDは食い違っているようだ．

このようにFreeBSDとLinuxのシステムコールでは，パラメータが微妙に食い違っている場合がある．他にもstat()で利用されるstruct statも，内容が微妙に異なっていたりする．そうしたパラメータの変換を，システムコールごとに行っているわけだ．

10.3.3 引数の渡しかたの対応

引数の渡しかたはどうであろうか．

p.340でシステムコールの引数を準備する関数を検索したときに，実はlinux_fetch_syscall_argsという関数がヒットしていた．以下の部分だ．

```
[user@localhost i386]$ grep -r sv_fetch_syscall_args .
...
./linux/linux_sysvec.c: .sv_fetch_syscall_args = linux_fetch_syscall_args,
./linux/linux_sysvec.c: .sv_fetch_syscall_args = linux_fetch_syscall_args,
...
```

linux_fetch_syscall_args()という関数が登録されている．これはi386/linux/linux_sysvec.cで，以下のように定義されていた．

```
837:static int
838:linux_fetch_syscall_args(struct thread *td, struct syscall_args *sa)
839:{
...
846:        sa->code = frame->tf_eax;
847:        sa->args[0] = frame->tf_ebx;
848:        sa->args[1] = frame->tf_ecx;
849:        sa->args[2] = frame->tf_edx;
850:        sa->args[3] = frame->tf_esi;
851:        sa->args[4] = frame->tf_edi;
852:        sa->args[5] = frame->tf_ebp;    /* Unconfirmed */
...
```

LinuxのシステムコールABIに合わせて，レジスタから引数を取り出していることがわかる．

またシステムコール番号は，やはりEAXレジスタから取得しているようだ．

10.3.4 エラー番号の変換

さらにエラー番号についても考えてみる．

p.345のcpu_set_syscall_retval()の処理を見ると，以下のような部分がある．これはシステムコールの戻り値をEAXレジスタに設定する処理だが，エラーの場合にはsv_errtbl[]というテーブルを通して値を変換している．

```
414:            if (td->td_proc->p_sysent->sv_errsize) {
...
418:                    error = td->td_proc->p_sysent->sv_errtbl[error];
419:            }
420:            td->td_frame->tf_eax = error;
```

このテーブルの設定はどこで行われているだろうか．探してみよう．

```
[user@localhost i386]$ grep -r sv_errtbl .
./ibcs2/ibcs2_sysvec.c:         .sv_errtbl      = bsd_to_ibcs2_errno,
./linux/linux_sysvec.c: .sv_errtbl      = bsd_to_linux_errno,
./linux/linux_sysvec.c: .sv_errtbl      = bsd_to_linux_errno,
./i386/vm_machdep.c:                    error = td->td_proc->p_sysent->sv_errt
bl[error];
./i386/elf_machdep.c:   .sv_errtbl      = NULL,
[user@localhost i386]$
```

通常はNULLで未設定になっているが，Linuxエミュレーションが行われる場合はbsd_to_linux_errno[]が設定されているようだ．この定義を探してみよう．

```
[user@localhost i386]$ grep -r bsd_to_linux_errno .
./linux/linux_sysvec.c:static int bsd_to_linux_errno[ELAST + 1] = {
./linux/linux_sysvec.c: .sv_errtbl      = bsd_to_linux_errno,
./linux/linux_sysvec.c: .sv_errtbl      = bsd_to_linux_errno,
[user@localhost i386]$
```

i386/linux/linux_sysvec.cにあるようだ．見てみると，以下のように定義されていた．

```
119:/*
120: * Linux syscalls return negative errno's, we do positive and map them
121: * Reference:
122: *   FreeBSD: src/sys/sys/errno.h
123: *   Linux:   linux-2.6.17.8/include/asm-generic/errno-base.h
124: *            linux-2.6.17.8/include/asm-generic/errno.h
125: */
126:static int bsd_to_linux_errno[ELAST + 1] = {
127:        -0,  -1,  -2,  -3,  -4,  -5,  -6,  -7,  -8,  -9,
128:        -10, -35, -12, -13, -14, -15, -16, -17, -18, -19,
129:        -20, -21, -22, -23, -24, -25, -26, -27, -28, -29,
130:        -30, -31, -32, -33, -34, -11,-115,-114, -88, -89,
131:        -90, -91, -92, -93, -94, -95, -96, -97, -98, -99,
132:        -100,-101,-102,-103,-104,-105,-106,-107,-108,-109,
133:        -110,-111, -40, -36,-112,-113, -39, -11, -87,-122,
134:        -116, -66,  -6,  -6,  -6,  -6,  -6, -37, -38,  -9,
135:          -6,  -6, -43, -42, -75,-125, -84, -95, -16, -74,
136:         -72, -67, -71
137:};
138:
139:int bsd_to_linux_signal[LINUX_SIGTBLSZ] = {
140:        LINUX_SIGHUP, LINUX_SIGINT, LINUX_SIGQUIT, LINUX_SIGILL,
...
```

エラー番号はこのテーブルによって，Linuxのerrno体系に変換されるということのようだ．LinuxのシステムコールABIではエラーは負の値で返すので，テーブルには負の値で登録されている．

そしてテーブルの内容を見てみると，けっこうな食い違いがあることがわかる．さらにその直後にはbsd_to_linux_signal[]というテーブルがあり，シグナル番号の変換にも対応されていることがわかる．

Linuxカーネルではエラー値は，システムコールの処理関数が返した値をそのままアプリケーションに返すだけだった．しかしFreeBSDは変換テーブルを登録しておくことができるようになっており，これらの点はFreeBSDがLinuxカーネルよりもよく考えられているように思う．

またLinuxではシステムコールの処理関数をいきなり呼び出すだけだったが，FreeBSDではアーキテクチャ非依存になる共通処理とアーキテクチャ依存の処理が，きれいに分離されているように思える．システムコールの処理関数が呼ばれるまでの準備処理も，共通化できるものは極力共通化しているように読み取れる．

たとえばシステムコールの処理関数を呼び出す前に，なんらかの共通処理を行いたいような場合を考えてみよう．

FreeBSDならば，アーキテクチャ非依存の処理の位置にそのような処理を入れ込むことで，修正箇所は1箇所のみに限定することができる．

しかしLinuxではそうはいかない．アーキテクチャ依存の処理からシステムコールの処理関数が直接呼ばれているためだ．共通処理を入れようとしたら，システムコールの処理関数ごとに対応するか，もしくはアーキテクチャごとに対応する必要が出てきてしまうだろう．

10.3.5 LinuxとFreeBSDのABIの比較と考察

ここまで見るとPOSIX互換という点では同じであるLinuxとFreeBSDであるが，アセンブラレベルでのインターフェースやカーネル内の処理はだいぶ異なっていることがわかるだろう．APIは同じでもABIはそれぞれ異なるし，実装も異なるということだ．GNU/Linuxディストリビューションと FreeBSDでは，そもそもopen()に渡すフラグの値にさえ違いがある．

逆の言い方をするならば，APIさえPOSIX互換になっていればUNIX向けアプリケーションをコンパイルして実行することができるということだ．そしてさらに先を言うならば，そのような組込み向け独自OSなども多くあり，POSIXだからといってUNIXやLinuxだとは必ずしも限らない，ということでもある．

さて，ここまででシステムコールの処理について，LinuxとFreeBSDの両方のソースコードを見ることができた．つまりそれらを比較することができるようになったわけだが，読者のかたがたはどのように感じるであろうか．

これは純粋に技術的な話としてなのだが，Linuxの実装はちょっとツギハギの実装になっている感があり，少なくともシステムコール呼び出しのカーネル内の仕様や実装に関しては，FreeBSDのほうが洗練されていると言わざるを得ない．FreeBSDはLinuxに見られる様々な問題は無く，またABIのエミュレーションのための変換テーブルなどを登録するような枠組も充実している．

少なくともLinuxはあまり色々なことを考えず，開発の初期段階でパッと実装されたものがそのまま残ってしまっているように思える．まあABIを無闇に変えると既存のプログラムが動作しなくなってしまうので，過去互換がとれなくなることを避け続けた結果なのかもしれない．

【10.4】Linux/x86以外について考える

次に，x86以外の環境でのハロー・ワールドについても考えてみよう．

Linuxというと，PCで利用されているx86アーキテクチャの話が前提になることが多い．しかしLinuxはその他多くのアーキテクチャにも移植されている．x86以外のアーキテクチャを見ることで，議論の対象がx86特有の話なのか，アーキテクチャ共通の話なのかを区別して知ることは重要だ．

ここで対象にするのは，p.349でも扱ったARMというアーキテクチャだ．ARMは近年，携帯電話などの組込み機器で多用されているマイコンで，一躍有名になっている．

10.4.1 ARMのクロスコンパイル環境

ARMの実行コードを出力するには，ARM向けのコンパイル環境がPC上に必要だ．このような作業はクロスコンパイルと呼ばれる．そしてクロスコンパイルを行うためのコンパイラが，クロスコンパイラだ．

つまりARM向けのクロスコンパイル環境が必要なわけだが，これには筆者がインターネット上で公開している，以下を利用することができる．

```
http://kozos.jp/books/asm/
```

上記サイトからnewlib利用版のcross2-20130826.zipをダウンロードし，READMEに従って事前の作業を行う．

```
[user@localhost ~]$ wget http://kozos.jp/books/asm/cross2-20130826.zip
...
[user@localhost ~]$ unzip cross2-20130826.zip
Archive:  cross2-20130826.zip
   creating: cross2/
   creating: cross2/build/
   creating: cross2/build/binutils/
...
[user@localhost ~]$ cd cross2/toolchain
[user@localhost toolchain]$ ./fetch.sh
```

```
which: no md5 in (/usr/local/bin:/bin:/usr/bin:/usr/local/sbin:/usr/sbin:/sbin:/home/u
ser/bin)
...
[user@localhost toolchain]$ ./setup.sh
binutils-2.21.1/
binutils-2.21.1/cgen/
binutils-2.21.1/cgen/cpu/
...
[user@localhost toolchain]$
```

ツール類は/usr/local/cross2にインストールされるので，ディレクトリを作成して書き込み許可をしておく．

```
[user@localhost toolchain]$ su
Password:
[root@localhost toolchain]# mkdir /usr/local/cross2
[root@localhost toolchain]# chmod 777 /usr/local/cross2
[root@localhost toolchain]# exit
[user@localhost toolchain]$
```

これで準備は完了なので，ビルド用のディレクトリに移ってビルドする．アーキテクチャ指定をしないと多数のアーキテクチャ向けのコンパイラがビルドされてしまう．ビルドの際に以下のようにARMだけを指定すると短時間・省容量で済む．

```
[user@localhost toolchain]$ cd ../build
[user@localhost build]$ ./build-install-all.sh arm-elf
...
```

ビルドにはそれなりの時間がかかるので注意してほしい．以下のようにエラー無しで終了したら完了だ．

```
...
gmake[4]: Leaving directory `/home/user/cross2/build/gdb/arm-elf/gdb'
gmake[3]: Leaving directory `/home/user/cross2/build/gdb/arm-elf/gdb'
gmake[2]: Leaving directory `/home/user/cross2/build/gdb/arm-elf/gdb'
gmake[1]: Nothing to be done for `install-target'.
gmake[1]: Leaving directory `/home/user/cross2/build/gdb/arm-elf'
[user@localhost build]$
```

各種ツール類が/usr/local/cross2/binにインストールされていることを確認してほしい．

```
[user@localhost build]$ ls /usr/local/cross2/bin
arm-elf-addr2line  arm-elf-g++          arm-elf-gprof     arm-elf-readelf
arm-elf-ar         arm-elf-gcc          arm-elf-ld        arm-elf-run
arm-elf-as         arm-elf-gcc-3.4.6    arm-elf-ld.bfd    arm-elf-size
arm-elf-c++        arm-elf-gccbug       arm-elf-nm        arm-elf-strings
arm-elf-c++filt    arm-elf-gcov         arm-elf-objcopy   arm-elf-strip
arm-elf-cpp        arm-elf-gdb          arm-elf-objdump
arm-elf-elfedit    arm-elf-gdbtui       arm-elf-ranlib
[user@localhost build]$
```

なおビルドが完了しても，ビルドツリーを削除しないように注意してほしい．標準Cライブラリとしてnewlibが利用されるが，これを削除してしまうとgdbでのデバッグ時に標準Cライブラリ内のソースコードが参照できなくなってしまう．

|10.4.2| ARMの実行ファイルを作成する

上記クロスコンパイル環境では，cross2/printfにハロー・ワールドのサンプルがある．

```
[user@localhost build]$ cd ../printf
[user@localhost printf]$ ls
Makefile       lib-h8300-elf.S     mcore-elf.c       powerpc-elf.d
arm-elf.c      lib-i386-elf.S      mcore-elf.d       powerpc-elf.o
arm-elf.d      lib-m32r-elf.S      mcore-elf.o       powerpc-elf.s
arm-elf.o      lib-m6811-elf.S     mcore-elf.s       powerpc-elf.sot
arm-elf.s      lib-mcore-elf.S     mcore-elf.sot     powerpc-elf.x
arm-elf.sot    lib-mips-elf.S      mcore-elf.x       sample.c
arm-elf.x      lib-mips16-elf.S    mips-elf.c        sparc-elf.c
i386-elf.c     lib-mn10300-elf.S   mips-elf.d        sparc-elf.d
i386-elf.d     lib-powerpc-elf.S   mips-elf.o        sparc-elf.o
i386-elf.not   lib-sh-elf.S        mips-elf.s        sparc-elf.s
i386-elf.o     lib-sh64-elf.S      mips-elf.sot      sparc-elf.sot
i386-elf.s     lib-sparc-elf.S     mips-elf.x        sparc-elf.x
i386-elf.x     lib-v850-elf.S      mn10300-elf.c     syscall.h
ld.scr         m32r-elf.c          mn10300-elf.d     v850-elf.c
lib-arm-elf.S  m32r-elf.d          mn10300-elf.o     v850-elf.d
```

```
lib-arm16-elf.S  m32r-elf.o         mn10300-elf.s    v850-elf.o
lib-avr-elf.S    m32r-elf.s         mn10300-elf.sot  v850-elf.s
lib-cris-elf.S   m32r-elf.sot       mn10300-elf.x    v850-elf.sot
lib-frv-elf.S    m32r-elf.x         powerpc-elf.c    v850-elf.x
[user@localhost printf]$
```

すでにコンパイル済みのファイルが多数あるので，一度きれいにしよう．

```
[user@localhost printf]$ make clean
...
[user@localhost printf]$ ls
Makefile         lib-frv-elf.S    lib-mips-elf.S     lib-sparc-elf.S
ld.scr           lib-h8300-elf.S  lib-mips16-elf.S   lib-v850-elf.S
lib-arm-elf.S    lib-i386-elf.S   lib-mn10300-elf.S  sample.c
lib-arm16-elf.S  lib-m32r-elf.S   lib-powerpc-elf.S  syscall.h
lib-avr-elf.S    lib-m6811-elf.S  lib-sh-elf.S
lib-cris-elf.S   lib-mcore-elf.S  lib-sh64-elf.S
[user@localhost printf]$
```

lib-*.Sは各種アーキテクチャ用の簡単なライブラリで，スタートアップやシステムコール・ラッパーを含んでいる．sample.cがハロー・ワールドのサンプル・プログラムになる．

```
[user@localhost printf]$ cat sample.c
...
int main()
{
  printf("Hello World! %08x This architecture is %s\n", (int)data_value, ARCH);
  exit(0);
}
[user@localhost printf]$
```

ARMの実行ファイルのみ，生成してみよう．

```
[user@localhost printf]$ make arm-elf.d
---------------- arm-elf ----------------
---- create source file (sample.c => arm-elf.c)
cp sample.c arm-elf.c
---- compile (arm-elf.c => arm-elf.s)
```

```
...
[user@localhost printf]$ ls *arm*
arm-elf.c  arm-elf.o  arm-elf.x      lib-arm16-elf.S
arm-elf.d  arm-elf.s  lib-arm-elf.S
[user@localhost printf]$
```

arm-elf.cはsample.cをコピーしたもの，arm-elf.sはarm-elf.cをコンパイルしたアセンブラのファイル，arm-elf.oはarm-elf.sをアセンブルしたオブジェクト・ファイル，arm-elf.xはarm-elf.oをリンクして生成した実行ファイル，arm-elf.dはarm-elf.xを逆アセンブルしたアセンブラのファイルになる．

10.4.3 シミュレータで実行してみる

GDBは各種アーキテクチャのシミュレータを内蔵しており，様々なアーキテクチャ用の実行ファイルを動作させることができる．

arm-elf.xをGDBのシミュレータで実行してみよう．クロスコンパイル環境の構築により，ARM用のGDBが/usr/local/cross2/bin/arm-elf-gdbにインストールされているのでまずはそれを起動する．

```
[user@localhost printf]$ /usr/local/cross2/bin/arm-elf-gdb -q arm-elf.x
Reading symbols from /home/user/cross2/printf/arm-elf.x...done.
(gdb)
```

起動したらシミュレータ動作の指示のために「target sim」を実行し，さらに「load」によって実行ファイルをシミュレータ上のメモリにロードする．

```
(gdb) target sim
Connected to the simulator.
(gdb) load
Loading section .text, size 0x89b4 vma 0x1400
Loading section .rodata, size 0x21c vma 0x9db4
Loading section .data, size 0x8c0 vma 0xa000
Start address 0x1400
Transfer rate: 304256 bits in <1 sec.
(gdb)
```

あとは通常通り，runで実行できる．

```
(gdb) run
Starting program: /home/user/cross2/printf/arm-elf.x
Hello World! abadface This architecture is arm-elf
[Inferior 1 (process 42000) exited normally]
(gdb)
```

ハロー・ワールドの出力が確認できる.

注意として，runでの再実行がうまくできないようだ．そのままrunを実行すると，エラーになってしまう.

```
(gdb) run
Starting program: /home/user/cross2/printf/arm-elf.x
[Inferior 1 (process 42000) exited normally]
(gdb) load
```

この場合は，GDBを起動しなおすなどして回避してほしい.

10.4.4 GDBで動作を追う

シミュレータによる動作時にも，通常どおりにGDBで動作を追うことができる.

まずはprintf()でブレークしてみよう.

```
[user@localhost printf]$ /usr/local/cross2/bin/arm-elf-gdb -q arm-elf.x
Reading symbols from /home/user/cross2/printf/arm-elf.x...done.
(gdb) target sim
Connected to the simulator.
(gdb) load
Loading section .text, size 0x89b4 vma 0x1400
Loading section .rodata, size 0x21c vma 0x9db4
Loading section .data, size 0x8c0 vma 0xa000
Start address 0x1400
Transfer rate: 304256 bits in <1 sec.
(gdb) break printf
Breakpoint 1 at 0x1720: file ../../../../../../../toolchain/gcc-3.4.6/newlib/libc/stdi
o/printf.c, line 48.
(gdb) run
Starting program: /home/user/cross2/printf/arm-elf.x

Breakpoint 1, printf (fmt=0x0)
```

```
    at ../../../../../../../toolchain/gcc-3.4.6/newlib/libc/stdio/printf.c:48
48          struct _reent *ptr = _REENT;
(gdb)
```

ソースコードを見てみよう.

```
(gdb) layout src
```

図10.2のようになった.

printf()はnewlibのものが利用されている. さらにnewlibは自前でビルドしているため, newlibのソースコードが残してあれば, 標準Cライブラリの中までソースコードを参照しながら動作を追うことができる.

●図10.2: printf()でブレークする

ARMのアセンブラとはどのようなものだろうか. 見てみよう.

```
(gdb) layout asm
```

画面は図10.3のようになった. これがARMのアセンブラだ.

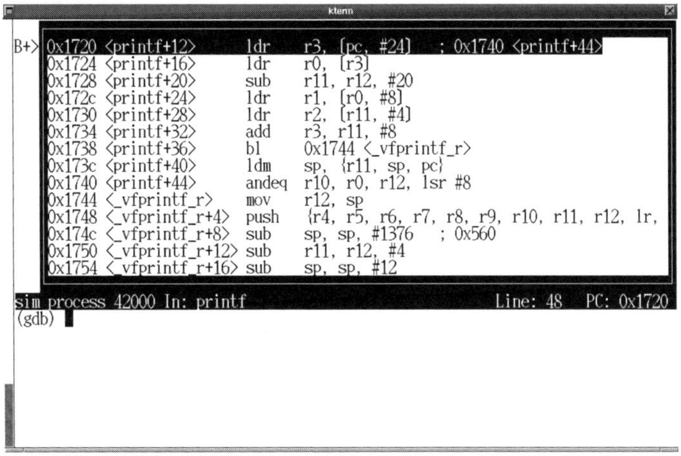

```
B+>0x1720 <printf+12>      ldr    r3, [pc, #24]   ; 0x1740 <printf+44>
   0x1724 <printf+16>      ldr    r0, [r3]
   0x1728 <printf+20>      sub    r11, r12, #20
   0x172c <printf+24>      ldr    r1, [r0, #8]
   0x1730 <printf+28>      ldr    r2, [r11, #4]
   0x1734 <printf+32>      add    r3, r11, #8
   0x1738 <printf+36>      bl     0x1744 <_vfprintf_r>
   0x173c <printf+40>      ldm    sp, {r11, sp, pc}
   0x1740 <printf+44>      andeq  r10, r0, r12, lsr #8
   0x1744 <_vfprintf_r>    mov    r12, sp
   0x1748 <_vfprintf_r+4>  push   {r4, r5, r6, r7, r8, r9, r10, r11, r12, lr,
   0x174c <_vfprintf_r+8>  sub    sp, sp, #1376   ; 0x560
   0x1750 <_vfprintf_r+12> sub    r11, r12, #4
   0x1754 <_vfprintf_r+16> sub    sp, sp, #12
sim process 42000 In: printf                          Line: 48   PC: 0x1720
(gdb)
```

●図10.3: ARMのアセンブラ

write()の呼び出しを見てみよう．

```
(gdb) layout src
(gdb) break write
Breakpoint 2 at 0x1480: file arm-elf.c, line 45.
(gdb) continue
Continuing.

Breakpoint 2, write (fd=1, buffer=0xa918, size=51) at arm-elf.c:45
(gdb)
```

画面は図10.4のようになった．これがwrite()の実体だ．

```
 arm-elf.c
   39      int read(int fd, void *buffer, int size)
   40      {
   41        return __read(fd, buffer, size);
   42      }
   43      int write(int fd, const void *buffer, int size)
   44      {
B+>45        return __write(fd, buffer, size);
   46      }
   47      int open(const char *path, int flags, int mode)
   48      {
   49        return __open(path, flags, mode);
   50      }
   51      int close(int fd)
   52      {
sim process 42000 In: write                    Line: 45   PC: 0x1480
(gdb) break write
Breakpoint 2 at 0x1480: file arm-elf.c, line 45.
(gdb) continue
Continuing.

Breakpoint 2, write (fd=1, buffer=0xa918, size=51) at arm-elf.c:45
(gdb)
```

●図10.4: write()の実体

write()からは__write()という関数が呼ばれているようだ．ここで「step」でステップ実行することで，__write()の中に入ってみる．

```
(gdb) step
__write () at lib-arm-elf.S:51
(gdb)
```

すると画面は図10.5のようになった．これがwriteシステムコールのシステムコール・ラッパーだ．

```
 lib-arm-elf.S
   45              SWI(SWI_Read)
   46              mov     pc, lr
   47
   48              .globl  __write
   49              .type   __write, %function
   50      __write:
  >51              SWI(SWI_Write)
   52              mov     pc, lr
   53
   54              .globl  __open
   55              .type   __open, %function
   56      __open:
   57              /*
   58               * Flags of open() exchanged by translate_open_mode[].
sim process 42000 In: __write                  Line: 51   PC: 0x1418
Breakpoint 2 at 0x1480: file arm-elf.c, line 45.
(gdb) continue
Continuing.

Breakpoint 2, write (fd=1, buffer=0xa918, size=51) at arm-elf.c:45
(gdb) step
__write () at lib-arm-elf.S:51
(gdb)
```

●図10.5: writeのシステムコール・ラッパー

ここでバックトレースを見ておこう.

```
(gdb) where
#0  __write () at lib-arm-elf.S:51
#1  0x00001484 in write (fd=1, buffer=0xa918, size=51) at arm-elf.c:45
#2  0x00001524 in _write (fd=1, buffer=0xa918, size=51) at arm-elf.c:92
#3  0x00007fdc in _write_r (ptr=0xa008, fd=43288, buf=0x33, cnt=0)
    at ../../../../../../../toolchain/gcc-3.4.6/newlib/libc/reent/writer.c:58
#4  0x00004d44 in __sflush_r (ptr=0xa008, fp=0xa35c)
    at ../../../../../../../toolchain/gcc-3.4.6/newlib/libc/stdio/fflush.c:189
#5  0x000087ac in __sfvwrite_r (ptr=0xa008, fp=0xa35c, uio=0xec8c)
    at ../../../../../../../toolchain/gcc-3.4.6/newlib/libc/stdio/fvwrite.c:253
#6  0x0000712c in __sprint_r (ptr=0xa008, fp=0xa35c, uio=0xec8c)
    at ../../../../../../../toolchain/gcc-3.4.6/newlib/libc/stdio/vfprintf.c:322
#7  0x00003348 in _vfprintf_r (data=0xa008, fp=0xa35c,
    fmt0=0x1 "\370\237\345\233\b", ap=0xecec)
    at ../../../../../../../toolchain/gcc-3.4.6/newlib/libc/stdio/vfprintf.c:1619
#8  0x0000173c in printf (
    fmt=0x9db4 "Hello World! %08x This architecture is %s\n")
    at ../../../../../../../toolchain/gcc-3.4.6/newlib/libc/stdio/printf.c:52
#9  0x0000160c in main () at arm-elf.c:150
(gdb)
```

標準Cライブラリはnewlibのものであるため, 今まで見たバックトレースとは関数呼び出しのされかたが異なっているようだが, printf()の先で最終的にwrite()が呼ばれていることは確認できる.

|10.4.5| ARMのシステムコール・ラッパー

このARM向けのクロスコンパイル環境では, lib-arm-elf.Sというファイルに独自のシステムコール・ラッパーがあり, その内容は, 以下のようになっている.

```
...
11:#define SWI_Write 0x69
...
14:#define SYSCALL_BY_SWI
15:#ifdef SYSCALL_BY_SWI
16:#define SWI(arg) swi (arg)
...
```

```
48:         .globl  __write
49:         .type   __write, %function
50:__write:
51:         SWI(SWI_Write)
52:         mov     pc, lr
```

ARMはswiという命令を持っており，swi命令を呼ぶことでシステムコール例外が発行される．上の例ではシステムコール・ラッパーはswi命令を呼び出すだけの処理になっている．ここでwriteシステムコールが発行され，メッセージが出力されるわけだ．

では，writeシステムコールを実行するのは誰だろうか．

writeシステムコールを受け取り，メッセージの出力を行うのはGDBのシミュレータだ．シミュレータは機械語コードをソフトウェア的に順次実行していくが，その過程でシステムコール命令が出現したら，そのアプリケーションが動作しているプラットホームと互換の動作をすれば，アプリケーションはまるでそのプラットホーム上で動作しているかのように動くことができる．

エミュレーションの方法には大きく分けて2つがある．装置全体をエミュレーションするという方法と，OSカーネルの動作をエミュレーションするという方法だ．前者はOSも載せて動かすことが前提になるが，後者はアプリケーションを動作させることが主目的になる．今回は後者の方法になっている．

10.4.6 シミュレータ内のシステムコール処理

では，GDBのシミュレータのソースコードを読めば，writeシステムコールの処理の方法がわかるはずだ．

cross2-20130826.zipの環境で利用しているGDBのバージョンは，gdb-7.3.1だ．しかしここでは新しいgdb-7.9.1を参考にしてみよう．GDBのソースコードの取得と展開については，p.18を参照してほしい．

まずはトップ・ディレクトリを見てみよう．

```
[user@localhost ~]$ cd gdb-7.9.1
[user@localhost gdb-7.9.1]$ ls
COPYING              compile        gdb            lt~obsolete.m4
COPYING.LIB          config         include        md5.sum
COPYING3             config-ml.in   install-sh     missing
COPYING3.LIB         config.guess   intl           mkdep
ChangeLog            config.rpath   libdecnumber   mkinstalldirs
```

```
MAINTAINERS              config.sub    libiberty     move-if-change
Makefile.def             configure     libtool.m4    opcodes
Makefile.in              configure.ac  ltgcc.m4      readline
Makefile.tpl             cpu           ltmain.sh     sim
README                   depcomp       ltoptions.m4  symlink-tree
README-maintainer-mode   djunpack.bat  ltsugar.m4    texinfo
bfd                      etc           ltversion.m4  ylwrap
[user@localhost gdb-7.9.1]$
```

GDBではsimというディレクトリに，シミュレータのソースコードがある．

```
[user@localhost gdb-7.9.1]$ cd sim
[user@localhost sim]$ ls
ChangeLog       bfin           cris   iq2000   microblaze  rl78
MAINTAINERS     common         d10v   lm32     mips        rx
Makefile.in     configure      erc32  m32c     mn10300     sh
README-HACKING  configure.ac   frv    m32r     moxie       sh64
arm             configure.tgt  h8300  m68hc11  msp430      testsuite
avr             cr16           igen   mcore    ppc         v850
[user@localhost sim]$
```

各アーキテクチャごとにディレクトリ分けされている．ARMはarmというディレクトリだろう．

ディレクトリarmの中で，writeの処理をしている箇所を探してみよう．

```
[user@localhost sim]$ cd arm
[user@localhost arm]$ grep write *.c
...
armos.c:      (void) sim_callback->write_stdout (sim_callback, & buffer, 1);
armos.c:SWIwrite (ARMul_State * state, ARMword f, ARMword ptr, ARMword len)
armos.c:           "sim: Unable to write 0x%lx bytes - out of memory\n",
armos.c:  res = sim_callback->write (sim_callback, f, local, len);
armos.c:         SWIwrite (state, state->Reg[0], state->Reg[1], state->Reg[2]);
armos.c:           (void) sim_callback->write_stdout (sim_callback, &tmp, 1);
armos.c:                 (void) sim_callback->write_stdout (sim_callback, &tmp, 1);
armos.c:               SWIwrite (state,
armos.c:               SWIwrite (state, state->Reg[1], state->Reg[2], state->Reg[3]);
...
```

いくつかの箇所がヒットするのだが，見たところarmos.cというファイルがそれらしい感じがする．SWIwrite()という関数があるようなので関連する箇所を探してみると，以下のような呼び出しがあった．

```
445:/* The emulator calls this routine when a SWI instruction is encuntered.
446:   The parameter passed is the SWI number (lower 24 bits of the instruction).  */
447:
448:unsigned
449:ARMul_OSHandleSWI (ARMul_State * state, ARMword number)
450:{
451:  struct OSblock * OSptr = (struct OSblock *) state->OSptr;
452:  int              unhandled = FALSE;
453:
454:  switch (number)
455:    {
...
463:    case SWI_Write:
464:      if (swi_mask & SWI_MASK_DEMON)
465:        SWIwrite (state, state->Reg[0], state->Reg[1], state->Reg[2]);
466:      else
467:        unhandled = TRUE;
468:      break;
...
516:    case SWI_Flen:
...
559:    case SWI_GetErrno:
...
```

どうも，システムコール番号に応じてswitch～caseで条件分けして，それぞれのシステムコールの処理を行っているようだ．

writeシステムコールはSWI_Writeのcase文の中で，SWIwrite()を呼び出すことでメッセージの出力が行われるのだろう．そして引数はstate->Reg[0]，state->Reg[1]，state->Reg[2]という3つが渡されている．ということはシステムコールの引数は，R0～R2の3つのレジスタを経由して渡されているようだ．

そして周りをよく見ると，flenやgeterrnoなどという見慣れないシステムコールも存在するようだ．flenの処理を見ると，どうやらファイルサイズを取得するもののようなのだが，そのようなシステムコールは聞いたことは無いだろう．

これらはいったい何であろうか．

10.4.7 システムコール番号を見る

もう一点，システムコール番号についても見てみよう．p.375で見たlib-arm-elf.Sの内部では，以下のようにしてwriteシステムコールの番号を指定していた．

```
...
11:#define SWI_Write 0x69
...
```

これはGDB内のARMシミュレータ内でも，同様に定義されているはずだ．探してみよう．

```
[user@localhost arm]$ grep SWI_Write * | grep define
armos.h:#define SWI_WriteC                     0x0
armos.h:#define SWI_Write0                     0x2
armos.h:#define SWI_Write                      0x69
[user@localhost arm]$
```

値は0x69で一致している．

しかしLinux/x86でのwriteシステムコールの番号は4であった．ARMではどうなのだろうか．Linuxカーネルを探ってみよう．

```
[user@localhost arm]$ cd
[user@localhost ~]$ cd linux-2.6.32.65/arch/arm
[user@localhost arm]$ grep -r sys_call_table .
./kernel/entry-common.S:        adr     tbl, sys_call_table             @ load syscall
table pointer
./kernel/entry-common.S:        .type   sys_call_table, #object
./kernel/entry-common.S:ENTRY(sys_call_table)
[user@localhost arm]$
```

システムコールテーブルは，entry-common.Sというファイル中で定義されているようだ．見てみると，以下のようになっていた．

```
338:        .type   sys_call_table, #object
339:ENTRY(sys_call_table)
340:#include "calls.S"
```

つまりcalls.Sというファイルに本体があるようだ．そちらを見てみると，以下のようになっている．

```
...
 10: *  This file is included thrice in entry-common.S
 11: */
 12:/* 0 */          CALL(sys_restart_syscall)
 13:                 CALL(sys_exit)
 14:                 CALL(sys_fork_wrapper)
 15:                 CALL(sys_read)
 16:                 CALL(sys_write)
 17:/* 5 */          CALL(sys_open)
 18:                 CALL(sys_close)
...
117:/* 105 */        CALL(sys_getitimer)
...
```

これを見る限りだと，Linux/ARMのwriteシステムコールの番号はやはり4のようだ．ちなみに0x69は10進数にすると105になり，対応するシステムコールはgetitimerになっている．

つまりシステムコール番号は，GDBのARMシミュレータとLinux/ARMの間に食い違いがあるようだ．

これは，どういうことだろうか．

10.4.8 モニタのシステムコール

まずprintf()やスタートアップのためには，標準Cライブラリが必要だ．これはglibcが持っているわけであるが，たとえば組込みシステムなどでリソースに制限がある場合はどうであろうか．

このような場合，glibcは巨大すぎて利用には不向きかもしれない．代替としてnewlibというライブラリ群がある．また組込みシステムでは，OSのカーネルもLinuxであるとは限らないだろう．その場合，もしかしたらそのOSのシステムコールはPOSIXに準拠しているとも限らないことになる．

GDBは各種アーキテクチャのシミュレータを内包していて，シミュレーション動作させることができる．これはOSのシステムコールをシミュレーションしてくれるため，システムコールを利用するアプリケーション・プログラムを実行することができる．

しかしその対象が，Linuxだとは限らない．GDBのarmos.cの先頭を見てみると，以下のコメントがある．

```
17:/* This file contains a model of Demon, ARM Ltd's Debug Monitor,
18:   including all the SWI's required to support the C library. The code in
19:   it is not really for the faint-hearted (especially the abort handling
20:   code), but it is a complete example. Defining NOOS will disable all the
21:   fun, and definign VAILDATE will define SWI 1 to enter SVC mode, and SWI
22:   0x11 to halt the emulator.  */
```

ARM社が提供するデバッグ・モニタ用とある．モニタというのは組込みシステムで，ブートローダーにデバッグ機能を追加したようなものを言う．デバッグ用にBIOS（Basic Input/Output System）的な機能やOSに近い機能を持つ場合も多く，例えば簡単なシリアルへの文字出力機能をデバッグ用に提供していたりする．

どうもこのモニタがシステムコールとしてwriteを持っていて，その番号が0x69だということのようだ．Linuxのシステムコール番号とは一致していないのも当然，ということだ．

newlibはシステムコール・ラッパーに相当する部分としてlibgloss（Gnu Low-level OS Support）というライブラリを持っている．libglossのソースコード中で，このモニタについて参考にできる部分は無いだろうか．

```
[user@localhost arm]$ cd
[user@localhost ~]$ cd newlib-2.2.0/libgloss
[user@localhost libgloss]$ ls
ChangeLog     cr16       glue.h     m68hc11     open.c    sparc_leon
Makefile.in   cris       hp74x      m68k        or1k      spu
README        crx        i386       mcore       pa        stat.c
aarch64       d30v       i960       mep         print.c   syscall.h
acinclude.m4  debug.c    iq2000     microblaze  putnum.c  testsuite
aclocal.m4    debug.h    isatty.c   mips        read.c    tic6x
arm           doc        kill.c     mn10200     rl78      unlink.c
bfin          epiphany   libnosys   mn10300     rs6000    v850
close.c       fr30       lm32       moxie       rx        wince
config        frv        lseek.c    msp430      sbrk.c    write.c
configure     fstat.c    m32c       mt          sh        xc16x
configure.in  getpid.c   m32r       nds32       sparc     xstormy16
[user@localhost libgloss]$
```

libglossの中にarmというディレクトリがある．見てみよう．

```
[user@localhost libgloss]$ cd arm
[user@localhost arm]$ ls
Makefile.in        cpu-init                        libcfunc.c
_exit.c            crt0.S                          linux-crt0.c
_kill.c            elf-aprofile-validation.specs   linux-syscall.h
aclocal.m4         elf-aprofile-ve.specs           linux-syscalls0.S
arm.h              elf-iq80310.specs               linux-syscalls1.c
coff-iq80310.specs elf-linux.specs                 redboot-crt0.S
coff-pid.specs     elf-nano.specs                  redboot-syscalls.c
coff-rdimon.specs  elf-pid.specs                   swi.h
coff-rdpmon.specs  elf-rdimon.specs                syscall.h
coff-redboot.ld    elf-rdpmon.specs                syscalls.c
coff-redboot.specs elf-redboot.ld                  trap.S
configure          elf-redboot.specs               truncate.c
configure.in       ftruncate.c
[user@localhost arm]$
```

この中で0x69という値を扱っている箇所は無いだろうか.

```
[user@localhost arm]$ grep 0x69 *
swi.h:#define SWI_Write                    0x69
[user@localhost arm]$
```

swi.hにあるようだ. 見てみよう.

```
 3:/* SWI numbers for RDP (Demon) monitor.  */
...
12:#define SWI_GetErrno                0x60
13:#define SWI_Clock                   0x61
14:#define SWI_Time                    0x63
15:#define SWI_Remove                  0x64
16:#define SWI_Rename                  0x65
17:#define SWI_Open                    0x66
18:
19:#define SWI_Close                   0x68
20:#define SWI_Write                   0x69
21:#define SWI_Read                    0x6a
22:#define SWI_Seek                    0x6b
23:#define SWI_Flen                    0x6c
...
```

コメントによれば「RDPモニタ」というモニタがあるようだ．

そしてwrite以外にも，GDBのシミュレータにあったgeterrnoやflenといったシステムコールも定義されている．つまりこれらはRDPモニタでの，独自のシステムコールというわけだ．

|10.4.9| POSIX以外のシステムコール

swi.hでRDPモニタ用に定義されたシステムコール番号を見たところ，システムコールにはopenやwriteなどのPOSIXインターフェースにあるものも用意されているようだが，geterrnoやflenのようなPOSIX以外のものも用意されている．

組込み機器が持つモニタには，デバッグ用にopenやwriteなどのよく使われるPOSIXインターフェースは実装してあるが，他にもデバッグで使いそうなものも持たせてあるということだ．場合によってはprintfなどをサービスとして持っていることもある．デバッグのためにlibcを移植するのは無駄が多いし，ユーザに独自で実装させるのも荷が重いようなものは，モニタのサービスとして持たせていたりするわけだ．

こうして見るとシステムコールと言うものは，LinuxやPOSIXだけがすべてではないということがわかるだろう．

これは，OSのシステムコールをエミュレートしてくれるということだ．先述したように，エミュレータには大きく分けて2つの方式がある．装置のハードウェア動作をエミュレートしてくれるものと，OSのシステムコールだけエミュレーションしてくれるものだ．

そしてCPUの命令にも，大きく分けて2種類がある．アプリケーション・プログラムによって一般的に実行される命令は，ユーザ命令と呼ばれる．これは通常の演算命令や関数呼び出し，条件分岐などのための命令だ．

それに対してCPUの動作を設定したりするための，アプリケーション・プログラムは利用しないような命令もある．これらは特権命令などと呼ばれ，特権モードで動作しているときのみ実行できる．特権命令を利用するのはOSのカーネルであり，アプリケーション・プログラムからはそもそも利用できない．具体的に言うと，通常の汎用OSではアプリケーション・プログラムはCPUはユーザ・モードの状態で実行され，特権命令を実行すると例外が発生しOSカーネルに処理が渡る．OSカーネルはそのプロセスが特権命令を実行しようとしたのを検知し，それはおそらく不正なので，プロセスにシグナルを発行するか，プロセスを強制終了することになる．

コンパイラが出力するアセンブラ中で利用される命令は，通常はユーザ命令のみだ．そしてOSの動作をエミュレーションするエミュレータは，ユーザ命令の実行とシステムコールのエミュレートをすることができれば，アプリケーション・プログラムを動作させることができる（ただしOSカーネルを動作させることはできない）.

第1章の例で言うならば，x86のユーザ命令と`int $0x80`の動作を実装すれば，本書のハロー・ワールドを動作させることができるエミュレータになるということだ.

【10.5】この章のまとめ

本章では様々な実行環境やアーキテクチャについて見てきた．ここまではLinuxカーネルとglibc，そしてx86を主な対象として見てきたわけだが，それらとは異なるOSカーネルやアーキテクチャ，そしてシミュレータの内部などを見ることは，新鮮な経験だったのではないだろうか.

世の中にはLinuxやx86アーキテクチャ以外にも，様々なプラットホームやアーキテクチャがある．そしてシステムコールの仕様もPOSIXがすべてではない．そのような目線で見ないと，理解できないことも多い．俯瞰して見ることができるような視点は大切だ.

そして様々なものを横並びにして見ることは，ある機能が全体に共通的なものなのか，それとも特有のものなのかを判断する際の有力な方法になる．何かについて調べるときにはその対象としているものだけを見るのではなく，同じような別の実装を見て比較してみるようにするといいだろう.

第11章 可変長引数はどのように実現されているのか

ここまで気軽に見てきたprintf()であるが，これは実は普通の関数ではない．その理由は可変長引数を持つ，という点にある．

しかし可変長引数の関数を作成したことがある人は，意外に少ないのではないだろうか．さらにその実現方法となると，さらに知られていないことだろう．

これは特異なことなのかもしれない．C言語の入門書でまず最初に出てくるライブラリ関数が，実は意外に知られていないということだからだ．そしてその謎については，長らく棚上げにしたままになっているというかたも多いことだろう．

本章では可変長引数の扱いと実現方法について，追いかけてみよう．

【11.1】可変長引数の関数を作る

そもそも可変長引数を持つ関数を作成したことが無い，という人も多いことと思う．

printf()の先の処理は第2章で追ってみたが，ここではprintf()の引数とフォーマット処理という観点で，もう一度追ってみよう．

printf()による可変長引数の処理は，どのようにコーディングされているのだろうか．

|11.1.1| printf()をもう一度見てみる

まずはprintf()のソースコードを見てみよう．これは標準Cライブラリであるglibcの持ち物であるため，glibcのソースコードを探ることになる．

第6章ではp.201でprintf()の本体として，stdio-common/printf.cという

ファイルを見ていた．この中ではprintf()の本体が，以下のように実装されていた．

```
24:/* Write formatted output to stdout from the format string FORMAT.  */
25:/* VARARGS1 */
26:int
27:__printf (const char *format, ...)
28:{
29:  va_list arg;
30:  int done;
31:
32:  va_start (arg, format);
33:  done = vfprintf (stdout, format, arg);
34:  va_end (arg);
35:
36:  return done;
37:}
```

つまりprintf()の実体は，vfprintf()の呼び出しだ．

可変長引数の関数は，まず引数の可変長部分を「...」として関数を定義する．

そして関数内ではva_start()によって初期化を行う．va_start()には引数の可変長部分のひとつ手前の引数を，第2引数として指定する．ここで指定した引数の次の引数以降が，後述のva_arg()を呼び出すたびに順次取得されることになる．そして処理が終了したらva_end()で終了処理を行う．

printf()の内部からはvfprintf()という関数が呼ばれている．vfprintf()の先はどうなっているだろうか．

p.203によればvfprintf.cというファイルにvfprintf()の本体がある．vfprintf()についてはp.203で言及しているが，以下のようにして引数の処理を行っている．

```
 219:/* The function itself.  */
 220:int
 221:vfprintf (FILE *s, const CHAR_T *format, va_list ap)
 222:{
...
1458:          width = va_arg (ap, int);
...
```

可変長引数部分はva_listという型で渡すことができる．受け取り側ではva_

listとして渡された引数に対してva_arg()を用いることで，引数を順に取得し，ひとつひとつ処理していくことができる．va_arg()を利用するたびに，可変長として渡された引数が順に与えられるわけだ．

問題は引数の終わりをどのようにして判断するかだが，引数の個数は不明なので，別の引数によって判断することになる．たとえばprintf()ではフォーマット文字列を検索していき，表示のリクエストが無くなったところで引数は終わり，というように実装されている．このようになんらかの方法で，引数の終わりを判断する必要が出てくるわけだ．

|11.1.2| 可変長引数のサンプル・プログラム

以下は可変長引数を扱う簡単なサンプル・プログラム（va_sample.c）だ．

```
#include <stdio.h>
#include <stdarg.h>

int vprint_numlist(int num, va_list ap)
{
  int i, sum = 0;
  for (i = 0; i < num; i++) {
    sum += va_arg(ap, int);
  }
  return sum;
}

int print_numlist(int num, ...)
{
  va_list ap;
  int r;
  va_start(ap, num); /* last argument before variable to get by va_arg() */
  r = vprint_numlist(num, ap);
  va_end(ap);
  return r;
}

int main()
{
  return print_numlist(8, 0, 1, 2, 3, 4, 5, 6, 7);
}
```

print_numlist()は第1引数によって後続の引数の個数を渡す．さらに第2引数以降は可変長として渡すことができる．print_numlist()側では，渡された引数を加算して戻り値として返す．上の例では0から7までの整数値の合計をprint_numlist()により計算し，終了コードとして返している．

これをコンパイルして実行すると，以下のような結果になる．

```
[user@localhost ~]$ cd va
[user@localhost va]$ gcc va_sample.c -o va_sample -Wall -g -O1 -fomit-frame-pointer
[user@localhost va]$ ./va_sample
[user@localhost va]$ echo $?
28
[user@localhost va]$
```

終了コードが28となり，0から7までの値の合計値になっていることがわかる．

【11.2】可変長引数は，どのようにして渡されているのか

さてここまでは可変長引数を持つ関数を作成する際の基礎知識だ．しかし可変長引数は，実際にはどのようにして実現されているのだろうか？

それを知るには，可変長引数を持つ関数のアセンブラを見てみるといい．va_sample.cをコンパイルして生成した実行ファイルva_sampleの，逆アセンブル結果を見てみよう．

|11.2.1| 可変長引数の関数の呼び出し

まずは実行ファイルva_sampleの逆アセンブル結果から，main()によるprint_numlist()の呼び出し部分を見てみよう．

```
[user@localhost va]$ objdump -d va_sample -w | less
```

なおここでは8バイト命令が2行に折り返されてしまうことを防ぐために，objdumpでの逆アセンブル時に-wオプションを付加して，命令コードが1行で表示されるように指定している．

見てみると，main()は以下のようになっていた．

```
080483d2 <main>:
 80483d2:       83 ec 24                sub    $0x24,%esp
 80483d5:       c7 44 24 20 07 00 00 00    movl   $0x7,0x20(%esp)
 80483dd:       c7 44 24 1c 06 00 00 00    movl   $0x6,0x1c(%esp)
 80483e5:       c7 44 24 18 05 00 00 00    movl   $0x5,0x18(%esp)
 80483ed:       c7 44 24 14 04 00 00 00    movl   $0x4,0x14(%esp)
 80483f5:       c7 44 24 10 03 00 00 00    movl   $0x3,0x10(%esp)
 80483fd:       c7 44 24 0c 02 00 00 00    movl   $0x2,0xc(%esp)
 8048405:       c7 44 24 08 01 00 00 00    movl   $0x1,0x8(%esp)
 804840d:       c7 44 24 04 00 00 00 00    movl   $0x0,0x4(%esp)
 8048415:       c7 04 24 08 00 00 00    movl   $0x8,(%esp)
 804841c:       e8 96 ff ff ff          call   80483b7 <print_numlist>
 8048421:       83 c4 24                add    $0x24,%esp
 8048424:       c3                      ret
```

先頭のsub命令はスタックフレームの確保で，スタックポインタであるESPを0x24だけ減算することで，36バイトのスタックフレームを獲得している．さらにmovl命令が8個並んでいる部分が，可変長部分の8個の引数の準備だ．獲得したスタックフレーム上に，0～7の引数を逆順に格納している．さらにcall命令の直前のmovl命令で，引数の個数である8を第一引数としてスタックの先頭に格納している．

つまり可変長引数は，どうやらスタック上に積まれているようだ．この状態でcall命令でprint_numlist()を呼び出すことで，スタック上に引数が積まれた状態でprint_numlist()にジャンプすることになる．

11.2.2 va_start()による初期化処理

次にva_start()による初期化を行う，print_numlist()について見てみよう．

```
080483b7 <print_numlist>:
 80483b7:       83 ec 08                sub    $0x8,%esp
 80483ba:       8d 44 24 10             lea    0x10(%esp),%eax
 80483be:       89 44 24 04             mov    %eax,0x4(%esp)
 80483c2:       8b 44 24 0c             mov    0xc(%esp),%eax
```

```
 80483c6:       89 04 24                mov    %eax,(%esp)
 80483c9:       e8 c6 ff ff ff          call   8048394 <vprint_numlist>
 80483ce:       83 c4 08                add    $0x8,%esp
 80483d1:       c3                      ret
```

引数はスタックに積まれた状態で渡されてくるが，先頭のsub命令でスタックポインタを8だけ減算してスタックフレームを獲得し，さらに後続の2命令でスタックポインタ+16の値をスタックに格納している．これはvprint_numlist()の第2引数であるapを指すことになる．そしてapが指しているのは，スタック上の可変長引数の先頭位置だ．

さらに後続の2つのmov命令によって，スタックポインタ+12の位置の値をやはりスタックに格納している．これはvprint_numlist()の第1引数であるnumを指すことになる．

つまりvprint_numlist()の第2引数であるapには，可変長引数の先頭アドレスが渡されることになる．引数はスタック上に順に置かれているため，配列状になっている．よってこれは可変長引数の配列が渡される，と考えることもできる．

11.2.3 va_arg()による引数の取得

次にva_arg()による引数の取得を行う，vprint_numlist()について見てみる．

```
08048394 <vprint_numlist>:
 8048394:       53                      push   %ebx
 8048395:       8b 4c 24 08             mov    0x8(%esp),%ecx
 8048399:       8b 5c 24 0c             mov    0xc(%esp),%ebx
 804839d:       b8 00 00 00 00          mov    $0x0,%eax
 80483a2:       ba 00 00 00 00          mov    $0x0,%edx
 80483a7:       85 c9                   test   %ecx,%ecx
 80483a9:       7e 0a                   jle    80483b5 <vprint_numlist+0x21>
 80483ab:       03 04 93                add    (%ebx,%edx,4),%eax
 80483ae:       83 c2 01                add    $0x1,%edx
 80483b1:       39 ca                   cmp    %ecx,%edx
 80483b3:       75 f6                   jne    80483ab <vprint_numlist+0x17>
 80483b5:       5b                      pop    %ebx
 80483b6:       c3                      ret
```

先頭ではEBXレジスタをpush命令でスタックに退避しているため，スタックポインタの指す先にはEBXレジスタがある．その次には戻り先アドレスがあり，さらにその次に第1引数が置かれている．つまり第1引数はスタックポインタ+8の位置，第2引数は+12の位置にある．

可変長引数の配列のアドレスは，第2引数のapで渡される．これは3命令目でEBXレジスタに格納されることになる．

変数sumはEAXレジスタに割り当てられているらしく，さらにループのカウンタである変数iがEDXに割り当てられているようだ．8つめの命令であるadd命令で，EBX+(EDX×4)の位置の値がEAXに加算される．これは引数の配列からの値の取得と加算になっている．これにより，可変長で渡された引数列が変数sumに加算されていく．

このように可変長引数はスタック上に配列状に積まれている前提で処理されている．呼び出し側ではそのようにスタック上に引数を積み，関数を呼び出せばいいということになる．

【11.3】x86以外のアーキテクチャの場合

可変長引数の処理は，スタックをうまく利用することで実現されているようだ．しかしここで疑問に思うのは，x86以外のアーキテクチャではどうなるのかということだ．

x86は関数呼び出しの際の引数はスタック経由で渡される．このため可変長引数が，スタックを利用することで実現されていることには納得がいく．

しかし多くのアーキテクチャでは，関数呼び出し時の引数はレジスタ渡しになっている．そしてレジスタの個数には上限がある．この場合，可変長引数はどのようにして実現されているのだろうか．

|11.3.1| ARMでの関数呼び出しを見てみる

たとえばARMの例を見てみよう．

p.366で説明したクロスコンパイル環境の構築ツールには，ARMでのアセンブラのサンプルが添付されている．そしてその中には，call_many_args()という，8個の引数を用いた関数呼び出しの例がある．

call_many_args()のC言語のソースコードはcross2/sample/sample.cで以下のように定義されている．

```
int call_many_args()
```

```
{
  return many_args(0, 1, 2, 3, 4, 5, 6, 7);
}
```

そしてそのARM向けアセンブラは，cross2/sample/arm-elf.dで以下のようになっていた．

```
00fe1628 <call_many_args>:
  fe1628:       e1a0c00d        mov     ip, sp
  fe162c:       e92dd800        push    {fp, ip, lr, pc}
  fe1630:       e24cb004        sub     fp, ip, #4
  fe1634:       e24dd010        sub     sp, sp, #16
  fe1638:       e3a03004        mov     r3, #4
  fe163c:       e58d3000        str     r3, [sp]
  fe1640:       e2833001        add     r3, r3, #1
  fe1644:       e58d3004        str     r3, [sp, #4]
  fe1648:       e2833001        add     r3, r3, #1
  fe164c:       e58d3008        str     r3, [sp, #8]
  fe1650:       e2833001        add     r3, r3, #1
  fe1654:       e58d300c        str     r3, [sp, #12]
  fe1658:       e3a00000        mov     r0, #0
  fe165c:       e3a01001        mov     r1, #1
  fe1660:       e3a02002        mov     r2, #2
  fe1664:       e2433004        sub     r3, r3, #4
  fe1668:       ebffffe8        bl      fe1610 <many_args>
  fe166c:       e24bd00c        sub     sp, fp, #12
  fe1670:       e89da800        ldm     sp, {fp, sp, pc}
```

17行目にはbl命令があり，many_args()という関数が呼ばれているようだ．よってこれが関数呼び出しになっている．

ということは関数の引数の準備は，その直前で行われているはずだ．

ARMはR0, R1, R2, …というレジスタを持っており，これらによって引数が渡されているようだ．つまりARMではレジスタ経由で引数が渡される．しかしレジスタの数には制限がある．

見ると5～12命令目で，R3レジスタの値を増加させながらスタックに積むことで4～7の引数を設定している．これは第5～第8引数の準備だ．また13～16命令目で第1～第4引数をR0～R3レジスタに設定している．

つまりp.351で説明したとおり，ARMでは第1～第4引数まではR0～R3レジスタを用いて渡されるが，それ以降はスタックに置かれて渡されるようだ．

11.3.2 ARM用の実行ファイルを生成する

ARM向けのコンパイル環境の構築方法は，p.366で説明した．

環境がインストールされているならば，以下のようにしてva_sample.cをコンパイルすることでARM向けの実行ファイルを生成することができる．

```
[user@localhost va]$ /usr/local/cross2/bin/arm-elf-gcc va_sample.c -o va_sample-arm -W
all -g -O1 -fomit-frame-pointer
```

もっともここで作成した実行ファイルはアセンブラを確認できればいいだけのものとして実行を考慮していないが，実行ファイルが生成できればひとまず気にしなくていいだろう．

生成された実行ファイルは，以下のようにして逆アセンブルすることで，生成されたアセンブラを確認することができる．

```
[user@localhost va]$ /usr/local/cross2/bin/arm-elf-objdump -d va_sample-arm
```

11.3.3 ARMでの可変長引数の関数呼び出し

x86と同様の順番で，逆アセンブル結果を見ていこう．ARMのアセンブラには慣れない読者のかたもいるかもしれないが，ここでは簡単に流れを説明するので気負わずに見てみてほしい．

まずはmain()の内部でのprint_numlist()の呼び出しだ．

```
0000829c <main>:
    829c:       e1a0c00d        mov     ip, sp
    82a0:       e92dd800        push    {fp, ip, lr, pc}
    82a4:       e24cb004        sub     fp, ip, #4
    82a8:       e24dd014        sub     sp, sp, #20
    82ac:       e3a03003        mov     r3, #3
    82b0:       e58d3000        str     r3, [sp]
    82b4:       e2833001        add     r3, r3, #1
    82b8:       e58d3004        str     r3, [sp, #4]
    82bc:       e2833001        add     r3, r3, #1
    82c0:       e58d3008        str     r3, [sp, #8]
    82c4:       e2833001        add     r3, r3, #1
    82c8:       e58d300c        str     r3, [sp, #12]
```

```
82cc:     e2833001     add    r3, r3, #1
82d0:     e58d3010     str    r3, [sp, #16]
82d4:     e3a00008     mov    r0, #8
82d8:     e3a01000     mov    r1, #0
82dc:     e3a02001     mov    r2, #1
82e0:     e2433005     sub    r3, r3, #5
82e4:     ebffffe4     bl     827c <print_numlist>
82e8:     e24bd00c     sub    sp, fp, #12
82ec:     e89da800     ldm    sp, {fp, sp, pc}
```

19命令目のbl命令によって，関数呼び出しが行われているようだ．ということはその直前は，引数の設定処理になっているはずだ．

ニーモニック中のspはスタックポインタだ．5～14命令目では，R3レジスタに値を入れ，さらにstr命令でスタック上に値を積む，ということを繰り返し行っている．実際には最初に3をR3レジスタに格納し，あとはadd命令で1ずつ加算することで4，5，6，7という値を生成している．

さらに15命令目ではR0に8が設定され，16～18行目ではR1～R3レジスタに0，1，2という値を格納している．なおR3は加算によって7という値になっているので，5を減算することで2を設定している．

このため4個までの引数はレジスタR0～R3レジスタを利用して渡し，それ以上はスタックを利用して渡すということが行われているようだ．

この場合，引数取得の処理はどのように行われているのだろうかという疑問がある．

11.3.4 ARMでのva_start()による初期化処理

次にmain()から呼ばれているprint_numlist()について見てみよう．ここではva_start()による可変長引数の初期化が行われている．

```
0000827c <print_numlist>:
    827c:     e1a0c00d     mov    ip, sp
    8280:     e92d000f     push   {r0, r1, r2, r3}
    8284:     e92dd800     push   {fp, ip, lr, pc}
    8288:     e24cb014     sub    fp, ip, #20
    828c:     e59b0004     ldr    r0, [fp, #4]
    8290:     e28b1008     add    r1, fp, #8
    8294:     ebffffeb     bl     8248 <vprint_numlist>
    8298:     e89da800     ldm    sp, {fp, sp, pc}
```

push命令により，R0～R3レジスタがスタックに格納されている．FPがもとのスタックポインタの値から20だけ減算され，そこに+4した位置からR0レジスタをロードするので，R0レジスタにはスタック上に格納されたR0レジスタの値がロードされる．つまりR0レジスタの値は変化せず，第1引数の8がそのまま残ることになる．これは可変長引数の個数だ．

さらにR1レジスタには，もとのスタックポインタの値から20だけ減算し，続けて8を加算した位置が格納される．これはスタック上に格納されたR1レジスタの値の位置を指すことになる．つまり引数の可変長部分であるR1，R2，R3レジスタの配列の先頭を指すことになる．

そして7命令目のbl命令によってvprint_numlist()を呼び出している．第1引数にはR0レジスタの8が可変長引数の個数として，さらに第2引数にはR1レジスタによって可変長引数の配列の先頭が渡されることになる．

つまりARMの場合も，可変長引数はスタック経由で渡されていることになる．

|11.3.5| ARMでのva_arg()による引数の取得

次にvprint_numlist()について見てみよう．ここではva_arg()による引数の取得が行われる．

```
00008248 <vprint_numlist>:
    8248:       e1a0c000        mov     ip, r0
    824c:       e3a00000        mov     r0, #0
    8250:       e1a02000        mov     r2, r0
    8254:       e150000c        cmp     r0, ip
    8258:       a1a0f00e        movge   pc, lr
    825c:       e1a03001        mov     r3, r1
    8260:       e2811004        add     r1, r1, #4
    8264:       e5933000        ldr     r3, [r3]
    8268:       e0800003        add     r0, r0, r3
    826c:       e2822001        add     r2, r2, #1
    8270:       e152000c        cmp     r2, ip
    8274:       baffff8         blt     825c <vprint_numlist+0x14>
    8278:       e1a0f00e        mov     pc, lr
```

可変長引数の先頭は第2引数としてR1レジスタによって渡される．見たところ変数sumはR0レジスタに，カウンタである変数iはR2レジスタに割り当てられているようだ．

6命令目でR1レジスタはR3レジスタにコピーされ，8命令目のldr命令によってR3レジスタの指す先の値がR3レジスタにロードされる．さらにそれが9命令目のadd命令により，R0レジスタに加算される．これによりsumに引数の値が加算されるわけだ．R1レジスタとR2レジスタは7命令目と10命令目のadd命令によりそれぞれ加算され，ループが継続する．これにより引数の可変長部分が順に処理されていく．

しかしprint_numlist()では，引数の可変長部分はR1～R3レジスタによって渡されたもののみをスタックに積んでいた．つまり可変長として扱える引数の個数は3つまでのように思える．対してvprint_numlist()ではそのようなことは意識せずに，引数はすべてスタック上に連続して格納されているという前提で処理されている．引数の個数に制限は無いという考えだ．

これは，可変長引数の個数が3を越えた場合にはそれ以上の引数はうまく渡されず，誤動作するのではないだろうか？

実はよく読むと，そうではないことがわかる．main()とprint_numlist()をもう一度よく見てみよう．

```
0000829c <main>:
...
    82ac:       e3a03003        mov     r3, #3
    82b0:       e58d3000        str     r3, [sp]
...
    82d4:       e3a00008        mov     r0, #8
    82d8:       e3a01000        mov     r1, #0
    82dc:       e3a02001        mov     r2, #1
    82e0:       e2433005        sub     r3, r3, #5
    82e4:       ebfffe4         bl      827c <print_numlist>
...
```

main()ではスタックポインタが指す位置（つまりスタックの先頭）に，レジスタに格納しきれない引数が配列として格納されている．

```
0000827c <print_numlist>:
    827c:       e1a0c00d        mov     ip, sp
    8280:       e92d000f        push    {r0, r1, r2, r3}
...
```

print_numlist()では，さらに可変長引数の列をスタックポインタの指す先に配列状に格納している．

ということは，これらの配列は連続していることになる．

つまりレジスタ上の引数を可変長引数としてスタックに積む際に，スタック経由で渡された引数と連続するようにして格納している．よってva_arg()で引数を取得する際には，引数はレジスタの個数などに依存せずにスタック上で連続しているという前提で処理することができるわけだ．これは実にうまいやりかただと思う．

【11.4】この章のまとめ

可変長引数を持つ関数の代表格はprintf()群である．他にはsyslog()などが考えられるだろうか．

可変長引数の処理はスタックをうまく使うことで実現されていることがわかったが，これにはコンパイラの協調動作も必要だ．このような処理はコンパイラによって実際に出力されるアセンブラを見てみないと理解しにくいものだが，逆に言えば恐れずにアセンブラを見ることで，ずっと具体的に理解することができる．

可変長引数の実現方法についての理解が必要になるのは，セキュリティの勉強のためにprintf()フォーマットストリング攻撃の原理を理解しようとしたときだろう．こうしたものはアセンブラの解読を避けて図などで無理に理解しようとするよりも，アセンブラを見てみることで，素直に理解できるものだと思う．

またprintf()フォーマットストリング攻撃は，x86のような引数をスタックで渡すアーキテクチャに限らず，多くのRISCアーキテクチャでも可能だということがわかる．実際に筆者はARMアーキテクチャで実験したことがあるが，そうしたことも，アセンブラを読み込むことで判断することができるわけだ．

第12章
解析の最後に―システムコールの切替えを見る

第2章でシステムコール呼び出しを探ったとき，環境によってはシステムコール命令にint $0x80でなくsysenterが利用されるようなコードが呼ばれる，ということを覚えている読者のかたはいるだろうか．

これはいったいどのようなことが起きていたのだろうか？

この解決のためには，実はプログラムとライブラリだけでなく，Linuxカーネルにまでまたがった調査が必要になる．本章ではこれを実現しているvsyscallというものについて説明したい．

そしてこれは実はアプリケーションとカーネルが協調して高度なチューニングを行っている結果となっており，本書の最終章にふさわしく思っている．本章を持って本書の集大成としたい．

【12.1】 _dl_sysinfoの設定を探る

第2章で調べた結果では，システムコールの呼び出しは__kernel_vsyscall()という関数で実装されており，関数の呼び出しは関数ポインタの指す先を呼び出すことで行われていた．つまり関数ポインタの先がint $0x80であったりsysenterであったりしたわけなのだが，この切替えはどこでどのようにして行われているのだろうか．

まずはシステムコール呼び出しを，もう一度見直してみよう．

12.1.1 システムコール呼び出しをもう一度見る

p.73で説明したように，システムコール呼び出しを行う関数は図12.1の位置から呼び出されていた．

```
ktern
  0x8053d70 <write>                  cmpl   $0x0,%gs:0xc
  0x8053d78 <write+8>                jne    0x8053d9f <write+47>
  0x8053d7a <__write_nocancel>       push   %ebx
  0x8053d7b <__write_nocancel+1>     mov    0x10(%esp),%edx
  0x8053d7f <__write_nocancel+5>     mov    0xc(%esp),%ecx
  0x8053d83 <__write_nocancel+9>     mov    0x8(%esp),%ebx
  0x8053d87 <__write_nocancel+13>    mov    $0x4,%eax
> 0x8053d8c <__write_nocancel+18>    call   *0x80d6750
  0x8053d92 <__write_nocancel+24>    pop    %ebx
  0x8053d93 <__write_nocancel+25>    cmp    $0xfffff001,%eax
  0x8053d98 <__write_nocancel+30>    jae    0x8056650 <__syscall_error>
  0x8053d9e <__write_nocancel+36>    ret
  0x8053d9f <write+47>               call   0x8055400 <__libc_enable_asynccancel
  0x8053da4 <write+52>               push   %eax
child process 4560 In: __write_nocancel                 Line: ??   PC: 0x8053d8c
0x08053d7f in __write_nocancel ()
(gdb) nexti
0x08053d83 in __write_nocancel ()
(gdb) nexti
0x08053d87 in __write_nocancel ()
(gdb) nexti
0x08053d8c in __write_nocancel ()
(gdb)
```

図12.1: write()の内部からの関数呼び出し

そして実際のシステムコール呼び出しは図12.2の部分で行われていた．
どうやら__kernel_vsyscall()という関数が呼び出されているらしい．

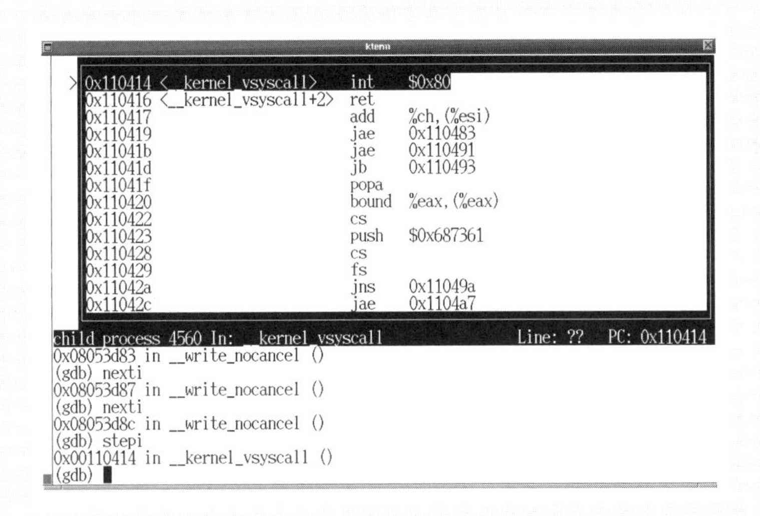

図12.2: int $0x80の呼び出し

まず図12.1について考えてみよう．関数呼び出しは0x80d6750というアドレスに格納されている関数ポインタの先に対して行われている．

このアドレスには何があるのだろうか．readelfの出力を見てみよう．

```
[user@localhost hello]$ readelf -a hello | grep 80d6750
  1993: 080d6750     4 OBJECT  GLOBAL DEFAULT   25 _dl_sysinfo
[user@localhost hello]$
```

_dl_sysinfoという変数があるようだ.

次に実行コードが配置されているアドレスを見てみよう. 図12.1では実行コードは0x8053dXXというアドレスに配置されており, これは他の実行コードと似た値になっている.

しかし図12.2では, 実行コードは0x1104XXというアドレスに配置されている. これは他の実行コードとは明らかに違ったアドレスで, ずいぶん低い位置に配置されているようだ.

12.1.2 共有ライブラリについて調べる

このような場合, まずは共有ライブラリの存在が推測できる.

共有ライブラリは静的にローディングされる実行コードと衝突しないように, 仮想メモリ機構により異なるアドレスにマッピングされる. このため「アドレスが全然違う値になっている」という現象が見えたら, それは共有ライブラリ上にあると考えるべきだろう.

では実行ファイルhelloにはどのような共有ライブラリがリンクされているのだろうか. lddコマンドで調べてみよう.

```
[user@localhost hello]$ ldd hello
        not a dynamic executable
[user@localhost hello]$
```

しかし共有ライブラリは, まったく使われていないようだ. これは当然のことで, 実行ファイルhelloのコンパイル時には-staticオプションを付加することで, 標準Cライブラリを静的リンクしている.

-staticを付加せずにコンパイルした場合の実行ファイルhello-normalに対して, lddコマンドを実行してみよう.

```
[user@localhost hello]$ ldd hello-normal
        linux-gate.so.1 =>  (0x0021d000)
        libc.so.6 => /lib/libc.so.6 (0x00992000)
        /lib/ld-linux.so.2 (0x0096c000)
[user@localhost hello]$
```

こちらはいくつかの共有ライブラリがリンクされている. libc.so.6というのが標準Cライブラリだろう. lddコマンドの使いかたが間違っているわけではないようだ.

つまり実行ファイルhelloは共有ライブラリをリンクしてはいないが, システムコールの呼び出し処理はまるで共有ライブラリ上にあるようなアドレスの値になっている.

これはいったいどういうことだろうか. int $0x80やsysenterの呼び出しが本当に無いのか, もう一度実行ファイルを探ってみる.

```
[user@localhost hello]$ objdump -d hello | grep sysentry
[user@localhost hello]$ objdump -d hello | grep int | grep 0x80
 804888d:       cd 80                   int    $0x80
 8048ad5:       cd 80                   int    $0x80
 804c86b:       75 e3                   jne    804c850 <_int_malloc+0x80>
 804fbe2:       e9 be c8 ff ff          jmp    804c4a5 <_int_free+0x805>
 8053c24:       cd 80                   int    $0x80
 80553e8:       cd 80                   int    $0x80
 8055a80:       cd 80                   int    $0x80
 806b83d:       75 61                   jne    806b8a0 <_IO_str_init_static_internal+0
x80>
 807631b:       cd 80                   int    $0x80
 8079cf2:       cd 80                   int    $0x80
 808d5c5:       cd 80                   int    $0x80
 808d5ce:       cd 80                   int    $0x80
 80a008f:       0f 86 ae f8 ff ff       jbe    809f943 <____strtof_l_internal+0x803>
[user@localhost hello]$
```

まず, sysenterの呼び出しは実行ファイルにはまったく含まれていないようだ.

そしてint $0x80の呼び出しを行っている箇所はいくつかあるのだが, これらを実際にひとつひとつ見てみると, __kernel_syscall()のようにint $0x80の直後にretで戻っているような部分は一箇所を除いてまったく無く, その一箇所もp.74で見た_dl_sysinfo_int80()でありret後のコードを見ると, やはり__kernel_syscall()とは違うようだ.

```
08055a80 <_dl_sysinfo_int80>:
 8055a80:       cd 80                   int    $0x80
 8055a82:       c3                      ret
 8055a83:       66 66 66 66 2e 0f 1f    data32 data32 data32 nopw %cs:0x0(%eax,%eax,1)
 8055a8a:       84 00 00 00 00 00
```

そもそも__kernel_syscall()の実体は実行ファイル中にはあるのだろうか．探してみよう．

```
[user@localhost hello]$ objdump -d hello | grep vsyscall
[user@localhost hello]$
```

見当たらないようだ．つまり__kernel_vsyscall()に該当する箇所は実行ファイル中には無く，やはりその実体は，共有ライブラリ上にあるように思える．謎は深まるばかりだ．

12.1.3 システムコールの呼び出し箇所を見る

ここで第4章で行ったglibcの解析を思い出してみよう．

glibcではシステムコールの呼び出しは，ENTER_KERNELというマクロによって行われていた．これはglibcのsysdeps/unix/sysv/linux/i386/sysdep.hで以下のように定義されていた(p.130)．

```
153:/* The original calling convention for system calls on Linux/i386 is
154:   to use int $0x80.  */
155:#ifdef I386_USE_SYSENTER
156:# ifdef SHARED
157:#  define ENTER_KERNEL call *%gs:SYSINFO_OFFSET
158:# else
159:#  define ENTER_KERNEL call *_dl_sysinfo
160:# endif
161:#else
162:# define ENTER_KERNEL int $0x80
163:#endif
```

つまりglibc上でも，システムコールの呼び出しは_dl_sysinfoを経由した関数コールになっているようだ．

そしてそれはSHAREDという定義で切り替わり，共有ライブラリ版のlibcではSYSINFO_OFFSETというオフセットに対して，静的ライブラリ版のlibcでは_dl_sysinfoの指す先というように，処理が切り替わっているように思われる．

|12.1.4| _dl_sysinfoには何が設定されているのか？

いったい_dl_sysinfoには何が設定されているのだろうか？

これはアプリケーションが持っている変数であるため，Linuxカーネルが設定しているとは考えづらい．つまりアプリケーション内のどこかで設定されているのではないだろうか．

GDBで起動時の状態を見てみよう．

```
[user@localhost hello]$ gdb -q hello
Reading symbols from /home/user/hello/hello...done.
(gdb) break _start
Breakpoint 1 at 0x80481c0
(gdb) run
Starting program: /home/user/hello/hello

Breakpoint 1, 0x080481c0 in _start ()
(gdb) print/x _dl_sysinfo
$1 = 0x8055a80
(gdb)
```

起動時には_dl_sysinfoは0x8055a80というアドレスを指している．これは先述した_dl_sysinfo_int80を指していることになる．

さらにmain()関数に入ったときにはどうなっているだろうか．

```
(gdb) break main
Breakpoint 2 at 0x80482c5: file hello.c, line 5.
(gdb) continue
Continuing.

Breakpoint 2, main (argc=1, argv=0xbffff744) at hello.c:5
5         printf("Hello World! %d %s\n", argc, argv[0]);
(gdb) print/x _dl_sysinfo
$2 = 0x110414
(gdb)
```

0x110414というアドレスに切り替わっている．これは図12.2で__kernel_vsyscall()が配置されているアドレスに一致するので，辻褄は合う．

つまり_dl_sysinfoはスタートアップの中で，__kernel_vsyscall()を指すように設定されていることになる．

12.1.5 ウォッチポイントを利用して調べる

_dl_sysinfoが設定されている，具体的な箇所を調べることはできないだろうか．

これにはGDBのウォッチポイントという機能が利用できる．ウォッチポイントとは，特定の変数やメモリの値が読まれたり書き込まれたりした瞬間にブレークする，という機能だ．

_dl_sysinfoが書き換えられた瞬間を見てみよう．

```
[user@localhost hello]$ gdb -q hello
Reading symbols from /home/user/hello/hello...done.
(gdb) watch _dl_sysinfo
Hardware watchpoint 1: _dl_sysinfo
(gdb) run
Starting program: /home/user/hello/hello
Hardware watchpoint 1: _dl_sysinfo

Old value = 134568576
New value = 1115156
0x08055b7a in _dl_aux_init ()
(gdb) where
#0  0x08055b7a in _dl_aux_init ()
#1  0x08048346 in __libc_start_main ()
#2  0x080481e1 in _start ()
(gdb)
```

Old valueとNew valueを見ると，134568576→1115156のように値が変化していることがわかる．これらは16進数にすると0x8055a80→0x110414であり，_dl_sysinfo_int80()→__kernel_vsyscall()のように切り替わっていることが確認できる．

そしてその書き換え箇所は_dl_aux_init()という関数内の0x08055b7aという位置にあり，それはスタートアップから呼ばれているようだ．

12.1.6 スタートアップの実装を見る

_dl_aux_init()の本体はどこにあるのだろうか．スタートアップから呼ばれているので，おそらくglibcのスタートアップ内にあるのではないかと推測できる．

glibcの中を探してみよう．普通に検索するとChangeLogが多くヒットしたため，grepの結果からChangeLogを除外してみる．

```
[user@localhost glibc-2.21]$ grep -r _dl_aux_init . | grep -v ChangeLog
./sysdeps/generic/ldsodefs.h:extern void _dl_aux_init (ElfW(auxv_t) *av) internal_func
tion;
./elf/dl-support.c:_dl_aux_init (ElfW(auxv_t) *av)
./csu/libc-start.c:  _dl_aux_init (auxvec);
[user@localhost glibc-2.21]$
```

どうやらelf/dl-support.cというファイル中で_dl_aux_init()が定義されており，その呼び出しはcsu/libc-start.cにあるので，やはりスタートアップで設定が行われているようだ．

glibcのelf/dl-support.cにある，_dl_aux_init()の実体を見てみよう．すると，以下のような箇所があった．

```
220:#ifdef HAVE_AUX_VECTOR
221:int _dl_clktck;
222:
223:void
224:internal_function
225:_dl_aux_init (ElfW(auxv_t) *av)
226:{
...
231:  _dl_auxv = av;
232:  for (; av->a_type != AT_NULL; ++av)
233:    switch (av->a_type)
234:      {
...
257:#ifdef NEED_DL_SYSINFO
258:      case AT_SYSINFO:
259:        GL(dl_sysinfo) = av->a_un.a_val;
260:        break;
261:#endif
...
```

_dl_sysinfoでなくdl_sysinfoになっているのが気になるが，これはGL()がsysdeps/generic/ldsodefs.hで以下のように定義してあり，アンダーバーが拡張されているようだ．

```
250:# define GL(name) _##name
```

よってAT_SYSINFOというタイプのときに_dl_sysinfoが設定されるようだ．

【12.2】AT_SYSINFOによるパラメータ渡し

このAT_SYSINFOというパラメータは，どこから渡されてきているのだろうか．

AT_SYSINFOを見て_dl_sysinfoに値を設定しているのは，スタートアップから呼ばれている_dl_aux_init()という関数だ．

そしてスタートアップでパラメータを読んで設定しているということは，パラメータの渡し元として考えられるのはLinuxカーネルだ．

12.2.1 Linuxカーネルからのパラメータ渡し

ということは，Linuxカーネルがexecve()でプログラムを起動する際になんらかの方法でパラメータを渡してくるのではないだろうか．

パラメータの設定は，execve()によるプログラムの起動時に行われているはずだ．そしてLinuxカーネルでexecve()の処理を行っている場所は，システムコール・テーブルから知ることができるはずだ．

Linuxカーネルのarch/x86/kernel/syscall_table_32.Sを見てみると，以下のようなエントリがある．

```
 1:ENTRY(sys_call_table)
...
12:         .long sys_unlink        /* 10 */
13:         .long ptregs_execve
...
```

システムコール番号は11番で，ptregs_execve()という処理関数が登録されている．

他の関数になぞってsys_execve()になっていないのが気になるが，シンボル名に「execve」が入っているのはこれだけだ．ptregs_execveを検索してみよう．

```
[user@localhost ~]$ cd linux-2.6.32.65
[user@localhost linux-2.6.32.65]$ grep -r ptregs_execve .
./arch/um/sys-i386/sys_call_table.S:#define ptregs_execve sys_execve
./arch/x86/kernel/syscall_table_32.S:   .long ptregs_execve
[user@localhost linux-2.6.32.65]$
```

sys_execveにリネームされているようだ．ということで探すのはsys_execve()でよさそうだ．

ところがこれは探してみるとLinuxカーネルのアーキテクチャ共通部分には無く，アーキテクチャ依存部で定義してあるようだ．execve()にはレジスタの設定など，アーキテクチャ依存があるからだろうか．

sys_execve()の本体はarch/x86/kernel/process_32.cにある．見てみると，以下のようになっている．

```
447:/*
448: * sys_execve() executes a new program.
449: */
450:int sys_execve(struct pt_regs *regs)
451:{
452:        int error;
453:        char *filename;
454:
455:        filename = getname((char __user *) regs->bx);
456:        error = PTR_ERR(filename);
457:        if (IS_ERR(filename))
458:                goto out;
459:        error = do_execve(filename,
460:                        (char __user * __user *) regs->cx,
461:                        (char __user * __user *) regs->dx,
462:                        regs);
463:        if (error == 0) {
464:                /* Make sure we don't return using sysenter.. */
465:                set_thread_flag(TIF_IRET);
466:        }
```

```
467:        putname(filename);
468:out:
469:        return error;
470:}
```

do_execve()という関数を呼ぶだけのようだ.

そしてdo_execve()は，アーキテクチャ共通部分のfs/exec.cで定義してある．見てみよう.

```
1357:/*
1358: * sys_execve() executes a new program.
1359: */
1360:int do_execve(char * filename,
1361:        char __user *__user *argv,
1362:        char __user *__user *envp,
1363:        struct pt_regs * regs)
1364:{
...
1405:        bprm->argc = count(argv, MAX_ARG_STRINGS);
1406:        if ((retval = bprm->argc) < 0)
1407:                goto out;
...
1426:        retval = copy_strings(bprm->argc, argv, bprm);
1427:        if (retval < 0)
1428:                goto out;
...
```

見てみるとargcやargv[]を用意しているように思える箇所はあるのだが，AT_SYSINFOを設定しているような部分は見当たらない.

12.2.2 AT_SYSINFOをキーワードにして探す

探しかたを変えてみよう．そもそもAT_SYSINFOというキーワードが利用されている箇所はないだろうか.

```
[user@localhost glibc-2.21]$ grep -r AT_SYSINFO . | grep -v AT_SYSINFO_
```

検索するとAT_SYSINFO_EHDRのようなものもヒットするので，AT_SYSINFO_を除外して検索してみた.

すると, 以下のようなものがヒットする.

```
./arch/x86/include/asm/elf.h:           NEW_AUX_ENT(AT_SYSINFO, VDSO_ENTRY);   \
```

ヒットした部分を見てみよう. arch/x86/include/asm/elf.hを見ると以下のようなマクロが定義されているようだ.

```
286:#define ARCH_DLINFO_IA32(vdso_enabled)                              \
287:do {                                                                \
288:        if (vdso_enabled) {                                         \
289:                NEW_AUX_ENT(AT_SYSINFO, VDSO_ENTRY);                \
290:                NEW_AUX_ENT(AT_SYSINFO_EHDR, VDSO_CURRENT_BASE);    \
291:        }                                                           \
292:} while (0)
```

このARCH_DLINFO_IA32()が利用されているところはあるだろうか. 探してみよう.

```
[user@localhost linux-2.6.32.65]$ grep -r ARCH_DLINFO_IA32 .
./arch/x86/include/asm/elf.h:#define    ARCH_DLINFO_IA32(vdso_enabled)        \
./arch/x86/include/asm/elf.h:#define ARCH_DLINFO                ARCH_DLINFO_IA32(vdso_
enabled)
./arch/x86/include/asm/elf.h:#define COMPAT_ARCH_DLINFO ARCH_DLINFO_IA32(sysctl_vsysca
ll32)
[user@localhost linux-2.6.32.65]$
```

直接利用している箇所は無いが, ARCH_DLINFOに定義しなおしているようだ. ということで, ARCH_DLINFOで検索しなおしてみよう.

```
[user@localhost linux-2.6.32.65]$ find . -name "*.c" | xargs grep ARCH_DLINFO
./fs/binfmt_elf.c:#ifdef ARCH_DLINFO
./fs/binfmt_elf.c:        * ARCH_DLINFO must come first so PPC can do its special align
ment of
./fs/binfmt_elf.c:        * ARCH_DLINFO changes
./fs/binfmt_elf.c:      ARCH_DLINFO;
./fs/compat_binfmt_elf.c:#ifdef COMPAT_ARCH_DLINFO
./fs/compat_binfmt_elf.c:#undef ARCH_DLINFO
./fs/compat_binfmt_elf.c:#define       ARCH_DLINFO             COMPAT_ARCH_DLINFO
```

```
./fs/binfmt_elf_fdpic.c:#ifdef ARCH_DLINFO
./fs/binfmt_elf_fdpic.c:        /* ARCH_DLINFO must come last so platform specific cod
e can enforce
./fs/binfmt_elf_fdpic.c:        ARCH_DLINFO;
[user@localhost linux-2.6.32.65]$
```

fs/binfmt_elf.cで利用されているようだ．ヒットした箇所を見てみよう．

```
136:static int
137:create_elf_tables(struct linux_binprm *bprm, struct elfhdr *exec,
138:                unsigned long load_addr, unsigned long interp_load_addr)
139:{
...
203:        /* Create the ELF interpreter info */
204:        elf_info = (elf_addr_t *)current->mm->saved_auxv;
205:        /* update AT_VECTOR_SIZE_BASE if the number of NEW_AUX_ENT() changes */
206:#define NEW_AUX_ENT(id, val) \
207:        do { \
208:                elf_info[ei_index++] = id; \
209:                elf_info[ei_index++] = val; \
210:        } while (0)
211:
212:#ifdef ARCH_DLINFO
213:        /*
214:         * ARCH_DLINFO must come first so PPC can do its special alignment of
215:         * AUXV.
216:         * update AT_VECTOR_SIZE_ARCH if the number of NEW_AUX_ENT() in
217:         * ARCH_DLINFO changes
218:         */
219:        ARCH_DLINFO;
220:#endif
221:        NEW_AUX_ENT(AT_HWCAP, ELF_HWCAP);
222:        NEW_AUX_ENT(AT_PAGESZ, ELF_EXEC_PAGESIZE);
223:        NEW_AUX_ENT(AT_CLKTCK, CLOCKS_PER_SEC);
224:        NEW_AUX_ENT(AT_PHDR, load_addr + exec->e_phoff);
225:        NEW_AUX_ENT(AT_PHENT, sizeof(struct elf_phdr));
...
```

create_elf_tables()という関数内では，NEW_AUX_ENT()というマクロを使ってアプリケーション・プログラムに渡すパラメータを色々と設定しているようだ．

ここでp.409のARCH_DLINFO_IA32()の定義を見直してみよう．ARCH_DLINFO

では，NEW_AUX_ENT()によってAT_SYSINFOにVDSO_ENTRYというパラメータが設定されることになる．

12.2.3 AT_SYSINFOに渡されるもの

VDSO_ENTRYはどのような値だろうか．探してみよう．

```
[user@localhost linux-2.6.32.65]$ grep -r VDSO_ENTRY .
./arch/x86/include/asm/elf.h:            NEW_AUX_ENT(AT_SYSINFO, VDSO_ENTRY);    \
./arch/x86/include/asm/elf.h:#define VDSO_ENTRY                                  \
[user@localhost linux-2.6.32.65]$
```

arch/x86/include/asm/elf.hにあるようだ．VDSO_ENTRYの定義箇所を見ると，以下のようになっていた．

```
326:#define VDSO_CURRENT_BASE       ((unsigned long)current->mm->context.vdso)
327:
328:#define VDSO_ENTRY                                                         \
329:        ((unsigned long)VDSO32_SYMBOL(VDSO_CURRENT_BASE, vsyscall))
```

VDSO32_SYMBOL()というマクロに置き換えられている．

そしてVDSO32_SYMBOL()は，arch/x86/include/asm/vdso.hで以下のように定義されている．

```
21:/*
22: * Given a pointer to the vDSO image, find the pointer to VDSO32_name
23: * as that symbol is defined in the vDSO sources or linker script.
24: */
25:#define VDSO32_SYMBOL(base, name)                                        \
26:({                                                                       \
27:        extern const char VDSO32_##name[];                               \
28:        (void *)(VDSO32_##name - VDSO32_PRELINK + (unsigned long)(base)); \
29:})
```

つまりVDSO32_vsyscallというシンボルが設定されるようだ．

そしてこのシンボルは，arch/x86/vdso/vdso32/vdso32.lds.Sで以下のように定義されている．

```
14:/* The ELF entry point can be used to set the AT_SYSINFO value.  */
15:ENTRY(__kernel_vsyscall);
16:
17:/*
18: * This controls what userland symbols we export from the vDSO.
19: */
20:VERSION
21:{
22:         LINUX_2.5 {
23:         global:
24:                 __kernel_vsyscall;
25:                 __kernel_sigreturn;
26:                 __kernel_rt_sigreturn;
27:         local: *;
28:         };
29:}
30:
31:/*
32: * Symbols we define here called VDSO* get their values into vdso32-syms.h.
33: */
34:VDSO32_PRELINK          = VDSO_PRELINK;
35:VDSO32_vsyscall         = __kernel_vsyscall;
...
```


vdso32.lds.Sはリンカスクリプトと呼ばれるファイルで，実行ファイルや共有ライブラリを生成する際のアドレス配置などを定義するためのものだ．

そしてリンカスクリプトを見ると，どうやらVDSO32_vsyscallには__kernel_vsyscallというシンボルが設定されているようだ．なんだかだんだん繋がってきた．

12.2.4 __kernel_vsyscallの定義

次は__kernel_vsyscallの定義箇所を探してみよう．

grepで検索すると，以下の3つのファイルがヒットするようだ．

```
[user@localhost linux-2.6.32.65]$ grep -r __kernel_vsyscall .
...
./arch/x86/vdso/vdso32/int80.S: .globl __kernel_vsyscall
./arch/x86/vdso/vdso32/int80.S: .type __kernel_vsyscall,@function
./arch/x86/vdso/vdso32/int80.S:__kernel_vsyscall:
./arch/x86/vdso/vdso32/int80.S: .size __kernel_vsyscall,.-.LSTART_vsyscall
```

```
./arch/x86/vdso/vdso32/syscall.S:       .globl __kernel_vsyscall
./arch/x86/vdso/vdso32/syscall.S:       .type __kernel_vsyscall,@function
./arch/x86/vdso/vdso32/syscall.S:__kernel_vsyscall:
./arch/x86/vdso/vdso32/syscall.S:       .size __kernel_vsyscall,.-.LSTART_vsyscall
./arch/x86/vdso/vdso32/sysenter.S:      .globl __kernel_vsyscall
./arch/x86/vdso/vdso32/sysenter.S:      .type __kernel_vsyscall,@function
./arch/x86/vdso/vdso32/sysenter.S:__kernel_vsyscall:
./arch/x86/vdso/vdso32/sysenter.S:      .size __kernel_vsyscall,.-.LSTART_vsyscall
...
```

まずはint80.Sを見てみよう.

```
10:         .globl __kernel_vsyscall
11:         .type __kernel_vsyscall,@function
12:         ALIGN
13:__kernel_vsyscall:
14:.LSTART_vsyscall:
15:         int $0x80
16:         ret
```

次にsysenter.Sを見てみる.

```
28:         .globl __kernel_vsyscall
29:         .type __kernel_vsyscall,@function
30:         ALIGN
31:__kernel_vsyscall:
32:.LSTART_vsyscall:
33:         push %ecx
34:.Lpush_ecx:
35:         push %edx
36:.Lpush_edx:
37:         push %ebp
38:.Lenter_kernel:
39:         movl %esp,%ebp
40:         sysenter
41:
42:         /* 7: align return point with nop's to make disassembly easier */
43:         .space 7,0x90
44:
45:         /* 14: System call restart point is here! (SYSENTER_RETURN-2) */
46:         int $0x80
```

```
47:         /* 16: System call normal return point is here! */
48:VDSO32_SYSENTER_RETURN: /* Symbol used by sysenter.c via vdso32-syms.h */
49:         pop %ebp
50:.Lpop_ebp:
51:         pop %edx
52:.Lpop_edx:
53:         pop %ecx
54:.Lpop_ecx:
55:         ret
```

これらをよく見ると，GDBで解析を行った際に実際に見た実行コードに一致している．

よってシステムコール発行時に呼ばれているのは，これらのコードのようだ．しかしアプリケーション側から呼ばれるコードがカーネル内にあるという，不可思議なことがあり得るのだろうか？

12.2.5 パラメータはスタック上に格納されている

カーネル側からアプリケーションに対しては，__kernel_vsyscallのアドレスがAT_SYSINFOというパラメータで渡されることがわかった．

そしてこのパラメータ値は最終的にスタートアップに渡されて_dl_sysinfoに設定されるわけだが，どのようにして渡されていくのだろうか．

AT_SYSINFOの設定はfs/binfmt_elf.cのcreate_elf_tables()で行われていた．その処理をよく見ると，以下のようになっている．

```
136:static int
137:create_elf_tables(struct linux_binprm *bprm, struct elfhdr *exec,
138:                unsigned long load_addr, unsigned long interp_load_addr)
139:{
...
203:        /* Create the ELF interpreter info */
204:        elf_info = (elf_addr_t *)current->mm->saved_auxv;
205:        /* update AT_VECTOR_SIZE_BASE if the number of NEW_AUX_ENT() changes */
206:#define NEW_AUX_ENT(id, val) \
207:        do { \
208:                elf_info[ei_index++] = id; \
209:                elf_info[ei_index++] = val; \
210:        } while (0)
211:
```

```
212:#ifdef ARCH_DLINFO
213:        /*
214:         * ARCH_DLINFO must come first so PPC can do its special alignment of
215:         * AUXV.
216:         * update AT_VECTOR_SIZE_ARCH if the number of NEW_AUX_ENT() in
217:         * ARCH_DLINFO changes
218:         */
219:        ARCH_DLINFO;
220:#endif
221:        NEW_AUX_ENT(AT_HWCAP, ELF_HWCAP);
222:        NEW_AUX_ENT(AT_PAGESZ, ELF_EXEC_PAGESIZE);
223:        NEW_AUX_ENT(AT_CLKTCK, CLOCKS_PER_SEC);
...
```

ARCH_DLINFOはマクロ変換により，AT_SYSINFOへのNEW_AUX_ENT()の実行になる．そしてNEW_AUX_ENT()はelf_info[]という配列に対しての値の保存になる．elf_info[]の実体は，プロセスのメモリ管理のsaved_auxvというメンバ上にあるようだ．

さらにその直後では，以下のような処理を行いargv[]やenvp[]の配列を生成している．while()でループしている箇所に注目してほしい．なお__put_user()やcopy_to_user()は，プロセスのメモリ空間に値を書き込むカーネル内サービスだ．

```
256:        sp = STACK_ADD(p, ei_index);
...
278:        /* Now, let's put argc (and argv, envp if appropriate) on the stack */
279:        if (__put_user(argc, sp++))
280:                return -EFAULT;
281:        argv = sp;
282:        envp = argv + argc + 1;
283:
284:        /* Populate argv and envp */
285:        p = current->mm->arg_end = current->mm->arg_start;
286:        while (argc-- > 0) {
287:                size_t len;
288:                if (__put_user((elf_addr_t)p, argv++))
289:                        return -EFAULT;
...
294:        }
295:        if (__put_user(0, argv))
296:                return -EFAULT;
297:        current->mm->arg_end = current->mm->env_start = p;
```

```
298:        while (envc-- > 0) {
299:                size_t len;
300:                if (__put_user((elf_addr_t)p, envp++))
301:                        return -EFAULT;
...
306:        }
307:        if (__put_user(0, envp))
308:                return -EFAULT;
309:        current->mm->env_end = p;
310:
311:        /* Put the elf_info on the stack in the right place.  */
312:        sp = (elf_addr_t __user *)envp + 1;
313:        if (copy_to_user(sp, elf_info, ei_index * sizeof(elf_addr_t)))
314:                return -EFAULT;
...
```

argv[]がスタック上の領域にコピーされることで作成され，さらにその直下にenvp[]が作成されるようだ．

そしてenvp[]の先には，elf_info[]がコピーされている．つまりAT_SYSINFOは，プロセスのスタック上のenvp[]の先に格納されているようだ．

12.2.6 渡されたパラメータを確認する

これはGDBでスタックのダンプを見てみることで確認できる．

まずGDBを起動し，main()の先頭でブレークしよう．

```
[user@localhost hello]$ gdb -q hello
Reading symbols from /home/user/hello/hello...done.
(gdb) break main
Breakpoint 1 at 0x80482c5: file hello.c, line 5.
(gdb) run
Starting program: /home/user/hello/hello

Breakpoint 1, main (argc=1, argv=0xbffff304) at hello.c:5
5         printf("Hello World! %d %s\n", argc, argv[0]);
(gdb)
```

ここでargv[]の直下をダンプしてみる．

```
(gdb) x/48x argv
0xbffff304:     0xbffff443      0x00000000      0xbffff45a      0xbffff479
0xbffff314:     0xbffff491      0xbffff49d      0xbffff4ad      0xbffff4bb
0xbffff324:     0xbffff4d8      0xbffff4f3      0xbffff506      0xbffff510
0xbffff334:     0xbffffa0f      0xbffffe24      0xbffffe2f      0xbffffe49
0xbffff344:     0xbffffe9a      0xbffffeb3      0xbffffec2      0xbffffed7
0xbffff354:     0xbffffee8      0xbfffff01      0xbfffff0a      0xbfffff3d
0xbffff364:     0xbfffff54      0xbfffff5c      0xbfffff6c      0xbfffff79
0xbffff374:     0xbfffff82      0xbfffffad      0xbfffffd0      0x00000000
0xbffff384:     0x00000020      0x00110414      0x00000021      0x00110000
0xbffff394:     0x00000010      0x078bf3ff      0x00000006      0x00001000
0xbffff3a4:     0x00000011      0x00000064      0x00000003      0x08048034
0xbffff3b4:     0x00000004      0x00000020      0x00000005      0x00000005
(gdb)
```

下のほうに「0x00110414」という値が見えている．これがAT_SYSINFOによって渡される，__kernel_vsyscallのアドレスだ．

パラメータの値はinfo auxvによっても確認できる．

```
(gdb) info auxv
32   AT_SYSINFO          Special system info/entry points 0x110414
33   AT_SYSINFO_EHDR     System-supplied DSO's ELF header 0x110000
16   AT_HWCAP            Machine-dependent CPU capability hints 0x78bf3ff
6    AT_PAGESZ           System page size               4096
17   AT_CLKTCK           Frequency of times()           100
3    AT_PHDR             Program headers for program    0x8048034
4    AT_PHENT            Size of program header entry   32
5    AT_PHNUM            Number of program headers      5
7    AT_BASE             Base address of interpreter    0x0
8    AT_FLAGS            Flags                          0x0
9    AT_ENTRY            Entry point of program         0x80481c0
11   AT_UID              Real user ID                   500
12   AT_EUID             Effective user ID              500
13   AT_GID              Real group ID                  500
14   AT_EGID             Effective group ID             500
23   AT_SECURE           Boolean, was exec setuid-like? 0
25   AT_RANDOM           Address of 16 random bytes     0xbffff42b
31   AT_EXECFN           File name of executable        0xbfffffe5 "/home/user/hello/
hello"
15   AT_PLATFORM         String identifying platform    0xbffff43b "i686"
0    AT_NULL             End of vector                  0x0
(gdb)
```

やはりAT_SYSINFOとして0x110414が渡されている.

またAT_SYSINFOの説明として「Special system info/entry points」と出ているが，なにやらスペシャルな情報なのだろうか.

12.2.7 スタートアップでのパラメータ取得

カーネル側からのパラメータはenvp[]直下に配置されていることはわかったが，そのことをスタートアップ側からも確認してみよう.

p.405でglibcのスタートアップの実装を見た際に，_dl_sysinfoの設定はelf/dl-support.cの_dl_aux_init()という関数で行われていることがわかっている．この付近をもう一度詳しく見てみよう.

```
223:void
224:internal_function
225:_dl_aux_init (ElfW(auxv_t) *av)
226:{
...
232:  for (; av->a_type != AT_NULL; ++av)
233:    switch (av->a_type)
234:      {
...
257:#ifdef NEED_DL_SYSINFO
258:      case AT_SYSINFO:
259:        GL(dl_sysinfo) = av->a_un.a_val;
260:        break;
261:#endif
...
```

つまり_dl_aux_init()の呼び出し時に引数として渡されたavという領域から，パラメータ値の取得を行っている.

_dl_aux_init()の呼び出し元ではどのような領域を引数に与えているのだろうか.

_dl_aux_init()の呼び出し元はp.405より，csu/libc-start.cにあることがわかっている．これを見てみよう.

```
122:/* Note: the fini parameter is ignored here for shared library.  It
123:   is registered with __cxa_atexit.  This had the disadvantage that
124:   finalizers were called in more than one place.  */
125:STATIC int
```

```
126:LIBC_START_MAIN (int (*main) (int, char **, char ** MAIN_AUXVEC_DECL),
127:                     int argc, char **argv,
128:#ifdef LIBC_START_MAIN_AUXVEC_ARG
129:                     ElfW(auxv_t) *auxvec,
130:#endif
131:                     __typeof (main) init,
132:                     void (*fini) (void),
133:                     void (*rtld_fini) (void), void *stack_end)
134:{
...
149:# ifdef HAVE_AUX_VECTOR
150:  /* First process the auxiliary vector since we need to find the
151:     program header to locate an eventually present PT_TLS entry.  */
152:#  ifndef LIBC_START_MAIN_AUXVEC_ARG
153:  ElfW(auxv_t) *auxvec;
154:  {
155:    char **evp = ev;
156:    while (*evp++ != NULL)
157:      ;
158:    auxvec = (ElfW(auxv_t) *) evp;
159:  }
160:#  endif
161:  _dl_aux_init (auxvec);
...
```

つまり環境変数の配列であるevpの先をauxvecとして，_dl_aux_init()の引数に与えている．

よってカーネルから渡されるパラメータは，やはり環境変数の先にあることになる．

12.2.8 /procでパラメータを確認する

パラメータの実体はプロセスのメモリ管理のsaved_auxvというメンバ上にあるとp.415で説明したが，この部分に対する処理を探してみると，以下のようなものがある．

```
[user@localhost linux-2.6.32.65]$ grep -r saved_auxv .
./include/linux/mm_types.h:      unsigned long saved_auxv[AT_VECTOR_SIZE]; /* for /proc
/PID/auxv */
./fs/proc/base.c:                } while (mm->saved_auxv[nwords - 2] != 0); /* AT_NULL
*/
./fs/proc/base.c:                res = nwords * sizeof(mm->saved_auxv[0]);
```

```
./fs/proc/base.c:                memcpy(buffer, mm->saved_auxv, res);
./fs/binfmt_elf.c:       elf_info = (elf_addr_t *)current->mm->saved_auxv;
./fs/binfmt_elf.c:               sizeof current->mm->saved_auxv - ei_index * sizeof elf_
info[0]);
./fs/binfmt_elf.c:       elf_addr_t *auxv = (elf_addr_t *) mm->saved_auxv;
./fs/binfmt_elf_fdpic.c:         auxv = (elf_addr_t *) current->mm->saved_auxv;
[user@localhost linux-2.6.32.65]$
```

fs/proc/base.cというファイルの中から参照されている．これは見てみると，以下のような処理が行われている．

```
290:static int proc_pid_auxv(struct task_struct *task, char *buffer)
291:{
292:        int res = 0;
293:        struct mm_struct *mm = get_task_mm(task);
294:        if (mm) {
295:                unsigned int nwords = 0;
296:                do {
297:                        nwords += 2;
298:                } while (mm->saved_auxv[nwords - 2] != 0); /* AT_NULL */
299:                res = nwords * sizeof(mm->saved_auxv[0]);
300:                if (res > PAGE_SIZE)
301:                        res = PAGE_SIZE;
302:                memcpy(buffer, mm->saved_auxv, res);
303:                mmput(mm);
304:        }
305:        return res;
306:}
```

なにやらバッファにsaved_auxvの領域をコピーしているようだ．

関数名やディレクトリ名から推測すると，/proc以下のプロセスのディレクトリ内のファイルで，パラメータを参照することができるのではないだろうか．

/procの下を見てみると，/proc/(プロセスID)/auxvというファイルがある．これによってパラメータを参照することができそうだ．

実際に見てみよう．まずGDBでhelloをmain()の先頭でブレークした状態で，プロセスIDを取得する．

```
(gdb) info proc
process 1341
```

```
cmdline = '/home/user/hello/hello'
cwd = '/home/user/hello'
exe = '/home/user/hello/hello'
(gdb)
```

プロセスIDは1341という値になっている．/proc/1341/auxvの値を見てみよう．バイナリデータのためそのまま出力すると文字化けしてしまうので，hexdumpで16進ダンプに変換してみた．

```
[user@localhost ~]$ cat /proc/1341/auxv | hexdump -C
00000000  20 00 00 00 14 04 11 00  21 00 00 00 00 00 11 00  | .......!.......|
00000010  10 00 00 00 ff f3 8b 07  06 00 00 00 00 10 00 00  |................|
00000020  11 00 00 00 64 00 00 00  03 00 00 00 34 80 04 08  |....d.......4...|
00000030  04 00 00 00 20 00 00 00  05 00 00 00 05 00 00 00  |.... ...........|
00000040  07 00 00 00 00 00 00 00  08 00 00 00 00 00 00 00  |................|
00000050  09 00 00 00 c0 81 04 08  0b 00 00 00 f4 01 00 00  |................|
00000060  0c 00 00 00 f4 01 00 00  0d 00 00 00 f4 01 00 00  |................|
00000070  0e 00 00 00 f4 01 00 00  17 00 00 00 00 00 00 00  |................|
00000080  19 00 00 00 2b f4 ff bf  1f 00 00 e5 ff ff bf     |....+...........|
00000090  0f 00 00 00 3b f4 ff bf  00 00 00 00 00 00 00 00  |....;...........|
000000a0
[user@localhost ~]$
```

1行目に「14 04 11 00」という4バイトの値が見えている．リトルエンディアンで考えれば，これは0x00110414という値になるので，AT_SYSINFOの値と一致している．

【12.3】VDSOとシステムコール

システムコール発行時によばれるコードはLinuxカーネル内にあることはわかった．

しかしこれには大きな違和感を覚える．アプリケーション側の実行コードが，なぜカーネル内で定義されているのだろうか？

そしてVDSOとvsyscallというキーワードが度々出てきているが，これらはいったい何であろうか．

12.3.1 VDSOとは何か

VDSOはLinuxカーネルの機能のようだ．このようなものはインターネットで検索してある程度の予備知識を仕入れておくことで，カーネルのソースコードを読む際の助けになる．

調べてみるとVDSOはVirtual Dynamic Shared Objectの略で，主にgettimeofday()のような情報取得のサービスの負荷を下げるために利用されるもののようだ．

gettimeofday()は時刻の取得のサービスであるが，例えば秒間の処理数などを正確に制御したい場合には，現在時刻を逐一取得する必要がある．これをシステムコールで行うと，割込み処理とコンテキスト切替えが行われるために処理が重くなる．

例えばカーネル側が特定の領域に定期的に時刻を書き込み，アプリケーション側ではその値を見るだけにすれば，システムコール例外（割込み）を発行せずにサービスを提供することができる．

しかし過去互換のことを考えると，カーネルがそのような機能を持ち合わせているときには使うが，そうでなければ従来のシステムコールを呼ぶ，という動作にしたい．

そうしたことを実現するのがVDSOで，カーネル側が用意した共通の共有ライブラリ（Shared Object）がアプリケーションの仮想メモリ上にマッピングされるもののようだ．

またシステムコールの呼び出しは，int $0x80以外にもsysenterやsyscallといった命令が利用できる．int $0x80は割込みの枠組で処理されるが，sysenterやsyscallはシステムコール専用に特化しているため負荷が低い．しかしこれらの新しい命令は古いプロセッサには実装されていないため，CPUが対応しているかどうかでアプリケーション側の利用を切替える必要がある．

通常ならばCPUの対応の有無をアプリケーション側に通知するための何らかの機能をカーネル側で用意し，アプリケーション側ではその機能によってsysenterなどの有効・無効を切替えるようにするのが適切だろう．しかしLinuxではVDSOにより，システムコール呼び出しを行う処理にそもそもカーネル側が用意した関数が呼び出されるようにすることで，処理の切替えを実現しているようだ．

実はp.400でlddコマンドにより共有ライブラリを調べた際に，以下のようにして「linux-gate.so.1」という共有ライブラリが見えている．これがVDSOのライブラリになる．

```
[user@localhost hello]$ ldd hello-normal
        linux-gate.so.1 =>  (0x0021d000)
        libc.so.6 => /lib/libc.so.6 (0x00992000)
        /lib/ld-linux.so.2 (0x0096c000)
[user@localhost hello]$
```

12.3.2 vsyscallの設定

システムコール呼び出し用の__kernel_vsyscallの設定は，Linuxカーネルによって行われている．これはVDSOによりカーネル側がマッピングするわけだが，すべてのプロセスに同じものが提供される．

ということはvsyscallのマッピングは，プロセスの起動ごとではなくカーネルの起動時にVDSOの初期化部分で行われるはずだ．

arch/x86以下にはvdsoというディレクトリがあり，見てみるとそこにはいくつかのファイルがある．

```
[user@localhost linux-2.6.32.65]$ ls arch/x86/vdso
Makefile             vdso-note.S  vdso32          vextern.h  vvar.c
vclock_gettime.c     vdso.S       vdso32-setup.c  vgetcpu.c
vdso-layout.lds.S    vdso.lds.S   vdso32.S        vma.c
[user@localhost linux-2.6.32.65]$
```

ここでvsyscallというシンボルを探してみるといくつかのファイルがヒットするのだが，その中にvdso32-setup.cというファイルがある．いかにもVDSOの初期化処理がありそうなので見てみると，以下のような部分があった．

```
283:int __init sysenter_setup(void)
284:{
285:        void *syscall_page = (void *)get_zeroed_page(GFP_ATOMIC);
286:        const void *vsyscall;
287:        size_t vsyscall_len;
...
295:        if (vdso32_syscall()) {
296:                vsyscall = &vdso32_syscall_start;
297:                vsyscall_len = &vdso32_syscall_end - &vdso32_syscall_start;
298:        } else if (vdso32_sysenter()){
299:                vsyscall = &vdso32_sysenter_start;
300:                vsyscall_len = &vdso32_sysenter_end - &vdso32_sysenter_start;
301:        } else {
302:                vsyscall = &vdso32_int80_start;
303:                vsyscall_len = &vdso32_int80_end - &vdso32_int80_start;
304:        }
305:
306:        memcpy(syscall_page, vsyscall, vsyscall_len);
307:        relocate_vdso(syscall_page);
...
```

vdso32_syscall()やvdso32_sysenter()の値によって，コピーする内容を切替えているようだ．

syscallやsysenterに対応されていない場合にはint $0x80が利用される，というように読み取れる．そしてint $0x80の処理としてはvdso32_int80_startというシンボルがあるようだ．

vdso32_int80_startの定義を探してみよう．

```
[user@localhost linux-2.6.32.65]$ grep -r vdso32_int80_start .
./arch/x86/include/asm/vdso.h:extern const char vdso32_int80_start, vdso32_int80_end;
./arch/x86/vdso/vdso32-setup.c:          vsyscall = &vdso32_int80_start;
./arch/x86/vdso/vdso32-setup.c:          vsyscall_len = &vdso32_int80_end - &vdso32_int
80_start;
./arch/x86/vdso/vdso32.S:       .globl vdso32_int80_start, vdso32_int80_end
./arch/x86/vdso/vdso32.S:vdso32_int80_start:
./arch/x86/xen/setup.c: mask = VDSO32_SYMBOL(&vdso32_int80_start, NOTE_MASK);
[user@localhost linux-2.6.32.65]$
```

arch/x86/vdso/vdso32.Sで定義されているようだ．見てみると，以下のようになっていた．

```
 5:        .globl vdso32_int80_start, vdso32_int80_end
 6:vdso32 int80_start:
 7:        .incbin "arch/x86/vdso/vdso32-int80.so"
 8:vdso32_int80_end:
 9:
10:        .globl vdso32_syscall_start, vdso32_syscall_end
11:vdso32_syscall_start:
12:#ifdef CONFIG_COMPAT
13:        .incbin "arch/x86/vdso/vdso32-syscall.so"
14:#endif
15:vdso32_syscall_end:
16:
17:        .globl vdso32_sysenter_start, vdso32_sysenter_end
18:vdso32_sysenter_start:
19:        .incbin "arch/x86/vdso/vdso32-sysenter.so"
20:vdso32_sysenter_end:
```

.incbinは特定のバイナリファイルを埋め込むための命令だが，どうやら共有ライブラリが読み込まれているらしい．

つまりカーネル内に共有ライブラリのバイナリデータが埋め込まれており，それが仮想メモリ上にマッピングされてアプリケーション側に提供されるわけだ．

12.3.3 vsyscallの選択

vsyscallの処理の設定はsysenter_setup()で行われており，vdso32_syscall()やvdso32_sysenter()の値に応じて処理が選択されている．

これらの値を強制的に無効化できれば，sysenterでなくint $0x80を利用するように変更できる．本書では説明の便宜上，sysenterでなくint $0x80が使われるようにp.26で設定しているが，そのような設定方法はどのようにして調べられるだろうか．

まずvdso32_sysenter()の定義を探してみよう．

```
[user@localhost linux-2.6.32.65]$ grep -r vdso32_sysenter .
./arch/x86/include/asm/vdso.h:extern const char vdso32_sysenter_start, vdso32_sysenter
_end;
./arch/x86/vdso/vdso32-setup.c:#define  vdso32_sysenter()       (boot_cpu_has(X86_FEAT
URE_SYSENTER32))
./arch/x86/vdso/vdso32-setup.c:#define vdso32_sysenter()        (boot_cpu_has(X86_FEAT
URE_SEP))
./arch/x86/vdso/vdso32-setup.c: } else if (vdso32_sysenter()){
./arch/x86/vdso/vdso32-setup.c:         vsyscall = &vdso32_sysenter_start;
./arch/x86/vdso/vdso32-setup.c:         vsyscall_len = &vdso32_sysenter_end - &vdso32_
sysenter_start;
./arch/x86/vdso/vdso32.S:       .globl vdso32_sysenter_start, vdso32_sysenter_end
./arch/x86/vdso/vdso32.S:vdso32_sysenter_start:
./arch/x86/vdso/vdso32.S:vdso32_sysenter_end:
./arch/x86/xen/setup.c: mask = VDSO32_SYMBOL(&vdso32_sysenter_start, NOTE_MASK);
[user@localhost linux-2.6.32.65]$
```

arch/x86/vdso/vdso32-setup.cで定義されているようだ．見てみると，以下のようになっている．

```
198:#ifdef CONFIG_X86_64
199:
200:#define vdso32_sysenter()       (boot_cpu_has(X86_FEATURE_SYSENTER32))
201:#define vdso32_syscall()        (boot_cpu_has(X86_FEATURE_SYSCALL32))
...
```

```
221:#else  /* CONFIG_X86_32 */
222:
223:#define vdso32_sysenter()       (boot_cpu_has(X86_FEATURE_SEP))
224:#define vdso32_syscall()        (0)
```

32ビットカーネルではboot_cpu_has(X86_FEATURE_SEP)になるようだ.

SEPというのはx86プロセッサが持つフラグだ. cpuidという命令で取得できるプロセッサ情報(CPUIDと呼ばれ, プロセッサのバージョン情報などが取得できる)にSEPフラグというものがあり, これを見ることでそのプロセッサがsysenterに対応しているかどうかを知ることができるというものだ(正確には, SEPフラグに加えてバージョンなども見る必要があるようだが).

12.3.4 CPUIDのSEPフラグ

なお参考までに, CPUIDのSEPフラグは以下のようにして確認できる.

```
[user@localhost ~]$ cat /proc/cpuinfo | grep flags
flags           : fpu vme de pse tsc msr pae mce cx8 apic mtrr pge mca cmov clflush mm
x fxsr sse sse2 constant_tsc up pni monitor
[user@localhost ~]$
```

SEPフラグが立っている場合にはflagsに「sep」と表示される. この例では, SEPフラグは立っていないようだ.

VirtualBoxでは, ホスト側で以下のコマンドを実行することでホスト側のCPUIDが確認できる. さらにどうやらホストのCPUIDが, そのままゲストに渡されているようだ.

```
$ VBoxManage list hostcpuids
Host CPUIDs:

Leaf no.  EAX      EBX      ECX      EDX
00000000  0000000a 756e6547 6c65746e 49656e69
00000001  000006e8 00010800 0000c1a9 afe9fbff
...
```

2行目, 2列目にある「6e8」が, CPUのバージョン情報になる. さらに5列目「afe9fbff」の右から(ゼロから数えて)11番目のビット(0x0800)が, SEPのフラグになる.

|12.3.5| CPUIDからsysenterの利用可否を判断する

SEPフラグを参照している箇所はどこだろうか. X86_FEATURE_SEPで検索してみよう.

```
[user@localhost linux-2.6.32.65]$ grep -r X86_FEATURE_SEP .
./arch/x86/include/asm/cpufeature.h:#define X86_FEATURE_SEP              (0*32+11) /* SY
SENTER/SYSEXIT */
./arch/x86/include/asm/cpufeature.h:#define cpu_has_sep         boot_cpu_has(X86_FEATUR
E_SEP)
./arch/x86/vdso/vdso32-setup.c:#define vdso32_sysenter()        (boot_cpu_has(X86_FEATU
RE_SEP))
./arch/x86/vdso/vdso32-setup.c: if (!boot_cpu_has(X86_FEATURE_SEP)) {
./arch/x86/power/cpu.c: if (boot_cpu_has(X86_FEATURE_SEP))
./arch/x86/xen/setup.c: sysenter_feature = X86_FEATURE_SEP;
./arch/x86/kernel/vmi_32.c:                        *dx &= ~X86_FEATURE_SEP;
./arch/x86/kernel/vmi_32.c:             clear_cpu_cap(&boot_cpu_data, X86_FEATURE_SEP);
./arch/x86/kernel/cpu/common.c: setup_clear_cpu_cap(X86_FEATURE_SEP);
./arch/x86/kernel/cpu/intel.c:          clear_cpu_cap(c, X86_FEATURE_SEP);
./drivers/lguest/x86/core.c:    if (boot_cpu_has(X86_FEATURE_SEP))
./drivers/lguest/x86/core.c:     if (boot_cpu_has(X86_FEATURE_SEP))
[user@localhost linux-2.6.32.65]$
```

arch/x86/kernel/cpuのcommon.cとintel.cというファイルで, setup_clear_cpu_cap()やclear_cpu_cap()といった呼び出しが行われているのが気になる.

見てみるとintel.cに以下のような部分があり, x86プロセッサのバージョン番号(CPUID)を見てクリアされている.

```
216:        /*
217:         * SEP CPUID bug: Pentium Pro reports SEP but doesn't have it until
218:         * model 3 mask 3
219:         */
220:        if ((c->x86<<8 | c->x86_model<<4 | c->x86_mask) < 0x633)
221:                clear_cpu_cap(c, X86_FEATURE_SEP);
```

どうやらCPUIDのSEPフラグは見ずに, CPUのバージョン情報のみで決まっているようだ.

|12.3.6| sysenterを無効化する方法

そしてcommon.cには以下のような箇所がある.

```
167:static int __init x86_sep_setup(char *s)
168:{
169:        setup_clear_cpu_cap(X86_FEATURE_SEP);
170:        return 1;
171:}
172:__setup("nosep", x86_sep_setup);
```

ここで気になるのは, "nosep"という文字列の定義だ.

この手の自動選択される機能は, いざというときのために手動で無効化できるようになっているのが常だ.

もしかしてnosepという何らかの指定をするとx86_sep_setup()が呼ばれ, SEP無効としてint $0x80が呼ばれるようになる, という仕組みになっているのではないだろうか.

「Linux nosep」というキーワードでインターネット検索してみると, カーネルオプションにnosepというものがあることがわかる.

おそらくカーネルの起動時にオプションとしてnosepを渡すことでx86_sep_setup()が呼ばれてX86_FEATURE_SEPがクリアされ, sysenter_setup()の条件分岐でvsyscallにvdso32_int80_startが選択されるようになり, int $0x80が利用されるようになるのだと思われる.

p.26ではシステムコールの呼び出し処理を統一するために, カーネルオプションにnosepを指定することを説明している. 実はこれはこのような流れにより設定しているものだったわけだ.

|12.3.7| VDSOを無効化する方法

p.74ではsysenterが呼ばれないようにするための, sysctlによる方法も説明している. こちらについても言及しておこう.

arch/x86/include/asm/elf.hを見ると以下のようなマクロが定義されているようだ.

まずカーネルからアプリケーションにはAT_SYSINFOというパラメータによってVDSOのアドレスが渡されていた. これにはarch/x86/include/asm/elf.hで以下のようなマクロが定義され利用されていたことを思い出してほしい (p.409).

```
286:#define ARCH_DLINFO_IA32(vdso_enabled)                                  \
287:do {                                                                     \
288:        if (vdso_enabled) {                                              \
289:                NEW_AUX_ENT(AT_SYSINFO, VDSO_ENTRY);                     \
290:                NEW_AUX_ENT(AT_SYSINFO_EHDR, VDSO_CURRENT_BASE);         \
291:        }                                                                \
292:} while (0)
```

vdso_enabledの値がゼロのときにはAT_SYSINFOが設定されないことになる. vdso_enabledはどのような値であろうか. 検索してみよう.

```
[user@localhost linux-2.6.32.65]$ grep -r vdso_enabled .
...
./kernel/sysctl_check.c:        { VM_VDSO_ENABLED,              "vdso_enabled" },
./kernel/sysctl.c:              .procname       = "vdso_enabled",
./kernel/sysctl.c:              .data           = &vdso_enabled,
./kernel/sysctl.c:              .maxlen         = sizeof(vdso_enabled),
[user@localhost linux-2.6.32.65]$
```

sysctl.cで何やら登録されているようだ. ということはsysctlでVDSOの有効／無効を切替えられるのだろうか.

```
[user@localhost linux-2.6.32.65]$ su
Password:
[root@localhost linux-2.6.32.65]# sysctl -a | grep vdso
vm.vdso_enabled = 1
[root@localhost linux-2.6.32.65]#
```

vm.vdso_enabledというエントリがあるようだ. つまり以下のようにすることで, VDSOを無効化することができる. これが, p.74で説明したVDSOの無効化方法だ.

```
[root@localhost linux-2.6.32.65]# sysctl vm.vdso_enabled=0
vm.vdso_enabled = 0
[root@localhost linux-2.6.32.65]# sysctl -a | grep vdso
vm.vdso_enabled = 0
[root@localhost linux-2.6.32.65]#
```

12.3.8 VDSOが無効になった場合の動作

sysctlでVDSOが無効化された場合には，何が起きるのだろうか．

AT_SYSINFOはvdso_enabledが有効のときのみ設定されるが，これが設定されないことになる．つまりパラメータとしてAT_SYSINFOが渡されないことになる．

AT_SYSINFOによって渡された値は_dl_sysinfoに設定され，システムコールの呼び出し時には_dl_sysinfoに登録されている関数が呼び出されていた．VDSOを無効にするとこの設定が行われなくなるため，アプリケーションのスタートアップでは_dl_sysinfoが上書きされずにデフォルト値が利用されることになる．

_dl_sysinfoのデフォルト値はどのようになっているだろうか．これはglibcを見ればわかるはずだ．

```
[user@localhost glibc-2.21]$ grep -r _dl_sysinfo .
...
./elf/dl-support.c:uintptr_t _dl_sysinfo = DL_SYSINFO_DEFAULT;
...
```

elf/dl-support.cを見てみると，以下のようになっていた．

```
192:#ifdef NEED_DL_SYSINFO
193:/* Needed for improved syscall handling on at least x86/Linux.  */
194:uintptr_t _dl_sysinfo = DL_SYSINFO_DEFAULT;
195:#endif
```

つまり_dl_sysinfoの初期値はDL_SYSINFO_DEFAULTのようだ．これはどのような値なのだろうか．検索してみよう．

```
[user@localhost glibc-2.21]$ grep -r DL_SYSINFO_DEFAULT .
./sysdeps/unix/sysv/linux/i386/dl-sysdep.h:# define DL_SYSINFO_DEFAULT (uintptr_t) _dl
_sysinfo_int80
./sysdeps/unix/sysv/linux/ia64/dl-sysdep.h:# define DL_SYSINFO_DEFAULT ((uintptr_t) &_
dl_sysinfo_break)
./nptl/ChangeLog.old:   (NEED_DL_SYSINFO, DL_SYSINFO_DEFAULT, DL_SYSINFO_IMPLEMENTATIO
N):
./nptl/ChangeLog.old:   (DL_SYSINFO_DEFAULT): Cast to uintptr_t to avoid warnings.
./nptl/ChangeLog.old:   DL_SYSINFO_DEFAULT, DL_SYSINFO_IMPLEMENTATION): Define.
./elf/dl-support.c:uintptr_t _dl_sysinfo = DL_SYSINFO_DEFAULT;
./elf/rtld.c:    ._dl_sysinfo = DL_SYSINFO_DEFAULT,
```

```
./elf/setup-vdso.h:      if (GLRO(dl_sysinfo) == DL_SYSINFO_DEFAULT)
[user@localhost glibc-2.21]$
```

sysdeps/unix/sysv/linux/i386/dl-sysdep.hで，DL_SYSINFO_DEFAULTが以下のようにして_dl_sysinfo_int80というシンボルに定義されている．

```
32:# define DL_SYSINFO_DEFAULT (uintptr_t) _dl_sysinfo_int80
```

つまり_dl_sysinfoは，初期状態では_dl_sysinfo_int80を指しているわけだ．

_dl_sysinfo_int80の定義を探してみよう．

```
[user@localhost glibc-2.21]$ grep -r _dl_sysinfo_int80 .
./sysdeps/unix/sysv/linux/i386/dl-sysdep.h:extern void _dl_sysinfo_int80 (void) attrib
ute_hidden;
./sysdeps/unix/sysv/linux/i386/dl-sysdep.h:# define DL_SYSINFO_DEFAULT (uintptr_t) _dl
_sysinfo_int80
./sysdeps/unix/sysv/linux/i386/dl-sysdep.h:       ".type _dl_sysinfo_int80,@function\n
\t"                              \
./sysdeps/unix/sysv/linux/i386/dl-sysdep.h:       ".hidden _dl_sysinfo_int80\n"      \
./sysdeps/unix/sysv/linux/i386/dl-sysdep.h:       "_dl_sysinfo_int80:\n\t"           \
./sysdeps/unix/sysv/linux/i386/dl-sysdep.h:       ".size _dl_sysinfo_int80,.-_dl_sysin
fo_int80\n\t"                \
[user@localhost glibc-2.21]$
```

sysdeps/unix/sysv/linux/i386/dl-sysdep.hというファイルで定義されているようだ．内容を見てみると，以下のようになっていた．

```
33:# define DL_SYSINFO_IMPLEMENTATION \
34:  asm (".text\n\t"                                                        \
35:        ".type _dl_sysinfo_int80,@function\n\t"                          \
36:        ".hidden _dl_sysinfo_int80\n"                                    \
37:        CFI_STARTPROC "\n"                                               \
38:        "_dl_sysinfo_int80:\n\t"                                         \
39:        "int $0x80;\n\t"                                                 \
40:        "ret;\n\t"                                                       \
41:        CFI_ENDPROC "\n"                                                 \
42:        ".size _dl_sysinfo_int80,.-_dl_sysinfo_int80\n\t"                \
```

```
43:         ".previous");
```

つまり_dl_sysinfo_int80はint $0x80を呼んでretで戻るだけのアセンブラで書かれた関数だ.

VDSO無効時には，これが呼ばれることになる．そしてこれはp.74で説明した，sysctlでVDSOを無効化したときに呼ばれていた処理に相当する.

なおDL_SYSINFO_IMPLEMENTATIONの実体はelf/dl-support.cで以下のように定義されていた.

```
381:#ifdef DL_SYSINFO_IMPLEMENTATION
382:DL_SYSINFO_IMPLEMENTATION
383:#endif
```

またこれはp.401でも見たように，実行ファイル中にも含まれているコードになる．p.401で実行ファイルhelloの逆アセンブル結果を見たときに，以下のような部分があったことを思い出してほしい.

```
08055a80 <_dl_sysinfo_int80>:
 8055a80:       cd 80                   int    $0x80
 8055a82:       c3                      ret
 8055a83:       66 66 66 66 2e 0f 1f    data32 data32 data32 nopw %cs:0x0(%eax,%eax,1)
 8055a8a:       84 00 00 00 00 00
```

12.3.9 gettimeofday()の実装

VDSOの本来の目的は，gettimeofday()のようなサービスでのシステムコール命令の発行を削減し，負荷を低くすることだ.

VDSO側のgettimeofday()の実装を見てみよう．これはLinuxカーネルのarch/x86/vdsoにあるはずだ.

```
[user@localhost ~]$ cd linux-2.6.32.65/arch/x86/vdso
[user@localhost vdso]$ grep gettimeofday *
vclock_gettime.c: * Fast user context implementation of clock_gettime and gettimeofday.
vclock_gettime.c:notrace int __vdso_gettimeofday(struct timeval *tv, struct timezone *tz)
vclock_gettime.c:              "0" (__NR_gettimeofday), "D" (tv), "S" (tz) : "memory");
vclock_gettime.c:int gettimeofday(struct timeval *, struct timezone *)
vclock_gettime.c:       __attribute__((weak, alias("__vdso_gettimeofday")));
```

```
vdso.lds.S:            gettimeofday;
vdso.lds.S:            __vdso_gettimeofday;
[user@localhost vdso]$
```

まずリンカスクリプトらしきvdso.lds.Sを見てみると，以下のような定義があった．

```
14:/*
15: * This controls what userland symbols we export from the vDSO.
16: */
17:VERSION {
18:         LINUX_2.6 {
19:         global:
20:                 clock_gettime;
21:                 __vdso_clock_gettime;
22:                 gettimeofday;
23:                 __vdso_gettimeofday;
24:                 getcpu;
25:                 __vdso_getcpu;
26:         local: *;
27:         };
28:}
```

gettimeofday()の他にもclock_gettime()やgetcpu()が，VDSOに配置されているようだ．

そしてgettimeofday()の実装はvclock_gettime.cというファイルにありそうだ．見てみよう．

```
136:notrace int __vdso_gettimeofday(struct timeval *tv, struct timezone *tz)
137:{
138:         long ret;
139:         if (likely(gtod->sysctl_enabled && gtod->clock.vread)) {
140:                 if (likely(tv != NULL)) {
141:                         BUILD_BUG_ON(offsetof(struct timeval, tv_usec) !=
142:                                      offsetof(struct timespec, tv_nsec) ||
143:                                      sizeof(*tv) != sizeof(struct timespec));
144:                         do_realtime((struct timespec *)tv);
145:                         tv->tv_usec /= 1000;
146:                 }
147:                 if (unlikely(tz != NULL)) {
148:                         /* Avoid memcpy. Some old compilers fail to inline it */
```

```
149:                    tz->tz_minuteswest = gtod->sys_tz.tz_minuteswest;
150:                    tz->tz_dsttime = gtod->sys_tz.tz_dsttime;
151:            }
152:            return 0;
153:        }
154:        asm("syscall" : "=a" (ret) :
155:            "0" (__NR_gettimeofday), "D" (tv), "S" (tz) : "memory");
156:        return ret;
157:}
158:int gettimeofday(struct timeval *, struct timezone *)
159:        __attribute__((weak, alias("__vdso_gettimeofday")));
```

if文の中に入った場合にはdo_realtime()という関数で時刻情報を読み出している．そうでない場合には，インラインアセンブラによってsyscall命令が呼ばれ，gettimeofdayのシステムコールが発行されるようだ．

そしてdo_realtime()は，直近で以下のように定義されていた．

```
27:#define gtod vdso_vsyscall_gtod_data
...
46:notrace static noinline int do_realtime(struct timespec *ts)
47:{
48:        unsigned long seq, ns;
49:        do {
50:                seq = read_seqbegin(&gtod->lock);
51:                ts->tv_sec = gtod->wall_time_sec;
52:                ts->tv_nsec = gtod->wall_time_nsec;
53:                ns = vgetns();
54:        } while (unlikely(read_seqretry(&gtod->lock, seq)));
55:        timespec_add_ns(ts, ns);
56:        return 0;
57:}
```

vdso_vsyscall_gtod_dataというポインタの先から時刻情報を読み取っているようだ．おそらくVDSO用のデータ領域から値を取得しているのだろう．

12.3.10 GDB側の対応

__kernel_vsyscall()はカーネルの持ちものであるため，アプリケーションにはその情報は無い．つまりreadelfによってアプリケーションの実行ファイルを見てみても，__kernel_vsyscallというシンボルは見当たらないことになる．

```
[user@localhost hello]$ readelf -a hello | grep vsyscall
[user@localhost hello]$ objdump -d hello | grep vsyscall
[user@localhost hello]$ strings hello | grep vsyscall
[user@localhost hello]$
```

しかし図12.2を見てみると，GDBで解析したときには__kernel_vsyscallというシンボルが表示されている．

GDBはどのようにして，このシンボルを出しているのだろうか．

GDBの実行時に渡しているのは実行ファイルだけだ．そして実行ファイルhelloには共有ライブラリがリンクされているわけでもない．よってGDBはカーネルやVDSOの共有ライブラリの情報は知り得ない．考えられるのは，GDBにもvsyscallの対応が入っているのではないかということだ．

GDBのソースコードを見てみよう．ここでは本書執筆時点での最新版であるgdb-7.9.1を対象にする．ソースコードの展開に関しては，p.18を参照してほしい．

vsyscallをキーワードにして検索してみよう．

```
[user@localhost ~]$ cd gdb-7.9.1
[user@localhost gdb-7.9.1]$ find . -name "*.c" | xargs grep vsyscall
./gdb/gdbarch.c:  gdbarch_vsyscall_range_ftype *vsyscall_range;
./gdb/gdbarch.c:  gdbarch->vsyscall_range = default_vsyscall_range;
./gdb/gdbarch.c:  /* Skip verify of vsyscall_range, invalid_p == 0 */
...
```

つまりvsyscallはLinuxカーネル，glibc，GDBで対応され，これらの複数モジュールが協調して動作しているということになる．モジュールに閉じた最適化ではなく，モジュール間協調による高度な最適化と言えるわけだ．

そしてその理解のためには，複数モジュールを俯瞰して理解する必要があるだろう．

【12.4】この章のまとめ

アプリケーションとカーネルは，システムコールにより分離されている．

しかしこれには「通常は」というただし書きがつく．Linuxのシステムコール呼び出しにはVDSOの仕組みが応用されており，その処理の疑問は標準Cライブラリを含むアプリケーションだけを見ていても晴れることは無く，カーネルを含めて調べないと解明できない．

つまりアプリケーションの動作と言えど，アプリケーション側だけではなくカーネル側も見なければわからないこともあるわけだ．

もっともカーネルは共有ライブラリとして提供しており実行はアプリケーションの一部として行われるわけだから，分離はされていると考えることもできる．しかしソースコードがカーネル側にあり，ソースコードを追う際にはカーネル側も見なければならないという点で，やはり中間的な部分も存在すると言うことができるだろう．

VDSOはこれら2つが協調して動作することで実現されている，高度なチューニングだと言える．このような複数領域を横断しての高度なチューニングは，両方の分野を知り俯瞰して見ることができないと理解は難しいし思いつくこともできないだろう．

ここに低レイヤーを幅広く知ることの意義がある．モジュール単位での最適化が行われるのは当然のことであり，より重要なこととして，モジュール間をまたいでの最適化をいかに行うことができるかというものがその先にある．

そしてそのためには，インターフェースさえ守っていればあとはお互いのことは知らなくてよい，というわけにはいかないものだ．

Postface

おわりに

筆者が本書を執筆して良かったと思ったのは，第12章のためにvsyscallについて調べていたときでした．

これは高速化のためにカーネルとアプリケーションが協調して動作するものですが，チューニングのためにモジュールが相互に連携し，複数のモジュール間にまたがった調整をする良い例だと思ったからです．結果としてちょっとしたトピックくらいに扱おうと思っていたvsyscallは，ひとつの章にまでふくれ上がってしまいました．

高度で効果的な最適化を行おうと思ったら，ひとつの分野に閉じているだけでは不十分です．複数の分野を知り，全体を俯瞰しての設計が必要になります．ひとつの分野のみを知っているだけではダメなわけです．

OSカーネルやアセンブラなどの低レイヤーを知ることの重要性が，ここにあります．「プログラムを書く上でOSやアセンブラなどは知る必要は無い」のように言われることがありますが，それは初心者のうちだけです．技術者としてのその先を目指すならば，絶対に知るべき重要な知識だと言うことができるでしょう．

筆者の目安として，自分が専門としている層の，ひとつ上とひとつ下の層を知るように常に意識すると良いかと思います．そしてその層も知ることができたら，さらに上とさらに下の層を知るようにします．

しかし下の層に降りていくことに，なかなか高い敷居を感じることも多いかもしれません．

そのようなときに筆者が有効だと思うのは，とにかく手を動かして，現物を見てみることです．

本書ではLinuxやglibcなどのオープンソース・ソフトウェアのソースコードを主に読んでいますが，そうした実装を見ることはモチベーション高く学ぶための良い方法だと思います．よく考えられたソースコードからは，納得どころか感動すら与えられることも少なくはありません．

そしてもうひとつ，意外に重要だと思うのは，それを開発しているプロジェクトやコミュニティについて知ることです．ソースコードの先に，それを作っている「人」が見えるようになると，より興味を持って読むことができるようになります．

「いかに楽しく低レイヤーを学ぶか」ということが実は本書の隠れた，そして最も重要なテーマであったりします．そのために本書では，解析作業の臨場感を出すことに腐心したのですがいかがだったでしょうか．読者のかたが本書を低レイヤーを学ぶきっかけとしていただけたなら，これに勝る喜びはありません．

References

参考文献

[1] Linux, glibc, FreeBSD, GDB, Newlibソースコード

[2] 『開発ツールを使って学ぶ！ C言語プログラミング』, 坂井弘亮 著, マイナビ

[3] 『GDBデバッギング入門』, Richard M. Stallman, Roland H. Pesch 著, コスモプラネット 訳, アスキー

[4] 『GNU Development Tools』, 西田亙 著, オーバーシー・パブリッシング

[5] 『リンカ・ローダ実践開発テクニック』, 坂井弘亮 著, CQ出版社

[6] 『386BSDカーネルソースコードの秘密』, William Frederick Jolitz, Lynne Greer Jolitz 著, 吉川邦夫 訳, アスキー

[7] 『MIPSプロセッサ入門』, TECH I Vol.39, CQ出版社

[8] 『ARMプロセッサ入門』, TECH I Vol.18, CQ出版社

[9] 『Lions' Commentary on UNIX』, John Lions 著, 岩本信一 訳, アスキー

[10] 『大熱血！アセンブラ入門』, 坂井弘亮 著, 秀和システム

[11] 『詳解 Linuxカーネル 第3版』, Daniel P. Bovet, Marco Cesati 著, 高橋浩和 監修, 杉田由美子, 清水正明, 高杉昌督, 平松雅巳, 安井 隆宏 訳, オライリー・ジャパン

Index
索　引

◉記号

◉英大文字

A・B

C・D

E

F・G

◉英小文字

⊙日本語

あ行

か行

さ行

た行

な・は行

ま・や行

ら・わ行

著者紹介
坂井 弘亮（さかい ひろあき）
幼少の頃よりプログラミングに親しみ，趣味であらゆるアーキテクチャのアセンブラをフィーリングで読み解くということを行って以来，今ではC言語よりもアセンブラに触れている時間のほうが長い日も．独自組込みOS「KOZOS」の開発，多種CPUのアセンブリ解読などの活動を経て，現在は独自Unix互換環境プロジェクト（NLUX）にて独自標準Cライブラリ（nllibc），独自Cコンパイラ（nlcc），独自プログラミング言語（nll）等を開発中．

雑誌記事・書籍執筆多数．（「12ステップで作る 組込みOS自作入門」（カットシステム），「大熱血！アセンブラ入門」（秀和システム），「リンカ・ローダ 実践開発テクニック」（CQ出版）など）

アセンブラ短歌 六歌仙のひとり（白樺派）
バイナリかるた・バイナリ駄洒落 エバンジェリスト
技術士（情報工学部門）

他，セキュリティ・キャンプやSecHack365などの講師・運営，各種オープンソース・ソフトウェアの開発，イベントへの出展やセミナーでの発表などで活動中．

※ 上記は本書執筆時点のものです

cover design
成田 英夫（なりた ひでお）

DTP
有限会社 中央制作社

ハロー"Hello, World"
OSと標準ライブラリのシゴトとしくみ
第2版

発行日 2024年 12月 1日 第1版第1刷

著 者 坂井 弘亮

発行者 斉藤 和邦
発行所 株式会社 秀和システム
〒135-0016
東京都江東区東陽2-4-2 新宮ビル2F
Tel 03-6264-3105（販売）Fax 03-6264-3094
印刷所 日経印刷株式会社

ISBN978-4-7980-7414-6 C3055